教育部高等学校电子信息类专业教学指导委员会规划教材

高等学校电子信息类专业系列教材

U0175679

电工电子技术

第2版

靳孝峰 刘广杰 主编

清华大学出版社

北京

内 容 简 介

本书依据教育部高等学校"电工电子技术"课程教学内容的基本要求编写,编写中力求做到结合工程实际,并充分考虑到现代电工电子技术的飞速发展。本书既有严密完整的理论体系,又具有较强的实用性。

本书将电工技术、电子技术、安全用电与工业用电等内容进行整合重构,实现了理论和实践的有机融合,主要内容包括:电路的基本概念和基本定律,电路的基本分析方法和基本定理,正弦交流电路,三相交流电及其应用,变压器及其应用,常用低压电器与电动机,半导体器件和基本放大电路,集成运算放大器及其他模拟集成电路,直流稳压电源,集成门电路及组合逻辑电路,触发器和时序逻辑电路,大规模集成电路以及技能训练。书中给出了大量的例题和习题,便于学生自学。

本书适合作为普通应用型本科机械设计与制造、数控技术、车辆工程、电子信息以及计算机等专业"电工电子技术"课程的教材,也可作为高职院校相关专业的教材以及企业工程技术人员的技术参考书。

图书在版编目(CIP)数据

电工电子技术/靳孝峰,刘广杰主编.—2版.—北京:清华大学出版社,2024.1
高等学校电子信息类专业系列教材
ISBN 978-7-302-64307-4

Ⅰ.①电… Ⅱ.①靳…②刘… Ⅲ.①电工技术—高等学校—教材②电子技术—高等学校—教材
Ⅳ.①TM②TN

中国国家版本馆 CIP 数据核字(2023)第 139214 号

责任编辑:刘 星
封面设计:刘 键
责任校对:韩天竹
责任印制:杨 艳

出版发行:清华大学出版社
      网 址:https://www.tup.com.cn,https://www.wqxuetang.com
      地 址:北京清华大学学研大厦 A 座   邮 编:100084
      社 总 机:010-83470000   邮 购:010-62786544
      投稿与读者服务:010-62776969,c-service@tup.tsinghua.edu.cn
      质量反馈:010-62772015,zhiliang@tup.tsinghua.edu.cn
      课件下载:https://www.tup.com.cn,010-83470236
印 装 者:三河市天利华印刷装订有限公司
经 销:全国新华书店
开 本:185mm×260mm   印 张:21   字 数:515 千字
版 次:2015 年 8 月第 1 版 2024 年 1 月第 2 版   印 次:2024 年 1 月第 1 次印刷
印 数:1~1500
定 价:65.00 元

产品编号:100709-01

高等学校电子信息类专业系列教材

序

FOREWORD

我国电子信息产业占工业总体比重已经超过 10%。电子信息产业在工业经济中的支撑作用凸显，更加促进了信息化和工业化的高层次深度融合。随着移动互联网、云计算、物联网、大数据和石墨烯等新兴产业的爆发式增长，电子信息产业的发展呈现了新的特点，电子信息产业的人才培养面临着新的挑战。

（1）随着控制、通信、人机交互和网络互联等新兴电子信息技术的不断发展，传统工业设备融合了大量最新的电子信息技术，它们一起构成了庞大而复杂的系统，派生出大量新兴的电子信息技术应用需求。这些"系统级"的应用需求，迫切要求具有系统级设计能力的电子信息技术人才。

（2）电子信息系统设备的功能越来越复杂，系统的集成度越来越高。因此，要求未来的设计者应该具备更扎实的理论基础知识和更宽广的专业视野。未来电子信息系统的设计越来越要求软件和硬件的协同规划、协同设计和协同调试。

（3）新兴电子信息技术的发展依赖于半导体产业的不断推动，半导体厂商为设计者提供了越来越丰富的生态资源，系统集成厂商的全方位配合又加速了这种生态资源的进一步完善。半导体厂商和系统集成厂商所建立的这种生态系统，为未来的设计者提供了更加便捷却又必须依赖的设计资源。

教育部 2020 年颁布了新版《高等学校本科专业目录》，将电子信息类专业进行了整合，为各高校建立系统化的人才培养体系，培养具有扎实理论基础和宽广专业技能的、兼顾"基础"和"系统"的高层次电子信息人才给出了指引。

传统的电子信息学科专业课程体系呈现"自底向上"的特点，这种课程体系偏重对底层元器件的分析与设计，较少涉及系统级的集成与设计。近年来，国内很多高校对电子信息类专业课程体系进行了大力度的改革，这些改革顺应时代潮流，从系统集成的角度，更加科学合理地构建了课程体系。

为了进一步提高电子信息类专业教育与教学质量，推动教育与教学高质量发展，教育部高等学校电子信息类专业教学指导委员会开展了"高等学校电子信息类专业课程体系"的立项研究工作，并启动了"高等学校电子信息类专业系列教材"（教育部高等学校电子信息类专业教学指导委员会规划教材）的建设工作。其目的是推进高等教育内涵式发展，提高教学水平，满足高等学校对电子信息类专业人才培养、教学改革与课程改革的需要。

本系列教材定位于高等学校电子信息类专业的专业课程，适用于电子信息类的电子信息工程、电子科学与技术、通信工程、微电子科学与工程、光电信息科学与工程、信息工程及其相近专业。经过编审委员会与众多高校多次沟通，初步拟定分批次建设约 100 门核心课程教材。本系列教材将力求在保证基础的前提下，突出技术的先进性和科学的前沿性，体现创新教学和工程实践教学；将重视系统集成思想在教学中的体现，鼓励推陈出新，采用"自顶向下"的方法编写教材；将注重反映优秀的教学改革成果，推广优秀的教学经验与理念。

为了保证本系列教材的科学性、系统性及编写质量，本系列教材设立顾问委员会及编审委员会。顾问委员会由教指委高级顾问、特约高级顾问和国家级教学名师担任，编审委员会由教育部高等学校电子信息类专业教学指导委员会委员和一线教学名师组成。同时，清华大学出版社为本系列教材配置优秀的编辑团队，力求高水准出版。本系列教材的建设，不仅有众多高校教师参与，也有大量知名的电子信息类企业支持。在此，谨向参与本系列教材策划、组织、编写与出版的广大教师、企业代表及出版人员致以诚挚的感谢，并殷切希望本系列教材在我国高等学校电子信息类专业人才培养与课程体系建设中发挥切实的作用。

吕志伟 教授

前言
PREFACE

"电工电子技术"是一门理论性、专业性、应用性、基础性均较强的课程,所涉及的内容又极为广泛,内容本身也较难掌握,如何在规定的较少学时内使学生掌握电工电子技术的基本知识并具有一定的实践能力,成为该课程的教学实施的难点。

目前"电工电子技术"课程的流行教材普遍存在一些问题,要么过分重视理论的讲述,内容烦琐而生涩难懂,实际技能知识不足,不利于高素质技能人才的培养;要么重视了实际技能,而忽视了基本理论知识的系统性和完整性,使学生不能充分理解,很难有所发展。并且,这些教材普遍存在文字叙述不流畅、逻辑性不强的问题。

为此,我们经过充分地调研、论证,本着知识够用、知识点新、技能应用性强、利于理解和自学的原则,将电工技术、电子技术与安全用电、工业用电等内容进行整合重构,编写了本教材。本教材由高校相关专业教师及有关企业工程技术人员联合编写。

本教材紧密结合应用型高等教育的特点,在理论体系完整的前提下,将知识点和能力点有机结合,加强了实际应用内容,利于读者实践能力的培养;教材内容编排力求顺序合理、逻辑性强,内容叙述力求简明扼要、深入浅出、通俗易懂,可读性强,更利于读者学习和掌握,也便于教师教学;对加宽加深的内容均注有 * 号,以便于不同专业选讲和自学;为了加强实际能力培养,每个项目都安排了足够的技能训练内容,放在附录中,以供选择。本教材参考理论教学学时为 64 学时,实践学时为 32 学时,可以根据教学要求适当调整教学学时。

本教材第 1 版出版以来,深受广大师生和工程技术人员好评,同时得到了他们的指正及合理化建议。基于此,对第 1 版教材进行修订,再次出版。考虑相关专业学时较少,本次改版基本保持原教材的框架结构,对内容进行了调整和压缩,丰富了电子资源。电子资源中包含教学课件、教学大纲、扩展内容、本书思考题习题的详细答案等,请在清华大学出版社官方网站本书页面下载或扫描目录上方二维码下载。

本教材由黄河交通学院靳孝峰、刘广杰担任主编,负责制定编写要求和详细的编写提纲,并对全书进行统稿和定稿。黄河交通学院孙玉凤、高荣霞,黄河科技学院王瑞利,郑州飞机装备有限责任公司崔冬担任副主编,黄河科技学院熊伟,黄河交通学院陈艳茹、杨鲁芸、高艳芳、成军宇参与本书编写。其中,刘广杰、陈艳茹共同编写第 1~4 章;崔冬编写第 5 章;孙玉凤、高荣霞共同编写第 7、8 章及附录;杨鲁芸、熊伟共同编写第 9、10 章;王瑞利编写第 11 章;高艳芳、成军宇共同编写第 6、12 章。

焦作大学、河南理工大学、中原工学院、焦作工贸职业学院、郑州飞机装备有限责任公司、焦作供电公司等院校和企业给予了大力支持和热情帮助,何光旭、司国斌、赵锋、武超、靳民、李堂军、宋丹为本教材的编写提供了素材,参与了项目设计和电子资源的制作。

本教材由郑州大学宋家友教授负责主审,宋老师在百忙中认真细致地审阅了全部书稿,并提出了宝贵建议。清华大学出版社的工作人员为本书的成功出版付出了艰辛的劳动。编者在此对为本教材成功出版作出贡献的所有工作人员表示衷心的感谢,同时对本书所用参考文献的作者表示诚挚的谢意。

教材中还有许多不完善之处,殷切期望广大读者给予批评和指正,以便不断改进和完善,有兴趣的读者可以发送邮件与作者进一步交流。

编　者

2023 年 8 月

目 录

CONTENTS

配套资源

电路的基本概念和基本定律

 学习目标要求

本章以直流电路为例,介绍电路的组成、电路模型,以及电流、电压等基本物理量的概念及参考方向;在此基础上,进一步介绍电路的连接方式及工作状态、欧姆定律、基尔霍夫电流定律、基尔霍夫电压定律,以及电压源和电流源的概念与等效。读者学习本章内容要做到以下几点。

(1)了解电源、负载及中间环节在电路中的作用,熟悉电路的 3 种基本工作状态和电气设备额定值的意义。

(2)掌握电流、电压、电位、电动势、电功率的物理概念及参考方向;掌握电阻元件的连接特点及等效。

(3)熟悉电压源与电流源的外特性,掌握电压源与电流源的等效变换。

(4)掌握电路中节点、支路、回路的概念以及电位的计算;掌握欧姆定律、基尔霍夫电流定律、基尔霍夫电压定律的意义及应用。

(5)掌握使用直流仪表、万用表测量电压、电流的方法。

(6)具有一定误差分析能力。

1.1 实际电路与电路模型

1.1.1 电路的组成及作用

1. 电路的组成

电路是由各种电气设备和电子器件按一定方式用导线连接组成的总体,它提供了电流通过的闭合路径。直流电通过的电路称为直流电路,交流电通过的电路称为交流电路。

无论简单电路还是复杂电路,其组成都包括电源、中间环节和负载三部分。把其他形式的能量转换为电能的装置称为电源,如发电机、干电池、蓄电池等;传递、分配、处理和控制电能的装置称为中间环节,如导线和开关、熔断器和继电器等;负载是取用电能的装置,它把电能转换为其他形式的能量,即各种用电设备,如电灯、电动机、电热器等。

2. 电路的作用

电路的作用有两类:第一类是进行能量的转换、传输和分配,如发输电和供配电;第二类是进行信号的传递与处理。例如,扩音机的输入是由声音转换而来的电信号,通过晶体管组成的放大电路,输出的便是放大了的电信号,从而实现了放大功能;电视机可将接收到的信号进行处理,转换成图像和声音。

不论转换、传输和分配,还是信号的传递与处理,其中电源和信号源的电压和电流均称为激励,由于激励而在电路各部分产生的电压或电流称为响应。电路分析的主要任务就是在给定电路结构、元器件参数的条件下,弄清楚在激励作用下的响应。

1.1.2 电路元器件及电路模型

1. 实际电路元器件和理想元器件

在实际电路中使用着各种电器、电子元器件,如电阻器、电容器、电感器、灯泡、半导体器件、变压器、电动机、电池等。这些实际元器件的电磁特性往往十分复杂。例如,一个白炽灯通以电流时,除具有消耗电能即电阻性质外,还会产生磁场,具有电感性质。

为了分析复杂电路的工作特性,就必须进行科学抽象与概括,用一些理想电路元器件(或相应组合)来代表实际元器件的主要外部特性。理想电路元器件是指忽略实际元器件的次要物理性质,只反映其主要物理性质的理想化电路元器件,称为理想元件,简称元件,可以用数学关系描述实际器件的基本物理规律。例如,白炽灯由于电感很小,可以忽略不计,因此可认为是电阻元件。

理想电路元器件是一种理想的模型并具有精确的数学定义,实际中并不存在。常见理想元器件及电路符号如图 1-1 所示。例如,电阻器、灯泡、电炉等,它们的主要电磁性能是消耗电能,这样可用一个具有两个端钮的理想电阻 R 来表示,它能反映消耗电能的特征,其模型符号如图 1-1(a)所示,理想电阻元件只消耗电能(既不储存电能,也不储存磁能);各种实际电感器主要是储存磁能,用一个理想的二端电感元件来反映储存磁能的特征,理想电感元件的模型符号如图 1-1(b)所示,理想电感元件只储存磁能(既不消耗电能,也不储存电能);各种实际的电容器主要是储存电场能,用一个理想的二端电容来反映储存电场能的特征,理想电容元件的模型符号如图 1-1(c)所示,理想电容元件只储存电能(既不消耗电能,也不储存磁能);理想电压源和理想电流源主要是对外供给不变电压和电流。其他的实际电路部件都可类似地将其表示为应用条件下的模型,这里就不一一列举了。

(a)电阻　(b)电感　(c)电容　(d)电压源　(e)电流源

图 1-1　理想电路元器件的图形与符号

2. 电路模型

用理想电路元器件来代替实际电路元器件构成的电路称为电路模型,简称电路。电路图则是用规定的元器件图形反映电路的结构。如图 1-2(a)所示的手电筒电路就是一个简单的直流电路,其电路模型如图 1-2(b)所示。

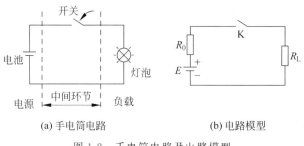

(a)手电筒电路　　　　　　　　　(b)电路模型

图 1-2　手电筒电路及电路模型

理想电路元器件在理想电路中是组成电路的基本元器件,元器件上电压与电流之间的关系又称为元器件的伏安特性,它反映了元器件的性质。

【思考题】

(1) 分别画出电炉丝、电动机绕组的理想电路元器件符号。

(2) 用类似手电筒的电路模型画出照明线路的电路模型图。

(3) 电路由哪几部分组成？各部分的作用是什么？什么是理想电路元件？如何理解电路模型？

1.2　电路的主要物理量及参考方向

在电路分析中,常用的物理量有电流(I)、电压(U)、电位(V)、电动势(E)、电功率(P)、电能(W)等。

1.2.1　电流和电压

1. 电流及其参考方向

电流是由电荷的定向移动而形成的,可通过它的各种效应(如磁效应、热效应)来感知它的客观存在。我们把单位时间内通过导体横截面的电荷量定义为电流强度,简称电流,用 I 或 $i(t)$ 表示,即

$$i(t) = \frac{\mathrm{d}q}{\mathrm{d}t} \tag{1-1}$$

式中,q 为通过导体横截面的电荷量,若电流不随时间而变,即 $\frac{\mathrm{d}q}{\mathrm{d}t}$ 为常数,则这种电流是直流电流,常用大写字母 I 表示。

在法定计量单位中,电流的单位是安[培](A),有时也用千安(kA)、毫安(mA)或微安(μA),$1\mathrm{kA} = 10^3\mathrm{A}$,$1\mathrm{A} = 10^3\mathrm{mA} = 10^6\mu\mathrm{A}$。

电流通常采用电流表或万用表的电流挡测量,测量时,电流表应串接在电路中,测量直流电流时要注意正负极性。

电流不仅有大小,而且有方向,习惯上把正电荷运动的方向规定为电流的实际方向。由于电流的实际方向难以判断、不断改变,为分析方便,引入"电流的参考正方向"的概念。可任意选定一方向作参考,称为参考方向(或正方向),在电路图中用箭头表示,也可用字母带双下标表示,如 I_{ab} 表示参考方向从 a 指向 b,如图 1-3 所示。并规定:当电流的参考方向与实际方向一致时,电流取正值,$I > 0$,如图 1-3(a)所示;当电流的参考方向与实际方向不一致即相反时,电流取负值,$I < 0$,如图 1-3(b)所示。这样,在电路计算时,只要选定了参考方向,并算出电流值,就可根据其值的正负号来判断其实际方向了。

图 1-3　电流参考方向与实际方向的关系

2. 电压及其参考方向

为衡量电路元器件吸收或发出电能的情况,在电路分析中引入了电压这一物理量。电场力将单位正电荷从电路中 a 点移至 b 点所做的功称为 a、b 两点之间的电压,又称为电位差,用 $u(t)$ 或 u_{ab} 表示。其数学表达式为

$$u(t) = \frac{dw(t)}{dq(t)} \tag{1-2}$$

式中,电场力移动电荷为 $dq(t)$,所做的功为 $dw(t)$。电压总是与电路中两点相联系的,直流电压常用大写字母 U 表示,交流电压常用小写字母 u 表示。

在法定计量单位中,电压的单位是伏[特](V),有时也用千伏(kV)、毫伏(mV)、微伏(μV),$1kV = 10^3 V$,$1V = 10^3 mV = 10^6 \mu V$。

电压通常采用电压表或万用表的电压挡测量,测量时,电压表应并接在电路中,测量直流电压时要注意正负极性。

同电流一样,电压也有大小和方向,电路中电压的实际方向规定为从高电位指向低电位,即由＋极指向－极,因此,在电压的方向上电位是逐渐降低的。但在复杂的电路里,电压的实际方向不易判别或分时间段交替改变,需要对电路两点间电压假设其方向。在电路图中,常标以＋、－号表示电压的正、负极性或参考方向。在图 1-4 中,a 点标以＋,极性为正,称为高电位;b 点标以－,极性为负,称为低电位。选定电压参考方向后,若 $U>0$,则表示电压的真实方向与选定的参考方向一致,如图 1-4(a)所示;反之则相反,如图 1-4(b)所示。也有的用带有双下标的字母表示,如电压 U_{ab},表示该电压的参考方向为从 a 点指向 b 点。这种选定也具有任意性,并不能确定真实的物理过程。

3. 关联参考方向

电路中电流的正方向和电压的正方向在选定时都有任意性,二者彼此独立。但是,为了分析电路方便,常把元件上的电流与电压的正方向取为一致,称为关联参考方向,如图 1-5(a)所示;不一致时称为非关联参考方向,如图 1-5(b)所示。我们约定,除电源元件外,所有元件上的电流和电压都采用关联参考方向;图中所标均为参考方向,一经确定,计算过程中不得改变。若依据参考方向计算值为正,则说明实际方向与参考方向相同;为负则说明实际方向与参考方向相反。

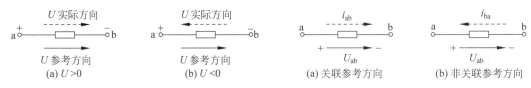

图 1-4　电压参考方向与实际方向的关系　　　图 1-5　电压和电流的关联、非关联参考方向

1.2.2　电位和电动势

1. 电位

将单位正电荷从某一点 a 沿任意路径移动到参考点,电场力做功的大小称为 a 点的电位,记为 V_a。所以为了求出各点的电位,必须选定电路中的某一点作为参考点,并规定参考点的电位为零,则电路中的任一点与参考点之间的电位差(即电压)就是该点的电位,单位与电压相同。

在电力系统中,常选大地为参考点;在电子线路中,常选机壳电路的公共线为参考点。线路图中都用符号⊥表示,简称"接地"。

在同一电路系统中,只能选择一个电位参考点。电位概念的引入,简化了电路,电子线路中一般不再画出电源,而改用电位标出。例如,图1-6(a)所示的电路,利用电位的概念,可简化成图1-6(b)所示的电路。在电子线路中,常使用这种习惯画法。

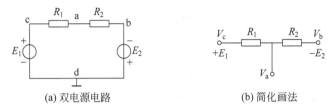

(a) 双电源电路　　　　　　　　(b) 简化画法

图 1-6　双电源电路及简化画法

在电气设备的检修中,经常要测试各点的电位,看是否满足设计要求。计算电位的步骤如下。

(1) 选择一个零电位参考点。

(2) 标出电源极性和电流方向。

(3) 选定一条从该点到零电位点的路径,求两点之间的电压,即为该点电位。注意:电源选择非关联参考方向,其他选择关联参考方向;电位与路径无关,当有多条路径时,选择最易计算、最简单的一条。

【例1-1】　电路如图1-7所示,已知:$R_1 = 10\Omega, R_2 = 20\Omega, R_3 = 30\Omega$,试分别求图1-7(a)和图1-7(b)中 a、b、c、d 各点的电位 V_a、V_b、V_c、V_d 和 a、d 两点之间的电压。

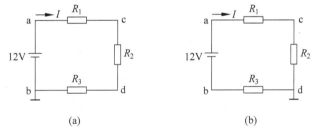

(a)　　　　　　　　　　　　　(b)

图 1-7　例 1-1 电路图

解:(1) 求图1-7(a)中各点的电位。

图中已给定的参考电位点在 b 点,故 $V_b = 0\text{V}, V_a = 12\text{V}$。电流 I 的大小为

$$I = \frac{12}{R_1 + R_2 + R_3} = \frac{12}{10 + 20 + 30} = 0.2(\text{A})$$

则　$V_c = U_{cb} = I(R_2 + R_3) = 0.2 \times (20 + 30) = 10(\text{V})$

　　$V_d = U_{db} = IR_3 = 0.2 \times 30 = 6(\text{V})$

　　$U_{ad} = V_a - V_d = 12 - 6 = 6(\text{V})$

(2) 求图1-7(b)中各点的电位。

图中已给定的参考电位原点在 d 点,故 $V_d = 0\text{V}$,电路中电流 I 的大小与图1-7(a)相同。则

$$V_a = U_{ad} = I(R_1 + R_2) = 0.2 \times (10 + 20) = 6(\text{V})$$

$$V_b = U_{bd} = -IR_3 = -0.2 \times 30 = -6(V)$$
$$V_c = U_{cd} = IR_2 = 0.2 \times 20 = 4(V)$$
$$U_{ad} = V_a - V_d = 6 - 0 = 6(V)$$

依据上面分析,可以看出:尽管电路中各点的电位与参考电位点的选取有关,但任意两点间的电压值(即电位差)是不变的。所以电位的高低是相对的,而两点间的电压值是绝对的。电路中任意两点之间的电位差就是两点之间的电压。

2. 电动势

电源内部有一种局外力(非静电力),将正电荷由低电位处沿电源内部移向高电位处(如电池中的局外力是由电解液和金属极板间的化学作用产生的)。由于局外力而使电源内部两端具有的电位差称为电动势,并规定电动势的实际方向是由低电位端指向高电位端。把电位高的一端称为正极,电位低的一端称为负极,则电动势的实际方向规定在电源内部从负极到正极,如图 1-8(a)所示。因此,在电动势的方向上,电位是逐点升高的。

电动势在数值上等于局外力把单位正电荷从电源负极板搬运到正极板所做的功。即

$$e(t) = \frac{\mathrm{d}w(t)}{\mathrm{d}q(t)} \tag{1-3}$$

对于变化的电动势用小写字母 $e(t)$ 或 e 表示,恒定电动势用大写字母 E 表示。电动势的单位与电压相同,也用伏特(V)表示。

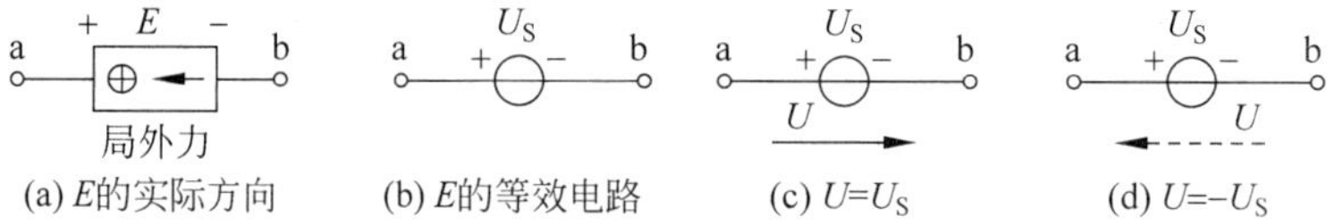

图 1-8 电动势(恒压源)的符号及不同电压参考方向

由于电动势 E 两端的电压值为恒定值,且不论电流的大小和方向如何,其电位差总是不变的,故用一恒压源 U_S 的电路模型代替电动势 E,如图 1-8(b)所示。在分析电路时,若电路中电压参考方向不同,则其数值也不同。当选取的电压参考方向与恒压源的极性一致时,$U = U_S$,如图 1-8(c)所示;相反时,$U = -U_S$,如图 1-8(d)所示。以上内容与电路中的电流无关。

1.2.3 电功率和电能

1. 电功率

把单位时间内电场力所做的功称为电功率,记为 $p(t)$,电功率是描述电场力做功速率的一个物理量。如果在时间 $\mathrm{d}t$ 内,电场力将 $\mathrm{d}q(t)$ 的正电荷从一点移动到另一点所做的功为 $\mathrm{d}w(t)$,则

$$p(t) = \frac{\mathrm{d}w(t)}{\mathrm{d}(t)} = \frac{\mathrm{d}w(t)}{\mathrm{d}q(t)} \frac{\mathrm{d}q(t)}{\mathrm{d}(t)} = u(t)i(t)$$

对于直流电路,将电功率记为 P,则 $P = UI$。

在法定计量单位中功率的单位是瓦(W),也常用千瓦(kW)、毫瓦(mW),一般采用功率表测量。

在电源内部,外力做功,正电荷由低电位移向高电位,电流逆着电场方向流动,将其他能

量转变为电能,其电功率为 $P=EI$。

对于电路中任意一个元器件,总存在着吸收功率还是发出功率的问题。判断某一元器件是属于电源(发出能量)还是负载(吸收能量)的方法如下。

(1)当电流与电压取关联参考方向时,假定该元器件吸收功率,功率表达式为

$$P=UI \tag{1-4}$$

(2)当电流与电压取非关联参考方向时,假定该元器件吸收功率,功率表达式为

$$P=-UI \tag{1-5}$$

$P>0$ 表明该元件吸收功率,是负载(或起到负载作用);$P<0$ 表明该元件产生功率,是电源(或起到电源作用)。在电路中,吸收功率等于产生功率,即电源供给的能量等于负载消耗与内部损耗之和,满足功率平衡。

【例 1-2】 计算图 1-9 所示的各元器件的功率,并指出是发出功率还是吸收功率。

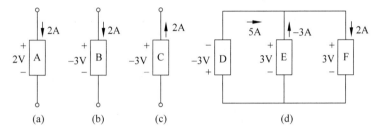

图 1-9 例 1-2 电路图

解:在图 1-9(a)中,电压与电流为关联参考方向,由 $P=UI$,得

$$P_{\mathrm{A}}=2\times2=4(\mathrm{W}),\quad P>0 \quad 吸收功率$$

在图 1-9(b)中,电压与电流为关联参考方向,由 $P=UI$,得

$$P_{\mathrm{B}}=-(3\times2)=-6(\mathrm{W}),\quad P<0 \quad 发出功率$$

在图 1-9(c)中,电压与电流为非关联参考方向,由 $P=-UI$,得

$$P_{\mathrm{C}}=-[(-3)\times2]=6(\mathrm{W}),\quad P>0 \quad 吸收功率$$

在图 1-9(d)中,D 元件电压与电流为关联参考方向,由 $P=UI$,得

$$P_{\mathrm{D}}=-3\times5=-15(\mathrm{W}),\quad P<0 \quad 发出功率$$

E 元件电压与电流为非关联参考方向,由 $P=-UI$,得

$$P_{\mathrm{E}}=-[3\times(-3)]=9(\mathrm{W}),\quad P>0 \quad 吸收功率$$

F 元件电压与电流为关联参考方向,由 $P=UI$,得

$$P_{\mathrm{F}}=3\times2=6(\mathrm{W}),\quad P>0 \quad 吸收功率$$

2. 电能

在电流通过电路的同时,电路中发生了能量的转换。在电源内非电能转换成电能,在外电路电能转换成为其他形式的能。在一段时间 $\mathrm{d}t$ 内,电场力移动正电荷所做的功 $\mathrm{d}w$ 称为电场能,简称为电能,它与电功率的关系为 $\mathrm{d}w=p(t)\mathrm{d}t$。如果 p 不随时间变化,即为常值,$p=P$,则 $W=Pt$。

从非电能转换来的电能等于恒压源电动势和被移动的电荷量 Q 的乘积,即

$$W_{\mathrm{E}}=EQ=EIt \tag{1-6}$$

此电能可分为两部分:其一是外电路取用的电能(即电源输出的电能)W_1;其二是因电源

内部正电荷受局外力作用在移动过程中存在阻力而消耗的电能,即电源内部消耗电能 W_i。即

$$W_i = W_E - W_1 = (E - U)It \tag{1-7}$$

电能的法定计量单位是焦耳(J),常用千瓦时(kW·h)或度为单位,1度=1kW·h。

【例 1-3】 一只标有"220V,40W"的灯泡,试求它在额定工作条件下通过灯泡的电流及灯泡的电阻。若每天使用 5h,问一个月消耗多少度的电能?(一个月按 30 天计算)

解:$I = \dfrac{P}{U} = \dfrac{40}{220} = 0.182(A)$

$R = \dfrac{U}{I} = \dfrac{220}{0.182} \approx 1209(\Omega)$

$W = Pt = 40 \times (5 \times 30) = 6 \text{kW} \cdot \text{h} = 6$ 度

即一个月消耗 6 度电能。

【思考题】

(1) 参考方向是如何规定的?在电路中电压和电流的实际方向和参考方向有怎样的关系?

(2) 如图 1-10(a)所示,$U_{ab} = -10$V,问哪点电位高?如图 1-10(b)所示,分别指出 U_{ab}、U_{ac}、U_{bc}、U_{ca}、U_{ba} 的值各为多少。如图 1-10(c)所示,若以 b 点为零电位参考点,求其他各点的电位值。若以 c 点为零点呢?

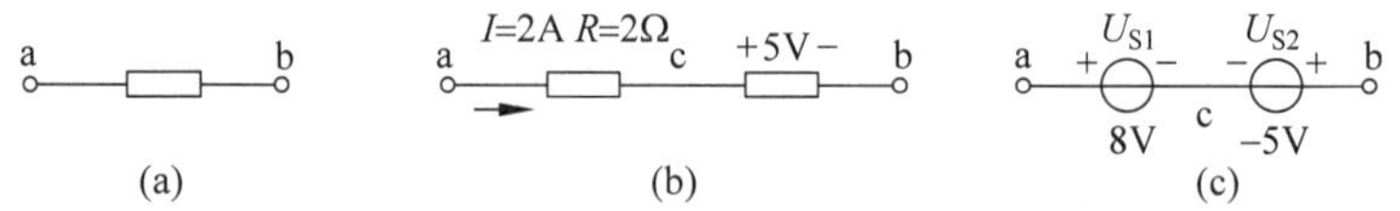

图 1-10 题(2)图

(3) 额定值分别为"110V、40W"和"110V、60W"的两只灯泡,能否将它们串联起来接入 220V 的电源上?为什么?

(4) 一生产车间有"100W、220V"的电烙铁 50 把,每天使用 5h,问一个月(按 30 天计)用电多少度?

(5) 试估算一个教室一个月(按 30 天计)用电多少度?一栋教学楼呢?

1.3 电阻元件及欧姆定律

1.3.1 电阻元件

在电路中,用电阻表示导体对电流阻碍作用的大小,电阻越大,表示导体对电流的阻碍作用越大,电阻元件是一种耗能元件。电阻是导体的固有特性,与材料和结构等有关,不同的导体,其电阻特性差别较大,有线性电阻和非线性电阻之分,线性电阻遵守欧姆定律。

导体的电阻通常用字母 R 或 r 来表示,电阻的单位是欧[姆](Ω),计量大电阻时用千欧($k\Omega$)、兆欧($M\Omega$)。电阻的倒数称为电导,它是表征元件导电能力强弱的电路参数,用符号 G 表示,即 $G = 1/R$,它的单位为西[门子](S)。

在电路分析中,常用元件上的电压 $u(t)$ 与电流 $i(t)$ 的函数关系来描述元件的特性,我们把这一关系称为元件的伏安特性或伏安关系。

1. 线性电阻元件

在温度一定的条件下,把加在电阻两端的电压与通过电阻的电流之间的关系称为电阻的伏安特性。一般金属电阻的阻值不随所加电压和通过的电流而改变,即在一定的温度下其阻值是常数,这种电阻的伏安特性是一条经过原点的直线,如图 1-11(用 R 表示)和图 1-12(用 G 表示)所示。这种电阻称为线性电阻,线性电阻遵守欧姆定律。图 1-11 中直线的斜率等于电阻值,图 1-12 中直线的斜率等于电导值。

金属电阻多为线性电阻。金属导体的电阻与它的几何尺寸、金属材料的导电性能有关,其电阻阻值 R 的计算式为

$$R = \rho \frac{l}{S} \tag{1-8}$$

式中,ρ 为电阻系数或称电阻率,常用单位为 $\Omega \cdot \mathrm{mm}^2/\mathrm{m}$;$l$ 为导体长度,单位为 m;S 为导体截面积,单位为 mm^2;电阻的单位为 Ω 或 $\mathrm{k}\Omega$。

2. 非线性电阻元件

在实际当中,有一些电阻元件的伏安关系不是线性关系,如图 1-13 所示二极管的伏安特性曲线就是非线性的,其电压与电流的比值是变化的,这种元件的电阻值是电压或电流的函数,称为非线性电阻。半导体三极管的输入、输出电阻也都是非线性的。对于非线性电阻的电路,欧姆定律不再适用。

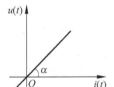
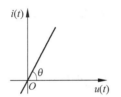
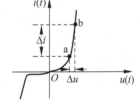

图 1-11 用 R 表示的伏安特性   图 1-12 用 G 表示的伏安特性   图 1-13 二极管的伏安特性

1.3.2 电路的欧姆定律

对于任何元件,加在元件上的电压和流过元件的电流存在一定的函数关系。欧姆定律反映了电阻元件上电压和电流的约束关系。欧姆定律指出:导体中的电流 I 与加在导体两端的电压 U 成正比,与导体的电阻 R 成反比。图 1-14 是欧姆定律的典型电路(u 和 i 为关联方向),式(1-9)为欧姆定律的表达式。

$$u(t) = Ri(t) \tag{1-9}$$

若 u 和 i 为非关联方向,则欧姆定律表示为

$$u(t) = -Ri(t) \tag{1-10}$$

式中,R 是比例常数,这一电路规律称为欧姆定律。对于直流电路,欧姆定律的表示形式为 $U = RI$ 和 $U = -RI$。$G = 1/R$,也可用电导表示欧姆定律。

图 1-14 欧姆定律的
典型电路

1.3.3 电阻的连接方式

由于工作的需要,常将许多电路按不同的方式连接起来,组成一个电路网络。下面以电阻为例,介绍电阻的串联、并联和混联连接方式。

1. 电阻的串联

由若干个电阻顺序地连接成一条无分支的电路,称为串联电路。如图 1-15 所示的电路,是由三个电阻串联组成的。

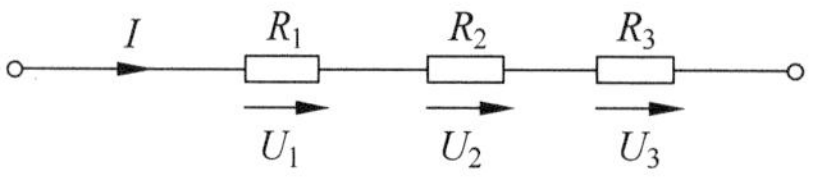

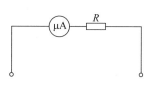

图 1-15   电阻的串联

电阻元件串联有以下几个特点。

(1) 流过串联各元件的电流相等,即

$$I_1 = I_2 = I_3 = I$$

(2) 等效电阻为

$$R = R_1 + R_2 + R_3$$

(3) 总电压为

$$U = U_1 + U_2 + U_3$$

(4) 总功率为

$$P = P_1 + P_2 + P_3$$

(5) 电阻串联具有分压作用,即

$$U_1 = \frac{R_1 U}{R}, \quad U_2 = \frac{R_2 U}{R}, \quad U_3 = \frac{R_3 U}{R}$$

在实际中,利用串联分压的原理,可以扩大电压表的量程,还可以制成电阻分压器。

【**例 1-4**】   现有一表头,满刻度电流 $I_Q = 50\mu A$,表头的电阻 $R_G = 3k\Omega$,若要改装成量程为 10V 的电压表,如图 1-16 所示,试问应串联一个多大的电阻?

图 1-16   例 1-4 电路图

解:当表头满刻度时,它的端电压 $U_G = 50 \times 10^{-6} \times 3 \times 10^3 = 0.15V$。设量程扩大到 10V 时所需串联的电阻为 R,则 R 上分得的电压为 $U_R = 10 - 0.15 = 9.85V$,故

$$R = \frac{U_R R_G}{U_G} = \frac{9.85 \times 3 \times 10^3}{0.15} = 197(k\Omega)$$

即应串联197kΩ 的电阻,方能将表头改装成量程为 10V 的电压表。

2. 电阻的并联

将几个电阻元件都接在两个共同端点之间的连接方式称为并联。图 1-17 所示的电路是由 3 个电阻并联组成的。

并联电路的基本特点如下。

(1) 并联电阻承受同一电压,即

$$U = U_1 = U_2 = U_3$$

(2) 总电流为

$$I = I_1 + I_2 + I_3$$

(3) 总电阻的倒数为

$$\frac{1}{R} = \frac{1}{R_1} + \frac{1}{R_2} + \frac{1}{R_3}$$

即总电导 $G = G_1 + G_2 + G_3$;

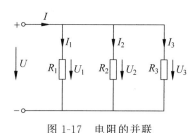

图 1-17   电阻的并联

若只有两个电阻并联,其等效电阻 R 可用下式计算:

$$R = R_1 /\!/ R_2 = \frac{R_1 \times R_2}{R_1 + R_2}$$

式中,符号"//"表示电阻并联。

（4）总功率为

$$P = P_1 + P_2 + P_3$$

（5）分流作用为

$$I_1 = \frac{RI}{R_1}, \quad I_2 = \frac{RI}{R_2}, \quad I_3 = \frac{RI}{R_3}$$

利用电阻并联的分流作用,可扩大电流表的量程。在实际应用中,用电器在电路中通常都是并联运行的,属于相同电压等级的用电器必须并联在同一电路中,这样才能保证它们都在规定的电压下正常工作。

【例 1-5】 有三盏电灯接在 110V 电源上,其额定值分别为 110V、100W;110V、60W;110V、40W。求总功率 P、总电流 I 以及通过各灯泡的电流及等效电阻。

解：（1）因外接电源符合各灯泡额定值,各灯泡正常发光,故总功率为

$$P = P_1 + P_2 + P_3 = 100 + 60 + 40 = 200(\text{W})$$

（2）总电流与各灯泡电流为

$$I = \frac{P}{U} = \frac{200}{110} \approx 1.82(\text{A})$$

$$I_1 = \frac{P_1}{U_1} = \frac{100}{110} \approx 0.909(\text{A})$$

$$I_2 = \frac{P_2}{U_2} = \frac{60}{110} \approx 0.545(\text{A})$$

$$I_3 = \frac{P_3}{U_3} = \frac{40}{110} \approx 0.364(\text{A})$$

（3）等效电阻为

$$R = \frac{U}{I} = \frac{110}{1.82} \approx 60.4(\Omega)$$

3. 其他连接方式

在简单电路分析中,既有串联又有并联的电路,称为混联电路。混联电路的解题方法与步骤如下。

（1）找出混联电路中,各电阻的串联和并联关系。

（2）根据串联、并联电路的特性和欧姆定律,求出各部分等效电阻和总等效电阻,再求出总电流、各支路电流、各部分电压等。

【例 1-6】 如图 1-18（a）所示,试分析图中各电阻间的连接关系,并求出总的等效电阻。

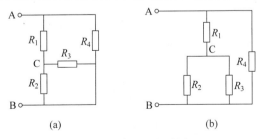

(a)　　　　　　　(b)

图 1-18　例 1-6 电路图

解:图 1-18(a)中有 3 个节点,分别是 A、B 和 C。将图 1-18(a)整理得到图 1-18(b),可以看出:R_2 和 R_3 连接在同一对节点 B、C 上,因而 R_2 和 R_3 为并联关系;R_2 和 R_3 并联后与 R_1 串联,再与 R_4 并联。根据电阻的连接关系,得出电路总的等效电阻 R 为

$$R_{23} = \frac{R_2 R_3}{R_2 + R_3}$$

$$R_{123} = R_{23} + R_1$$

$$R = \frac{R_{123} R_4}{R_{123} + R_4}$$

实际电路中,还有星形(Y)和三角形(△)连接方式,有关分析可参阅电子资源。

【思考题】

(1) 线性电阻和非线性电阻各有何特点?是否满足欧姆定律?

(2) 电阻串联和并联各有何特点?说明具体应用。

(3) 如何分析复杂的混合连接电路?

1.4 电路的 3 种工作状态和电气设备的额定值

1.4.1 电路的 3 种工作状态

电路在工作时有 3 种工作状态,分别是通路(负载工作状态)、断路(空载运行状态)、短路。

1. 通路(负载工作状态)

如图 1-19 所示,把开关 S 闭合,电路便处于有载工作状态。此时电路有下列特征。

(1) 电路中的电流为

$$I = \frac{E}{R_i + R_L} \tag{1-11}$$

(2) 电源的端电压为

$$U_1 = E - R_i I \tag{1-12}$$

式(1-12)表明:电源的端电压 U_1 总是小于电源的电动势 E。两者之差等于电流在电源内阻上产生的压降(IR_i)。电流越大,则端电压下降得就越多。

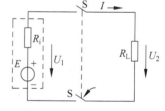

图 1-19 电路的负载状态

若忽略线路上的压降,则负载两端的电压 U_2 等于电源的端电压 U_1,即

$$U_2 = U_1 \tag{1-13}$$

(3) 电源的输出功率为

$$P_1 = U_1 I = (E - IR_i)I = EI - R_i I^2 \tag{1-14}$$

上式表明,电源的电动势发出的功率 EI 减去电源内阻上的消耗 $R_i I^2$,才是供给负载的功率,显然,负载所吸取的功率为

$$P_2 = U_2 I = U_1 I = P_1 \tag{1-15}$$

根据负载大小,电路在通路时又分为 3 种工作状态:电气设备的电流等于额定电流,称为满载工作状态;电气设备的电流小于额定电流,称为轻载工作状态;电气设备的电流大于额定电流,称为过载工作状态。

2. 断路（空载运行状态）

空载运行状态又称为断路或开路状态，它是电路的一个极端运行状态。如图 1-20 所示，当开关 S 断开或连线断开时，电源和负载未构成闭合电路，就会发生这种状态，这时外电路所呈现的电阻对电源来说是无穷大，此时

（1）电路中的电流为零，即 $I=0$。

（2）电源的端电压等于电源的恒定电压。即

$$U_1 = E - R_i I = E \tag{1-16}$$

（3）电源的输出功率 P_1 和负载所吸收的功率 P_2 均为零，即

$$P_1 = P_2 = 0 \tag{1-17}$$

3. 短路

当电源的两输出端由于某种原因（如电源线绝缘损坏、操作不慎等）相接触时，会造成电源被直接短路的情况，如图 1-21 所示，它是电路的另一个极端运行状态。

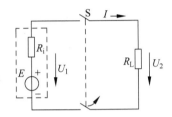
图 1-20　电路的空载状态

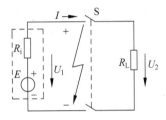
图 1-21　电路的短路状态

当电源短路时，外电路所呈现出的电阻可视为零，故电路具有下列特征：

（1）电源中的电流为

$$I = I_s = \frac{E}{R_i} \tag{1-18}$$

此电流称为短路电流。在一般供电系统中，因电源的内电阻 R_i 很小，故短路电流 I_s 很大。

（2）因负载被短路，故电源端电压与负载电压均为零，即

$$U_1 = U_2 = E - R_i I_s = 0 \tag{1-19}$$

就是说电源的恒定电压与电源的内阻电压相等，方向相反，因而无输出电压。

（3）负载吸收的功率为

$$P_2 = 0 \tag{1-20}$$

电源提供的输出功率

$$P_1 = P_{R_i} = I_s^2 R_i \tag{1-21}$$

这时电源发出的功率全部消耗在内阻上。这将导致电源的温度急剧上升，有可能烧毁电源或由于电流过大造成设备损坏，甚至引起火灾。为了防止此现象的发生，可在电路中接入熔断器等短路保护电器。

【例 1-7】 如图 1-22 所示的电路，已知 $E=100\text{V}$，$R_i=10\Omega$，负载电阻 $R_L=100\Omega$，问开关分别处于 1、2、3 位置时电压表和电流表的读数分别是多少？

解：当 S 接在 1 位置时，是负载工作状态，此时的电流表、电压表读数分别为

$$I = \frac{E}{R_i + R_L} = \frac{100}{10+100} \approx 0.91(\text{A})$$

$$U = IR_L = 0.91 \times 100 = 91(\text{V})$$

当 S 接在 2 位置时,是空载工作状态,此时的电流表、电压表读数分别为

$$I = 0\text{A}$$

$$U = E = 100\text{V}$$

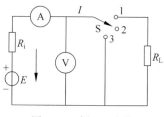

图 1-22 例 1-7 电路

当 S 接在 3 位置时,是短路工作状态,此时的电流表、电压表读数分别为

$$I = I_S = I_{max} = \frac{E}{R_i} = \frac{100}{10} = 10(\text{A})$$

$$U = 0\text{V}$$

1.4.2 电气设备的额定值

电气设备的额定值是根据设计、材料及制造工艺等因素,由制造厂家给出的设备各项性能指标和技术数据。按照额定值使用电气设备时,既安全可靠,又经济合理。

电气设备的额定值,通常有如下几项。

(1)额定电流(I_N):电气设备长时间运行以致稳定温度达到最高允许温度时的电流,称为额定电流。

(2)额定电压(U_N):为了限制电气设备的电流并考虑绝缘材料的绝缘性能等因素,允许加在电气化设备上的电压限值,称为额定电压。

(3)额定功率(P_N):在直流电路中,额定电压与额定电流的乘积就是额定功率,即

$$P_N = U_N \cdot I_N$$

电气设备的额定值都标在铭牌上,使用时必须遵守。例如,一盏日光灯,标有"220V 60W"的字样,表示该灯在 220V 电压下使用,消耗功率为 60W,若将该灯泡接在 380V 的电源上,则会因电流过大将灯丝烧毁;反之,若电源电压低于额定值,则虽能发光,但灯光暗淡。

对于白炽灯、电炉之类的用电设备,只要在额定电压下使用,其电流和功率都将达到额定值。但是对于另一类电气设备,如电动机、变压器等,即使在额定电压下工作,电流和功率也可能达不到额定值,或者超过额定值(称为过载)。在使用时应该注意这一点。

【思考题】

(1)什么是电路的开路状态、短路状态、空载状态、过载状态、满载状态?

(2)某实验装置如图 1-23 所示,电压表读数为 10V,电流表读数为 50A,由此可知二端口网络 N 的等效电源电压 U_S、内阻 R_i 各为多少?

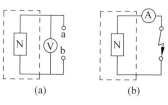

图 1-23 题(2)电路图

1.5 基尔霍夫定律

德国物理学家基尔霍夫在 1845 年提出了电路参数计算的两定律,称为基尔霍夫定律。基尔霍夫定律是电路的基本定律之一,是电路结构对元件电压和电流的约束关系,不仅适用

于求解简单电路,也适用于求解复杂电路。

1.5.1 基本概念

在介绍基尔霍夫定律之前,先以图 1-24 所示电路为例,介绍几个相关电路名词的含义。

(1) 支路:电路中通过同一电流且中间不分岔的每个分支称为支路。如图 1-24 中 a-R_1-c-U_{S1}-b、a-R_4-b、a-R_2-a-U_{S2}-b、a-R_3-e-U_{S3}-b 均为支路。其中 a-R_1-c-U_{S1}-b、a-R_2-d-U_{S2}-b、a-R_3-e-U_{S3}-b 支路含有电源,称为有源支路;a-R_4-b 支路称为无源支路。

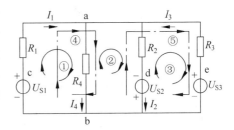

图 1-24 电路举例

(2) 节点:三条和三条以上支路的会集点称为节点。图中有两个节点,即 a 点和 b 点;c 点、d 点、e 点不是节点。

(3) 回路:由一条或多条支路组成的闭合路径称为回路。图 1-24 中①、②、③、④、⑤及 a-e-b-c-a 均是回路。

(4) 网孔:不包含支路的回路称为网孔,图中网孔标号为①、②、③。

电路中的节点数、支路数、网孔数满足:网孔数＝支路数－(节点数－1)。

1.5.2 基尔霍夫电流定律

基尔霍夫电流定律(简称 KCL)用来确定连接在同一节点上的各个支路电流之间的关系。内容如下:根据电流连续性原理,任一时刻,流入节点的电流代数和恒等于零,即

$$\sum I = 0 \qquad\qquad (1\text{-}22)$$

或在任一时刻,流入节点的电流之和等于流出节点的电流之和,即

$$\sum I_{in} = \sum I_{ex} \qquad\qquad (1\text{-}23)$$

应用该定律时,必须首先假定各支路电流的参考方向,一般规定:参考方向指向节点的电流取正号,背离节点的电流取负号。

KCL 虽是应用于节点的,但也可以推广运用于电路任一假设的封闭面。对任意的封闭平面 S,流入(或流出)封闭面的电流代数和等于零,三极管中的电流分配基本公式为 $I_B + I_C = I_E$,则是实际应用。

【例 1-8】 在图 1-25 中,在给定的电流参考方向下,已知 $I_1 = 1A$,$I_2 = -3A$,$I_4 = 5A$,试求电流 I_3。

解: 利用 KCL 定律可得

$$I_1 - I_2 + I_3 - I_4 = 0$$

所以 $I_3 = I_2 + I_4 - I_1 = -3 + 5 - 1 = 1(A)$

关于 KCL 应用的说明如下。

(1) KCL 与电路元件的性质无关。

(2) KCL 可以推广到电路中任意封闭平面。

(3) KCL 式中有两个正负号,I 前的正负号是 KCL 根据

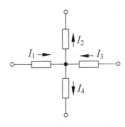

图 1-25 例 1-8 电路图

电流的参考方向确定的,数字前的正负号表示电流本身的正负。

1.5.3 基尔霍夫电压定律

基尔霍夫电压定律(简称 KVL)用来确定回路中的各段电压间的关系,内容如下:任一时刻,在电路中任一闭合回路内各段电压的代数和恒等于零,即

$$\sum U = 0 \tag{1-24}$$

该定律用于电路的某一回路时,必须先任意假定各电路元器件的电压参考方向及回路的绕行方向。当电压的参考方向与绕行方向一致时,该电压取"+"号;当电压的参考方向与绕行方向相反时,取"−"号。式(1-24)也可以理解为绕行一周的升压之和等于降压之和。

以图 1-24 为例,沿 a-e-b-c-a 回路顺时针方向绕行一周,则按图选定的各元件电压的参考方向,从 a 点出发绕行一周,有

$$-I_3 R_3 + U_{S3} - U_{S1} + I_1 R_1 = 0$$

$$U_{S3} - U_{S1} = I_3 R_3 - I_1 R_1$$

可写为

$$\sum U_s = \sum RI \tag{1-25}$$

上式是基尔霍夫电压定律的另一种表达形式,其意义是:沿任一回路绕行一周,回路中所有电动势的代数和等于所有电阻上的电压降的代数和。

【例 1-9】 如图 1-26 所示的电路,列出节点的电流方程和回路电压方程。

解:(1)先任意选定各支路电流的参考方向和回路的绕行方向,并标在图 1-26 中。

根据 KCL 列出

节点 a $I_1 + I_2 - I_3 = 0$

节点 b $I_3 - I_1 - I_2 = 0$

根据 KVL 列出

回路① $I_3 R_3 - U_{S1} + I_1 R_1 = 0$

回路② $-I_3 R_3 + U_{S2} - I_2 R_2 = 0$

回路③ $-U_{S1} + I_1 R_1 - I_2 R_2 + U_{S2} = 0$

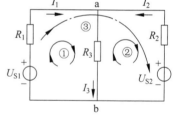

图 1-26 例 1-9 电路图

从两个节点的电流方程可以看出,两个公式是相同的,所以对于具有两个节点的电路,只能列出一个独立的节点电流方程。对于具有 n 个节点的电路,只能列出 $n-1$ 个独立的电流方程。

在 3 个回路电压方程中,任一个方程都可以从其他两个方程中导出,因此,只有两个方程是独立的。对于具有 b 条支路、n 个节点的电路,应用 KVL 定律,只能列出 $b-(n-1)$ 个电压方程。

基尔霍夫定律不仅可以用于闭合回路,还可以推广到任一不闭合的电路上,用于求回路的开路电压,如图 1-27 所示的电路,求 U_{ab}。

因为 $I_1 = \dfrac{U_{S1}}{R_1 + R_3}$,$I_2 = \dfrac{U_{S2}}{R_2 + R_4}$

对回路 a-b-R_4-d-c-R_3-a,由 KVL 定律得

$$U_{ab} + I_2 R_4 - I_1 R_3 = 0$$

则 $U_{ab}=I_1 R_3 - I_2 R_4$

KVL 使用时的注意事项如下。

（1）KVL 反映了电路中任一回路中各段电压间相互制约的关系，与电路元件的性质无关。

（2）列方程前需要标注电压和电流的参考方向以及回路绕行方向。

（3）开口电压可按回路处理。

图 1-27 电路开路

【思考题】

（1）基尔霍夫定律的内容是什么？

（2）基尔霍夫定律的数学形式和符号法则如何？

（3）能否用基尔霍夫定律来分析含有二极管的非线性电路？

1.6　电压源与电流源及其等效变换

实际电源产生电能的同时，也有能量的消耗，理想化的电源产生电能时不消耗电能，这种电源称为理想电源。理想电源是不存在的，只是在理论分析中抽象化的电源。

1.6.1　电压源与电流源

电源可以概括为两种模型：一种是以电压形式表示的电路模型，称为电压源；另一种是以电流形式表示的电路模型，称为电流源。以下分别进行介绍。

1. 电压源

铅蓄电池及一般直流发电机等都是电源，它们是具有不变的电动势和较低内阻的电源，称其为电压源。一个电源的端电压如果不随通过的电流而变化，这样的电源被定义为理想电压源或恒压源，用 E 或 U_S 表示，其图形符号如图 1-28（a）所示。

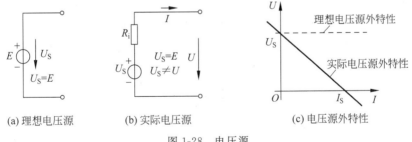

(a) 理想电压源　　　　(b) 实际电压源　　　　(c) 电压源外特性

图 1-28 电压源

为了反映实际电压源的端电压随电流而变化的外特性，可以认为实际电压源是理想电压源 E（或 U_S）与内阻 R_i 相串联组成的，如图 1-28（b）所示，这里把实际电压源简称为电压源。实际电压源都具有内阻 R_i，当电流通过内阻时会产生压降，使电源两端的电压随电流而变化，其输出电压与输出电流的关系为

$$U = U_S - I R_i$$

如果一个电源的内阻远小于负载电阻的大小，则电源内阻压降可忽略不计，于是 $U \approx U_S$，输出电压基本上恒定，可以认为是理想电压源。理想电压源和电压源的特性曲线如

图 1-28(c)所示。

由于理想电压源具有恒压的特性,因此在理想电压源两端并联电阻(或其他元件)不会改变它对原来外电路的输出,所以在计算外电路时,除去与理想电源直接并联的电阻(或其他元件)不会影响计算结果。

2. 电流源

光电池等电源元件在向外提供能量时,输出的电流基本不随负载的变化而变化,称其为电流源。如果一个电源的输出电流不随输出电压的变化而变化,则这样的电源被定义为理想电流源或恒流源,用 I_S 表示,其图形符号如图 1-29(a)所示。

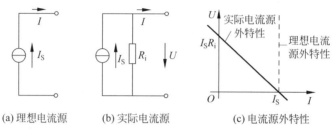

(a) 理想电流源   (b) 实际电流源   (c) 电流源外特性

图 1-29 电流源

任何电源内部总有损耗,为反映实际电流源随负载变化而变化的情况,它可以用一个理想电流源 I_S 和内阻 R_i 相并联组成,如图 1-29(b)所示,这里把实际电流源简称为电流源。并联的内阻 R_i 使电源的输出电流 I 随负载而变化,其输出电流与输出电压的关系为

$$I = I_S - U/R_i$$

理想电流源和实际电流源的特性曲线如图 1-29(c)所示。

电源的内阻远大于负载电阻,输出电流 $I \approx I_S$,基本恒定,可以认为是理想电流源。实际电流源的性能只是在一定范围内与理想电流源相接近,在实际工作中所使用的一些稳流电源设备就是一种高内阻的电源。如在电子线路中,三极管的输出特性在一定条件下可以近似地用一个理想电流源来表示。

理想电流源具有恒流特性,与理想电流源串联接入电阻(或其他元件)不会改变对原有外电路的输出,所以在计算外电路时,短接与理想电流源直接串联的电阻(或其他元件)不会影响计算结果。

1.6.2 电压源与电流源的等效变换

一个实际的电源,既可以用理想电压源与内阻串联表示,也可以用一个理想电流源与内阻并联来表示。从电压源的外特性和电流源的外特性可知,两者是相同的,因此实际电压源和实际电流源之间可以等效变换。

这里所说的等效变换是指对外部等效,就是变换前后端口处的伏安关系不变,即 a、b 间端口电压均为 U,端口处流出或流入的电流 I 相同,如图 1-30 所示。

电压源输出的电流为

$$I = \frac{U_S - U}{R_i} = \frac{U_S}{R_i} - \frac{U}{R_i} \tag{1-26}$$

电流源输出的电流为

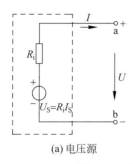
(a) 电压源

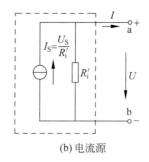
(b) 电流源

图 1-30　电压源和电流源的等效变换

$$I = I_S - \frac{U}{R_i'} \tag{1-27}$$

根据等效的要求,上面两个公式中对应项应该相等,即

$$\begin{cases} I_S = \dfrac{U_S}{R_i} \\ R_i' = R_i \end{cases} \tag{1-28}$$

这就是两种电源模型等效变换的条件。

变换中需要注意以下几点。

(1) 等效变换是指对外部等效,在电源内部一般不等效。

(2) 电压源和电流源的极性应保持一致,即变换前后 U_S 和 I_S 的方向不变,I_S 应该从电压源的正极流出。

(3) 凡与理想电压源并联的任何元件对外电路不起作用,等效变换时可以将这些元件去掉;凡与理想电流源串联的任何元件对外电路不起作用,等效变换时可以将这些元件去掉。

(4) 两个以上的恒压源串联时,可求代数和,合并为一个恒压源;两个以上的恒流源并联时,可求代数和,合并为一个恒流源。

(5) 理想电压源与理想电流源之间不能进行等效变换。

【例 1-10】　求图 1-31(a)所示电路的电压源模型与电流源模型。

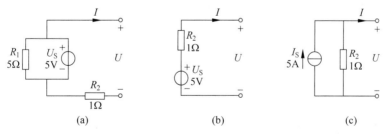

图 1-31　例 1-10 电路图

解：在图 1-31(a)中,R_1 与 U_S 并联,将 R_1 去掉后对 U 和 I 不产生任何影响,故图 1-31(a)可以等效成图 1-31(b)所示的电压源模型。将图 1-31(b)变换成图 1-31(c)的电流源模型,则

$$I_S = \frac{U_S}{R_2} = \frac{5}{1} = 5(A)$$

$$R_i = R_2 = 1(\Omega)$$

这里再次强调,电源等效变换仅对电源以外的电路等效,对电源内部并不等效。例如,图 1-31(b) 和图 1-31(c) 的电源模型,当 $I=0$ 时,U 相等,但 R_2 上流过的电流和承受的电压以及消耗的功率均不相等。

1.6.3 受控电源

前面介绍的电压源和电流源可以独立地对外电路提供能量,如电池、发电机等,称为独立电源。在实际中,还有一些器件,如变压器、晶体管、运算放大器等,它们也可以向其他电路提供能量,但是需要控制电路才能实现,如果没有控制电路,它们就无法提供能量。在电路分析中,把这一类电路也用电源模型来表示,但这类电压源的电压或电流源的电流受电路中其他部分的电流或电压的控制,当控制电压或电流消失或等于零时,其输出电压或电流也将为零。因此把它们称为受控电源或非独立电源,简称受控源(Controlled Source)。

根据受控电源是电压源还是电流源,以及受电压控制还是受电流控制,受控电源可分为电压控制电压源(VCVS)、电流控制电压源(CCVS)、电压控制电流源(VCCS)和电流控制电流源(CCCS) 4 种类型。

与电压源、电流源一样,受控源也有理想受控源和实际受控源,理想受控源的类型如图 1-32 所示。图 1-32 中 u、r、g、β 称为控制系数,u_1、i_1 为控制量。实际受控源简称受控源,理想受控源上分别串联或并联等效内阻即为实际受控源电路模型。

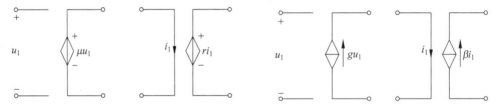

(a) 电压控制电压源(VCVS) (b) 电流控制电压源(CCVS)　(c) 电压控制电流源(VCCS) (d) 电流控制电流源(CCCS)

图 1-32　理想受控源的类型

很多电子器件都用受控源作为模型。例如,晶体管的基极电流对集电极电流的控制关系,可用一个电流控制电流源的模型来表征。一个电压放大器则可用一个电压控制电压源的模型来表征等。

在电路分析中,实际受控源和实际电压源、电流源一样可以进行等效变换,其变换方法与实际电压源、电流源完全相同。但在变换过程中,必须保留含控制变量的所有支路。

【例 1-11】 将图 1-33(a) 所示的电路分别等效成一个受控电压源和受控电流源,并求等效电阻 R_{AB}。

解: 在图 1-33(a) 中,理想受控电流源 $u_1/10$ 与 5Ω 电阻并联构成实际受控电流源,可以等效成图 1-33(b) 所示电路。图 1-33(b) 中的两个电阻合并后等效成图 1-33(c) 所示实际受控电压源,应用电源互换等效,将图 1-33(c) 等效成图 1-33(d) 所示实际受控电流源。在图 1-33(d) 中给 A、B 间加电压源 u_1,求电流 i,i 与 u_1 的比值即为 R_{AB}。

$$i = i_1 - \frac{u_1}{20} = \frac{u_1}{10} - \frac{u_1}{20} = \frac{u_1}{20}$$

$$R_{AB} = \frac{u_1}{i} = 20(\Omega)$$

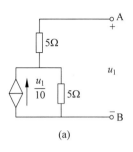 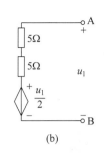 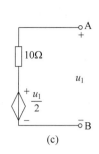 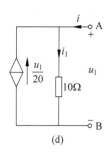

(a)　　　　　　　(b)　　　　　　　(c)　　　　　　　(d)

图 1-33　例 1-11 电路图

根据以上介绍可以看出,受控电源与独立电源有如下共同之处。

(1) 都分为理想电源和实际电源,具有电源的特性,即有能量的输出。

(2) 实际受控电压源和实际受控电流源之间也可以等效互换。

受控电源与独立电源的不同之处如下。

(1) 受控电源输出的能量是将其他独立电源的能量转移而输出的,受控电源本身并不产生电能,电路分析中受控电源不能单独作为电源使用。

(2) 含有受控电源的电路的等效电阻有可能出现负电阻(在后面的电路分析中会看到)。

【思考题】

(1) 理想电压源和理想电流源之间是否可以进行等效互换? 实际电压源一般串联连接,实际电流源一般并联连接,串并联后的等效值应如何计算?

(2) 受控源和独立源有何异同点? 两个电路等效,是否是说它们内部和外部都相同?

(3) 额定电压相同、额定功率不等的两个白炽灯,能否串联使用?

习题

1-1　由 4 个元件构成的电路如图 1-34 所示。已知元件 1 是电源,产生功率 500W;元件 3 和元件 4 是消耗电能的负载,功率分别为 400W 和 150W,电流 $I=2$A。

(1) 求元件 2 的功率。

(2) 求各元件上的电压,并标出电压的真实极性。

(3) 用电源符号和电阻符号画出电路模型,并求出各电阻值。

1-2　在图 1-35 所示电路中,已知 $U_{S1}=30$V,$U_{S2}=6$V,$U_{S3}=12$V,$R_1=2.5\Omega$,$R_2=2\Omega$,$R_3=0.5\Omega$,$R_4=7\Omega$,电流参考方向如图 1-35 中所标,以 n 点为参考点,求各点电位和电压 U_{AB}、U_{BC}、U_{DA}。

1-3　已知电路如图 1-36 所示,试求:

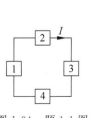 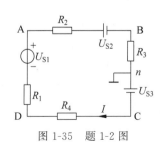 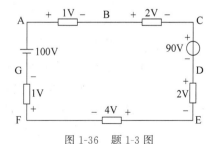

图 1-34　题 1-1 图　　　　　图 1-35　题 1-2 图　　　　　图 1-36　题 1-3 图

(1) 取 $V_G = 0$,求各点电位和电压 U_{AF}、U_{CE}、U_{BE}、U_{BF}、U_{CA}。

(2) 取 $V_D = 0$,求各点电位和电压 U_{AF}、U_{CE}、U_{BE}、U_{BF}、U_{CA}。

1-4　有一只"220V、60W"的灯泡,求其电阻值和在 220V 电压作用下通过的电流。

1-5　求图 1-37 所示电路中的未知电流。

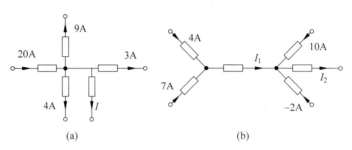

(a)　　　　　　　　　　(b)

图 1-37　题 1-5 图

1-6　求图 1-38 中各段电路的未知量。

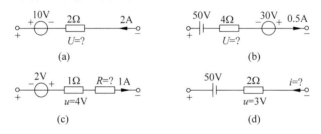

(a)　　　　　　　　　　(b)

(c)　　　　　　　　　　(d)

图 1-38　题 1-6 图

1-7　在图 1-39 所示的电路中,要求:

(1) 已知 $i_1 = 2A$,$i_2 = 1A$,求 i_6。

(2) 已知 $u_1 = 1V$,$u_2 = 3V$,$u_3 = 8V$,$u_5 = 7V$,求 u_4 和 u_6。

(3) 求各元件上的功率,判别哪几个元件消耗电能,哪几个元件产生电能,并用电阻和电源符号画出该电路模型。

1-8　求图 1-40 所示电路中的 I、U_S 和 R。

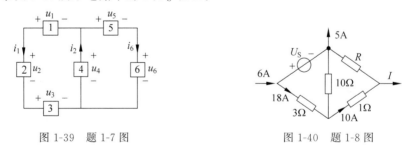

图 1-39　题 1-7 图　　　　　　图 1-40　题 1-8 图

1-9　分别求图 1-41 所示电路在开关打开和闭合时的 U_{AB}、U_{AO} 和 U_{BO}。

1-10　对图 1-42 所示电路,根据给定的支路电流参考方向和回路绕行方向,分别列出节点 A,B,C 的电流方程和各回路的电压方程。

1-11　求图 1-43 所示电路中的 U_{AB}、I_2、I_3 和 R_3。

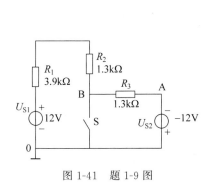

图 1-41 题 1-9 图

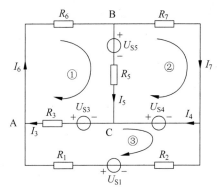

图 1-42 题 1-10 图

1-12 有一双量程(10V 和 20V)直流电压表的电路如图 1-44 所示,已知测量机构的电阻 $R_g=120\Omega$,允许通过的电流 $I_g=500\mu A$,求串联电阻 R_1 和 R_2 的值。

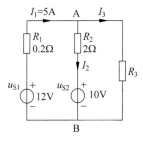

图 1-43 题 1-11 图

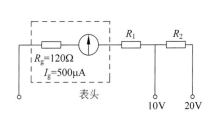

图 1-44 题 1-12 图

1-13 有一双量程电流表(10mA 和 1mA)的电路如图 1-45 所示,为了能测量 1mA 和 10mA 的电流,计算分流器电阻 R_{P1} 和 R_{P2} 的值。

1-14 把一只标有"100Ω、100W"的电阻接在 220V 电源上,问至少要再串入多大阻值的电阻 R 才能使该电阻正常工作?电阻 R 上消耗的功率为多少?

1-15 求图 1-46 中各电路的等效电压源和等效电流源模型。

1-16 已知图 1-47 所示电路中,$U_{S1}=12V$,$U_{S2}=24V$,$R_{U1}=R_{U2}=20\Omega$,$R=50\Omega$,利用电源的等效变换方法,求流过电阻 R 的电流 I。

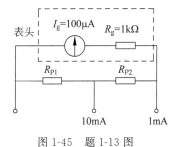

图 1-45 题 1-13 图

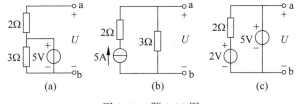

图 1-46 题 1-15 图

1-17 用电压源和电流源等效的方法求图 1-48 所示电路中的开路电压 U_{AB}。

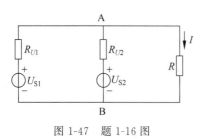

图 1-47　题 1-16 图

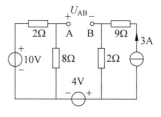

图 1-48　题 1-17 图

1-18　已知电路如图 1-49 所示，$U_S=6\text{V}$，$I_S=3\text{A}$，$R=4\Omega$。试计算通过理想电压源的电流和理想电流源两端的电压，并根据两个电源功率的计算结果，说明它们是产生功率还是吸收功率。

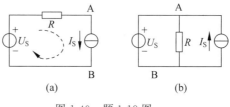

图 1-49　题 1-18 图

第 2 章

电路的基本分析方法和基本定理

学习目标要求

本章介绍两种电路的基本分析方法(支路电流法和节点电压法)、几个常用电路定理(戴维南定理、叠加定理等)以及动态元件电路的暂态分析。读者学习本章内容要做到以下几点。

(1) 掌握支路电流法、节点电压法分析电路的方法。

(2) 理解叠加原理、戴维南定理的意义,掌握叠加原理、戴维南定理的应用。

(3) 熟悉齐次定理、诺顿定理和最大功率传输定理的意义。

(4) 能够进行直流电路定理(如叠加原理)的实验室验证,并具有一定误差分析能力。

(5) 熟悉暂态现象,了解暂态的形成原因及简单 RC 电路对矩形波的响应。

(6) 理解初始值、稳态值、时间常数的基本概念及时间常数对暂态过程的影响。

2.1 支路电流法

支路电流法是以支路电流为未知量,应用基尔霍夫电流定律(KCL)列出节点电流方程式,应用基尔霍夫电压定律(KVL)列出回路电压方程式,然后解出支路电流的方法。分析一个具有 b 个支路、n 个节点的复杂电路,具体步骤如下。

(1) 选定各支路电流为未知量,并标出各电流的参考方向和电压的参考方向。

(2) 根据 KCL 定律列出节点电流的独立方程,n 个节点只能列出 $n-1$ 个独立方程。

(3) 指定回路绕行方向,根据 KVL 定律列出 $b-(n-1)$ 个方程,常采用闭合电路内无支路的回路。

(4) 代入已知条件,解方程组,得出各支路电流。

【例 2-1】 如图 2-1 所示电路,已知:$R_1=5\Omega$,$R_2=5\Omega$,$R_3=4\Omega$,$R_4=6\Omega$,$R_5=10\Omega$,$U_{S1}=100\text{V}$,$U_{S2}=200\text{V}$,试求各支路电流。

解:按题意,假定欲求的未知电流 I_1、I_2、I_3 在电路中的参考方向如图中箭头所示。电路中有两个节点 a、b,只能列一个电流方程式,由 KCL 定律可得

对节点 a $\qquad I_1+I_2=I_3$

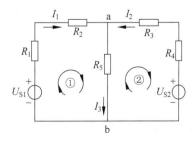

图 2-1 例 2-1 电路图

题中有 3 个待求量,还需两个回路电压方程式,根据 KVL 定律可得

回路① $-U_{S1}+I_1R_1+I_1R_2+I_3R_5=0$

回路② $U_{S2}-I_3R_5-I_2R_3-I_2R_4=0$

综合上述独立方程,可列出有关电流 I_1、I_2、I_3 的一个方程组,并将已知数据代入,即得

$$\begin{cases} I_1+I_2-I_3=0 \\ -100+5I_1+5I_1+10I_3=0 \\ 200-10I_3-4I_2-6I_2=0 \end{cases}$$

解方程组得 $I_1=0\mathrm{A}$,$I_2=10\mathrm{A}$,$I_3=10\mathrm{A}$。

【例 2-2】 电路如图 2-2 所示,求图中各支路电流。已知 $\mu=3$,$u_{S1}=6\mathrm{V}$,$R_1=1\Omega$,$R_2=12\Omega$,$R_3=1.5\Omega$。

解:节点 $n=2$,网孔 $m=2$,支路 $b=3$,各支路电流参考方向和孔回路绕行方向如图 2-2 所示。

节点 A　$i_1-i_2-i_3=0$

网孔①　$u_{S1}-i_1R_1-i_3R_3=0$

网孔②　$\mu u_1-i_2R_2+i_3R_3=0$

补充方程　$u_1=i_1R_1$

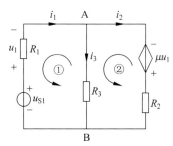

图 2-2　例 2-2 电路图

代入数据整理方程后可得

$$\begin{cases} i_1-i_2-i_3=0 \\ i_1+1.5i_3=6 \\ 3i_1-12i_2+1.5i_3=0 \end{cases}$$

解方程组得

$$i_1=3\mathrm{A},\quad i_2=1\mathrm{A},\quad i_3=2\mathrm{A}$$

支路电流法在不改变电路结构的情况下进行分析,在需要求解电路中的全电流时,均可采用此法。但如果只需求出某一支路的电流,则比较烦琐,特别是支路较多时更是不方便,这时可以采用其他方法。另外,当电路中含有受控源时,需要增加辅助方程。

【思考题】

(1) 说明支路电流法的解题步骤和注意事项。

(2) 在何种情况下用支路电流法比较方便?

2.2　节点电位法

对于支路数和回路数较多,但节点数目较少的电路,用支路法需要列写的方程数目也就相应较多,求解电路也比较麻烦。在这种情况下,应用节点电位法求解就会显得比较简单。

节点电位法是以电路节点电位为变量,对每一节点应用 KCL,建立电路方程,求解这些方程,得到各节点电位,再由节点电位求得支路电流及其他变量的方法。

节点电位实际上是该节点相对于电路参考点的电位值。因此,根据节点电位的相对性,应用节点电位法求解电路时,必须先选定电路参考节点,否则就失去了节点电位法求解意义。

以图 2-3 所示电路为例,用节点电位法求解此电路各支路电流。由于此电路只有 3 个

节点,因此独立节点数是 2,选用节点电位法求解此电路时,只需列出两个独立的节点电流方程。为了分析方便,选取节点 C 为参考点,分别求 A、B 两个节点的电位 u_A、u_B,求出节点电位后再计算各支路电流。

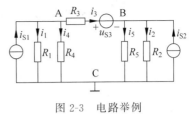

图 2-3 电路举例

选流入节点的电流取正号,流出取负号,各节点的 KCL 方程为

$$\begin{cases} \text{节点 A} \quad -i_1 - i_3 - i_4 + i_{S1} = 0 \\ \text{节点 B} \quad -i_2 + i_3 - i_5 + i_{S2} = 0 \end{cases} \tag{2-1}$$

根据电压与电位的关系

$$u_{AB} = u_A - u_B, \quad u_{BC} = u_B - u_C, \quad u_{AC} = u_A - u_C$$

根据 VAR 和 KCL 可求得

$$i_1 = \frac{u_A}{R_1}, \quad i_2 = \frac{u_B}{R_2}, \quad i_3 = \frac{u_A - u_B - u_{S3}}{R_3}, \quad i_4 = \frac{u_A}{R_4}, \quad i_5 = \frac{u_B}{R_5} \tag{2-2}$$

将式(2-2)代入式(2-1),并把电流源支路电流 i_{S1}、i_{S2} 移到方程右边,得

$$\begin{cases} \dfrac{u_A}{R_1} + \dfrac{u_A - u_B - u_{S3}}{R_3} + \dfrac{u_A}{R_4} = i_{S1} \\ \dfrac{u_B}{R_2} - \dfrac{u_A - u_B + u_{S3}}{R_3} + \dfrac{u_B}{R_5} = i_{S2} \end{cases}$$

进一步整理后可得

$$\begin{cases} \left(\dfrac{1}{R_1} + \dfrac{1}{R_3} + \dfrac{1}{R_4} \right) u_A - \dfrac{1}{R_3} u_B = i_{S1} + \dfrac{u_{S3}}{R_3} \\ \left(\dfrac{1}{R_2} + \dfrac{1}{R_3} + \dfrac{1}{R_5} \right) u_B - \dfrac{1}{R_3} u_A = i_{S2} - \dfrac{u_{S3}}{R_3} \end{cases} \tag{2-3}$$

求解式(2-3)的方程组,求得 u_A、u_B,代入式(2-2),即可求得各支路电流。

分析以上方程组可以总结出节点电位法列写方程的一般规律如下。

某一节点的电位方程,方程左边就是把与该节点相连接的各支路电导之和(称为自电导)乘以该节点的电位,再加上所有相邻节点的电位乘以与该节点共有支路上的电导之和(称为互电导);方程右边是流入该节点电流源电流的代数和(包含独立电流源和等效电流源)。规定流入节点 A 的电流源取正号,流出节点 A 的电流源取负号。

注意,自电导总是正的,互电导总是负的(因为互电导上的电流总是从与之连接的两个节点的一个节点流出,同时流入另一个节点)。

【例 2-3】 用节点电位法求图 2-4 所示电路中各电阻支路上的电流。

解: 设以节点 C 为参考点,则节点 A 和节点 B 的节点电位分别为 u_A 和 u_B。各支路电流的参考方向如图 2-4 所示。

$$\text{节点 A} \quad \left(\dfrac{1}{R_1} + \dfrac{1}{R_2} + \dfrac{1}{R_3} \right) u_A - \dfrac{1}{R_3} u_B = I_S$$

$$\text{节点 B} \quad \left(\dfrac{1}{R_3} + \dfrac{1}{R_4} + \dfrac{1}{R_5} \right) u_B - \dfrac{1}{R_3} u_A = \dfrac{U_S}{R_5}$$

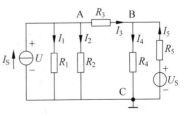

图 2-4 例 2-3 电路图

求出 u_A 和 u_B 后,可以分别求出各支路电流如下:

$$I_1 = \frac{u_A}{R_1}, \quad I_2 = \frac{u_A}{R_2}, \quad I_3 = \frac{u_A - u_B}{R_3}$$

$$I_4 = \frac{u_B}{R_4}, \quad I_5 = \frac{U_S - u_B}{R_5}$$

使用节点电位法的注意事项如下。

（1）选择参考点时,应使参考点与尽可能多的节点相邻。如果电路含有理想电压源支路,应选择理想电压源支路所连的两个节点之一作参考点。

（2）与理想电流源串联的电阻对各节点电位不产生任何影响,与理想电压源并联的电阻对其他支路电流不产生任何影响,也不影响各节点电位的大小。

（3）对含有受控源的电路,在列写节点方程时先将受控源与独立源同样对待,需要时再将控制量用节点电位表示。

【例 2-4】 电路如图 2-5 所示,该电路具有两个节点,两个网孔,用节点电位法计算各支路电流。

解：选 B 为参考点,则节点电位方程为

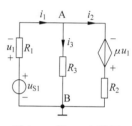

图 2-5　例 2-4 电路图

$$u_A\left(\frac{1}{R_1} + \frac{1}{R_2} + \frac{1}{R_3}\right) = \frac{u_{S1}}{R_1} - \mu\frac{u_1}{R_2}$$

由 KVL,得

$$u_1 = u_{S1} - u_A = i_1 R_1$$

将 u_1 代入节点电位方程可得

$$u_A\left(\frac{1}{R_1} + \frac{1}{R_2} + \frac{1}{R_3}\right) = \frac{u_{S1}}{R_1} - \mu\frac{u_{S1} - u_A}{R_2}$$

$$u_A = \frac{u_{S1}/R_1 - \mu u_{S2}/R_2}{1/R_1 + 1/R_2 + 1/R_3 - \mu/R_2}$$

求得 u_A 后,再分别求出

$$i_1 = \frac{u_{S1} - u_A}{R_1}, \quad i_2 = \frac{\mu u_1 + u_A}{R_2}, \quad i_3 = \frac{u_A}{R_3}$$

如果电路中仅有两个节点,则应用节点电位法最为简单,通常把求解由电压源和电阻组成的只有两个节点的多支路电路的节点电位法称为弥尔曼定理。

【思考题】

（1）说明节点电位法的解题步骤和注意事项。

（2）在何种情况下用节点电位法比较方便?

（3）请以两节点多回路电路为例,列出求电位的一般公式。

2.3　叠加定理和齐次定理

2.3.1　叠加定理

叠加定理是分析线性电路的一个重要定理,它反映了线性电路的两个基本性质,即叠加性和比例性。线性电路的许多定理可以从叠加定理推导出来。线性电路是由线性元件、线

性受控源和独立激励源组成的电路,线性电路中的元件都是线性元件。

叠加定理具体内容如下:当线性电路中有几个恒压源(或恒流源)共同作用时,各支路的电流(或电压)等于各个恒压源(或恒流源)单独作用时(其他电源不作用)在该支路产生的电流(或电压)的代数和(叠加)。叠加性是求解线性电路的一条基本定律,在特定的电路中应用有时会显得非常简单。

使用叠加定理时,应该注意下列几点。

(1) 叠加定理只适用于线性电路,对非线性电路不适用。对线性电路的电流或电压均可用叠加定理计算,但功率和电能不能用叠加定理计算(因为功率和电能不是电压或电流的一次函数)。

(2) 求解时要标明各支路电流、电压的参考方向。若电流、电压与原电路中电流、电压的参考方向相同时,叠加时相应项前要带正号,否则取负号。

(3) 当一个独立电源作用时,要将其他独立电源"清零",但含有内阻的实际独立源清零时,是指仅对理想电源部分清零,而内阻保持不变,同时电路其他元件参数和连接关系也保持不变。对理想电压源清零是指用短路线取代电压源;对理想电流源清零是指将电流源直接开路。

(4) 受控源不要单独作用,任一独立源单独作用时受控源均要保留。

(5) 叠加的方式是任意的,一次可以是一个独立源作用,也可以是两个或几个独立源同时作用,可以根据电路结构的复杂程度以及方便性确定。

【例 2-5】 已知:$U_S=12\text{V}$,$I_S=6\text{A}$,$R_1=1\Omega$,$R_2=2\Omega$,$R_3=1\Omega$,$R_4=2\Omega$,试求图 2-6(a)所示电路中支路电流 I。

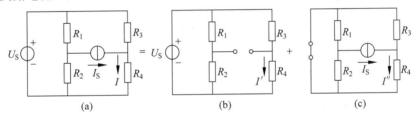

图 2-6 例 2-5 电路图

解:利用叠加定理,图 2-6(a)所示的电路可视为图 2-6(b)和图 2-6(c)的叠加。

图 2-6(b)中:$I'=\dfrac{U_S}{R_3+R_4}=\dfrac{12}{1+2}=4(\text{A})$

图 2-6(c)中:$I''=\dfrac{R_3}{R_3+R_4}I_S=\dfrac{1}{1+2}\times 6=2(\text{A})$

叠加得

$$I=I'+I''=4+2=6(\text{A})$$

2.3.2 齐次定理

线性电路除了叠加性外,还有一个重要的特性就是齐次性,又称为齐次定理。齐性定理可表述为:在线性电路中,当所有激励(独立电压源和电流源)都同时增大或缩小 K 倍,各个响应(电流和电压)也同时增大或缩小 K 倍。显然,当电路中只有一个激励时,响应将与激励成正比。

【**例 2-6**】 一个内部结构未知的线性无源电阻网络如图 2-7 所示。当 $u_S=1\mathrm{V}$、$i_S=1\mathrm{A}$ 时，响应 $u=0$；当 $u_S=10\mathrm{V}$、$i_S=0$ 时，响应 $u=1\mathrm{V}$。

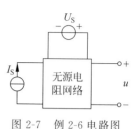

图 2-7　例 2-6 电路图

求当 $u_S=10\mathrm{V}$、$i_S=10\mathrm{A}$ 时，响应 u 为多大？

解：根据叠加定理和齐次性定理有

$$u = k_1 u_S + k_2 i_S$$

代入两组已知条件得到两个方程：

$$k_1 \times 1 + k_2 \times 1 = 0$$
$$k_1 \times 10 + k_2 \times 0 = 1$$

(1) 联立求解可计算出 k_1 和 k_2 分别为 $k_1=0.1$，$k_2=-0.1$，即

$$u = 0.1 u_S - 0.1 i_S$$

(2) 将 $u_S=10\mathrm{V}$，$i_S=10\mathrm{A}$ 代入上式，求得

$$u = 0.1 \times 10 - 0.1 \times 10 = 0(\mathrm{V})$$

【**思考题**】

(1) 说明采用叠加定理的解题步骤和注意事项。能否用叠加定理求解电路中的功率？为什么？

(2) 在何种情况下采用叠加定理分析电路比较方便？

(3) 齐次定理的实质是什么？

2.4　戴维南定理和诺顿定理

在复杂电路的计算中，有时只需计算出某一支路的电流、电压和功率，若采用前面所介绍的支路电流法、节点电位法、叠加定理等方法，会使运算过程复杂、烦琐。为简化分析运算，常运用戴维南定理(或诺顿定理)解决问题。

2.4.1　戴维南定理

1. 二端网络

若一个电路只通过两个出线端与外电路相连，则不论其内部结构如何，都称为二端网络，或者一端口网络。如果二端网络内部含有独立电源，则称为有源二端网络；如果二端网络内部没有电源，则称为无源二端网络。无论电路如何复杂，无源二端网络均可以用一个等效电阻来代替，有源二端网络均可以用一个等效电源来代替。所谓等效，是指在一定条件下，两个不同的电路对外电路的作用具有相同的效果。若只需计算一个复杂电路中某一支路的电流、电压和功率，则可以将这个支路画出，把电路的其余部分看作一个二端网络，它是具有两个出线端钮的部分电路，待研究的支路就接在这两个出线端钮之间。

2. 戴维南定理的描述

任何一个复杂的线性有源二端网络，就其对外电路来说，都可以用一个理想电压源 U_S 和内阻 R_i 串联的有源支路来代替。这个有源支路的理想电压源 U_S 等于原来的有源二端网络的开路电压，其内阻 R_i 等于该有源二端网络除源后所得的无源网络两端间的等效电阻。这个等效电阻又称为无源二端网络的输入电阻，它等于无源二端网络输入端的电压和

电流之比。

可见,应用戴维南定理简化电路,关键是求有源二端网络的开路电压和除源后的网络等效电阻 R_i。所谓除源,就是将原有源二端网络内所有的理想电压源短接,理想电流源开路。

在电路分析中,当只需计算某一支路的电流和电压时,应用戴维南定理就十分方便,如图 2-8 所示,如图 2-8(a)所示的电路可以用图 2-8(b)来等效。其解题步骤如下。

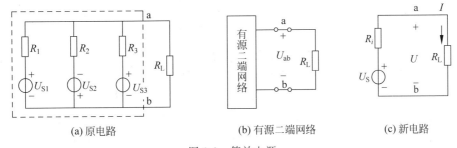

(a) 原电路   (b) 有源二端网络   (c) 新电路

图 2-8   等效电源

(1) 将待求支路从原电路中移开,留下的部分即为一个有源二端网络。

(2) 求该有源二端口的开路电压 $U_{ab}=U_S$ 的大小。

(3) 求该有源二端口除源后的等效电阻 $R_{ab}=R_i$。

(4) 将以上求得的 U_S、R_i 及待求支路组成新电路,求解待求支路电流 I,则待求的支路电流为

$$I=\frac{U_S}{R_i+R_L}$$

式中,R_L 为待求支路的电阻。

【例 2-7】 在如图 2-9 所示的电路中,已知 $I_S=30\text{A}$,$R_1=2\Omega$,$R_2=12\Omega$,$R_3=6\Omega$,$R_4=4\Omega$,$R=5.5\Omega$,利用戴维南定理求 I 和 U_{ab}。

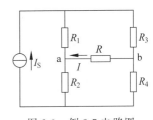

图 2-9   例 2-7 电路图

解:将待求支路的电阻 R 从原电路中断开,可得其等效电路如图 2-10(a)所示,则二端网络的开口电压

$$U_{ab}=U_S=V_a-V_b$$

$$=\frac{R_3+R_4}{R_1+R_2+R_3+R_4}\times I_S\times R_2-\frac{R_1+R_2}{R_1+R_2+R_3+R_4}\times I_S\times R_4$$

$$=\frac{6+4}{2+12+6+4}\times30\times12-\frac{12+2}{2+12+6+4}\times30\times4=80(\text{V})$$

将电流源 I_S 视为断路后,可得图 2-10(b)所示的无源网络等效电阻

$$R_{ab}=R_i=\frac{(R_1+R_3)\times(R_2+R_4)}{(R_1+R_3)+(R_2+R_4)}=\frac{(2+6)\times(12+4)}{(2+6)+(12+4)}=5.3(\Omega)$$

将上面求解得的 U_S、R_i 与待求支路电阻 R 组成新的电路,如图 2-10(c)所示,则

$$I=\frac{-U_S}{R_i+R}=-\frac{80}{5.3+5.5}=-7.4(\text{A})$$

应用戴维南定理的注意事项如下。

(1) 从断开待求支路后的电路计算开路电压可用已学过的任何方法。

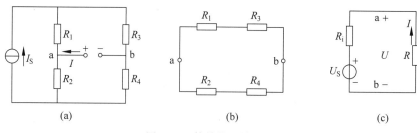

图 2-10　等效的二端网络

（2）等效电阻 R_i 的计算，通常有下面 3 种方法。

① 电源清零法（独立源"清零"的概念与叠加定理中的完全相同）。对于不含受控源的二端网络，将独立电源清零后，可以用电阻的串并联等效方法计算。

② 开路短路法。即求出开路电压 u_{OC} 后，将网络端口短路，再计算短路电流 i_{SC}，则等效电阻 $R_i = u_{OC}/i_{SC}$，这一点从戴维南等效电路很容易证明。应当注意的是，这种方法在 $i_{SC} = 0$ 时不能使用。

③ 外加电源法。即将网络中所有独立电源清零后，在网络端口加电压源 u'_S（或电流源 i'_S），求出外加电压源输出给网络的电流 i（或电流源的端电压 u），则 $R_i = u'_S/i$（或 $R_i = u/i'_S$），这是一种适用于含源或无源电路的通用方法。

（3）含受控源的二端网络的等效电阻可能小于零。一般情况下，无论网络是否有受控源，均可用开路短路法或者外加电源法求 R_i。

【例 2-8】　求图 2-11(a)所示有源二端网络的戴维南等效电路。

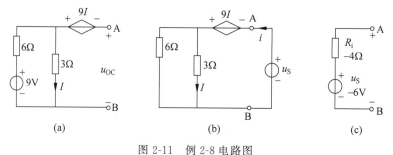

图 2-11　例 2-8 电路图

解：因为 A、B 开路，所以电流 I 仅在左边回路中流动，求得

$$I = \frac{9}{6+3} = 1(A)$$

根据 KVL，求得

$$U_{OC} = -9I + 3I = -6I = -6V$$

该电路含有受控电压源，用外加电源法求 R_i，如图 2-11(b)所示。

$$u_S = -9I + \frac{6 \times 3}{6+3}i, \quad I = \frac{6}{6+3}i = \frac{2}{3}i, \quad R_i = \frac{u_S}{i} = -4(\Omega)$$

图 2-11(a)所示有源二端网络的戴维南等效电路如图 2-11(c)所示。

*2.4.2　诺顿定理

任何一个由线性电阻、线性受控源和独立电源组成的二端网络，对外电路而言，都可以

用一个电流为 I_S 的理想电流源和内阻 R_0 并联的电源来等效代替，如图 2-12 所示。等效电源的电流 I_S 就是有源二端网络的短路电流，即将 a、b 两端短接后其中的电流；等效电源的内阻 R_0 等于将二端网络内部所有独立电源清零后从二端网络端口看进去的等效电阻。这就是诺顿定理。

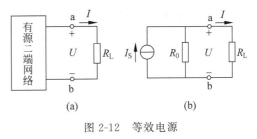

图 2-12　等效电源

应用诺顿定理分析电路时，短路电流 i_{SC} 的计算可采用已学过的任何一种方法，等效电阻 R_0 的计算与戴维南定理完全相同。因此，一个有源二端网络既可用戴维南定理化为图 2-10 所示的等效电源（电压源），也可用诺顿定理化为图 2-12 所示的等效电源（电流源）。两者对外电路讲是等效的。

【例 2-9】　求图 2-13(a)所示电路的诺顿等效电路。

解：(1) 求短路电流 i_{SC}。把图 2-13(a)中 A、B 端短路（图中虚线所示），则 i_{SC} 为

$$i_{SC} = 4 + \frac{30}{6} = 9(A)$$

(2) 求等效输入电阻 R_0。将图 2-13(a)中的所有独立电源清零后的电路如图 2-13(b)所示，其等效输入电阻 R_0 为

$$R_0 = \frac{3 \times 6}{3 + 6} = 2(\Omega)$$

(3) 等效电路如图 2-13(c)所示。

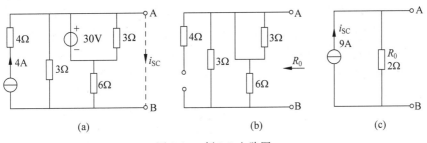

图 2-13　例 2-9 电路图

【思考题】

(1) 说明采用戴维南定理或诺顿定理的解题步骤和注意事项。

(2) 在何种情况下采用戴维南定理或诺顿定理分析电路比较方便？

2.5　最大功率传输定理及应用

在电子电路中，接在一给定有源二端网络两端的负载，往往要求能够从这个二端网络中获得最大的功率。当负载变化时，二端网络传输给负载的功率也发生变化。那么，在什么条件下负载才能获得最大的功率？这就是最大功率传输定理要解决的问题。

1. 负载获得最大功率的条件

对于负载而言，有源二端网络可用它的戴维南等效电路来替代，如图 2-14 中虚线框所示。在图 2-14 中，假设电源为线性有源电阻性二端网络，负载为纯线性电阻电路，并且 u_{OC}

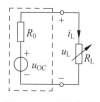

图 2-14 等效电路

和 R_0 恒定不变，R_L 为可调电阻。则负载 R_L 上获得的功率为

$$P_L = u_L i_L = \left(\frac{u_{OC}}{R_0 + R_L}\right)^2 R_L \tag{2-4}$$

利用数学分析易得，当 $R_L = R_0$ 时，负载获得最大功率，$P_L = P_{Lmax}$，并且

$$P_{Lmax} = \frac{u_{OC}^2}{4R_0} \tag{2-5}$$

即负载获得最大功率的条件是负载电阻 R_L 等于电源输出电阻 R_0。

负载由给定的有源二端网络获得最大功率的条件是负载电阻等于二端网络的戴维南等效电路的输入电阻。这就是最大功率传输定理。

如果负载电阻 R_L 的功率来自一个具有内阻为 R_0 的实际电源，那么负载得到最大功率时，由于 $R_L = R_0$，因此电路的输出电阻 R_0 消耗的功率 P_0 也等于 P_{Lmax}，即 P_{Lmax} 仅是电源产生功率的一半，电源的效率仅为 50%。但是有源二端网络和它的戴维南等效电路，就其内部功率而言是不等效的，由输入电阻 R_0 算得的功率一般并不等于网络内部消耗的功率，其功率传输效率不一定是 50%。

2. 电压调整率

负载端电压 u_L 随负载电流 i 的增大而下降。空载($R_L = \infty$，$i_L = 0$)时，$u_L = u_{OC}$ 最大；负载时，$u_L < u_{OC}$。工程实际中把 u_L 下降的百分比称为电压调整率，用符号 ε 表示，即

$$\varepsilon = \frac{u_{OC} - u_L}{u_L} \times 100\% \tag{2-6}$$

在电力线路中，用户的电器设备都有一个额定电压，负载的实际端电压与额定电压不能相差太多，否则，电器设备不能正常工作。为了保证用户在满载时获得额定电压，电源的额定电压必须高于用电设备的额定电压(如用电设备额定电压为 $220V$，发电机的额定电压为 $230V$)；输电线路上的电压降在满载电流时应不大于额定电压的 5%。

3. 传输效率

电路输出功率与输入功率的百分比称为传输效率，用符号 η 表示，即

$$\eta = \frac{P_L}{P_1} \times 100\% \tag{2-7}$$

在信号传输电路中，要求 η 和 P_L 要大，不强调 ε 的大小；在能量传输电路中要求 η 高而 ε 小，不强调 P_L 是否等于 P_{Lmax}。

【例 2-10】 有一台最大输出功率为 $40W$ 的扩音机，其输出电阻为 8Ω，现有"8Ω、$10W$"低音扬声器两只，"16Ω、$20W$"高音扬声器一只，问应如何连接？为什么不全部并联？

解：(1) 应将两只 8Ω 扬声器串联后，再与 16Ω 扬声器并联，电路如图 2-15(a)所示。

其负载等效电阻为

$$R_L = \frac{(8+8) \times 16}{(8+8) + 16} = 8(\Omega)$$

满足 $R_L = R_0$，扬声器即可获得最大功率，且各扬声器获得的功率与额定功率相等，由此可以推算出

$$I = \sqrt{\frac{40}{8}} = 2.24(\text{mA}), \quad U_{OC} = (R_0 + R_L)I = 16I = 16 \times 2.24 = 35.84(\text{V})$$

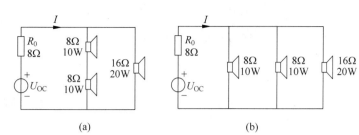

图 2-15 例 2-10 电路图

(2) 若将 3 个扬声器并联,电路如图 2-15(b)所示,此时等效电阻为 $R_L = 8//8//16 = 3.2\Omega$, $R_L < R_0$,若 U_{OC} 不变,则 R_L 获得的电流为

$$I_L = \frac{U_{OC}}{8 + 3.2} = \frac{35.84}{8 + 3.2} = 3.2(\text{A})$$

功率为

$$P_L = I_L^2 R_L = 3.2^2 \times 3.2 = 32.77(\text{W})$$

扬声器的端电压为

$$U_L = u_{OC} - I_L R_0 = 35.84 - 3.2 \times 8 = 10.24(\text{V})$$

每只 8Ω 扬声器获得的功率 P_8 为

$$P_8 = \frac{U_L^2}{8} = 13.1(\text{W}) > 10(\text{W})$$

16Ω 扬声器获得的功率

$$P_{16} = \frac{U_L^2}{16} = 6.6\text{W} < 20\text{W}$$

8Ω 扬声器过载,可能被烧毁。因此,电阻不匹配造成的后果是严重的。

【思考题】

(1) 最大功率传输定理有何实际意义?

(2) 一个最大输出功率为 50W 的扩音机,只接一只 10W 的扬声器,可能出现何种情况? 多余的功率到哪里去了?

(3) 简述负载获得最大功率的条件。负载上获得最大功率时,电源的利用率大约是多少?

*2.6 线性电路的暂态分析

2.6.1 电容元件及其特性

1. 电容概念

电容器是一种广泛应用的电路器件。当忽略电容器的漏电阻和电感时,可将其抽象为只具有储存电场能量性质的电容元件,用 C 表示,其一般电路符号如图 2-16 所示。

电容器种类繁多,依据材料、结构原理、用途等不同,可分为固定、可调,有极性、无极性,线性和非线性等。

线性电容元件,任一时刻电容器储存的电量 q 与外加电压 u 成正比,即

图 2-16 电容元件

$$q = Cu \tag{2-8}$$

式中,比例系数 C 称为电容,是表征电容元件特性的参数,主要取决于电容的材料与结构。电容器容量的单位为法拉(F)或微法(μF)或皮法(pF)。

电容器容量的大小由专用仪检测,用万用表可简单测试。电容器亦可以串联和并联,要注意的是,电容串联与电阻并联的计算相似,电容并联与电阻串联的计算相似。

2. 电容元件的伏安关系

如图 2-16 所示,若所加电压 u 随时间 t 变化,则电容器 C 上的电荷量 q 也随时间变化,根据电流定义,则

$$i = \frac{\mathrm{d}q}{\mathrm{d}t} = C\,\frac{\mathrm{d}u}{\mathrm{d}t} \tag{2-9}$$

式(2-9)表明:

(1) 任意时刻电容元件上通过的电流,与元件两端的电压相对时间的变化率成正比,与该电压大小无关,因此电容元件称为动态元件。

(2) 在直流电路中,电容两端电压恒定不变,电流 $i = 0$,这时电容元件相当于开路,故电容元件有"隔断"直流的作用。

(3) 由于电路中的电流 i 为有限值,所以电容两端电压 u 不能突变。

3. 电容元件的功率和储能

(1) 电容元件的功率。由图 2-16 可知

$$p = ui = u \cdot \frac{\mathrm{d}q}{\mathrm{d}t} = uC\,\frac{\mathrm{d}u}{\mathrm{d}t} \tag{2-10}$$

式(2-10)中,$p > 0$ 时吸收功率,储存能量;$p < 0$ 时释放功率,释放能量。

(2) 电容元件的储能。将功率 p 对时间积分可计算得

$$W = \frac{1}{2} C u^2(t) \tag{2-11}$$

式(2-11)说明,电容元件任意时刻储存的电场能量,仅与电容 C 和此刻的电压值有关。C 单位为法拉(F),u 单位为伏(V),则 W 单位为焦耳(J)。

要明白的是,实际电容器并不理想,有一定的电阻性,会消耗能量。

2.6.2 电感元件及其特性

1. 电感概念

许多电工设备、仪器仪表中都有线圈,如变压器线圈、电动机线圈、日光灯镇流器线圈等,这些线圈统称为电感线圈或电感器。电感元件是实际电感线圈的理想化模型,例如一个直流铜阻 R 很小的空心线圈,若忽略其自身电阻,则可视为理想的线性电感元件,简称为电感。电感元件用 L 表示,其一般电路符号如图 2-17 所示。

当电感线圈通以电流时,将产生磁通,在其内部及周围建立磁场,储存磁场能量。任意时刻,其磁通链 Ψ(相连各匝的磁通总和)与所通过电流具有如下线性关系:

$$\Psi = Li \tag{2-12}$$

式中,比例系数 L 称为电感元件的电感,是表征电感元件的特征参

图 2-17 电感元件

数,主要取决于电感线圈的材料、匝数和尺寸等。电感的单位为亨利(H)或毫亨(mH)或微亨(μH)。

2. 电感元件的伏安关系

根据电磁感应定律,当电流 i 变化时,电感器 L 两端会产生电动势 e_L,其表达式为

$$e_L = -\frac{\mathrm{d}\psi}{\mathrm{d}t} = -L\frac{\mathrm{d}i}{\mathrm{d}t} \tag{2-13}$$

那么在电感两端便有感应电压 u,如图 2-17 所示,其伏安关系为

$$u = -e_L = L\frac{\mathrm{d}i}{\mathrm{d}t} \tag{2-14}$$

式(2-14)表明:

(1) 任意时刻电感元件两端的电压与通过电流的变化率成正比,与该电流大小无关,因此电感元件也是动态元件。

(2) 在直流电路中,通过电感的电流恒定不变,所以电感两端电压为零,这时电感元件相当于短路。

(3) 由于电路中的电压 u 为有限值,所以电感中的电流 i 不能突变。

3. 电感元件的功率和储能

(1) 电感元件的功率。由图 2-17 可知

$$p = ui = L \cdot \frac{\mathrm{d}i}{\mathrm{d}t} \cdot i \tag{2-15}$$

式(2-15)中,$p>0$ 时吸收功率,储存能量;$p<0$ 时释放功率,释放能量。

(2) 电感元件的储能。将功率 p 对时间积分可计算得

$$W = \frac{1}{2}Li^2(t) \tag{2-16}$$

式(2-16)说明,电感元件任意时刻储存的磁场能量,仅与电感 L 和此刻的电流值有关。L 单位为亨利(H),i 单位为安(A),则 W 单位为焦耳(J)。

实际电感器并不理想,有一定的电阻性和分布电容,会消耗能量。

2.6.3　电路的暂态和换路定律

1. 电路的暂态

前面对电路的分析和计算,都是在电路处于稳定状态时进行的。这种稳定状态简称"稳态"。但是在含有储能元件(电容、电感)的电路中,当工作条件发生变化时,电路将改变原来的工作状态,这种变换需要经历一定的变换过程,称为电路的暂态过程或过渡过程。例如,已充电的电容通过开关接到电阻上,最终是将电荷放完,电容器极板上电压为零,但是过渡到这一状态是需要一定时间的,即必须有一个过程,这个过程就是暂态过程。

那么产生暂态过程的原因是什么呢? 主要是物质具有的能量不能突变。电路中的电容和电感都是储能元件,它们储存能量和释放能量是需要时间的,也是不能跃变的,外因是电路的状态发生变化,如电路的接通、断开等。

2. 换路定律

换路是指电路发生接通、断开、参数突变、电源电压波动等,造成电路的状态发生变化。

以换路瞬间 $t=0$ 作为计时起点,换路前的终了瞬间用 $t=0_-$ 表示,换路后的初始瞬间用 $t=0_+$ 表示,则可得出电感电路和电容电路的换路定律:

(1) 由于电容元件所储存的电场能量 $W=\dfrac{1}{2}Cu_C^2$ 不能突变,因此电容元件 C 中的电压 u_C 不能突变,即换路后的瞬间电容元件上的电压 $u_C(0_+)$ 等于换路前的一瞬间电容上的电压 $u_C(0_-)$,其表达式为

$$u_C(0_+)=u_C(0_-) \tag{2-17}$$

(2) 由于电感元件中储存的磁场能量 $W=\dfrac{1}{2}Li_L^2$ 不能突变,因此电感元件 L 中电流 i_L 不能突变,即换路后瞬间电感的电流 $i_L(0_+)$ 等于换路前瞬间电感中电流 $i_L(0_-)$。其数学表达式为

$$i_L(0_+)=i_L(0_-) \tag{2-18}$$

由于电阻 R 是非储能元件,因此其两端电压 u_R 和流经电阻的电流 i_R 都看成可以突变,电容元件中的电流 i_C 和电感元件两端电压 u_L 也可以突变。

3. 稳态值和初始值

稳态值是过渡过程结束后,电路中电压和电流的最终值;初始值是换路后的初始瞬间 ($t=0_+$) 的值。稳态值由过渡过程结束后的稳态电路求出。确定换路瞬间电路中的初始值步骤如下。

(1) 根据换路前的电路,求出 $u_C(0_-)$ 和 $i_L(0_-)$,对于直流源激励的电路,此时电感短路、电容断路,根据换路定律可以确定 $u_C(0_+)=u_C(0_-)$,$i_L(0_+)=i_L(0_-)$。

(2) 把电容上电压初始值 $u_C(0_+)$ 看成恒压源,电感上的电流初始值 $i_L(0_+)$ 看成恒流源,画出 $t=0_+$ 的等效电路。

(3) 求解该等效电路,进而求出其他 4 个可以突变的物理量的初始值 $i_R(0_+)$、$i_C(0_+)$、$u_R(0_+)$、$u_L(0_+)$。

2.6.4 一阶电路的暂态过程及三要素法

所谓一阶电路,是指只包含一个储能元件或用串、并联方法化简后只包含一个储能元件的电路。例如,含一个电感或含一个电容的电路。下面以 RC 电路为例进行分析。

1. RC 电路的暂态过程和三要素法

如图 2-18 所示的电路即为一阶 RC 电路,图中开关 S 接在位置 1 且电容器上的电容的电压 $u_C(0_-)=0$,在 $t=0$ 瞬间,S 由位置 1 合至位置 2,直流电源 U 通过电阻 R 对电容 C 进行充电,随着电容器两端电压的升高,充电电流渐渐减小。当电容器端电压与理想电压源电压相等时,充电电流降为零,电路进入稳定状态。

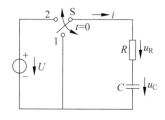

图 2-18 RC 充放电电路

显然,开关 S 接在位置 2 后 ($t\geqslant0$),暂态过程中的回路电压方程式为 $u_R+u_C=U$,即 $Ri+u_C=U$,将充电电流 $i=C\dfrac{du_C}{dt}$ 代入得

$$RC\frac{du_C}{dt}+u_C=U \tag{2-19}$$

该方程是一阶常系数非齐次线性微分方程,可解得

$$u_C(t) = u_C(\infty) + [u_C(0_+) - u_C(\infty)]e^{-\frac{t}{\tau}} \tag{2-20}$$

式中,$u_C(0_+)$ 表示换路瞬间电压的初始值,$u_C(\infty)$ 表示电压的稳态值,$\tau = RC$ 为时间常数。从式(2-20)可看出,只要知道 $u_C(0_+)$、$u_C(\infty)$ 和 τ 这 3 个要素,就可方便得出 $u_C(t)$。这种方法可以推广到求解电路中其他变量的一般规律,可用数学公式统一表示为

$$f(t) = f(\infty) + [f(0_+) - f(\infty)]e^{-\frac{t}{\tau}} \tag{2-21}$$

式(2-21)是求解一阶线性电路过渡过程中任意变量的一般公式。$f(t)$ 表示过渡过程中电路的电压或电流,$f(\infty)$ 表示电压或电流的稳态值,$f(0_+)$ 表示换路瞬间电压或电流的初始值。只要知道 $f(\infty)$、$f(0_+)$、τ 这"3 个要素"后,就可方便地求出全解 $f(t)$(电压或电流),这种利用"三要素"来求出一阶线性电路过渡过程的方法称为三要素法。

2. RC 电路的充放电过程

(1)充电过程。如图 2-18 所示,电容器上的电压 $u_C(0_-) = 0$,在 $t = 0$ 时,开关 S 从位置"1"投到位置"2"时,$u_C(0_+) = 0$,$u_C(\infty) = U$,利用三要素法,可得电容两端电压

$$u_C(t) = U - Ue^{-\frac{t}{\tau}} = U(1 - e^{-\frac{t}{\tau}}) \tag{2-22}$$

同样

$$i(0_+) = \frac{U}{R}, \quad i(\infty) = 0$$

可得

$$i(t) = \frac{U}{R}e^{-\frac{t}{\tau}} \tag{2-23}$$

由

$$u_R(0_+) = U, \quad u_R(\infty) = 0$$

可得

$$u_R(t) = Ue^{-\frac{t}{\tau}} \tag{2-24}$$

(2)放电过程。在图 2-18 所示电路中,若在 $t = 0$ 时,开关 S 从位置"2"投到位置"1",使电路脱离电源并通过电阻 R 放出所储存能量,称为放电过程。

同理,只需要求出换路后的初始值、稳态值和时间常数,便可用三要素法求 RC 电路放电过程和电压、电流随时间变化的规律。

根据换路定律,电容器上的电压 u_C 不能突变,即

$$u_C(0_+) = u_C(0_-) = U$$

电容器放电结束后($t \to \infty$),电容器的全部储能消耗在电阻 R 上,则 $u_C(\infty) = 0$。

将 $u_C(0_+)$、$u_C(\infty)$ 和 $t = RC$ 三要素代入式(2-20)中,可得

$$u_C = u_C(0_+)e^{-\frac{t}{\tau}} = Ue^{-\frac{t}{\tau}} \tag{2-25}$$

同理,将 $i(0_+) = -\frac{U}{R}$、$i(\infty) = 0$ 和 $u_R(0_+) = -U$、$u_R(\infty) = 0$ 分别代入式(2-21)中可得放电电流和电阻两端电压。

放电电流为

$$i(t) = -\frac{U}{R}e^{-\frac{t}{\tau}} \tag{2-26}$$

电阻两端电压为

$$u_R(t) = i(t)R = -Ue^{-\frac{t}{\tau}} \tag{2-27}$$

可见它们都是从初始值按指数规律衰减而趋于零的。

3. RC 电路的时间常数

RC 电路暂态过程进行的快慢由时间常数 τ 决定,而 τ 由电路的参数 $(R、C)$ 决定,τ 越大,过渡过程越长,反之亦然。因为 C 越大,电容充电到同样电压所需的电荷也越多,R 越大,充电电流越小,电容充满到 U 的时间就越长,所以 $u_C(t)$ 的上升就越慢。可见,改变参数 $(R、C)$ 就可以改变过渡过程的时间长短。

从理论上讲,只有当 $t \to \infty$ 时,电路才达到稳定状态,暂态过程才算结束,但实际上由于充、放电按指数规律变化,开始变化快,后来逐渐变慢。因此,只要时间 $t = (4 \sim 5)\tau$,就可认为过渡过程已经结束了。

【例 2-11】 电路如图 2-19(a)所示,$R_1 = 1\Omega$,$R_2 = 2\Omega$,$R_3 = 3\Omega$,$C = 5\mu F$,$U = 6V$,开关闭合前已处于稳定状态。在 $t = 0$ 时将开关闭合,试利用三要素法求 $t \geqslant 0$ 时的电压 u_C。

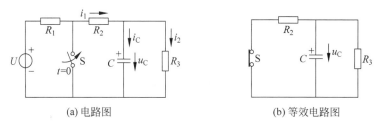

(a) 电路图　　　　　　　　　　(b) 等效电路图

图 2-19　例 2-11 的电路

解：在 $t = 0_-$ 时,有

$$u_C(0_-) = \frac{R_3}{R_1 + R_2 + R_3}U = \frac{3}{1 + 2 + 3} \times 6 = 3(V)$$

在 $t = 0$ 时,理想电压源与 R_1 串联支路被开关 S 短路,对右边电路相当于不起作用,这时电容器经 R_2 和 R_3 放电的等效电路如图 2-19(b)所示。

时间常数 τ 为

$$\tau = \frac{R_2 R_3}{R_2 + R_3}C = \frac{2 \times 3}{2 + 3} \times 5 \times 10^{-6} = 6 \times 10^{-6}(s) = 6\mu s$$

放电结束后,电容器两端电压

$$u_C(\infty) = 0$$

由三要素法得

$$u_C(t) = 0 + (3 - 0)e^{-\frac{t}{6 \times 10^{-6}}} = 3e^{-\frac{1}{6} \times 10^6 t}(V)$$

2.6.5　RC 电路的应用

RC 电路在模拟电路、脉冲数字电路中得到广泛的应用,由于电路的形式以及信号源和 $R、C$ 元件参数的不同,因而组成了 RC 电路的各种应用形式：微分电路、积分电路、耦合电路、滤波电路及脉冲分压器等。以下主要以微分电路和积分电路为例具体讲述。

1. 微分电路

图 2-20 所示 RC 电路中,如果输入信号是如图 2-21(a)所示的矩形脉冲电压 u_i,脉冲电

压的幅值为 U、宽度为 t_p，则电阻 R 两端输出的电压为 $u_o = u_R$，电压 u_o 的波形与电路的时间常数 τ 有关。当输入脉冲宽度 t_p 一定时，改变 τ 和 t_p 的比值，电容器充、放电的速度就不同，输出电压 u_o 的波形也就不同，选择合适参数使 $\tau \ll t_p$（即电容充放电所需时间极短，选择 $\tau \leqslant \dfrac{t_p}{5 \sim 10}$ 即可），可得输出波形如图 2-21(b) 和图 2-21(c) 所示，这样在电阻两端就输出一个尖脉冲。

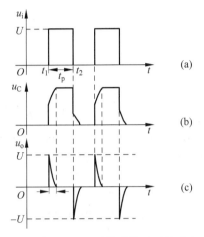

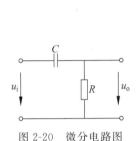

图 2-20　微分电路图　　　　　　图 2-21　RC 电路在矩形脉冲作用下的瞬变过程

这种输出尖脉冲的波形反映了输入矩形脉冲的跃变部分，是矩形脉冲微分的结果。

由于 $\tau \ll t_p$，电容器充放电速度快，除了电容刚开始充电或放电的一段极短时间之外，其他时间满足 $u_i = u_C + u_o \approx u_C$，因此

$$u_o = u_R = iR = RC\frac{\mathrm{d}u_C}{\mathrm{d}t} \approx RC\frac{\mathrm{d}u_i}{\mathrm{d}t} \tag{2-28}$$

该式表明输出电压 u_o 近似地与输入电压 u_i 对时间的微分成正比。由此可见，RC 微分电路具备以下两个必备条件。

（1）τ（时间常数）$\ll t_p$（脉冲宽度）。

（2）从电阻元件 R 两端输出电压。

电子技术中经常应用微分电路把矩形脉冲变换为尖脉冲作为触发信号。

2. 积分电路

若满足 $\tau = RC \gg t_p$，如 $\tau \gg (5 \sim 10)t_p$，从电容上输出，则构成了积分电路，如图 2-22 所示。下面分析这个电路输入电压 u_i 和输出电压 u_o 之间的关系。

在图 2-22 中，$t = t_1$ 瞬间，电路接通矩形脉冲信号，$u_i(t)$ 由零跃变到 U，电容器开始充电，u_C 按指数规律增长。由于时间常数 τ 较大，因此电容器 C 充电缓慢，$u_o(t)$ 变化也缓慢，电容器上所充电压 u_C 远未达到稳态值 U 时，输入信号脉冲已结束（$t = t_2$）。矩形脉冲由 U 跃变到零值，相当于短路，电容器上所充电压通过电阻 R 放电。同样由于 τ 较大，电容器上电压衰减缓慢，在远未衰减完时第二个脉冲又来到，重复以上过程，如图 2-23 所示。这样积分电路在矩形脉冲信号作用下，将输出一个锯齿波信号。τ 越大，充放电越慢，所得的锯齿波电压线性度就越好。

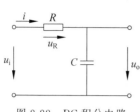

图 2-22　RC 积分电路

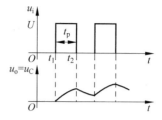

图 2-23　RC 积分电路的波形图

由于 $\tau \gg t_p$，充电时 $u_C = u_o \ll u_R$，因此，在 t_p 时间内可近似认为电阻电压就是输入电压，即

$$u_i = u_R + u_o \approx u_R = iR$$

因而输出电压

$$u_o = u_C = \frac{1}{C}\int i\,\mathrm{d}t = \frac{1}{RC}\int u_i\,\mathrm{d}t \tag{2-29}$$

表明输出电压与输入电压的积分成正比，该电路称为积分电路。由此可见，RC 积分电路具有以下两个必备条件。

（1）τ（时间常数）$\gg t_p$（脉冲宽度）。

（2）从电容 C 两端输出电压。

在电子技术中，积分电路常用来将矩形波信号变换成锯齿波信号。

2.6.6　暂态过程的危害及防止

电路的暂态也有其有害的一面，必须设法防止。例如，图 2-24 所示的一阶 RL 电路（具有初始储能），若在稳态的情况下突然切断开关 S，电路将进入暂态。在开关断开的瞬间，可能产生极高（数万伏甚至数十万伏）的过电压，极性如图 2-24 所示，将给电路及设备带来致命的危害，甚至危及人身安全，必须设法防止。

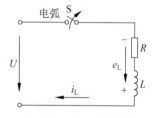

图 2-24　RL 电路断开

为了防止这种危害，可在线圈两端并接一适当阻值的电阻 R_0（称为泄放电阻），如图 2-25（a）所示。或在线圈两端并以适当电容 C，以吸收突然断开电感时释放的能量，如图 2-25（b）所示。或用二极管与线圈并联（称为续流二极管）提供放电回路，使电感所储存的能量消耗在自身的电阻中，如图 2-25（c）所示。

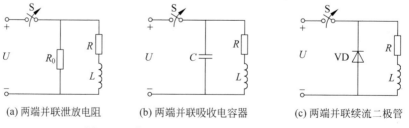

(a) 两端并联泄放电阻　　　(b) 两端并联吸收电容器　　　(c) 两端并联续流二极管

图 2-25　防止 RL 电路突然断开产生的高电压

【思考题】

（1）RC 电路中是否 R 值越大，充、放电速度越慢？是否电容的初始电压越高，放电时间越长？

（2）某电路的电流为 $i(t)=10+10\mathrm{e}^{-100t}\,\mathrm{A}$，试问它的稳态分量、暂态分量及三要素各为多少？

（3）在如图 2-26 所示的电路中，现分别将 S 闭合和断开，灯泡亮度将如何变化？

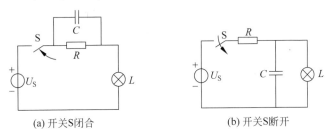

(a) 开关S闭合　　　　　　　(b) 开关S断开

图 2-26　电路图

习题

2-1　用支路电流法求图 2-27 所示电路中的未知电流。

2-2　用节点电位法求图 2-28 所示电路中各电阻支路上的电流。

2-3　试用节点电位法求图 2-29 所示电路 4Ω 电阻上消耗的功率。

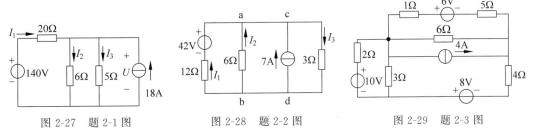

图 2-27　题 2-1 图　　　　图 2-28　题 2-2 图　　　　图 2-29　题 2-3 图

2-4　电路如图 2-30 所示，分别计算 S 打开与闭合时 A、B 两点的电位。

2-5　用叠加原理求图 2-31 中的电流 I。

2-6　用叠加原理求图 2-32 中 4V 电压源的电流 I 和功率，是吸收功率还是发出功率？

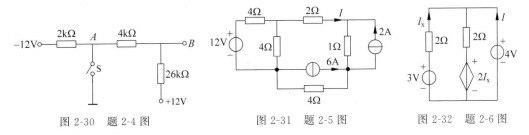

图 2-30　题 2-4 图　　　　图 2-31　题 2-5 图　　　　图 2-32　题 2-6 图

2-7　用戴维南定理求图 2-33 所示电路中通过 14Ω 电阻的电流 I。

2-8　用戴维南定理求解图 2-34 所示电路中的电流 I。

2-9　求图 2-35 所示有源二端网络的戴维南等效电路。

2-10　用戴维南定理求图 2-36 所示电路中的电压 U。

2-11　分别用叠加定理和戴维南定理求解图 2-37 所示各电路中的电流 I。

2-12　用诺顿定理求图 2-38 中流过 9Ω 电阻的电流 i。

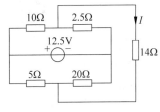

图 2-33　题 2-7 图

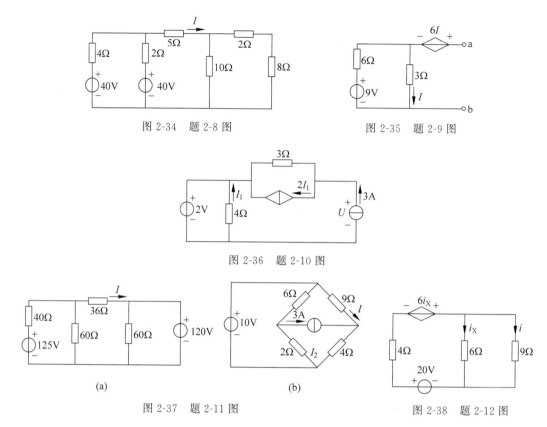

图 2-34　题 2-8 图　　　　　　图 2-35　题 2-9 图

图 2-36　题 2-10 图

(a)　　　　　　(b)

图 2-37　题 2-11 图　　　　　　图 2-38　题 2-12 图

2-13　求图 2-39 所示电路中所标记的电压 U 和电流 I。

2-14　电路如图 2-40(a)所示,已知 $R = 100\text{k}\Omega$,$C = 10\mu\text{F}$,电容原未充电,当输入如图 2-40(b)所示的电压 u_1 时,试求输出电压 u_C,并作波形图。

(a)　　　　　　(b)

图 2-39　题 2-13 图

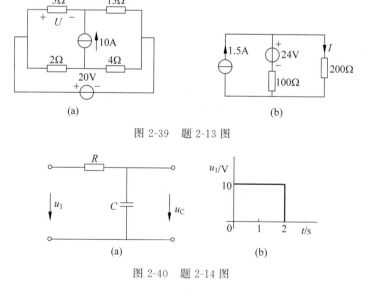

(a)　　　　　　(b)

图 2-40　题 2-14 图

第 3 章

正弦交流电路

 学习目标要求

本章介绍正弦量的基本概念、相量表示法、基尔霍夫定律的相量形式,以及电阻、电感、电容3种基本元件的交流分析法,并引入阻抗概念介绍 RLC 串、并联电路的分析方法,以及功率因数及提高措施。读者学习本章内容要做到以下几点:

(1)了解阻抗三角形、电压三角形、功率三角形;了解串联谐振、并联谐振现象和谐振电路特点;了解提高功率因数的意义和办法。

(2)理解瞬时值、幅值、周期、频率、角频率、相位、相位差、初相位等概念的物理意义;理解单一参数电路中的感抗、容抗的概念,功率、能量特征;理解 RLC 串、并联电路中的电抗、复阻抗的概念、功率、能量特征。

(3)掌握正弦量的各种表示方法及相互转换,尤其是相量图表示方法;掌握相位差的计算方法;掌握利用阻抗分析单一参数正弦交流电路、RLC 串、并联电路等简单交流电路的方法。

(4)掌握实验室日光灯电路的接线方法。

(5)掌握交流电流表、交流电压表和交流功率表的使用。

3.1 正弦交流电及其相量表示

大小和方向都随时间作周期性变化的电动势、电压和电流统称为交流电。获得交流电的方法有多种,但大多数交流电是由交流发电机产生的。交流电具有输配电容易、使用方便、价格便宜等优点,在电力工程中应用极为广泛。在交流电作用下的电路称为交流电路,电气设备及元器件电路模型与直流电路区别显著,必须充分重视。

3.1.1 正弦交流电的三要素

在日常生活和生产实践中,应用最多的是正弦交流电,简称交流电。正弦交流电是指大小、方向随时间按正弦规律变化的电压、电动势和电流等物理量,并统称为正弦量。在不加特殊说明时,今后人们所说的交流电都是指正弦交流电。

正弦交流电的表示方法有三角函数表示法、波形图表示法、相量表示法3种。正弦交流电的大小和方向均随时间按正弦规律作周期性变化,可以用正弦波表示,这种表示方法称为波形图表示法,它直观、形象地描述了各正弦量的变化规律,其波形如图 3-1 所示。由图 3-1

可知,正弦交流电的取值时正时负。这实际上和直流电路一样,是先设定了参考方向的,取正值表示实际方向和参考方向一致,取负值则表示实际方向和参考方向相反。正弦交流电的三角函数表达式为

$$u = U_m \sin(\omega t + \varphi_u) \tag{3-1}$$

$$i = I_m \sin(\omega t + \varphi_i) \tag{3-2}$$

由式(3-1)和式(3-2)可以看出,对任一正弦量,当 U_m(或 I_m)、w、φ_u(或 φ_i)确定后该正弦量就能唯一确定,常把这 3 个量称为三要素。下面分别介绍三要素的意义。

1. 最大值与有效值

正弦量是变化的量,它在任一瞬间的值称为瞬时值,用小写字母表示,如电压 u。正弦量在变化过程中的最大瞬时值称为最大值,又称为幅值、振幅或峰值,用带有下标"m"的大写字母表示,如电压最大值 U_m。它反映的是正弦交流电的大小,如图 3-2 所示。

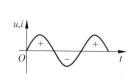

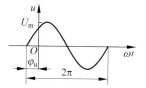

图 3-1   正弦交流电的波形图   图 3-2   正弦量的三要素

通常一个正弦量的大小是用有效值表示的。正弦电流 i 在一个周期 T 内通过某一电阻 R 产生的热量若与一直流电流 I 在相同时间和相同的电阻上产生的热量相等,那么这个直流电流 I 就是正弦交流电流 i 的有效值。依上所述,应有

$$\int_0^T i^2 R \, dt = I^2 RT$$

由此可得正弦电流 i 的有效值

$$I = \sqrt{\frac{1}{T}\int_0^T i^2 \, dt} \tag{3-3}$$

可见,正弦电流 i 的有效值为其方均根值。并且这一结论适用于任意周期量。

把 $i = I_m \sin\omega t$ 代入式(3-3),可得正弦电流 i 的有效值 I 与最大值 I_m 的关系为

$$I = \frac{I_m}{\sqrt{2}} = 0.707 I_m \tag{3-4}$$

同理可得出正弦交流电压、正弦电动势的有效值分别为

$$U = \frac{U_m}{\sqrt{2}} \quad \text{或} \quad E = \frac{E_m}{\sqrt{2}} \tag{3-5}$$

一般所讲的正弦交流电压或电流的大小,例如,交流电压 380V 或 220V,都是指它们的有效值,其最大值应为 $\sqrt{2} \times 380$V 或 $\sqrt{2} \times 220$V。一般交流电压表和电流表的刻度也是根据有效值来定的。

2. 周期、频率和角频率

正弦交流电变化一次所需的时间称为周期,用 T 表示,单位是秒(s)。正弦交流电每秒内变化的次数称为频率,用 f 表示,单位是赫兹(Hz)。显然频率和周期互为倒数,即

$$f = \frac{1}{T} \tag{3-6}$$

正弦量每秒钟相位角的变化称为角频率 ω，正弦交流电一个周期变化 $360°$，即 2π 弧度，人们把它在单位时间内变化的弧度数称为角频率，用 ω 表示，单位是弧度每秒（rad/s）。它与频率、周期之间的关系为

$$\omega = \frac{2\pi}{T} = 2\pi f \tag{3-7}$$

所以 ω、T、f 都是表示正弦量变化速度的，三者只要知其一，则其余皆可求得，如图 3-2 所示。它们能够反映出正弦交流电变化的快慢。已知我国工频电源的频率为 $f = 50\,\mathrm{Hz}$，则可求出其周期 $T = (1/50)\mathrm{s} = 0.02\mathrm{s}$，$\omega = 2\pi f = 2 \times 3.14 \times 50\,\mathrm{rad/s} = 314\,\mathrm{rad/s}$。

【例 3-1】 已知某交流电的频率 $f = 60\,\mathrm{Hz}$，求它的周期 T 和角频率 ω。

解：
$$T = \frac{1}{f} = \frac{1}{60} = 0.017(\mathrm{s})$$

$$\omega = 2\pi f = 2 \times 3.14 \times 60 = 376.8(\mathrm{rad/s})$$

3. 相位和初相位

由图 3-2 的正弦波可知，正弦量的波形是随时间 t 变化的。电压 u 的波形起始于横坐标 φ_u 处，对应的三角函数表达式为

$$u = U_\mathrm{m}\sin(\omega t + \varphi_\mathrm{u}) \tag{3-8}$$

式中，$\omega t + \varphi_\mathrm{u}$ 称为相位角，简称相位。$t = 0$ 时的相位 φ_u 称为初相位，简称初相，它反映了正弦量计时起点初始值的大小。

初相为正弦曲线由负变正时所经过的零值点到坐标原点的弧度满足 $|\varphi_\mathrm{u}| \leqslant \pi$。

在图 3-3 中，A、B、C、D 4 个点中只有 B 点是要找的零值点，初相 φ_u 如图 3-3 所示。图 3-3(a) 中 $t = 0$ 时，$u = U_\mathrm{m}\sin(\omega t + \varphi_\mathrm{u}) = U_\mathrm{m}\sin\varphi_\mathrm{u} > 0$。因为 $U_\mathrm{m} > 0$，$|\varphi_\mathrm{u}| \leqslant \pi$，所以 $\varphi_\mathrm{u} > 0$，此时波形是从坐标原点左移 φ_u 得到的。

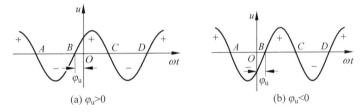

图 3-3 不同 φ_u 对应的不同波形

同理，图 3-3(b) 中 $t = 0$ 时，$u = U_\mathrm{m}\sin(\omega t + \varphi_\mathrm{u}) = U_\mathrm{m}\sin\varphi_\mathrm{u} < 0$，所以 $\varphi_\mathrm{u} < 0$，此时波形是从坐标原点右移 φ_u 得到的；$\varphi_\mathrm{u} = 0$ 时波形是从坐标原点出发的。

3.1.2 正弦交流电的相位差

在一个线性正弦交流电路中，电压和电流的频率相同，但它们的初相可能相同也可能不同，两个同频率正弦量的相位之差称为相位差，用 φ 表示。

设 $u = U_\mathrm{m}\sin(\omega t + \varphi_\mathrm{u})$，$i = I_\mathrm{m}\sin(\omega t + \varphi_\mathrm{i})$，则 u 与 i 的相位差为

$$\varphi = (\omega t + \varphi_\mathrm{u}) - (\omega t + \varphi_\mathrm{i}) = \varphi_\mathrm{u} - \varphi_\mathrm{i} \tag{3-9}$$

由此可见，同频率正弦量的相位差实际上就是初相之差。注意：正弦量用正弦函数和余弦函数表示均可。为了统一，本书一律采用正弦函数表示。

下面以两个同频率的正弦交流电流 $i_1 = I_{m1}\sin(\omega t + \varphi_1)$，$i_2 = I_{m2}\sin(\omega t + \varphi_2)$ 为例，说明 i_1 和 i_2 与相位差 φ 之间的关系，如图 3-4 所示。

（1）若 $\varphi = \varphi_1 - \varphi_2 > 0$，则称 i_1 超前于 i_2，如图 3-4(a)所示。

（2）若 $\varphi = \varphi_1 - \varphi_2 < 0$，则称 i_1 滞后于 i_2，如图 3-4(b)所示。

（3）若 $\varphi = \varphi_1 - \varphi_2 = 0$，则称 i_1 和 i_2 同相位，如图 3-4(c)所示。

（4）若 $\varphi = \varphi_1 - \varphi_2 = \pm 180°$，则称 i_1 和 i_2 反相位，如图 3-4(d)所示。

（5）若 $\varphi = \varphi_1 - \varphi_2 = \pm 90°$，则称 i_1 和 i_2 正交，如图 3-4(e)所示。

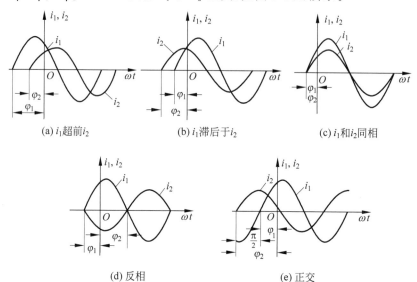

图 3-4　相位关系

通过以上的讨论可知，两个同频率的正弦量的计时起点($t=0$)不同时，它们的相位和初始相位不同，但它们的相位差不变，即两个同频率的正弦量的相位差与计时起点无关。

【例 3-2】 已知 $u = 311\sin(314t + 60°)\text{V}$，$i = 141\cos(100\pi t - 60°)\text{A}$。要求：

（1）在同一坐标下画出波形图；

（2）求最大值、有效值、频率、初相；

（3）比较它们的相位关系。

解： $u = 311\sin(314t + 60°)\text{V}$

$\qquad i = 141\cos(100\pi t - 60°)\text{A} = 141\sin(100\pi t + 30°)\text{A}$

（1）波形图如图 3-5 所示。

（2）$U_m = 311\text{V}$，$U = \dfrac{U_m}{\sqrt{2}} = \dfrac{311}{\sqrt{2}} = 220(\text{V})$

$\qquad f_u = \dfrac{\omega}{2\pi} = \dfrac{314}{2 \times 3.14} = 50(\text{Hz})$，$\quad \varphi_u = 60°$

$\qquad I_m = 141\text{A}$，$\quad I = \dfrac{I_m}{\sqrt{2}} = \dfrac{141}{\sqrt{2}} = 100(\text{A})$

$\qquad f_i = \dfrac{\omega}{2\pi} = \dfrac{100\pi}{2\pi} = 50(\text{Hz})$，$\quad \varphi_i = 30°$

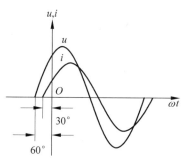

图 3-5　例 3-2 的波形图

（3）因为相位差 $\varphi_\mathrm{u}=\varphi_\mathrm{u}-\varphi_\mathrm{i}=60°-30°=30°$，所以它们的相位关系是 u 比 i 超前 $30°$。

3.1.3 正弦交流电的相量表示法

正弦量的各种表示方法是分析与计算正弦交流电路的工具。用三角函数表达式进行运算，过程非常复杂；用正弦波形进行运算，不可能得到精确的结果。而同频率的正弦量可用有向线段（相量图）和复数（相量式）表示，这样就可把正弦电路的分析计算由烦琐的三角函数运算转化为平面几何代数运算问题。相量表示法以复数为基础，因此具有基本复数知识是必须的。

1. 复数及其运算

1）复数的表示

一个复数是由实部和虚部组成的。复数有多种表达形式，常见的有代数形式、指数形式、三角函数形式和极坐标形式。设 A 为一复数，a、b 分别为实部和虚部，则

$$A=\underbrace{a+\mathrm{j}b}_{\text{代数式}}=\underbrace{r\mathrm{e}^{\mathrm{j}\varphi}}_{\text{指数式}}=\underbrace{r(\cos\varphi+\mathrm{j}\sin\varphi)}_{\text{三角函数式}}=\underbrace{r\underline{/\varphi}}_{\text{极坐标式}} \tag{3-10}$$

式中，$r=\sqrt{a^2+b^2}$ 称为复数 A 的模；$a=r\cos\varphi$，$b=r\sin\varphi$；$\varphi=\arctan(b/a)$ 称为辐角。

在电路分析中，为区别于电流的符号 i，虚数单位常用 j 表示。复数也可以用由实轴与虚轴组成的复平面上的有向线段来表示，表示复数的矢量称为复数矢量。

2）复数的运算

设有两个复数 $A_1=a_1+\mathrm{j}b_1=r_1\mathrm{e}^{\mathrm{j}\varphi_1}=r_1\underline{/\varphi_1}$、$A_2=a_2+\mathrm{j}b_2=r_2\mathrm{e}^{\mathrm{j}\varphi_2}=r_2\underline{/\varphi_2}$，复数的加、减运算应用代数形式较为方便：

$$A_1+A_2=(a_1+a_2)+\mathrm{j}(b_1+b_2)$$
$$A_1-A_2=(a_1-a_2)+\mathrm{j}(b_1-b_2)$$

复数的乘、除运算应用指数或极坐标形式较为方便：

$$A_1\cdot A_2=r_1\mathrm{e}^{\mathrm{j}\varphi_1}\cdot r_2\mathrm{e}^{\mathrm{j}\varphi_2}=r_1r_2\mathrm{e}^{\mathrm{j}(\varphi_1+\varphi_2)}=r_1r_2\underline{/\varphi_1+\varphi_2}$$

$$\frac{A_1}{A_2}=\frac{r_1\mathrm{e}^{\mathrm{j}\varphi_1}}{r_2\mathrm{e}^{\mathrm{j}\varphi_2}}=\frac{r_1}{r_2}\mathrm{e}^{\mathrm{j}(\varphi_1-\varphi_2)}=\frac{r_1}{r_2}\underline{/\varphi_1-\varphi_2}$$

2. 正弦量的相量表示法

由数学分析可知，正弦量可用有向线段表示，而有向线段又可用复数表示，所以正弦量也可用复数表示，复数的模即为正弦量的最大值（或有效值），复数的幅角即为正弦量的初相。为了与一般的复数相区别，我们把表示正弦量的复数称为相量，字母上加点表示。

在复平面上用矢量表示的相量称为相量图，也就是按各个同频率正弦量的大小和相位关系，在同一坐标中用初始位置的有向线段画出的若干个相量的图形。这种表示正弦量的方法称为正弦量的相量表示法。为了简便，常省去坐标轴，只画出代表实轴正方向的虚线。

以正弦电流 $i=I_\mathrm{m}\sin(\omega t+\varphi_0)$ 为例，其对应的复数为 $\dot{I}_\mathrm{m}=I_\mathrm{m}\underline{/\varphi_0}$ 或 $\dot{I}=I\underline{/\varphi_0}$。若以最大值为模，则称为最大值的相量，如 $\dot{I}_\mathrm{m}$；若以有效值为模，则称为有效值相量，如 $\dot{I}$。由

此可见,正弦量和相量是一一对应的关系。

值得注意的是:相量只能表示为正弦量,但并不等于正弦量,因为它只是具有正弦量的两个要素——最大值(或有效值)和初相,角频率则无法体现出来,但是在分析正弦交流电时,正弦电源、电压和电流等均为同频率的正弦量,频率是已知或特定的,可不考虑,只要用相量求出最大值(或有效值)和初相即可。

【例 3-3】 试画出 $u=50\sqrt{2}\sin(314t+60°)\text{V}$,$i=25\sqrt{2}\sin(314t+30°)\text{A}$ 的相量图。

解:两个正弦量对应的相量分别为

$$\dot{U}=50\underline{/60°}\text{V},\quad \dot{I}=25\underline{/30°}\text{A}$$

相量图如图 3-6 所示。

注意:①只有正弦周期量才能用相量表示;②只有同频率的正弦才能画在同一相量图上。

由上可知,表示正弦量的相量有两种形式:相量图和复数式(即相量式)。以相量图为基础进行正弦量计算的方法称为相量图法;用复数表示正弦量来进行计算的方法称为相量的复数运算法。在分析正弦交流电路时,这两种方法都可以用。

图 3-6　正弦量 u 与 i 的相量

【例 3-4】 已知 $u_1=8\sqrt{2}\sin(314t+60°)\text{V}$,$u_2=6\sqrt{2}\sin(314t-30°)\text{V}$,画出相量图并求 $u_{12}=u_1+u_2$。

解:(1)用相量式求。

由已知条件可写出 u_1 和 u_2 的有效值相量:

$$\dot{U}_1=8\underline{/60°}\text{V}=(4+\text{j}6.9)\text{V}$$

$$\dot{U}_2=6\underline{/-30°}\text{V}=(5.2-\text{j}3)\text{V}$$

$$\dot{U}_{12}=\dot{U}_1+\dot{U}_2=4+\text{j}6.9+5.2-\text{j}3=9.2+\text{j}3.9=10\underline{/23°}\text{V}$$

$$u_{12}=10\sqrt{2}\sin(314t+23°)\text{V}$$

(2)用相量图求。

在复平面上,复数用有向线段表示时,复数间的加、减运算满足平行四边形法则,那么正弦量的相量加、减运算就满足该法则,因此还可用作图的方法——相量图法求出 $\dot{U}_{12}=\dot{U}_1+\dot{U}_2$,其相量图如图 3-7 所示。根据总电压 $\dot{U}_{12}$ 的长度 U 和它与实轴的夹角 φ_0 可写出 u 的瞬时值表达式:

$$u_{12}=\sqrt{2}U\sin(\omega t+\varphi_0)=10\sqrt{2}\sin(314t+23°)\text{V}$$

为了简便计算,以后在画相量图时,复平面上的"+1"和"+j"以及坐标轴均可省去不画。

应该指出,正弦量是时间的实函数,正弦量的复数形式和相量图表示只是一种数学手段,目的是简化运算,正弦量既不是复数又与空间矢量有本质的区别。

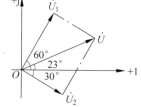

图 3-7　例 3-4 的相量图

3. 基尔霍夫定律的相量形式

(1)基尔霍夫电流定律(KCL)的相量形式。由基尔霍夫节点电流定律可知,任一时刻,对正弦电路中任一节点而言,流入(或流出)该节点各支路电流瞬时值的代数和为零,即 $\sum i=0$。在正弦电路中,由于各个电流都是同频率的正弦量,可以用相量表示。由正弦量的相量运算,可以推出:任一时刻,对正弦电路中任一节点,流入(或流出)该节点的各支路电流相量的代数和为零,即

$$\sum \dot{I} = 0 \tag{3-11}$$

式(3-11)称为基尔霍夫电流定律的相量形式。

(2) 基尔霍夫电压定律(KVL)的相量形式。根据基尔霍夫回路电压定律可知,对于电路中任一回路而言,沿该回路绕行一周,各段电路电压瞬时值的代数和为零,即 $\sum u=0$,同理可以得出基尔霍夫电压定律(KVL)的相量形式:对于正弦电路中任一回路而言,沿该回路绕行一周,各段电压相量的代数和为零,即

$$\sum \dot{U} = 0 \tag{3-12}$$

式(3-12)称为基尔霍夫电压定律的相量形式。

【思考题】

(1) 什么是正弦交流电的三要素? 某交流电电流为 $i=25\sqrt{2}\sin(314t+30°)\mathrm{A}$,分别指出三要素各是什么。

(2) 已知一正弦电动势的最大值为 380V,频率是 50Hz,初相位为 60°。试写出该正弦电动势瞬时值的表达式,画出波形图,并求 $t=0.1\mathrm{s}$ 时的瞬时值。

(3) 最大值为 5A 的交流电流和 4A 的直流电流分别通过阻值相等的两个电阻,问:在相同时间内,哪个电阻发热更多? 为什么?

3.2 单一理想元件正弦交流电路的分析

电阻、电感或电容元件通过串联或并联等连接方式,可以构成不同的正弦交流电路。只有电阻或电感或电容元件组成的电路称为单一参数电路,其他还有电阻、电感、电容串联电路以及电阻、电感、电容并联电路等。

3.2.1 电阻元件及其交流特性

1. 伏安关系

若正弦交流电源中接入的负载为纯电阻元件形成的电路,则称为纯电阻电路,则电路如图 3-8(a)所示。对于电阻来说,若电压与电流的参考方向如图 3-8(a)所示,则电压和电流之间符合欧姆定律 $u=Ri$。设 $i=I_{\mathrm{m}}\sin\omega t$,则

$$u = Ri = RI_{\mathrm{m}}\sin\omega t = U_{\mathrm{m}}\sin\omega t \tag{3-13}$$

由此可见,u 与 i 的关系可表述如下。

(1) u 是与 i 同频同相的正弦电压。

(2) u 与 i 的幅值或有效值间是线性关系,其比值是线性电阻 R,即

$$\frac{U_{\mathrm{m}}}{I_{\mathrm{m}}} = \frac{U}{I} = R \tag{3-14}$$

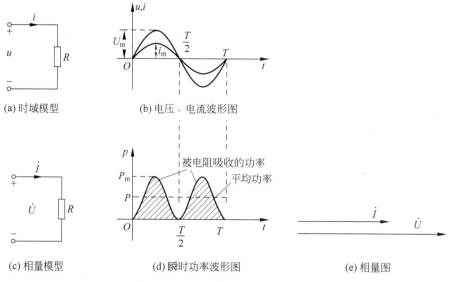

图 3-8 电阻元件的正弦交流电路

（3）u 与 i 的波形如图 3-8(b)所示

（4）u 与 i 的伏安关系的相量形式

$$\dot{I} = I\underline{/0^\circ} \tag{3-15}$$

$$\dot{U} = U\underline{/0^\circ} = RI\underline{/0^\circ} = R\dot{I} \tag{3-16}$$

式(3-16)同时表示了电压和电流之间的数值与相位关系,称为欧姆定律的相量形式,图 3-8(a)的时域模型可用图 3-8(c)的相量模型来表示,即电压、电流用相量表示,而电阻不变。

（5）u 与 i 的相量图如图 3-8(e)所示。

2. 功率和能量

（1）瞬时功率。在任意时刻,电压的瞬时值 u 和电流的瞬时值 i 的乘积,称为该元件的瞬时功率,用小写字母 p 表示,则

$$p = ui = U_m\sin\omega t \cdot I_m\sin\omega t = U_m I_m \sin^2\omega t$$

$$= \sqrt{2}U \cdot \sqrt{2}I \cdot \frac{1-\cos^2\omega t}{2} = UI(1-\cos^2\omega t) \tag{3-17}$$

由式(3-17)可见,p 由两部分组成,因为 $-1 \leqslant \cos\omega t \leqslant 1$,所以 $1-\cos^2\omega t \geqslant 0$,故 $p \geqslant 0$。

说明电阻只要有电流就消耗能量,将电能转化为热能,它是耗能元件,其瞬时功率的波形如图 3-8(d)所示。

（2）平均功率。通常用瞬时功率 p 在一个周期内的平均值来衡量交流功率的大小,这个平均值用大写字母 P 表示,即

$$P = \frac{1}{T}\int_0^T UI(1-\cos^2\omega t)\mathrm{d}t = \frac{1}{T}\int_0^T p\,\mathrm{d}t = UI = I^2R = \frac{U^2}{R} \tag{3-18}$$

平均功率又称为有功功率,单位为瓦(W)或千瓦(kW)。

式(3-18)与直流电路中电阻功率的表达式相同,只不过式中的 U、I 是正弦交流电压和电流的有效值,而不是直流电压、电流。

（3）电能。电阻从 0 到 t 时间内吸收的能量为

$$W = \int_0^t p\,\mathrm{d}t = \int_0^t ui\,\mathrm{d}t = \int_0^t Ri^2\,\mathrm{d}t$$

电阻一般把吸收的电能转换为热能消耗掉。

【例 3-5】 如图 3-8(a)所示的纯电阻电路中，$R = 10\,\Omega$，$u = 20\sqrt{2}\sin(\omega t + 45°)\,\mathrm{V}$，求电流的瞬时值表达式 i 及相量 $\dot{I}$ 和平均功率 P。

解：依题意可知 $\dot{U} = 20\underline{/45°}\,\mathrm{V}$，$R = 10\,\Omega$，所以

$$\dot{I} = \frac{\dot{U}}{R} = \frac{20\underline{/45°}}{10} = 2\underline{/45°}\,\mathrm{A}$$

故 $i = 2\sqrt{2}\sin(\omega t + 45°)\,\mathrm{A}$，$P = UI = 20 \times 2 = 40\,\mathrm{W}$。

3.2.2 电感元件及其交流特性

1. 电压与电流的关系

若正弦交流电源中接入的负载为电感元件形成的电路，称为纯电感电路，如图 3-9(a)所示。对于电感元件来说，当电压与电流的参考方向如图 3-9(a)所示，根据电磁感应定律，可知电压和电流之间的关系为

$$u = L\frac{\mathrm{d}i}{\mathrm{d}t} \tag{3-19}$$

若设电流 $i = I_\mathrm{m}\sin\omega t$ 为参考正弦量，则

$$\begin{aligned}
u &= L\frac{\mathrm{d}i}{\mathrm{d}t} = L \cdot I_\mathrm{m} \cdot \omega\cos\omega t = \omega L I_\mathrm{m}\sin(\omega t + 90°)\\
&= U_\mathrm{m}\sin(\omega t + 90°)
\end{aligned} \tag{3-20}$$

由此可知：

（1）u 是与 i 同频的正弦量。

（2）在相位上，u 超前 i 相位角 $90°$。

（3）在数值的大小上，u 与 i 的有效值（或最大值）间受感抗 ωL 的约束，表示为

$$\frac{U_\mathrm{m}}{I_\mathrm{m}} = \frac{U}{I} = \omega L = 2\pi f L \tag{3-21}$$

式(3-21)也称为电感元件的欧姆定律，称 ωL 为感抗，用 X_L 表示，单位为欧姆（Ω）。它体现的是电感对交流电的阻碍作用。感抗 X_L 与电感量 L 和频率 f 成正比。L 一定时，f 越高，X_L 越大；f 越低，X_L 越小；当 f 减小为零即为直流时，X_L 等于零，即电感对直流可视为短路。由此可见，电感具有"通直流，阻交流"和"通低频，阻高频"的作用。

（4）u 与 i 的波形如图 3-9(b)所示。

（5）u 与 i 的伏安关系的相量形式为

$$\dot{I} = I\underline{/0°}$$

$$\dot{U} = U\underline{/90°} = \omega L I\underline{/0° + 90°} = \omega L \cdot I\underline{/0°} \cdot 1\underline{/90°} = \mathrm{j}\omega L\dot{I} = \mathrm{j}X_\mathrm{L}\dot{I} \tag{3-22}$$

式(3-22)表示了电感元件欧姆定律的相量形式。

（6）u 与 i 的相量图如图 3-9(e)所示。图 3-9(c)为电感元件的相量模型。

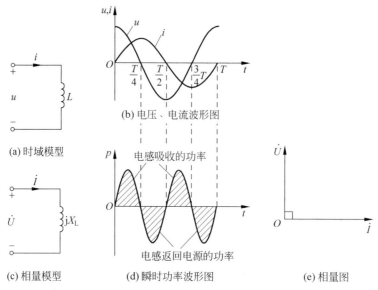

图 3-9　电感元件的正弦交流电路

2. 功率与能量

(1) 瞬时功率。由瞬时功率的定义可得

$$p = ui = U_m \sin(\omega t + 90°) \cdot I_m \sin\omega t = U_m I_m \cos\omega t \sin\omega t$$

$$= \sqrt{2}U \cdot \sqrt{2}I \cdot \frac{1}{2}\sin2\omega t = UI\sin2\omega t \tag{3-23}$$

由式(3-23)可见，p 是一个幅值为 UI，并以 2ω 的角频率随时间而变化的交变量，其波形如图 3-9(d)所示。

将电压 u 和电流 i 每个周期的变化过程分成 4 个 1/4 周期：在第一和第三个 1/4 周期，电感中的电流在增大，磁场在增强，电感从电源吸取能量，并将之储存起来，p 为正。在第二和第四个 1/4 周期，电感中的电流在减小，磁场在减弱，电感将储存的磁场能量释放出来，归还给电源，p 为负。可以看出理想电感 L 在正弦交流电源作用下，不断地与电源进行能量交换，但却不消耗能量。

(2) 平均功率。瞬时功率 p 在一周期内的平均值即为平均功率。

$$P = \frac{1}{T}\int_0^T p\,\mathrm{d}t = \frac{1}{T}\int_0^T UI\sin2\omega t\,\mathrm{d}t = 0 \tag{3-24}$$

说明纯电感元件在正弦交流电路中是不消耗电能。

(3) 无功功率。电感本身并未消耗能量，但要和电源进行能量交换，是储能元件。为了反映能量交换的规模，用 u 与 i 的有效值乘积来衡量，称为电感的无功功率，用 Q_L 表示，并记作

$$Q_L = UI = I^2 X_L = \frac{U^2}{X_L} \tag{3-25}$$

为了与有功功率区别，无功功率的单位为乏(var)或千乏(kvar)。

(4) 电感元件中储存的磁场能量为

$$W_L = \int_0^i Li\,\mathrm{d}i = \frac{1}{2}Li^2 \tag{3-26}$$

式(3-26)说明电感元件在某时刻储存的磁场能量,只与该时刻流过的电流的平方成正比,与电压无关。电感元件不消耗能量,是储能元件。

【例 3-6】　把一个电感量 $L=0.55\text{H}$ 的线圈接到 $u=220\sqrt{2}\sin(200t+60°)\text{V}$ 的电源上,其电阻忽略不计,电路如图 3-9(a)所示。求线圈中的电流的瞬时值表达式和无功功率为 Q_L。

解:依题意　　　 $\dot{U}=220\underline{/60°}\text{ V},X_\text{L}=\omega L=200×0.55=110(\Omega)$

$$\dot{I}=\frac{\dot{U}}{\text{j}X_\text{L}}=\frac{220\underline{/60°}}{\text{j}110}=\frac{220}{110}\frac{\underline{/60°}}{\underline{/90°}}=2\underline{/-30°}(\text{A})$$

故　$i=2\sqrt{2}\sin(200t-30°)\text{A},Q_\text{L}=UI=220×2=440\text{var}$。

3.2.3　电容元件及其交流特性

1. 伏安关系

若正弦交流电源中接入的负载为纯电容元件形成的电路,则称为电容电路,如图 3-10(a)所示,电容上的电压与电流取关联参考方向,有

$$i=\frac{\text{d}q}{\text{d}t}=C\frac{\text{d}u}{\text{d}t}\tag{3-27}$$

式(3-27)表明,电容元件上通过的电流,与元件两端的电压相对时间的变化率成正比。电压变化越快,电流越大。当电容原件两端加恒定电压时,因 $\text{d}u/\text{d}t=0$,所以 $i=0$,这时电容元件相当于开路,故电容元件有隔直流的作用。

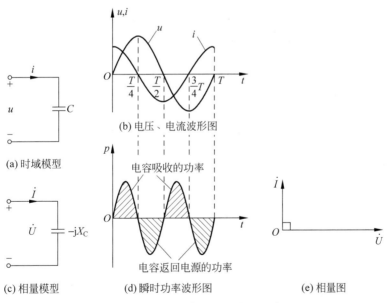

(a) 时域模型
(b) 电压、电流波形图
(c) 相量模型
(d) 瞬时功率波形图
(e) 相量图

图 3-10　电容元件的正弦交流电路

若设电压 $u=U_\text{m}\sin\omega t$ 为参考正弦量,则

$$i=C\frac{\text{d}u}{\text{d}t}=C\cdot U_\text{m}\cdot\omega\cos\omega t=\omega CU_\text{m}\sin(\omega t+90°)=I_\text{m}\sin(\omega t+90°)\tag{3-28}$$

由此可知:

（1）u 是与 i 同频的正弦量。

（2）在相位上，i 超前 u 相位角 $90°$。

（3）在数值的大小上，u 与 i 的有效值（或最大值）受容抗 $1/(\omega C)$ 的约束，表示为

$$\frac{U_m}{I_m} = \frac{U}{I} = \frac{1}{\omega C} = \frac{1}{2\pi f C} \tag{3-29}$$

式（3-29）也称为电容元件的欧姆定律，称 $1/(\omega C)$ 为容抗，用 X_C 表示，单位为欧姆（Ω）。它体现的是电容对交流电的阻碍作用。容抗 X_C 与电容量 C 和频率 f 成反比。C 一定时，f 越高，X_C 越小；f 越低，X_C 越大；当 f 减小为零即为直流时，X_C 趋于无穷大，即电容对直流可视为断路。由此可见，电容具有"通交流，隔直流"和"通高频，阻低频"的作用。

（4）u 与 i 的波形如图 3-10(b) 所示。

（5）u 与 i 的伏安关系的相量形式为

$$\dot{I} = I\underline{/90°}$$

$$\dot{U} = U\underline{/0°} = \frac{1}{\omega C} I\underline{/90° - 90°} = \frac{1}{\omega C} \cdot I\underline{/90°} \cdot 1\underline{/-90°} = -\mathrm{j}\frac{1}{\omega C}\dot{I} = -\mathrm{j}X_C\dot{I} \tag{3-30}$$

（6）u 与 i 的相量图如图 3-10(e) 所示。图 3-10(c) 为电容元件的相量模型。

2. 功率和储能

（1）瞬时功率。由瞬时功率的定义可得

$$p = ui = U_m\sin\omega t \cdot I_m\sin(\omega t + 90°) = UI\sin 2\omega t \tag{3-31}$$

由式（3-31）可见，p 是一个幅值为 UI，并以 2ω 的角频率随时间而变化的交变量，其波形如图 3-10(d) 所示。

将电压 u 和电流 i 每周期的变化过程分成 4 个 1/4 周期：在第一和第三个 1/4 周期，电容上的电压增大，电场增强，电容充电，电容从电源吸收能量，p 为正；在第二和第四个 1/4 周期，电容上的电压减小，电场减弱，电容放电，将储存的能量归还给电源，p 为负。可以看出理想电容 C 在正弦交流电源作用下，不断地与电源进行能量交换，但却不消耗能量。

（2）平均功率。瞬时功率 p 在一周期内的平均值即为平均功率

$$P = \frac{1}{T}\int_0^T p\,\mathrm{d}t = \frac{1}{T}\int_0^T UI\sin 2\omega t\,\mathrm{d}t = 0 \tag{3-32}$$

电容本身并未消耗能量，但要和电源进行能量交换，是储能元件。

（3）无功功率。为了反映能量交换的规模，用 u 与 i 的有效值乘积来衡量，称为电容的无功功率，用 Q_C 表示，并记作

$$Q_C = UI = I^2 X_C = \frac{U^2}{X_C} \tag{3-33}$$

其单位为乏（var）或千乏（kvar）。

（4）储存的电场能量为

$$W_C = \int_0^u Cu\,\mathrm{d}u = \frac{1}{2}Cu^2 \tag{3-34}$$

式（3-34）说明，电容元件在某时刻储存的电场能量与元件在该时刻所承受的电压的平方成正比，与电流无关，电容元件不消耗能量，是储能元件。

储能元件（L 或 C），虽本身不消耗能量，但需占用电源容量并与之进行能量交换，对电

源是一种负担。

【例 3-7】 把一个电容量 $C=4.75\mu\mathrm{F}$ 电容器接到交流电源上,电容器的端电压 $u=220\sqrt{2}\sin314t\,\mathrm{V}$,电路如图 3-10(a)所示。试求:

(1) 容抗 X_C;

(2) 电容通过的电流有效值 I_C;

(3) 电容中电流的瞬时值 i_C;

(4) 电容的有功功率 P_C 和无功功率 Q_C。

解:(1) 容抗:

$$X_\mathrm{C}=\frac{1}{\omega C}=\frac{1}{314\times4.75\times10^{-6}}=670(\Omega)$$

(2) 电流有效值:

$$I_\mathrm{C}=\frac{U}{X_\mathrm{C}}=\frac{220}{670}=0.328(\mathrm{A})$$

(3) 电流瞬时值:

$$i_\mathrm{C}=0.328\sqrt{2}\sin(314t+90°)\mathrm{A}$$

(4) 有功功率:

$$P_\mathrm{C}=0\mathrm{W}$$

无功功率:

$$Q_\mathrm{C}=UI_\mathrm{C}=220\times0.328=72.25(\mathrm{var})$$

【思考题】

(1) 把一个 $R=10\Omega$ 电阻元件接到 $f=50\mathrm{Hz}$,电压有效值 $U=10\mathrm{V}$ 的交流电源上,求电阻中电流的瞬时值 i 的表达式、相量式。

(2) 把一个 $L=200\mathrm{mH}$ 的电感元件接到 $u=100\sqrt{2}\sin(314t+45°)\mathrm{V}$ 的电源上,求电感中的电流 i 的瞬时表达式、相量式。

(3) 流过 $0.5\mathrm{F}$ 电容器上的电流是 $i_\mathrm{C}=\sqrt{2}\sin(100t-30°)\mathrm{A}$,求电容的端电压 u 的表达式、相量式。

3.3 RLC 串联交流电路和串联谐振

RLC 串联电路是指由电阻 R、电感 L 和电容 C 串联而成的电路,它是广泛应用的一种交流电路。本节探讨伏安关系、功率以及谐振等问题。

3.3.1 RLC 串联电路的伏安关系和阻抗

RLC 串联电路如图 3-11(a)所示。因为是串联电路,所以通过各元件的电流相同,设电流 $i=I_\mathrm{m}\sin\omega t$。电流与各个电压的参考方向如图 3-11 所示。

1. RLC 串联电路的伏安关系

根据基尔霍夫电压定律可知

$$u=u_\mathrm{R}+u_\mathrm{L}+u_\mathrm{C}=Ri+L\frac{\mathrm{d}i}{\mathrm{d}t}+\frac{1}{C}\int i\,\mathrm{d}t \tag{3-35}$$

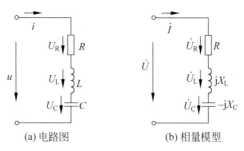

图 3-11   RLC 串联的正弦交流电路

式中,既有求导又有积分,比较复杂,用相量进行分析计算更为简便。

各元件上电压和电流之间的关系用相量表示分别为

$$\dot{U}_R = R\dot{I}, \quad \dot{U}_L = jX_L\dot{I}, \quad \dot{U}_C = -jX_C\dot{I}$$

原电路对应的相量模型如图 3-11(b)所示,总电压相量等于串联电路各元器件上电压相量之和,即

$$\dot{U} = \dot{U}_R + \dot{U}_L + \dot{U}_C = R\dot{I} + jX_L\dot{I} - jX_C\dot{I} = \dot{I}[R + j(X_L - X_C)] \tag{3-36}$$

令 $X = X_L - X_C$,称为电抗,$Z = R + j(X_L - X_C) = R + jX = |Z|\underline{/\varphi}$,称为串联电路的复阻抗,单位为欧姆($\Omega$)。

由此可知,R、L、C 串联电路总的复阻抗应为

$$Z = \frac{\dot{U}}{\dot{I}} = R + j(X_L - X_C) = |Z|e^{j\varphi} = \frac{U}{I}\underline{/\varphi} = \frac{U}{I}\underline{/\varphi_u - \varphi_i} \tag{3-37}$$

复阻抗的模为

$$|Z| = \sqrt{R^2 + X^2} = \sqrt{R^2 + (X_L - X_C)^2} = \frac{U}{I} \tag{3-38a}$$

它体现了电压 u 和电流 i 的有效值之间的约束关系。

复阻抗的幅角为

$$\varphi = \arctan\frac{X}{R} = \arctan\frac{X_L - X_C}{R} = \varphi_u - \varphi_i \tag{3-38b}$$

表示了电压 u 和电流 i 的相位关系。

由此可知,复阻抗的模 $|Z|$、实部 R、虚部电抗 X 三者构成一直角三角形,称为阻抗三角形。

(1) 若 $X_L > X_C$,则 $\varphi = \varphi_u - \varphi_i > 0$,此时电压超前电流 φ 角,电路呈电感性;

(2) 若 $X_L < X_C$,则 $\varphi = \varphi_u - \varphi_i < 0$,此时电压滞后电流 φ 角,电路呈电容性;

(3) 若 $X_L = X_C$,则 $\varphi = \varphi_u - \varphi_i = 0$,此时电压和电流同相,电路呈纯电阻性,这种情况表明电路发生了串联谐振。

可见,采用相量的复数运算法对 RLC 串联电路进行分析计算时,可同时确定电压和电流之间量值和相位上的关系并判断该电路的性质。

2. RLC 串联电路的相量图分析法

对于图 3-11 所示的 RLC 电路,以电流 $\dot{I}$ 作为参考相量,电感上的电压 $\dot{U}_L = jX_L\dot{I}$,超

前于 $\dot{I}$ 90°，其长度为 $U_L = X_L I$；电容上的电压 $\dot{U}_C = -jX_C \dot{I}$，

落后于 $\dot{I}$ 90°，其长度为 $U_C = X_C I$；电阻上的电压 $\dot{U}_R = R\dot{I}$，与

$\dot{I}$ 同相，其长度为 $U_R = RI$。总电压 $\dot{U} = \dot{U}_R + \dot{U}_C + \dot{U}_L$，相量图

如图 3-12 所示。

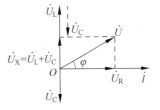

图 3-12 RLC 串联电路的
相量图

从相量图可以看出，RLC 串联电路总电压相量 $\dot{U}$ 与串联

电路各元件上电压相量 $\dot{U}_R$ 和 $\dot{U}_X = \dot{U}_L + \dot{U}_C$ 构成一直角三角

形，称为电压三角形，如图 3-12 所示。利用此三角形可知

$$U = \sqrt{U_R^2 + U_X^2} = \sqrt{U_R^2 + (U_L - U_C)^2} = \sqrt{(RI)^2 + (X_L I - X_C I)^2}$$
$$= I\sqrt{R^2 + (X_L - X_C)^2} = I|Z| \tag{3-39}$$

这是电压和电流的大小关系。

$$\varphi = \arctan \frac{U_X}{U_R} = \arctan \frac{U_L - U_C}{U_R} = \arctan \frac{X_L - X_C}{R} \tag{3-40}$$

这是电压和电流的相位关系。显然，电压三角形中电压和电流的相位差等于阻抗三角形中
的阻抗角。由此可见，RLC 串联电路的电压和电流的关系完全取决于电路各元件的参数。

3. 阻抗的串联

工程实际中使用的电路模型有时是多个阻抗的串联电路，对于多个阻抗的串联电路可
以用一个等效阻抗来代替。依据基尔霍夫电压定律的相量形式可以得出：n 个阻抗 Z_1 到
Z_n 串联的等效阻抗 Z 等于各个串联阻抗之和，即

$$Z = Z_1 + Z_2 + \cdots + Z_n = \sum_{k=1}^{n} Z_k = |Z| \underline{/\varphi} \tag{3-41}$$

注意：一般情况下，$|Z| \neq |Z_1| + |Z_2| + \cdots + |Z_n|$。

*3.3.2 RLC 串联电路的功率分析

设电流 $i = I_m \sin\omega t$，且 u 比 i 超前 φ，则电压 $u = U_m \sin(\omega t + \varphi)$。

1. 瞬时功率

$$p = ui = U_m \sin(\omega t + \varphi) \cdot I_m \sin\omega t = U_m I_m \sin(\omega t + \varphi)\sin\omega t$$
$$= \sqrt{2}U \cdot \sqrt{2}I \cdot \frac{1}{2}[\cos\varphi - \cos(2\omega t + \varphi)] = UI\cos\varphi - UI\cos(2\omega t + \varphi) \tag{3-42}$$

从式(3-42)可以看出，p 是一个常量与一个正弦量的叠加。$UI\cos\varphi$ 是一个与时间无关
的常量，并且恒为正值；$UI\cos(2\omega t + \varphi)$ 为交流分量，其频率为电源频率的两倍。

2. 平均功率

平均功率代表电路实际消耗的功率，因此又称为有功功率，它是指电阻消耗的功率。由
平均功率定义有

$$P = \frac{1}{T}\int_0^T p\,dt = \frac{1}{T}\int_0^T [UI\cos\varphi - UI\cos(2\omega t + \varphi)]dt = UI\cos\varphi \tag{3-43}$$

从式(3-43)可以看出，有功功率不仅与电压、电流的有效值有关，而且与 $\cos\varphi$ 有关，这
是交流电路和直流电路的显著差别，这主要是由于存在储能元件产生了阻抗角。$\cos\varphi$ 称为

功率因数。φ 为功率因数角。一般情况下 $|\varphi| \leqslant 90°$，所以 $0 \leqslant \cos\varphi \leqslant 1$。平均功率的单位为瓦(W)或千瓦(kW)。

由图 3-12 所示的电压三角形可知

$$U_R = U\cos\varphi = RI$$

平均功率还可表示为

$$P = U_R I = I^2 R = UI\cos\varphi$$

对于纯电阻网络，电压和电流同相位，$\cos\varphi = 1$，$P = UI$，即电阻元件是耗能元件。对于纯电感或纯电容网络，电压和电流的相位差为 $+90°$ 或 $-90°$，$\cos\varphi = 0$，$P = 0$，即电感和电容元件不消耗能量。

3. 无功功率

电路中电感和电容都要与电源之间进行能量交换，因此相应的无功功率为这两个元件共同作用形成的，考虑到 $\dot{U}_L$ 和 $\dot{U}_C$ 相位相反，则

$$Q = Q_L - Q_C = (U_L - U_C)I = (X_L - X_C)I^2 = UI\sin\varphi \tag{3-44}$$

无功功率是可正可负的代数量，在电压、电流关联参考方向下，对于电感性电路，由于 $\varphi > 0$，因此由式(3-44)计算的无功功率为正值，$Q > 0$，此时为电感性电路。对于电容性电路，由于 $\varphi < 0$，因此由式(3-46)计算的无功功率为负值，$Q < 0$，此时为电容性电路。无功功率表示的是电路交换能量的最大速率，单位为乏(var)。

4. 视在功率

电压的有效值 U 和电流的有效值 I 的乘积称为视在功率，用 S 表示，即

$$S = UI = I^2 |Z| = \frac{U^2}{|Z|} \tag{3-45}$$

视在功率单位是伏安(VA)或千伏安(kVA)，以区别平均功率和无功功率。

视在功率具有实际意义，如一般电力变压器名牌上都会标出其视在功率，视在功率 $U_N I_N$ 表示了该变压器可能提供的最大有功功率，因此也称为该变压器的容量。

5. 功率三角形

由式 $P = UI\cos\varphi$、$Q = UI\sin\varphi$、$S = UI$ 可以看出，有功功率、无功功率与视在功率之间的关系可以用一个直角三角形表示，把此直角三角形称为功率三角形，有

$$S = UI = \sqrt{P^2 + Q^2} \tag{3-46}$$

在 RLC 串联电路中，如果将电压三角形的 3 个边同乘以电流的有效值，便可以得到功率三角形。功率三角形与电压三角形和阻抗三角形为 3 个相似三角形。

6. 功率因数

功率因数 $\cos\varphi$，其大小等于有功功率与视在功率的比值，在电工技术中，一般用 λ 表示，即

$$\lambda = \cos\varphi = \frac{P}{S} \tag{3-47}$$

【例 3-8】 在图 3-11 所示的 RLC 串联电路中，已知 $R = 30\Omega$，$X_L = 120\Omega$，$X_C = 80\Omega$，$u = 220\sqrt{2}\sin(314t + 30°)\text{V}$，试求：

① 电路的电流 i；

② 各元件电压 u_R、u_L、u_C，画出相量图；

③ P、Q、S。

解：依题意 $\dot{U}=220\underline{/30°}$ V

复阻抗 $Z=R+\mathrm{j}(X_\mathrm{L}-X_\mathrm{C})=30+\mathrm{j}(120-80)=50\underline{/53.1°}(\Omega)$

① 电流：

$$\dot{I}=\frac{\dot{U}}{Z}=4.4\underline{/-23.1°}(\mathrm{A})$$

所以瞬时表达式为

$$i=4.4\sqrt{2}\sin(314t-23.1°)\mathrm{A}$$

② 电阻上的电压与流过的电流同相位，则

$$\dot{U}_\mathrm{R}=\dot{I}R=30\times4.4\underline{/-23.1°}=132\underline{/-23.1°}(\mathrm{V})$$

$$u_\mathrm{R}=132\sqrt{2}\sin(314t-23.1°)\mathrm{V}$$

电感上电压超前流过电流 90°，则

$$\dot{U}_\mathrm{L}=\mathrm{j}\dot{I}X_\mathrm{L}=120\times4.4\underline{/-23.1°+90°}=528\underline{/66.9°}(\mathrm{V})$$

$$u_\mathrm{L}=528\sqrt{2}\sin(314t+66.9°)\mathrm{V}$$

电容上电压落后流过电流 90°，则

$$\dot{U}_\mathrm{C}=-\mathrm{j}\dot{I}X_\mathrm{C}=80\times4.4\underline{/-23.1°-90°}=352\underline{/-113.1°}(\mathrm{V})$$

$$u_\mathrm{C}=352\sqrt{2}\sin(314t-113.1°)\mathrm{V}$$

其相量图如图 3-13 所示。

③ 有功功率、无功功率、视在功率分别为

$$P=UI\cos\varphi=220\times4.4\cos53°=580.8(\mathrm{W})$$

$$Q=UI\sin\varphi=220\times4.4\sin53°=774.4(\mathrm{var})$$

$$S=UI=220\times4.4=968(\mathrm{V\cdot A})$$

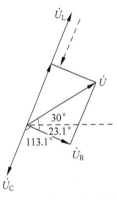

图 3-13 例 3-8 相量图

*3.3.3 RLC 串联电路的谐振问题

在交流电路中，当电压和电流同相，即电路的性质为电阻性时，称此电路发生了谐振。谐振现象在工程上既有可利用的一面，又有造成危害的一面，因此要了解产生谐振的条件及谐振电路的特点。谐振电路有串联谐振、并联谐振以及耦合谐振等类型。下面首先介绍串联谐振。

1. 串联谐振条件和谐振频率

RLC 串联电路如图 3-11 所示，根据谐振的概念可知，谐振时该电路的复阻抗为

$$Z=R+\mathrm{j}\left(\omega L-\frac{1}{\omega C}\right)$$

其虚部应为零，即

$$\omega L=\frac{1}{\omega C} \tag{3-48}$$

这就是 RLC 串联电路的谐振条件。由此式可得谐振时的谐振角频率 ω_0 和谐振频率 f_0（串联谐振状态下的各量加注下标 0 表示）：

$$\omega_0 = \frac{1}{\sqrt{LC}} \tag{3-49}$$

$$f_0 = \frac{1}{2\pi\sqrt{LC}} \tag{3-50}$$

2. 串联谐振电路的特点

(1) RLC 串联电路的阻抗最小,且为纯阻性:

$$|Z_0| = \sqrt{R^2 + (X_L - X_C)^2} = R \tag{3-51}$$

(2) 谐振电流最大:

$$I_0 = \frac{U}{|Z_0|} = \frac{U}{R} \tag{3-52}$$

(3) 谐振时,因 $X_{L0} = X_{C0}$,使 $\dot{U}_{L0} = -\dot{U}_{C0}$,即电感和电容上的电压相量等值反相;电路的总电压等于电阻上的电压,即 $\dot{U} = \dot{U}_R$,如图 3-14 所示。

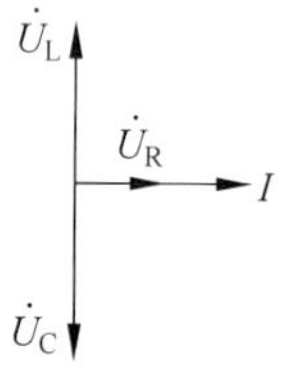

图 3-14　串联谐振相量图

串联谐振时,电感(或电容)上的电压与电阻上的电压的比值,通常用 Q 表示,即

$$Q = \frac{U_{L0}}{U_R} = \frac{U_{C0}}{U_R} = \frac{\omega_0 L}{R} = \frac{1}{\omega_0 CR} = \frac{1}{R}\sqrt{\frac{L}{C}} \tag{3-53}$$

Q 称为电路的品质因素,只和电路的参数 R、L、C 有关。一般 Q 远远大于 1,在电子线路中,Q 值一般在 10～500。因此,串联谐振时,电感(或电容)上的电压远大于电路的总电压(或电阻上的电压),即

$$U_{L0} = U_{C0} = QU \tag{3-54}$$

故串联谐振又称为电压谐振。串联谐振在无线电中应用十分广泛。如调谐选频电路,可以通过调节 C(或 L)的参数,使电路谐振于某一频率,使这一频率的信号被接收,其他信号被抑制。但电气工程上,一般要防止产生电压谐振,因为电压谐振时产生的高电压和大电流会损坏电气设备。

【例 3-9】 在 RLC 串联谐振电路中,$L = 2\text{mH}$,$C = 5\mu\text{F}$,品质因数 $Q = 100$,交流电压的有效值为 $U = 6\text{V}$。试求:(1)f_0;(2)I_0;(3)U_{L0}、U_{C0}。

解:(1) $f_0 = \dfrac{1}{2\pi\sqrt{LC}} = \dfrac{1}{2 \times 3.14 \times \sqrt{2 \times 10^{-3} \times 5 \times 10^{-6}}} \approx 1.59(\text{kHz})$

(2) $Q = \dfrac{1}{R}\sqrt{\dfrac{L}{C}} = \dfrac{1}{R}\sqrt{\dfrac{2 \times 10^{-3}}{5 \times 10^{-6}}} = \dfrac{20}{R} = 100$

所以 $R = 0.2\Omega$

故 $I_0 = \dfrac{U}{R} = \dfrac{6}{0.2} = 30(\text{A})$

(3) $U_{L0} = U_{C0} = QU = 100 \times 6 = 600(\text{V})$

【思考题】

(1) 已知无源二端口网络的电压和电流分别为 $\dot{U} = 30\underline{/45^\circ}$ V,$\dot{I} = -3\underline{/-165^\circ}$ A,求该网络的复阻抗 Z、该网络的性质、平均功率 P、无功功率 Q、视在功率 S。

(2) 处于串联谐振状态的 RLC 串联电路中,若增加电容 C 的值,则电路将呈现什么性

质？若增加电感元件的 L 值，又将呈现什么性质？

*3.4 RLC 并联交流电路和并联谐振

3.4.1 RLC 并联电路的伏安关系和导纳

1. RLC 并联电路的伏安关系

电阻 R、电感 L 和电容 C 并联而成的电路就是 RLC 并联电路，如图 3-15 所示。由于并联电路各并联支路的电压相同，因此设电压为参考量，即 $\dot{U} = U \underline{/0°}$，则

$$\dot{I}_R = \frac{\dot{U}}{R}; \quad \dot{I}_L = \frac{\dot{U}}{jX_L}; \quad \dot{I}_C = \frac{\dot{U}}{-jX_C}$$

根据基尔霍夫电流定律，有

$$\dot{I} = \dot{I}_R + \dot{I}_L + \dot{I}_C = \frac{1}{R}\dot{U} + \frac{1}{jX_L}\dot{U} + \frac{1}{-jX_C}\dot{U} = \left[\frac{1}{R} + j\left(-\frac{1}{X_L} + \frac{1}{X_C}\right)\right]\dot{U} \tag{3-55}$$

相量图如图 3-16 所示。由相量图可知，$\dot{I}$、$\dot{I}_R$、$(\dot{I}_L + \dot{I}_C)$ 构成一直角三角形，称为电流三角形。总电流的有效值为

$$I = \sqrt{I_R^2 + (I_C - I_L)^2} = \sqrt{\left(\frac{U}{R}\right)^2 + \left(\frac{U}{X_C} - \frac{U}{X_L}\right)^2} = U\sqrt{\left(\frac{1}{R}\right)^2 + \left(\frac{1}{X_C} - \frac{1}{X_L}\right)^2} \tag{3-56}$$

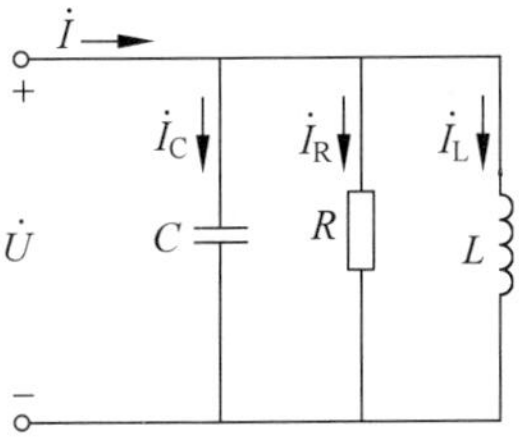

图 3-15 RLC 并联电路

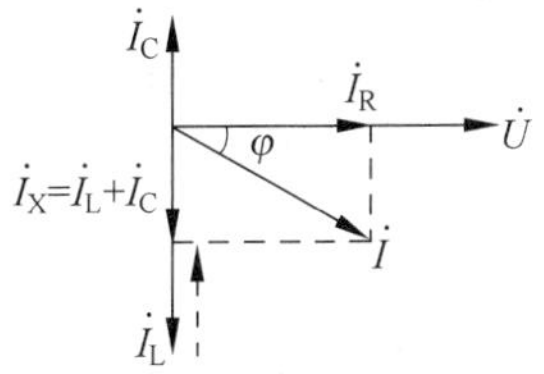

图 3-16 RLC 并联电路的相量图

总电流与电压的相位关系为

$$\varphi = \arctan \frac{I_C - I_L}{I_R} = \arctan \frac{\dfrac{1}{X_C} - \dfrac{1}{X_L}}{\dfrac{1}{R}} \tag{3-57}$$

通过以上分析，可以得出 RLC 并联电路具有以下特点。

（1）当 $\dfrac{1}{X_L} < \dfrac{1}{X_C}$ 即 $X_L > X_C$ 时，$I_L < I_C$，则 $\varphi > 0$，总电流超前于总电压，电路呈电容性，电路中的电容作用大于电感作用，这种电路称为电容性电路。

（2）当 $\dfrac{1}{X_L} > \dfrac{1}{X_C}$ 即 $X_L < X_C$ 时，$I_L > I_C$，则 $\varphi < 0$，总电流滞后于总电压，电路呈电感性（图 3-16 所示为此种情况），电路中的电感作用大于电容作用，这种电路称为电感性电路。

（3）当 $\dfrac{1}{X_L} = \dfrac{1}{X_C}$ 即 $X_L = X_C$ 时，$I_L = I_C$，$\dot{I} = \dot{I}_R$，则 $\varphi = 0$，总电流与总电压同相，电路呈电阻性，产生并联谐振现象。

2. RLC 并联电路的导纳

为了分析方便,引入导纳概念,定义电导 $G=1/R$,感纳 $B_L=1/X_L$,容纳 $B_C=1/X_C$,则式(3-55)可以表示为式(3-58)

$$\dot{I}=\dot{I}_G+\dot{I}_L+\dot{I}_C=[G+j(B_C-B_L)]\dot{U}=(G+jB)\dot{U}=Y\dot{U} \tag{3-58}$$

式(3-58)中,$B=B_C-B_L$ 称为电纳,Y 称为导纳,电导、感纳、容纳、导纳的单位为西门子(S),同阻抗一样,导纳也是复数,但它不代表正弦量,不是相量。

由式(3-58)可得

$$|Y|=\sqrt{G^2+B^2}=\sqrt{G^2+(B_C-B_L)^2}$$

$$\varphi=\arctan\frac{B_C-B_L}{G}$$

式中,$|Y|$ 为导纳的模,φ 为导纳角,导纳角 φ 表示电流与电压的相位差。

导纳既表示电路中电压和总电流的有效值的关系,又表示电压和总电流的相位关系,因此 RLC 并联电路可用导纳 Y 来等效,与阻抗三角形一样,同样也可得到导纳三角形。导纳的模 $|Y|$、导纳角 φ 与电路参数及频率有关,而与电压、电流无关。

一般情况下各阻抗并联的电路,采用等效导纳方法比较方便。多个并联的导纳可以用一个等效导纳来替代,依据基尔霍夫电压定律的相量形式可以得出:n 个导纳$(Y_1\sim Y_n)$并联的等效导纳等于各个导纳之和,即

$$Y=Y_1+Y_2+\cdots+Y_n$$

需注意的是:一般情况下,$|Y|\neq|Y_1|+|Y_2|+\cdots+|Y_n|$。

导纳和阻抗互为倒数,利用复数知识很容易相互转换,分析实际电路采用方法以方便性确定。RLC 并联电路的功率分析与 RLC 串联电路的功率分析完全相同,前面所讲功率分析普遍适应于交流电路。

3.4.2 RLC 并联电路的谐振问题

当电压和电流同相,即电路的性质为电阻性时,并联电路则发生谐振。

1. 谐振条件和谐振频率

在实际工程电路中,最常见的、应用最广泛的是由电感线圈和电容器并联而成的谐振电路,如图 3-17 所示。电路的等效阻抗 Z 为

$$Z=\frac{(R+j\omega L)\dfrac{1}{j\omega C}}{(R+j\omega L)+\dfrac{1}{j\omega C}}=\frac{R+j\omega L}{1+j\omega RC-\omega^2 LC} \tag{3-59}$$

通常电感线圈的电阻很小,所以一般在谐振时 $\omega L\gg R$,则上式可表示为

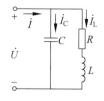

图 3-17 RLC 并联电路

$$Z\approx\frac{j\omega L}{1+j\omega RC-\omega^2 LC}=\frac{1}{\dfrac{RC}{L}+j\left(\omega C-\dfrac{1}{\omega L}\right)} \tag{3-60}$$

谐振的条件是端口的电压与电流同相位,即复阻抗 Z 的虚部为零,由此可得并联谐振的条件与谐振的频率。

谐振的条件为

$$\omega_0 C = \frac{1}{\omega_0 L} \tag{3-61}$$

由此可得谐振频率(与串联谐振近似相等)

$$f_0 \approx \frac{1}{2\pi\sqrt{LC}} \tag{3-62}$$

2. 并联谐振电路的特点

(1) 电路的阻抗达到最大值,且呈电阻性:

$$|Z_0| = \frac{L}{RC} \tag{3-63}$$

(2) 在电源电压一定的情况下,电流为最小值:

$$I_0 = \frac{U}{|Z_0|} = \frac{RC}{L}U \tag{3-64}$$

(3) 谐振时,支路电流为总电流的 Q 倍,即 $I_L = I_C = QI$。其中,Q 是品质因数,$Q = \frac{1}{R}\sqrt{\frac{L}{C}}$,所以各支路电流会超过总电流,因此并联谐振又称为电流谐振。

RLC 并联谐振电路在无线电技术中有着广泛的应用,是各种谐振器和滤波器的重要组成部分。

【思考题】

(1) 并联谐振电路有什么特点?

(2) 处于谐振状态的 RLC 并联电路中,若减小其电感 L 的值,则电路将呈现什么性质?

(3) 举例说明并联谐振电路的应用。

3.5　功率因数的提高

3.5.1　功率因数的意义

功率因数 $\cos\varphi$ 是用电设备的一个重要技术指标,其大小等于有功功率与视在功率的比值,一般用 λ 表示。根据 $P = UI\cos\varphi$ 可知,在正弦交流电路中,平均功率 P 在一般情况下并不等于视在功率 UI,除纯电阻性电路外,一般 P 小于 UI。

电路的功率因数 $\cos\varphi$ 由负载中包含的电阻与电抗的相对大小决定:对纯电阻负载电路来说,电压和电流同相,$\varphi = 0$,$\cos\varphi = 1$;纯电抗负载 $\varphi = \pm 90°$,$\cos\varphi = 0$;一般负载的电压和电流有相位差 φ,$\cos\varphi$ 在 $0\sim1$,而且多为感性负载。例如,常用的交流电动机便是一个感性负载,满载时功率因数为 $0.7\sim0.9$,而空载或轻载时功率因数较低。

$\cos\varphi$ 是反映电源供给负载的电能利用率高低的物理量,功率因数过低,会使电源的利用率降低,同时输电线路上的功率损失与电压损失增加,因此必须提高功率因数。下面简单说明。

1. 提高功率因数有利于充分发挥电源的潜力

交流电源设备(发电机、变压器等)一般是根据额定电压和额定电流来进行设计制造和使用的,其额定容量为 $S_N = U_N I_N$,它表明电源可向负载提供的最大有功功率,而实际向负

载提供的有功功率 $P=S_N\cos\varphi$，显然功率因数 $\cos\varphi$ 越大，负载吸收的功率越多，电源提供的有功功率也越多。例如，额定容量为 $1000\text{kV}\cdot\text{A}$ 的电源，若 $\cos\varphi=0.3$，则 $P=300\text{kW}$；若 $\cos\varphi=0.96$，则 $P=960\text{kW}$。由此可见，要充分发挥电源的潜力，必须提高功率因数。因此，提高负载的功率因数，可以提高电源设备的利用率。

2. 提高功率因数有利于减小输电线路上的功率及电压损耗

发电设备和变电设备通过输电线以电流的形式把电能输送给负载时，在输电线路上必定有功率损耗和电压损耗。功率损耗会使输电效率降低，电压损耗严重时会使用电器不能正常工作，所以应尽量减小这两种损耗。在一定的电压下输送一定的功率时，输电电流 I 与功率因数成反比($I=P/U\cos\varphi$)，可见 $\cos\varphi$ 越小，则线路中电流 I 就越大，在输电线路和设备上的功率损耗 $P_1=I^2R_1$ 和线路的压降 $U_1=IR_1$ 就越大(R_1 为实际输电线路的电阻)，反之，提高功率因数会大降低线路损耗，从而提高了供电质量。

因此，提高功率因数一方面可以提高电源的利用率，另一方面可以降低输电线路上的功率损失与电压损失，或在相同损耗的情况下，节约输电线材料，具有很大的经济意义。我国供电规则中要求：高压供电企业的功率因数不低于 0.95，其他单位不低于 0.9。

3.5.2 提高功率因数的方法

提高功率因数应遵循两条原则：

(1) 不能影响用电设备正常工作，即必须保证接在线路上的用电设备的端电压、电流及功率不变；

(2) 尽量不增加额外的电能损耗。

工业生产中的用电设备多为电感性负载，感性负载是造成功率因数低下的根本原因。要提高功率因数，最常用的方法是在电感性负载的两端并联合适的电容器。这种方法不会改变负载原有的工作状态，但负载的无功功率从电容支路得到了补偿，从而提高了功率因数。

感性负载和电容器的并联电路如图 3-18(a)所示，图中 R、L 支路表示电感性负载，C 是补偿电容，$\cos\varphi_1$ 为感性负载功率因数，$\cos\varphi_2$ 为并联电容后电路总的功率因数。

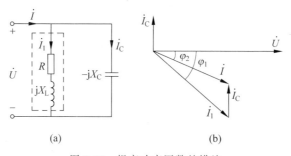

(a)　　　　　　　　　　　　(b)

图 3-18　提高功率因数的措施

假设未并联电容时，电感性负载两端的电压为 $\dot{U}$，流经电感性负载的电流为 $\dot{I}_1$，电感性负载的功率因数为 $\cos\varphi_1$，并联电容后总电流为 $\dot{I}$，功率因数为 $\cos\varphi_2$，电容支路的电流 $\dot{I}_C$，则 $\dot{I}_C=\dot{I}-\dot{I}_1$，相量图如图 3-18(b)所示。从相量图可以看出 $\cos\varphi_2>\cos\varphi_1$ 功率因数得到了提高。

下面对补偿电容进行计算。根据电流三角形得

$$I_C = I_1 \sin\varphi_1 - I \sin\varphi_2 \tag{3-65}$$

由于电容不消耗功率,因此并联前后有功功率相等,$P = UI_1\cos\varphi_1 = UI\cos\varphi_2$,则 $I_1 = \dfrac{P}{U\cos\varphi_1}$、$I = \dfrac{P}{U\cos\varphi_2}$,代入式(3-65)得

$$I_C = \frac{P}{U\cos\varphi_1}\sin\varphi_1 - \frac{P}{U\cos\varphi_2}\sin\varphi_2 = \frac{P}{U}(\tan\varphi_1 - \tan\varphi_2) \tag{3-66}$$

根据电容的伏安关系

$$I_C = \frac{U}{X_C} = U\omega C \tag{3-67}$$

综合式(3-66)、式(3-67)可得所需补偿电容器的容量为

$$C = \frac{P}{\omega U^2}(\tan\varphi_1 - \tan\varphi_2) \tag{3-68}$$

式中,P 是电感性负载的有功功率,U 是电感性负载的端电压,φ_1 和 φ_2 分别是并联电容前和并联后的功率因数角。

需要注意的是:提高功率因数,是指提高电源或整个电路的功率因数,而不是指提高电感性负载的功率因数。电容的作用:一方面补偿了一部分电感性负载所需要的无功功率,从而使负载与电源间的能量交换减少,提高了电源设备的利用率;另一方面减小了线路总电流,降低了功率消耗和压降。$C\uparrow \to \varphi_2\downarrow \to \cos\varphi_2\uparrow \to I\downarrow$,$C$ 越大,补偿的效果越明显。一般功率因数补偿到接近 1 即可。

【例 3-10】 在 220V、50Hz 的线路上接有功率为 40W、电流为 0.364A 的日光灯,现欲将电路的功率因数提高到 0.9,应并联多大的电容器? 此时电路的总电流是多少?

解:依题意 $P = 40\text{W}$,$U = 220\text{V}$,$I_1 = 0.364\text{A}$,所以

$$\cos\varphi_1 = \frac{P}{UI_1} = \frac{40}{220\times0.364} = 0.5$$

$$\varphi_1 = \arccos 0.5 = 60°, \quad \tan\varphi_1 = \tan 60° = \sqrt{3} = 1.732$$

$$\cos\varphi_2 = 0.9, \quad \varphi_2 = \arccos 0.9 = 25.8°, \quad \tan\varphi_2 = \tan 25.8° = 0.483$$

所以
$$C = \frac{P}{\omega U^2}(\tan\varphi_1 - \tan\varphi_2) = \frac{40}{2\times3.14\times50\times220^2}\times(1.732-0.483)$$

$$\approx 3.3\times10^{-6}(\text{F}) = 3.3\mu\text{F}$$

$$I = \frac{P}{U\cos\varphi_2} = \frac{40}{220\times0.9} \approx 0.2(\text{A})$$

【思考题】

(1) 已知某感性负载的阻抗 $|Z| = 7.07\Omega$,$R = 5\Omega$,则其功率因数为多少? 当接入 $u = 311\sin 314t$ V 的电源中,消耗的有功功率是多少?

(2) 当电路呈感性负载[即$(X_L - X_C) > 0$]时,如何提高功率因数? 当电路呈容性负载[即$(X_L - X_C) < 0$]时,如何提高功率因数?

习题

3-1 已知某正弦交流电流的最大值是 1A,频率为 50Hz,设初相位为 60°,试求该电流的瞬时表达式 $i(t)$。

3-2 写出下列交流电的最大值、有效值、频率及初相,并写出其相量式,求出 u 和 i 之间的相位差:①$u=311\sin(314t+45°)$V;②$i=14.1\cos(314t+60°)$A。

3-3 已知相量 $\dot{I}=110\underline{/60°}$ A,$\dot{U}=8+j6$V,若它们均为工频交流电,试分别用瞬时值表达式及相量图表示。

3-4 电源电压 $u=311\sin(314t+60°)$V,分别加到电阻、电感和电容两端,此时 $R=44Ω,X_L=88Ω,X_C=22Ω$,试求各元件电流的瞬时值表达式,电阻的有功功率,电感、电容的无功功率。若电压的有效值不变,而频率变为 500Hz 时,结果又如何?

3-5 有一具有内阻的电感线圈,接在直流电源上时通过 8A 电流,线圈端电压为 48V;接在 50Hz、100V 交流电源上,通过的电流为 10A,求线圈的电阻和电感,并画出相量图。

3-6 某 RC 串联电路,已知 $R=8Ω,X_C=6Ω$,总电压 $U=10$V,试求电流 $\dot{I}$ 和电压 $\dot{U}_R$、$\dot{U}_C$,并画出相量图。

3-7 RLC 串联电路中,电阻 $R=4Ω$,感抗 $X_L=6Ω$,容抗 $X_C=3Ω$,电源电压 $u=70.7\sin(314t+60°)$V。求电路的复阻抗 Z,电流 i,电压 u_R、u_L、u_C,功率因数 $\cos\varphi$,功率 P、Q、S;画出相量图。

3-8 某复阻抗 Z 上通过的电流 $i=7.07\sin314t$ A,电压 $u=311\sin(314t+60°)$V,则该复阻抗 Z 和其功率因数 $\cos\varphi$ 为多少? 有功功率、无功功率和视在功率各为多大?

3-9 在图 3-17 所示的 RLC 并联电路中,已知 $R=22Ω,X_L=22Ω,X_C=11Ω,I_C=20$A。试求电流 I_R、I_L、I、电路的功率 P 及功率因数 $\cos\varphi$。

3-10 有两个阻抗分别为 $Z_1=(2+j2)Ω$、$Z_2=(1+j3)Ω$,当它们串联接入 $u=311\sin(314t+60°)$V 电源中,求电流 i;当它们并联接入同样的电源中,分别求 i_1、i_2。

3-11 一感性负载的复阻抗 $Z=(6+j8)Ω$,接于 50Hz、220V 电源上,求:

(1)电路的总电流 I_1、有功功率 P 和功率因数 $\cos\varphi_1$ 为多少?

(2)欲将功率因数提高到 $\cos\varphi_2=0.95$,需并联多大的电容?

(3)并联电容后电路的总电流 I_2 降为多少?

第 4 章

三相交流电及其应用

![学习目标要求图标] **学习目标要求**

本章从三相电压的特点出发,首先介绍三相电源的概念及星形、三角形两种连接方式,然后介绍三相对称电路的构成及分析方法。读者学习本章内容要做到以下几点。

(1) 了解发输电、工业企业配电、安全用电以及节约用电常识,掌握防止触电的保护措施,实际中做到安全用电。

(2) 理解三相电压的形式和特点,理解中性线的作用,理解对称三相电压及相序的意义。

(3) 掌握三相对称负载星形、三角形连接时负载相电压与线电压、负载相电流与线电流关系、功率(P、Q、S)计算方法。

(4) 熟练掌握交流电流表、交流电压表和交流功率表的使用。

(5) 学会三相交流负载的星形和三角形连接,掌握这两种接法的线电压和相电压、线电流和相电流的测量方法。

(6) 学会三相负载功率的测量方法。

4.1 三相正弦交流电源

现代电力系统中,电能的生产、输送与分配几乎全部采用了三相制,即采用 3 个频率相同而相位不同的电压源(或电动势)向用电设备供电。三相电力系统主要由三相电源、三相输电线路和三相负载组成。本节介绍三相电压。

4.1.1 三相电压的产生及其特点

1. 三相电压的产生

三相电源一般由三相交流发电机产生,熟悉三相交流发电机是掌握三相电源的基础。图 4-1 是三相交流发电机的原理图,它主要由固定的定子和转动的转子组成。定子铁芯的内圆周表面有 6 个凹槽,用来放置三相绕组(线圈)。每相绕组完全相同,每个绕组的两端放在相应的凹槽内,要求绕组的始端之间或末端之间彼此相隔 120°。习惯上,它们的始端用 U_1、V_1、W_1 表示(亦可用 A、B、C),对应的末端则用 U_2、V_2、W_2 表示(亦可用 X、Y、Z)。

转子是一对磁极,转子铁芯上绕有励磁绕组,用直流励磁来建立转子磁场。定子与转子之间有一定的间隙,若其极面的形状和励磁绕组的布置恰当,可使气隙中的磁感应强度按正弦规律分布。

当转子以匀速按顺时针方向转动时,则每相绕组依次切割磁力线,分别产生,频率相同、最大值相同、相位互差120°的正弦电动势 e_U、e_V、e_W,方向选定为自绕组的末端(−)指向始端(+)。以 U 相为参考,正弦电动势 e_U、e_V、e_W 的瞬时值表达式为

$$\begin{cases} e_U = E_m \sin\omega t \\ e_V = E_m \sin(\omega t - 120°) \\ e_W = E_m \sin(\omega t - 240°) = E_m \sin(\omega t + 120°) \end{cases} \tag{4-1}$$

相量表达式为

$$\begin{cases} \dot{E}_U = E \underline{/0°} \\ \dot{E}_V = E \underline{/-120°} \\ \dot{E}_W = E \underline{/+120°} \end{cases} \tag{4-2}$$

三相电源的相量图和波形图如图 4-2 所示。从图 4-2 可以看出,三相电动势的频率相同、最大值相同、彼此间的相位差也相同,这种电动势称为三相对称电动势,相当于 3 个独立的交流电压源,称为三相对称电源,简称三相电源。

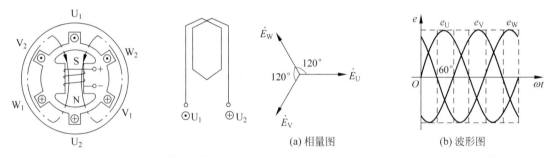

图 4-1　三相交流发电机的原理图　　　　图 4-2　表示三相电源的相量图和波形图

2. 三相电压的特点

(1) 对称电动势的瞬时值或相量之和为零,即

$$\begin{cases} e_U + e_V + e_W = 0 \\ \dot{E}_U + \dot{E}_V + \dot{E}_W = 0 \end{cases} \tag{4-3}$$

(2) 相序。三相交流电依次达到正的最大值(或相应零值)的顺序称为相序。上述三相对称电动势的相序是 U→V→W。把 U→V→W 的相序称为正相序,通常无特殊说明三相电源均采用正序。

在三相绕组中,把哪一个绕组当作 U 相绕组是无关紧要的,只要确定了 U 相绕组,那么比 U 相电动势 e_U 滞后 120°的绕组就是 V 相绕组,比 U 相电动势 e_U 滞后 240°(或超前 120°)的绕组则为 W 相绕组。

由于三相交流电有许多优点,如三相交流电易于获得、远距离输电比较经济等,所以目前在电力工程中几乎全部采用三相制。

4.1.2　三相电源的连接

三相发电机有三相绕组、6 个接线端,通常将它们按一定的方式连成一个整体再向外供电,常用的连接方法有星形(丫接)和三角形(△接)。

1. 三相电源的星形连接

若将三相绕组的末端 U_2、V_2、W_2 连在一起,始端单独出线,对外形成 4 个线端,这种连接方法称为星形连接,如图 4-3 所示。其中的连接点称为中点(或零点),用 N 表示。这样可从 3 个绕组的始端和中点分别引出一根导线,从中点引出的线称为中线(或零线),如果中性点接地,该线也称为地线,也用 N 表示;从绕组始端 U_1、V_1、W_1 引出的线称为相线(或端线或火线),分别用 U、V、W 表示。共有三相对称电源、四根引出线,因此这种电源连接方式习惯称为三相四线制。若无中线称为三相三线制。

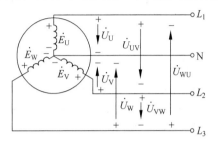

图 4-3　三相电源的星形连接图

星形连接可提供相电压和线电压两种电压。每相绕组始端和末端间的电压,亦即相线与中线间的电压,称为相电压,其有效值用 U_U、U_V、U_W 或一般地用 U_P 表示,其参考方向选定为由绕组始端指向中点,例如相电压 u_U 是由始端 L_1 指向中点 N。

任意两始端间的电压,亦即两相线间的电压,称为线电压,其有效值分别用 U_{UV}、U_{VW}、U_{WU} 或一般地用 U_L 表示,例如 u_{UV} 的参考方向是由始端 L_1 指向始端 L_2。

三相电源作星形连接时,相电压显然不等于线电压。在图 4-3 中,相电压 u_U、u_V、u_W 是对称三相电压,设 $\dot{U}_U = U_P\underline{/0°}$,相电压的相量式为

$$\begin{cases} \dot{U}_U = U_P\underline{/0°} \\ \dot{U}_V = U_P\underline{/-120°} \\ \dot{U}_W = U_P\underline{/+120°} \end{cases} \quad (4\text{-}4)$$

式中,U_P 是相电压有效值。根据基尔霍夫定律,线电压的相量形式为

$$\begin{cases} \dot{U}_{UV} = \dot{U}_U - \dot{U}_V \\ \dot{U}_{VW} = \dot{U}_V - \dot{U}_W \\ \dot{U}_{WU} = \dot{U}_W - \dot{U}_U \end{cases} \quad (4\text{-}5)$$

将式(4-4)代入式(4-5)计算可得

$$\begin{cases} \dot{U}_{UV} = \dot{U}_U - \dot{U}_V = \sqrt{3}U_P\underline{/+30°} \\ \dot{U}_{VW} = \dot{U}_V - \dot{U}_W = \sqrt{3}U_P\underline{/-90°} \\ \dot{U}_{WU} = \dot{U}_W - \dot{U}_U = \sqrt{3}U_P\underline{/+150°} \end{cases} \quad (4\text{-}6)$$

式(4-6)表明,三相电源作星形连接时,具有以下特点。

(1) 若相电压是对称的,则线电压也是对称的。

（2）线电压的有效值（或幅值）是相电压的有效值（或幅值）的$\sqrt{3}$倍，用U_L表示线电压的有效值，则

$$U_L = \sqrt{3}U_P \tag{4-7}$$

（3）线电压在相位上比相应的相电压超前30°。如$\dot{U}_{UV}$比$\dot{U}_U$超前30°。相电压和线电压的相量图如图4-4所示。

通常在低电压配电系统中相电压为220V，线电压为380V（380＝220$\sqrt{3}$）。

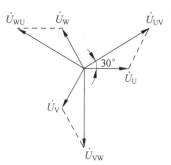

图4-4 相电压和线电压的相量图

2. 三相电源的三角形连接

将三相电源一相绕组的末端与另一相绕组的始端依次相连（连成一个三角形闭合回路），再从始端U_1、V_1、W_1分别引出相线，这种连接方式称为三角形连接，如图4-5所示。这种连接方式属于三相三线制。

由图4-5可知，$u_{UV}=u_U$，$u_{VW}=u_V$，$u_{WU}=u_W$，所以，三相电源作三角形连接时，电路中线电压与相电压相等，即$u_L=u_P$。相量图如图4-6所示。

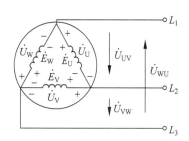

图4-5 三相电源的三角形连接图

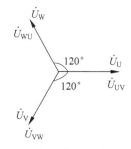

图4-6 三相电源的三角形连接时的电压相量图

由相量图可以看出，3个线电压之和为零，即

$$\dot{U}_{UV} + \dot{U}_{VW} + \dot{U}_{WU} = 0 \tag{4-8}$$

同理可得，在电源上的三相绕组内部3个电动势的相量和也为零，即

$$\dot{E}_{UV} + \dot{E}_{VW} + \dot{E}_{WU} = 0 \tag{4-9}$$

因此，当电源的三相绕组采用三角形连接时，在绕组内部是不会产生环路电流的。

如果将某一相绕组接反，则根据相量图容易看到，此时闭合回路中将存在一个大于相电压的合成电压，由于三相电源绕组本身内阻抗很小，因此在闭合回路中将产生很大的电流（称为环流），会烧坏三相电源绕组。通常情况下，三相发电机的三相绕组均采用星形连接，而三相变压器则两种接法都有使用。

【思考题】

（1）已知对称三相电源的V相电压瞬时值为$u_V=220\sqrt{2}\sin(\omega t+60°)$V，写出其他两相的瞬时表达式并画出波形图。

（2）三相电源为星形连接时，若线电压$u_{UV}=380\sqrt{2}\sin(\omega t+30°)$V，写出线电压、相电压的相量表达式并画出相量图。

4.2 三相负载的连接

与三相电源一样,三相电路中负载的连接方式也有两种:星形和三角形。三相电源与负载之间有Y-Y、△-△、Y-△、△-Y连接方式。若三相负载相同,则是对称负载,否则为非对称负载,电源一般总是对称的,负载则可能对称也可能不对称。

4.2.1 三相负载的星形连接及特点

三相负载的星形连接就是把每相负载的末端连成中点 N′,并与三相电源的中线相连接,始端分别接到三相电源的端线上。图 4-7 所示为Y-Y连接的三相四线制电路,每相负载两端的电压称为负载相电压。显然负载相电压就等于电源相电压。

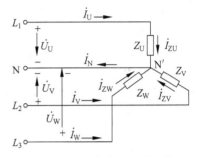

图 4-7　三相负载的星形连接

三相负载电路中的电流也有相电流和线电流之分。每相负载上的电流,称为相电流,用 $\dot{I}_P$ 表示,如 $\dot{I}_{Z_U}$、$\dot{I}_{Z_V}$、$\dot{I}_{Z_W}$,方向与负载相电压一致;每根端线上的电流,称为线电流,用 $\dot{I}_L$ 表示,如 $\dot{I}_U$、$\dot{I}_V$、$\dot{I}_W$,其方向由电源指向负载。还有流过中线的电流,称为中线电流,用 $\dot{I}_N$ 表示,其方向由负载指向电源。

在负载作星形连接时,显然,相电流即为线电流,即

$$\dot{I}_L = \dot{I}_P \tag{4-10}$$

中线电流为 3 个相电流相量之和,即

$$\dot{I}_N = \dot{I}_U + \dot{I}_V + \dot{I}_W \tag{4-11}$$

对三相电路而言,每一相都可以看成一个单相电路,可用讨论单相电路的方法来进行分析计算。在图 4-7 所示电路中,设电源的 U 相电压为参考量,即 $\dot{U}_U = U_P\underline{/0°}$,于是可求出

$$\dot{I}_U = \frac{\dot{U}_U}{Z_U} = \frac{U_P\underline{/0°}}{|Z_U|\underline{/\varphi_U}} = \frac{U_P}{|Z_U|}\underline{/-\varphi_U} \tag{4-12}$$

式中,U 相电流的有效值为

$$I_U = \frac{U_P}{|Z_U|}$$

U 相电压与电流之间的相位差为

$$\varphi_U = \arctan\frac{X_U}{R_U}$$

同理可分析 V 相和 W 相,电压和电流的相量图如图 4-8 所示。作相量图时,先画出以 $\dot{U}_U$ 为参考相量的电源相电压 $\dot{U}_U$、$\dot{U}_V$、$\dot{U}_W$ 的相量,再画出各相电流 $\dot{I}_U$、$\dot{I}_V$、$\dot{I}_W$ 的相量。

计算负载对称的三相电路,只需计算一相即可,因为对称负载的电压和电流也都是对称的,即大小相等,相位互差 120°。

对于三相对称负载,易求得中线等电位,即中线电流等于 0。中线中既然没有电流通过,那么中线就不需要了,此时若去掉中线,则三相四线制即成为三相三线制。三相三线制电路在工业中用得较多,俗称动力线,主要用于三相对称负载,如三相电动机负载。

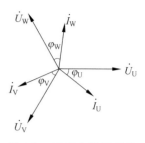

图 4-8 三相电源星形连接时的电压、电流相量图

不对称负载星形连接时,若无中性线,则负载的相电压不对称,在电源中性点与负载中性点间存在电位差,将造成负载两端的相电压或大于或小于额定值而不能正常工作。所以必须采用三相四线制电路,中性线不可少,且为防止中性线突然断开,在中性线里不允许安装熔断器及开关。

【例 4-1】 有一星形连接的三相对称感性负载,每相负载的电阻 $R = 6\Omega$,感抗 $X_L = 8\Omega$,电源线电压 $u_{UV} = 380\sin(314t + 30°)$V。求各相负载相电压、线电压、相电流的相量式并写出相电流的瞬时表达式;画出各相电压和相电流的相量图。

解: 因为负载对称,故只计算一相即可。

由题意可知 $\dot{U}_{UV} = 380\underline{/30°}$ V

而 $\dot{U}_{UV} = \sqrt{3}\dot{U}_U \underline{/30°}$V

所以 $\dot{U}_U = 220\underline{/0°}$V

根据负载丫连接时的对称特点可知

$$\begin{cases} \dot{U}_V = \dot{U}_U\underline{/-120°} = 220\underline{/-120°}\text{V} \\ \dot{U}_W = \dot{U}_U\underline{/+120°} = 220\underline{/+120°}\text{V} \\ \dot{U}_{VW} = \dot{U}_{UV}\underline{/-120°} = 380\underline{/-90°}\text{V} \\ \dot{U}_{WU} = \dot{U}_{UV}\underline{/+120°} = 380\underline{/150°}\text{V} \\ \dot{I}_U = \dfrac{\dot{U}_U}{Z_U} = \dfrac{220\underline{/0°}}{6 + \text{j}8}\text{A} = 22\underline{/-53.1°}\text{A} \end{cases}$$

所以

$$\begin{cases} \dot{I}_V = \dot{I}_U\underline{/-120°} = 22\underline{/-173.1°}\text{A} \\ \dot{I}_W = \dot{I}_U\underline{/+120°} = 22\underline{/67°}\text{A} \\ i_U = 22\sqrt{2}\sin(314t - 53.1°)\text{A} \\ i_V = 22\sqrt{2}\sin(314t - 173.1°)\text{A} \\ i_W = 22\sqrt{2}\sin(314t + 67°)\text{A} \end{cases}$$

相量图如图 4-9 所示。

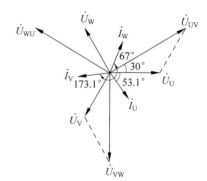

图 4-9 例 4-1 相量图

4.2.2 三相负载的三角形连接及特点

把三相负载连成三角形,并和三相电源的端线直接相连,就构成了三相负载的三角形连接,如图 4-10 所示。每相负载的阻抗分别用 Z_{UV}、Z_{VW}、Z_{WU} 表示,电压电流的参考方向在

图中标出。三角形连接的三相负载电路,必然是三相三线制电路。

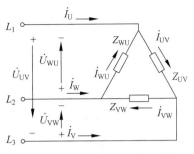

图 4-10 三相负载的三角形连接

从图 4-10 可以看出,负载作三角形连接时,负载相电压等于电源线电压,即 $\dot{U}_{\text{L}} = \dot{U}_{\text{P}}$,因此,无论负载对称与否,其相电压总是对称的,即 $\dot{U}_{\text{UV}} = U_{\text{L}} \underline{/0°}$、$\dot{U}_{\text{VW}} = U_{\text{L}} \underline{/-120°}$、$\dot{U}_{\text{WU}} = U_{\text{L}} \underline{/+120°}$。

但此时相电流和线电流显然不同。线电流仍用 $\dot{I}_{\text{U}}$、$\dot{I}_{\text{V}}$、$\dot{I}_{\text{W}}$ 表示,相电流用 $\dot{I}_{\text{UV}}$、$\dot{I}_{\text{VW}}$、$\dot{I}_{\text{WU}}$ 表示。则

$$\begin{cases} \dot{I}_{\text{UV}} = \dfrac{\dot{U}_{\text{UV}}}{Z_{\text{UV}}} = \dfrac{U_{\text{L}} \underline{/0°}}{|Z_{\text{UV}}| \underline{/\varphi_{\text{UV}}}} = I_{\text{UV}} \underline{/-\varphi_{\text{UV}}} \\[2mm] \dot{I}_{\text{VW}} = \dfrac{\dot{U}_{\text{VW}}}{Z_{\text{VW}}} = \dfrac{U_{\text{L}} \underline{/-120°}}{|Z_{\text{VW}}| \underline{/\varphi_{\text{VW}}}} = I_{\text{VW}} \underline{/-\varphi_{\text{VW}}-120°} \\[2mm] \dot{I}_{\text{WU}} = \dfrac{\dot{U}_{\text{WU}}}{Z_{\text{WU}}} = \dfrac{U_{\text{L}} \underline{/120°}}{|Z_{\text{WU}}| \underline{/\varphi_{\text{WU}}}} = I_{\text{WU}} \underline{/-\varphi_{\text{WU}}+120°} \end{cases} \tag{4-13}$$

如果负载对称,则负载相电流也对称,即

$$\begin{cases} I_{\text{UV}} = I_{\text{VW}} = I_{\text{WU}} = I_{\text{P}} = \dfrac{U_{\text{P}}}{|Z|} \\[2mm] \varphi_{\text{UV}} = \varphi_{\text{VW}} = \varphi_{\text{WU}} = \varphi = \arctan \dfrac{X}{R} \end{cases} \tag{4-14}$$

应用 KCL 列出下列各式:

$$\begin{cases} \dot{I}_{\text{U}} = \dot{I}_{\text{UV}} - \dot{I}_{\text{WU}} \\ \dot{I}_{\text{V}} = \dot{I}_{\text{VW}} - \dot{I}_{\text{UV}} \\ \dot{I}_{\text{W}} = \dot{I}_{\text{WU}} - \dot{I}_{\text{VW}} \end{cases} \tag{4-15}$$

将相电流代入上式进行计算可得线电流和相电流的关系为

$$\begin{cases} \dot{I}_{\text{U}} = \dot{I}_{\text{UV}} - \dot{I}_{\text{WU}} = \sqrt{3}\,\dot{I}_{\text{UV}} \underline{/-30°} \\ \dot{I}_{\text{V}} = \dot{I}_{\text{VW}} - \dot{I}_{\text{UV}} = \sqrt{3}\,\dot{I}_{\text{VW}} \underline{/-30°} \\ \dot{I}_{\text{W}} = \dot{I}_{\text{WU}} - \dot{I}_{\text{VW}} = \sqrt{3}\,\dot{I}_{\text{WU}} \underline{/-30°} \end{cases} \tag{4-16}$$

显然,线电流也是对称的,则可作出相量图,如图 4-11 所示。从以上分析可得三角形负载连接具有以下特点。

(1) 负载相电压等于电源线电压。

(2) 对称三相电路相、线电流都是对称的。

(3) 对称电路在相位上线电流比相应的相电流滞后 30°。在大小上线电流是相电流的 $\sqrt{3}$ 倍,即

$$I_L = \sqrt{3}\,I_P \qquad\qquad (4\text{-}17)$$

这种对称三相电路同样可以只计算其中一相,求出该相电流后,其余两相电流和各线电流即可推出。

【思考题】

(1) 三相四线制供电系统中,中线的作用是什么?

(2) 可否在中线上装设熔断器或者开关?

(3) 三相电源三角形连接时,如果有一相绕组接反,会有什么后果?试用相量图进行分析。

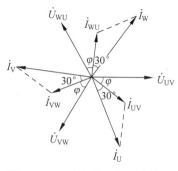

图 4-11 对称负载三角形连接时的电压、电流相量图

4.3 三相电路的功率

不论负载是星形连接还是三角形连接,三相总功率必定等于各相功率之和,即一个三相负载吸收的有功功率应等于其各相吸收的有功功率之和,一个三相电源发出的有功功率应等于其各相所发出的有功功率之和,即

$$P = P_U + P_V + P_W \qquad\qquad (4\text{-}18)$$

如果负载不对称,那么就要一相一相分别求出来,再求和。当负载对称时,相电压有效值相等、相电流有效值相等,并且每相相电压与相电流的相位差也相等,则每相功率是相等的。因此三相总功率是单相功率的 3 倍。三相有功功率为

$$P = 3P_P = 3U_P I_P \cos\varphi_P \qquad\qquad (4\text{-}19)$$

式中,φ_P 是相电压 U_P 和相电流 I_P 之间的相位差。式(4-19)常用线电压、线电流的乘积形式来表示。

对称星形连接时,$U_L = \sqrt{3}\,U_P$,$I_L = I_P$;对称三角形连接时,$U_L = U_P$,$I_L = \sqrt{3}\,I_P$,所以无论是星形还是三角形连接,三相有功功率为

$$P = 3U_P I_P \cos\varphi_P = \sqrt{3}\,U_L I_L \cos\varphi_P \qquad\qquad (4\text{-}20)$$

同理可得,若三相负载对称,无论是星形还是三角形连接,三相无功功率和三相视在功率分别为

$$Q = 3U_P I_P \sin\varphi_P = \sqrt{3}\,U_L I_L \sin\varphi_P \qquad\qquad (4\text{-}21)$$

$$S = 3U_P I_P = \sqrt{3}\,U_L I_L = \sqrt{P^2 + Q^2} \qquad\qquad (4\text{-}22)$$

要注意,若三相电路不对称,则视在功率将不等于各相负载的视在功率之和,即

$$S \neq S_U + S_V + S_W$$

在不对称三相电路中,由于各相功率因数不同,因此三相电路的功率因数便无实际意义。在对称电路中,三相电路的功率因数就是一相负载的功率因数。

【例 4-2】 已知三相对称负载,每相负载的电阻 $R = 6\,\Omega$,感抗 $X_L = 8\,\Omega$,三相电源的线电压为 380V,试分别计算负载作星形和三角形连接时,总的有功功率 P。

解:(1) 负载作星形连接时:

已知 $\qquad\qquad U_L = 380\text{V}$,则 $U_P = \dfrac{U_L}{\sqrt{3}} = \dfrac{380}{\sqrt{3}} = 220\,(\text{V})$

由 $R = 6\,\Omega$ 和 $X_L = 8\,\Omega$ 可知

$$|Z| = \sqrt{R^2 + X^2} = \sqrt{6^2 + 8^2} = 10(\Omega)，\quad \cos\varphi_P = \frac{R}{|Z|} = \frac{6}{10} = 0.6$$

线电流

$$I_L = I_P = \frac{U_P}{|Z|} = \frac{220}{10} = 22(A)$$

所以三相总功率

$$P_Y = \sqrt{3}U_L I_L \cos\varphi_P = \sqrt{3} \times 380 \times 22 \times 0.6 = 8664(W)$$

（2）负载作三角形连接时：

相电压 $\qquad U_P = U_L = 380V$

相电流 $\qquad I_P = \frac{U_P}{|Z|} = \frac{380}{10} = 38(A)$

线电流 $\qquad I_L = \sqrt{3}I_P = 38\sqrt{3}(A)$

所以三相总功率

$$P_\triangle = \sqrt{3}U_L I_L \cos\varphi_P = \sqrt{3} \times 380 \times 38\sqrt{3} \times 0.6 = 25\ 992(W)$$

显然 $\qquad P_\triangle = 3P_Y$

上式说明电源线电压不变时，负载作三角形连接时吸收的功率是星形连接时的 3 倍，这是因为负载作三角形连接时承受的电压和电流均为星形连接时的 $\sqrt{3}$ 倍。无功功率和视在功率也有相同的结论。

在实际运用中，用电安全尤其重要，因此必须熟悉有关知识。具体内容请参阅电子资源。其中介绍了发输电及供配电、触电方式及急救措施、雷电的危害及防护、静电的危害及防护、节约用电等知识。

【思考题】

（1）三相四线制电路中，中线阻抗为 0，若星形负载不对称，则负载相电压是否对称？如果中线断开，负载电压是否对称？

（2）若三相电路不对称，如何求有功功率？

（3）为什么远距离输电要采用高电压？到车间去看一下配电箱低压配电线路的连接方式。

（4）何为安全生产电压？安全电压为多少？什么叫触电？常见的触电方式和原因有哪几种？

（5）人体触电后可能有几种情况？怎样确定实行急救的方法？

（6）触电保护措施有哪些？触电急救措施有哪些？

（7）何为保护接零？何为保护接地？二者有何区别？

（8）试联系实际，谈谈你应采取哪些安全生产用电措施。

（9）节约用电的主要措施有哪些？试联系实际，谈谈节约用电情况。

习题

4-1　在三相四线制供电线路中测得相电压为 220V，试求相电压的最大值 U_{Pm}、线电压 U_L 及最大值 U_{Lm}。

4-2 三相对称负载采用星形连接的三相四线制电路，线电压为380V，每相负载 $R = 20\Omega$，$X_L = 15\Omega$，试求各相电压、相电流和线电流的有效值，并画出相量图。

4-3 将 $X_C = 6\Omega$ 的对称纯电容负载三角形连接后接入对称三相电源，测得各线电流均为 10A，求该三相电路的视在功率。

4-4 三相电路如图 4-12 所示。已知电源为工频，线电压 380V，求各相负载的相电流、中线中的电流和三相有功功率，画出相量图。

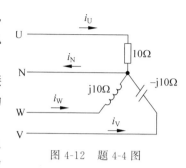

图 4-12 题 4-4 图

4-5 一台三相电动机的三相绕组星形连接后，接入三相线电压为 380V 的对称电源，测得线电流为 6.1A，总功率为 3.3kW，试求电动机每相绕组的参数（电动机的每相绕组相当于一个 RL 串联支路）。

4-6 三相对称负载，每相阻抗为 $6 + j8\Omega$，接于线电压为 380V 的三相电源上，试分别计算出三相负载星形连接和三角形连接时电路的总功率各为多大。

4-7 对称三相负载星形连接，每相阻抗 $Z = 30.8 + j23.1\Omega$，三相电源线电压 $U_l = 380V$，求三相电路的 P、Q、S 和功率因数。

4-8 已知负载为三角形连接的对称三相电路，线电流 $I_l = 5.5A$，有功功率 $P = 7760W$，功率因数 $\cos\varphi = 0.8$。求：

（1）三相电源的线电压 U_l；

（2）电路的视在功率 S；

（3）每相负载的阻抗 Z。

4-9 图 4-13 所示电路是白炽灯负载的照明电路，对称电源线电压 $U_l = 380V$，每相负载的电阻值为 $R_U = 5\Omega$、$R_V = 10\Omega$、$R_W = 20\Omega$，求：

（1）U 相断路时，各相负载承受的电压和通过的电流；

（2）U 相和中线断开时，各相负载的电压和电流；

（3）U 相负载短路，中线断开时，各个负载的电压和电流；

（4）说明中线的作用。

4-10 如图 4-14 所示对称三相电路中，负载为电感性负载，电源的线电压为 220V，电流表读数为 17.3A，三相电路的有功功率为 4.5kW。求：

（1）每相负载的感抗 X_L 和电阻 R；

（2）U-V 相断开时图中各电流表读数和电路的有功功率；

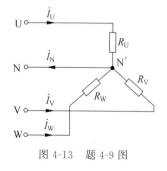

图 4-13 题 4-9 图

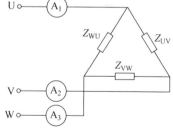

图 4-14 题 4-10 图

（3）U 相线断开时图中各电流表读数和有功功率。

4-11 已知对称三相负载三角形连接，每相阻抗 $Z = 30.8 + j23.1\Omega$，电源的线电压 $U_1 = 380V$，求三相功率 S、P、Q 和功率因数 $\cos\varphi$。

4-12 已知三角形对称三相电路的线电压为 380V，线电流为 6.1A，三相负载吸收的功率为 3.31kW，求每相负载的阻抗。

第 5 章

变压器及其应用

学习目标要求

本章先介绍变压器的基本结构和工作原理,变压器的特性及应用,再介绍三相变压器和特殊变压器。读者学习本章内容应做到以下几点。

(1) 了解磁路的基本物理量、铁磁性材料的基本特性和磁路的定律。

(2) 掌握变压器的电压变换、电流变换及阻抗变换作用。

(3) 理解变压器额定值的意义,了解几个特殊变压器的工作原理、用途。

(4) 了解实际变电所内整个变电流程。

(5) 掌握变压器的实际接线和工作原理以及电压互感器、电流互感器的接线和工作原理。

(6) 能正确连接变压器线圈及判断绕组极性。

5.1 变压器的基本结构及工作原理

变压器是一种常见的电气设备,它利用电磁感应原理传输电能或信号,可用来把某种数值的交变电压变换为同频率的另一数值的交变电压,在电力系统和电子线路中广泛应用。

熟悉电磁知识对学习变压器尤其需要,这部分内容放入了电子资源中,供读者参阅。其中介绍了磁场的基本物理量、磁路定律、铁磁材料以及交流铁芯线圈等知识。

5.1.1 变压器的基本结构

变压器种类很多,按其用途不同,可分为电源变压器、控制变压器、电焊变压器、自耦变压器、仪用互感器等。虽然变压器种类很多,结构上也各有特点,但它们的基本结构和工作原理是类似的。

变压器具有变换交流电压、交流电流和阻抗的作用。变压器主要由套在一个闭合铁芯上的两个或多个线圈(绕组)构成,如图 5-1 所示。铁芯是变压器的磁路通道,为了减小涡流和磁滞损耗,铁芯是用磁导率较高而且相互绝缘的硅钢片叠装而成的。硅钢片厚度为 0.35～0.5mm,片间用绝缘漆隔开。变压器和电源相连的线圈称为原绕组(或原边,或初级绕组、一次绕阻),和负载相

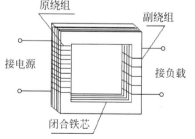

图 5-1 变压器结构示意图

连的线圈称为副绕组(或副边,或次级绕组、二次绕阻)。绕组采用高强度漆包线绕成,它是变压器的电路部分,要求各部分之间相互绝缘。绕组与绕组及绕组与铁芯之间都是互相绝缘的。

除了铁芯和绕组外,较大容量的变压器还有冷却系统、保护装置以及绝缘套管等。大容量变压器通常是三相变压器。

5.1.2 变压器的工作原理

变压器原线圈接上额定的交变电压,在变压器原线圈中产生自感电动势的同时,在副线圈中也产生了互感电动势。这时,如果在副线圈上接上负载,那么电能将通过负载转换成其他形式的能。为了叙述方便,下面分两种情况分析变压器的运行状态。

1. 变压器的空载运行

变压器原线圈接上额定的交变电压,副线圈开路不接负载,称为空载运行,如图 5-2 所示。N_1 和 N_2 分别为一次和二次绕阻的匝数。

(1) 空载电流。在外加正弦电压 u_1 的作用下,原线圈内有交变电流 i_0 流过,称为变压器的空载电流,又称为励磁电流。它与原线圈匝数 N_1 的乘积 $i_0 N_1$ 称为励磁磁势。二次绕阻中的电流 $i_2 = 0$,二次电压为开路电压 u_2。

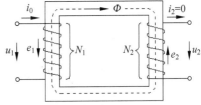

图 5-2　空载时的变压器

(2) 电压变换。由于二次绕组开路,变压器的一次绕组相当于一个交流铁芯线圈电路,励磁电流越大,一次线圈匝数越多,所产生的磁通也越大。于是由 $i_0 N_1$ 产生的主磁通 Φ 通过铁芯闭合,既穿过一次绕组,又穿过二次绕组,在一次和二次绕阻内分别产生感应电压 u_1、u_2,在忽略漏磁通 Φ_δ 产生的电动势 e_δ 和线圈电阻上压降的情况下,由交流铁芯线圈上的电磁关系可得一次电压的有效值为

$$U_1 = 4.44 f N_1 \Phi_m \tag{5-1}$$

同样,在 Φ 的作用下,二次绕组产生的感应电压有效值为

$$U_2 = 4.44 f N_2 \Phi_m \tag{5-2}$$

由式(5-1)和式(5-2)可得

$$\frac{U_1}{U_2} = \frac{4.44 f N_1 \Phi_m}{4.44 f N_2 \Phi_m} = \frac{N_1}{N_2} = K_u \tag{5-3}$$

由式(5-3)可知,在变压器空载运行时,一次、二次电压的比值等于一次、二次绕阻的匝数比,比值 K_u 称为变压器的电压比。当一次、二次绕阻匝数不同时,变压器就可以把某一数值的交流电压变换为同频率的另一数值的交流电压,这就是变压器的电压变换作用。当变压器的 $N_1 > N_2$,即 $K_u > 1$ 时,称为降压变压器;反之,当 $N_1 < N_2$,即 $K_u < 1$ 时,称为升压变压器。

2. 变压器负载运行

变压器的一次绕组接上电源、二次绕组接有负载的运行状态称为负载运行状态,如图 5-3 所示。根据恒磁通原理,由于负载和空载时一次电压 u_1 不变,因此铁芯中主磁通的最大值 Φ_m 不变。

二次绕阻接上负载 Z 后,经过一次、二次绕组交链形成的磁耦合,产生电压 u_2,二次绕

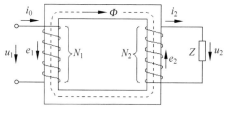

图 5-3　变压器的负载运行

组就有电流 i_2 流过,从而有电能输出,i_2 流过二次绕阻 N_2 将产生磁通,使主磁通变化,一次的励磁电流 i_0 将变为 i_1。负载时,变压器铁芯中的主磁通由磁动势 $i_1 N_1$ 和 $i_2 N_2$ 共同作用产生,应该与空载时原绕阻 $i_0 N_1$ 产生的主磁通相等,即

$$i_1 N_1 + i_2 N_2 = i_0 N_1 \qquad (5\text{-}4)$$

变压器空载电流 i_0 是励磁用的,由于铁芯质量高,空载电流是很小的,只占一次绕组额定电流 I_N 的 $3\% \sim 10\%$。因此 $i_0 N_1$ 与 $i_1 N_1$ 相比,$i_0 N_1$ 常可忽略。于是式(5-4)可写成

$$i_1 N_1 \approx -i_2 N_2 \qquad (5\text{-}5)$$

式(5-5)中的负号表明,变压器负载运行时,副边磁势与原边磁势相位相反,副边磁势对原边磁势起去磁作用,原边电流和副边电流在相位上几乎相差 $180°$。

由式(5-5)可知,一次、二次绕阻的电流有效值关系为

$$\frac{I_1}{I_2} \approx \frac{N_2}{N_1} = \frac{1}{K_u} = K_i \qquad (5\text{-}6)$$

式中,K_i 称为变压器的变流比,表示原、副绕组内的电流大小与线圈匝数成反比。

根据式(5-3)和式(5-6)可得

$$\frac{U_1}{U_2} \approx \frac{I_2}{I_1} \qquad (5\text{-}7)$$

或

$$U_1 I_1 = U_2 I_2 \qquad (5\text{-}8)$$

变压器可以把一次侧绕组的能量通过 Φ_m 的联系传输到二次侧绕组去,实现了能量的传输。式(5-8)表明,在不考虑变压器本身损耗的情况下(理想状态),变压器原绕组输入的功率等于副绕组输出的功率。

【例 5-1】 已知变压器 $N_1 = 800$ 匝,$N_2 = 200$ 匝,$U_1 = 220\text{V}$,$I_2 = 8\text{A}$,负载为纯电阻,求变压器的二次电压 U_2、一次电流 I_1 和输入功率 P_1、输出功率 P_2(忽略变压器的漏磁和损耗)。

解：$K_u = \dfrac{N_1}{N_2} = \dfrac{800}{200} = 4$

$U_2 = \dfrac{U_1}{K_u} = \dfrac{220}{4} = 55(\text{V})$

$I_1 = \dfrac{I_2}{K_u} = \dfrac{8}{4} = 2(\text{A})$

输入功率　　　　$P_1 = U_1 I_1 \cos\varphi_1 = 220 \times 2 \times 1 = 440(\text{W})$

输出功率　　　　$P_2 = U_2 I_2 \cos\varphi_2 = 55 \times 8 \times 1 = 440(\text{W})$

3. 变压器的阻抗变换作用

变压器除了变换电压和电流外,还可以进行阻抗变换,以实现"匹配",如图 5-4(a)所示。负载阻抗 $|Z|$ 接在变压器二次绕组,对电源来说其外部分可用另一个阻抗 $|Z'|$ 来等效代替,如图 5-4(b)所示。所谓等效,就是两端输入的电压、电流和功率不变。

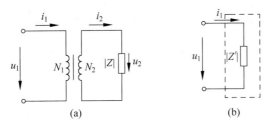

图 5-4 变压器的阻抗变换

从原边两端来看,等效阻抗为

$$|Z'| = \frac{U_1}{I_1} = \frac{N_1 U_2 / N_2}{N_2 I_2 / N_1} = \left(\frac{N_1}{N_2}\right)^2 \cdot \frac{U_2}{I_2}$$

而 $|Z| = U_2 / I_2$,所以

$$|Z'| = \left(\frac{N_1}{N_2}\right)^2 \cdot |Z|$$

即

$$|Z'| = K_u^2 \cdot |Z| \qquad (5\text{-}9)$$

$|Z'|$ 又称为折算阻抗。式(5-9)表明,在忽略漏磁的情况下,只要改变匝数比,就可把负载阻抗变换为比较合适的数值,且负载性质不变。这种变换通常称为阻抗变换。在电子线路中常利用变压器的这种阻抗变换作用实现阻抗匹配。

【例 5-2】 在图 5-5 所示电路中,交流信号源的电动势 $E = 120\text{V}$,内阻 $R_0 = 800\Omega$,负载电阻 $R_L = 8\Omega$。

(1) 当 R_L 折算到一次侧的等效电阻 $R'_L = R_0$ 时,求变压器的匝数比和信号源输出功率。

(2) 当将负载直接与信号源连接时,信号源输出多大的功率?

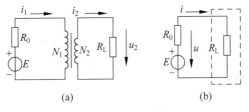

图 5-5 例 5-2 图

解:(1) 变压器的匝数比应为

$$K_u = \frac{N_1}{N_2} = \sqrt{\frac{|Z'|}{|Z|}} = \sqrt{\frac{R_0}{R_L}} = \sqrt{\frac{800}{8}} = 10$$

信号源的输出功率为

$$P = \left(\frac{E}{R_0 + R'_L}\right)^2 R'_L = \left(\frac{120}{800 + 800}\right)^2 \times 800 = 4.5(\text{W})$$

(2) 当将负载直接接在信号源上时(图 5-5(b))

$$P = \left(\frac{E}{R_0 + R_L}\right)^2 \times R_L = \left(\frac{120}{800 + 8}\right)^2 \times 8 = 0.176(\text{W})$$

此例说明了变压器的阻抗变换功能可实现负载阻抗与信号源阻抗相匹配,从而使负载

得到最大输出功率。

【思考题】

（1）若电源电压与频率都保持不变,试问变压器铁芯中的 Φ_m 是空载时大还是有负载时大?

（2）变压器能否变换直流电压? 若把一台电压为 220/110V 的变压器接入 220V 的直流电源,将发生什么后果? 为什么?

*5.2 变压器的特性及应用

5.2.1 变压器的外特性、损耗和效率

1. 变压器的外特性

由于变压器的绕组电阻不为零,当初边输入电压 U_1 保持不变时,副边端电压 U_2 将随负载电流 I_2 变化。当原绕组上外加电压 U_1 和副绕组的负载功率因数 $\cos\varphi_2$ 不变时,副边端电压 U_2 随负载电流 I_2 变化的规律,称为变压器的外特性。变压器外特性曲线如图 5-6 所示。

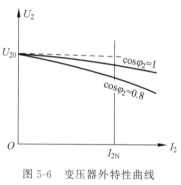

图 5-6 变压器外特性曲线

从图 5-6 中可看出,负载性质和功率因数不同时,从空载($I_2 = 0$)到满载($I_2 = I_{2N}$),变压器副边电压 U_2 变化的趋势和程度是不同的,用副边电压变化率(或称电压调整率)$\Delta U(\%)$ 来表示,即

$$\Delta U(\%) = \frac{U_{20} - U_2}{U_{20}} \times 100\% \tag{5-10}$$

式中,U_{20} 为副边的开路电压,U_2 为额定负载下的副边电压。电压变化率反映了变压器供电电压的稳定性,一般电力变压器的电压变化率为 3%~5%。

2. 变压器的损耗和效率

变压器并不理想,损耗不可避免,变压器负载运行时,原边从电源输入有功功率 P_1,其中很小部分消耗于原绕组的电阻(称为原边铜损)和铁芯(称为铁损,包括磁滞损耗和涡流损耗)中,其余部分以主磁通为媒介通过电磁感应传递给副绕组,称为电磁功率。副边获得的电磁功率,除去副绕组的铜损,其余的传输给负载,这就是变压器的输出功率 P_2。输入的有功功率和输出的有功功率之差,就是变压器的损耗,变压器的效率为

$$\eta = \frac{P_2}{P_1} \times 100\% \tag{5-11}$$

变压器的铁损和铜损可以通过空载试验和短路试验测得。小型变压器的效率为 80%~90%,大型变压器的效率可达 98% 左右,一般电力变压器的效率很高,为 95%~99%。

5.2.2 变压器的额定值

为了正确、合理地使用变压器,应当熟悉其额定值及效率。变压器正常运行的状态和条件,称为变压器的额定工作情况。表征变压器额定工作情况下的电压、电流和功率,称为变压器的额定值,它标在变压器的铭牌上。变压器的主要额定值如下。

1. 额定电压 U_{1N} 和 U_{2N}

一次额定电压 U_{1N} 是指根据绝缘材料和允许发热所规定的应加在一次绕组上的正常工作电压有效值。

二次额定电压 U_{2N} 是指一次绕组上加额定电压时二次绕组输出电压的有效值。

三相变压器 U_{1N} 和 U_{2N} 均指线电压。

2. 额定电流 I_{1N} 和 I_{2N}

一次、二次额定电流 I_{1N} 和 I_{2N} 是指根据绝缘材料所允许的温度而规定的一次、二次绕组中允许长期通过的最大电流有效值。三相变压器中，I_{1N} 和 I_{2N} 均指线电流。

3. 额定容量 S_N

额定容量 S_N 是指变压器二次额定电压和额定电流的乘积，即二次的额定视在功率，单位为伏安(VA)或千伏安(kVA)。额定容量反映了变压器传递电功率的能力。

在单相变压器中，有

$$S_N = U_{2N}I_{2N} \approx U_{1N}I_{1N} \tag{5-12}$$

在三相变压器中，有

$$S_N = \sqrt{3}U_{2N}I_{2N} \approx \sqrt{3}U_{1N}I_{1N} \tag{5-13}$$

额定容量实际上是变压器长期运行时，允许输出的最大功率，反映了变压器传送电功率的能力，但变压器实际使用时的输出功率是由负载阻抗和功率因数决定的。

4. 额定频率 f_N

额定频率 f_N 是指变压器应接入的电源频率。我国规定标准工业频率为 50Hz，有些国家则规定为 60Hz，使用时应注意。

5. 额定温升

变压器的额定温升是以环境温度为 $+40℃$ 作参考，规定在运行中允许变压器的温度超出参考环境温度的最大温升。

使用变压器时一般不能超过其额定值，除此之外，还必须注意：分清一次、二次绕组；工作温度不能过高；防止变压器绕组短路，以免烧毁变压器。

*5.2.3　变压器绕组的极性

绕组的极性是指在任意瞬时绕组两端产生的感应电动势的瞬时极性，它总是从绕组的相对瞬时电位的低电位端(用符号"−"表示)指向高电位端(用符号"+"表示)。变压器绕组的同极性端是指各绕组电位瞬时极性相同的对应端，同极性端又称为同名端。同极性端用符号"·"标记，以便识别，如图 5-7 所示，图中，1-2 表示初级绕组，3-4 表示次级绕组。

变压器绕组极性与绕组方向有关。由图 5-7(a)不难看出，1 端和 3 端为同极性端，当电流从两个绕组同极性端注入(或流出)时，产生的磁通方向相同；或当磁通变化(增大或减小)时，两个绕组的同极性端感应电动势的极性相同。图 5-7(b)所示的 3-4 绕组反绕，则 1 端

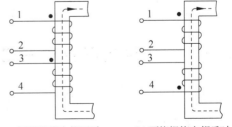

(a) 两绕组绕向相同时　　(b) 两绕组绕向相反时

图 5-7　变压器绕组的同极性端

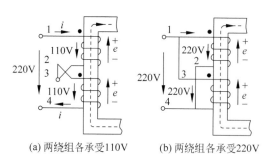

(a) 两绕组各承受110V　　(b) 两绕组各承受220V

图 5-8　绕组的正确连接

和 4 端为同极性端。

在使用变压器时,应根据绕组同极性端正确连接各绕组。例如,一台变压器的原绕组有相同的两个绕组,当把变压器原边接到 220V 交流电源上时,若两个绕组分别承受耐压为 110V 时,应将绕组的 2 端与 3 端相连,如图 5-8(a)所示。如果误将 2 端与 4 端相接,将 1 端、3 端接到 220V 电源上,则两个绕组的磁通势相互抵消,铁芯中不产生磁通,绕组中没有感应电动势,于是绕组(通常绕组的电阻是很小的)中将通过很大的电流,把原绕组烧毁。若两个绕组分别承受电压为 220V,则绕组的 1 端与 3 端相连,2 端与 4 端相连,如图 5-8(b)所示。

已制成的变压器、互感器等,通常都无法从外观上看出绕组的绕向,如果使用时需要知道它的同名端,可通过实验方法测定同名端。通过实验测定同名端的方法有直流感应法和交流感应法两种。

直流感应法测定同名端的电路如图 5-9 所示,在开关接通瞬间,若毫安表正偏,则 A 与 a 为同名端,若毫安表反偏,则 A 与 x 为同名端。

交流感应法测定同名端的电路如图 5-10 所示,将变压器两个绕组中的任一对端点相互连接(如图 x 与 X),在一个绕组两端加上一个适合测量的电压 U_1,再用交流电压表测量 U_2 和 U_3 的值。如果 $U_3=U_1-U_2$,则互连的端点 x 与 X 为同名端;如果 $U_3=U_1+U_2$,则互连的端点 x 与 X 为非同名端。

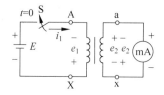

图 5-9　直流感应法测试电路

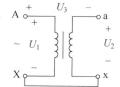

图 5-10　交流感应法测试电路

【思考题】

(1) 一台电压为 220/110V 的变压器,$N_1=2000$ 匝,$N_2=1000$ 匝。能否将其匝数减为 400 匝和 200 匝以节省铜线? 为什么?

(2) 应该如何选用变压器?

(3) 思考一下直流感应法、交流感应法测试同名端的原理。

*5.3　特殊变压器和三相变压器

5.3.1　特殊变压器

1. 自耦变压器

若变压器的原、副绕组有一部分是共用的,则这类的变压器称为自耦变压器。自耦变压器的原、副绕组之间既有磁的耦合,又有电的联系。自耦变压器分可调式和固定抽头式两种。

图 5-11 是实验室中常用的一种可调式自耦变压器,其工作原理与双绕组变压器相同,图 5-12 是它的原理电路。分接头 a 做成能用手柄操作的自由滑动的触点,从而可平滑地调节二次电压,所以这种变压器又称为自耦调压器。当一次侧加上电压 U_1 时,二次侧可得电压 U_2,且同样有

$$\frac{U_1}{U_2} = \frac{N_1}{N_2} = K_u \tag{5-14}$$

$$\frac{I_1}{I_2} = \frac{N_2}{N_1} = \frac{1}{K_u} \tag{5-15}$$

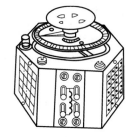

图 5-11　自耦变压器

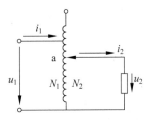

图 5-12　自耦变压器原理图

自耦变压器的优点是结构简单,节省材料,效率高。但这些优点只有在变压器变比不大的情况下才有意义(一般不大于 2)。应该注意,首先由于自耦变压器的一次、二次绕组之间有电的直接联系,因此当高压侧发生接地或二次绕组断线等故障时,高压将直接窜入低压侧,容易发生事故;其次,一次和二次绕组不可接错,否则很容易造成电源被短路或烧坏自耦变压器。另外,当自耦变压器绕组接地端误接到电源相线时,即使二次电压很低,人触及二次侧任一端时均有触电的危险。因此,自耦变压器不允许作为安全变压器来使用。

2. 仪用互感器

用于测量的变压器称为仪用互感器,简称互感器。采用互感器的目的是扩大测量仪的量程,使测量仪表与大电流或高电压电路隔离。按用途不同,互感器可分为电压互感器和电流互感器两类。

(1) 电流互感器。电流互感器是一种将大电流变换为小电流的变压器,其工作原理与普通变压器的负载运行相同,其工作原理和电路符号如图 5-13 所示。电流互感器的一次绕组用粗导线绕成,匝数很少,与被测线路串联。二次绕组导线细,匝数多,与测量仪表相连接,通常二次绕组的额定电流设计成 5A 或 1A。

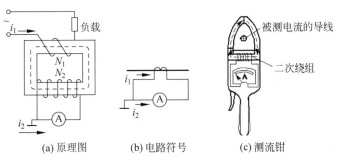

(a) 原理图　　　(b) 电路符号　　　(c) 测流钳

图 5-13　电流互感器工作原理和电路符号

由于 $I_2/I_1=K_i$（K_i 为电流互感器的电流比），则 $I_2=K_iI_1$，则测量仪表读得的电流 I_2 为被测线路电流 I_1 的 K_i 倍。

电流互感器中经常使用的钳形电流表（俗称卡表），如图 5-13（c）所示。它是电流互感器的一种，由一个与电流表组成闭合回路的二次绕组和铁芯构成，其铁芯可以开合。测量时，先张开铁芯，将待测电流的导线卡入闭合铁芯，则卡入导线便成为电流互感器的一次绕组，经电流变换后，从电流表就可以直接读出被测电流的大小。

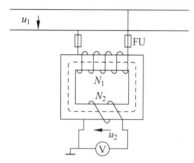

图 5-14　电压互感器的接线图

（2）电压互感器。电压互感器是一个降压变压器，其工作原理与普通变压器空载运行相似，如图 5-14 所示。

电压互感器的一次绕组匝数较多，与被测高压线路并联，二次绕组匝数较少，并连接在高阻抗的测量仪表上。通常二次绕组的额定电压规定为 100V。

*5.3.2　三相变压器

在电力工业中，输配电都采用三相制。变换三相交流电电压，则用三相变压器。因此，三相电压的变换在电力系统中占据着特殊重要的地位。变换三相电压，既可以用一台三铁芯柱式的三相变压器，也可以用三台单相变压器组成的三相变压器组来完成，后者用于大容量的变换。

三相变压器的原理结构如图 5-15 所示，它由三根铁芯柱和三组高低压绕组等组成。高压绕组的首端和末端分别用 U_1、V_1、W_1 和 u_1、v_1、w_1 标示，低压绕组的首端和末端分别用 U_2、V_2、W_2 和 u_2、v_2、w_2 标示。绕组的连接方法有多种，其中常用的有 Y-Y 和 Y-△。这里前者表示高压绕组的接法，后者表示低压绕组的接法。图 5-16 列出了这两种接法的接线情况。

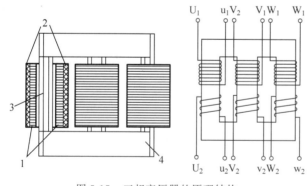

图 5-15　三相变压器的原理结构
1—低压绕组；2—高压绕组；3—铁芯柱；4—磁轭

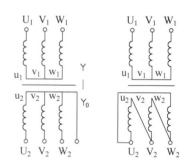

图 5-16　三相变压器绕组的连接

三相变压器比 3 个单相变压器组合效率高，成本低，体积小，因此应用广泛。

三相变压器的额定容量为

$$S_e=\sqrt{3}U_{2e}I_{2e}$$

(5-16)

式中，U_{2e}、I_{2e} 分别为副边额定线电压、额定线电流。

【思考题】

（1）电压互感器有何特点？

（2）简述钳形电流表的工作原理。

习题

5-1 交流铁芯线圈在下面情况下,其磁感应强度和线圈中电流怎样变化?

（1）电源电压大小和频率不变,线圈匝数增加;

（2）电源电压大小不变,铁芯截面减小;

（3）电源电压大小不变,铁芯中气隙增加。

5-2 已知某单相变压器的一次绕组电压为3000V,二次绕组电压为220V,负载是一台200V、25kW的电炉,试求一次绕组、二次绕组的电流各为多少?

5-3 把电阻 $R=8\Omega$ 的扬声器接于输出变压器的二次绕组两端,设变压器的电压比为5。

（1）试求扬声器折合到一次绕组的等效电阻。

（2）如果变压器的一次绕组接上 $U_S=10V$,内阻 $R_0=250\Omega$ 的信号源,求输出到扬声器的功率。

（3）若不经过变压器,直接把扬声器接到 $U_S=10V$、内阻 $R_i=250\Omega$ 的信号源上,求输送到扬声器上的功率。

5-4 某机修车间的单相行灯变压器,一次绕组额定电压为220V,额定电流为4.55A,二次绕组额定电压为36V,则二次绕组可接36V、60W的白炽灯多少盏?

5-5 已知图5-17所示电路,试画出当开关S闭合时两回路中电流的实际方向。

5-6 图5-18是一个有3个副绕组的电源变压器原理电路,试问其输出电压能有多少种电压值?

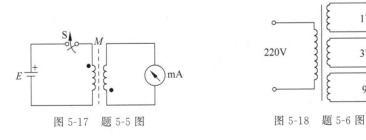

图 5-17 题 5-5 图   图 5-18 题 5-6 图

第 6 章

CHAPTER 6

常用低压电器与电动机

 学习目标要求

本章首先介绍在电路中常用的低压电器,然后介绍三相异步电动机的结构、工作特点、机械特性、使用和控制方法,最后简单介绍电动机的选择。读者学习本章内容应做到以下几点。

(1) 了解常见低压电器的工作原理。

(2) 掌握常见低压电器图形符号、文字符号以及使用方法。

(3) 了解三相异步电动机的结构及其作用。

(4) 熟悉与三相异步电动机运行特性相关的重要参数。

(5) 理解三相异步电动机的启动、制动、调速、反转等使用方法,初步掌握三相异步电动机的控制。

(6) 能识别、使用常见低压电器,会选择、使用各种类型的电动机。

*6.1　常用低压电器

在工业生产与日常生活等领域用电中,经常用到一些起控制及保护作用的开关及保护器,它们大都属于低压电器,低压电器是指工作在直流 1500V、交流 1200V 以下的各种电器,按动作性质可分为手动电器和自动电器两种,下面介绍常用的几种电器。

1. 刀开关

刀开关是结构最简单的一种手动电器,它由刀片(刀开关本体)和刀座(静触点)组成,其外形和表示符号分别如图 6-1 所示。刀片下面装有熔丝,起保护作用。主要用于不频繁接通和分断电路,或用来将电路与电源隔离,此时又称为"隔离开关"。

安装时,电源线应与静触点相连,负载与刀片和熔丝一侧相连,这样安装,当断开电源时,刀片不带电。选用刀开关主要选择其额定电压和额定电流,数值要与所控制电路的电压与电流相符合。

2. 熔断器

熔断器(俗称保险丝)是一种最常用和有效的短路保护电器,串接在被保护的电路中。线路正常工作时,熔断器的熔体不熔断;一旦发生短路故障时,电路中产生大电流使熔断器的熔体熔断,及时切断电源,以达到保护线路和电气设备的目的。

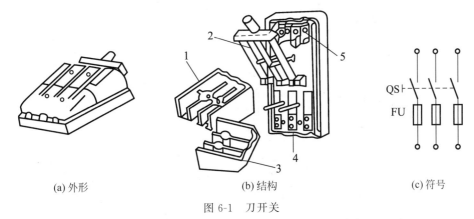

(a) 外形　　　　　　　　　(b) 结构　　　　　　　(c) 符号

图 6-1　刀开关

1—上胶木盖；2—刀开关刀片；3—下胶木盖；4—接熔丝的接头；5—刀座

熔断器有开启式、半封闭式和封闭式等几种，图 6-2 所示是两种封闭式熔断器。

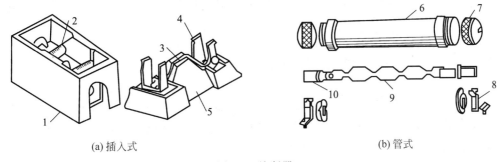

(a) 插入式　　　　　　　　　　　　(b) 管式

图 6-2　熔断器

1—瓷底座；2,8—夹座；3—熔丝；4—刀片；5—瓷插件；6—熔管；7—黄铜帽；9—熔体；10—刀座

在保护照明线路时，所选择熔断器的电流要等于或稍大于被保护电路的电流。在保护电动机线路时，单台电动机时熔体额定电流为电动机额定电流的 1.5～2.5 倍；几台电动机共用的总熔体的额定电流可按下式估算：

$$I_{RN} \geqslant \frac{I_{stm} + \sum I_N}{2.5} \tag{6-1}$$

式中，I_{stm} 为最大容量电动机的启动电流，$\sum I_N$ 为其他电动机的额定电流之和。

3. 按钮

按钮也是一种简单的手动开关，应用很普遍，通常用于发出操作信号，以接通和断开电动机及其他电气设备的控制电路，故它的额定电流较小。

根据结构不同分为动合按钮、动断按钮和带动断及动合触点为一体的复式按钮。如图 6-3 所示是复式按钮结构示意图。当用手按下按钮时，原来闭合的触点（常闭或动断触点）则断开，原来断开的触点（常开或动合触点）被闭合。当手松开后，由于弹簧张力的作用，触点恢复原状。

自动电器有接触器、继电器、电磁阀以及行程开关等。有关内容参阅电子资源。

【思考题】

(1) 交流接触器在选用时应注意些什么？

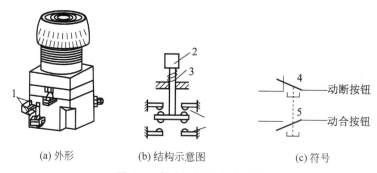

(a) 外形　　　　　(b) 结构示意图　　　　　(c) 符号

图 6-3　复式按钮结构示意图

1—触点接线柱；2—按钮帽；3—复位弹簧；4—动断触点；5—动合触点

（2）何谓动断触点和动合触点？按钮和接触器的动断触点和动合触点有何区别？

（3）一个按钮的动合触点和动断触点有可能同时闭合和同时断开吗？

（4）保险丝在电路中仅有短路保护作用，没有过载保护的作用，对吗？热继电器是否有短路保护作用？

6.2　三相异步电动机及其应用

根据电磁感应原理进行机械能与电能互换的旋转机械称为电机。其中将机械能转换为电能的电机称为发电机，将电能转换为机械能的电机称为电动机。电动机作为拖动生产机械的原动机，在现代生产中有着广泛的应用。

6.2.1　电动机的分类

电动机可分为交流电动机和直流电动机两大类。交流电动机又可分为异步电动机(或称感应电动机)和同步电动机；直流电动机按照励磁方式的不同分为他励、并励、串励和复励电动机 4 种。

异步电动机按照供电电源的相数分为单相和三相两种。三相异步电动机因为具有构造简单、价格低廉、工作可靠、易于控制及使用维护方便等突出优点，在工农业生产中应用很广。如工业生产中的轧钢机、起重机、机床、鼓风机等，均用三相异步电动机来拖动。单相电动机一般为 1kW 以下的小容量电机，在实验室和日常生活中应用较多。

6.2.2　三相异步电动机的基本结构及主要特性

三相异步电动机主要由定子和转子两大部分组成。按转子结构形式分为鼠笼型异步电动机和绕线型异步电动机两种，三相异步电动机可以自启动，其缺点是调速特性较差，有滞后的功率因数和启动转矩较小等。

1. 三相异步电动机的结构

三相异步电动机的内部结构如图 6-4 所示，主要由定子(静止部分)和转子(运动部分)两部分组成。

1) 定子部分

定子是电动机的不转动部分，其作用是产生一个旋转磁场。它主要由定子铁芯、定子绕

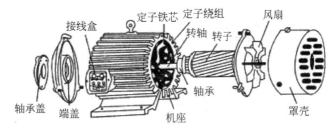

(a) 外形图   (b) 内部结构图

图 6-4 三相异步电动机的内部结构

组和机座组成。

（1）定子铁芯。定子铁芯是电动机磁路的一部分，为了减少铁芯的涡流损失，定子铁芯一般用表面涂有一层绝缘漆、厚为 0.5mm 的硅钢片压叠而成，但小型电动机的铁芯一般不涂漆，靠硅钢片表面一层氧化膜绝缘。定子铁芯内圆表面均匀地冲有槽沟，如图 6-5 所示，槽沟内先放绝缘材料（聚酯薄膜或青壳纸、黄蜡绸等），然后放入定子线圈，并用槽楔（竹楔或木楔）嵌住槽口，以防线圈松脱。

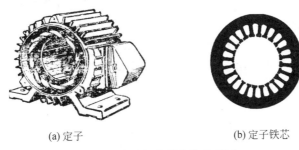

(a) 定子   (b) 定子铁芯

图 6-5 电动机定子结构示意图

（2）定子绕组。定子绕组是定子中的电路部分，一般采用漆包线绕成。嵌进槽沟后连同定子铁芯一起进行浸漆烘干。三相定子绕组用于产生旋转磁场，可以根据需要，将三相绕组接成星形或三角形。

（3）机座。机座是用来安装定子铁芯和固定整个电动机用的，中小型多采用铸铁机座，大型多采用钢板焊接机座。机座也可以视为定子、转子外独立部分。

2）转子部分

转子是电动机的转动部分，其作用是在旋转磁场作用下获得一个转动力矩，以带动生产机械一同转动。转子由转轴、转子铁芯、转子绕组、风扇等部分组成，如图 6-6(a)所示。转子铁芯是一个圆柱体，也由厚为 0.5mm 开有槽沟的硅钢片压叠而成。它与定子铁芯组成电动机的闭合电路。鼠笼式转子绕组是转子的电路部分，它是用铜条或铸铝压进铁的槽沟内，两端用端环连接，其结构像个圆筒形鼠笼，如图 6-6(b)和图 6-6(c)所示，鼠笼式电动机也因此而得名。在转子端部装有风扇叶，使风沿着轴向推进，以加强通风散热作用。

绕线式异步电动机的定子结构与鼠笼式异步电动机相同，绕线式异步电动机的转子绕组与鼠笼式不同，它们的工作原理是一样的。绕线式转子的绕组和定子绕组相似，是用绝缘导线接成三相对称绕组。每相的始端连接在 3 只铜制的滑环上，再通过电刷把电流引出。滑环固定在转轴上，可与转子一起旋转。绕线式异步电动机通过电刷和滑环实现在转子回

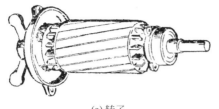
(a) 转子

(b) 铜条转子

(c) 铸铝转子

图 6-6　鼠笼式转子

路中接入附加电阻,可改善电动机的启动性能或调节电动机的转速,主要用在要求启动电流小及需要调节电动机速度的场合。

2. 三相异步电动机的主要特性

电动机是驱动生产机械的电气设备,其主要特性便是机械特性。转差率、转矩是描述机械特性的重要参数。

1) 转速和转差率

三相电源产生旋转磁场,带动转子转动,但转子的转速 n 始终小于旋转磁场的转速 n_0,这也是称其为异步电动机的原因。这一转差的存在是异步电动机旋转的必要条件,转子转向与旋转磁场方向一致,这是异步电动机改变转向的基本原理。

常称 n_0 为三相异步电动机的同步转速,转速单位是 rad/min 或 r/m(转/分)。异步电动机的转差率 s 是反映异步电动机转速快慢的一个重要参数。定义为转子转速 n 与旋转磁场转速 n_0 之间的相对差,即

$$s = \frac{n_0 - n}{n_0} \times 100\%$$ (6-2)

一般情况下,转子转速只略小于同步转速,在额定负载下,电动机的转差率一般为 1%～9%。当电动机启动时,$n=0$,$s=1$;当 $n=n_0$(实际不可能)时,$s=0$。转差率变化范围是 $0<s<1$。转差率 s 表明电动机运行速度、转子转速越接近同步转速,转差率越小。

要知道转差率,需要知道同步转速,对具体电动机而言,同步转速是一个常数,由下式确定:

$$n_0 = \frac{60f}{p}$$ (6-3)

式中,p 为旋转磁场的磁极对数,f 为通入绕组的三相电流的频率。一般情况下,三相电流的频率是一个常数,我国工频 50Hz。旋转磁场的转差率决定于磁场的极对数。

磁场的磁极对数和三相绕组的安排有关,若每相绕组只有一个线圈,绕组始端相差 120°,则旋转磁场的磁极对数为 1;若每相绕组有两个线圈串联,绕组始端相差 60°,则旋转磁场的磁极对数为 2。

2) 三相异步电动机的电磁转矩

电动机的作用是把电能转换成机械能,它输送给生产机械的是电磁转矩 T(简称转矩)和转速。实际选用电动机要求转矩与转速必须符合机械负载的要求。电磁转矩由旋转磁场与转子电流相互作用形成,电磁转矩与电源电压、转速(或转差率)等外部条件以及转子电阻、电抗等内部条件有关,转矩的单位是牛·米(N·m)。理论分析可知转矩与电源电压的平方成正比,当电源变动时,对转矩的影响很大。

3）三相异步电动机的机械特性

电磁转矩反映了电动机的做功能力及机械特性。当电源电压、频率、转子电阻、电抗固定时,电磁转矩 T 仅为转差率的函数,电磁转矩 T 与转差率 s 的关系曲线 $T = f(s)$ 或转差率 s 与电磁转矩 T 的关系曲线 $s = f(T)$,称为电动机的机械特性曲线,如图 6-7 所示。在 $0 < s < s_m$ 区段,转矩 T 随 s 的增大而增大。在 $s_m < s < 1$ 区段,转矩 T 随 s 的增大而减小。

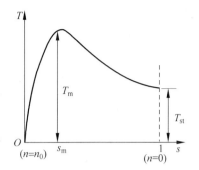

图 6-7　异步电动机的转矩
特性曲线

从机械特性曲线可得如下 3 个电磁转矩参数。

（1）额定转矩 T_N。电动机在额定转速 n_N（负载）下工作时的电磁转矩称为额定转矩 T_N。电动机在运行时,电磁转矩是驱动转矩,负载的阻力及轴承的摩擦阻力力矩通称为机械负载转矩。所以,在额定转速情况下运行时,可近似认为电磁转矩与机械负载转矩相等。电动机的额定转矩可根据铭牌上的额定功率（输出机械功率）和额定转速由下式求得:

$$T_N = 9550 \frac{P_N}{n_N} \tag{6-4}$$

式中,P_N 为电动机轴上输出的机械功率,单位是 kW; n_N 为电动机额定转速,单位是 r/min; T_N 为电动机额定转矩,单位是 n·m。

从式(6-4)可以看出,输出功率相同的电动机,转速低的转矩大,转速高的转矩小。

（2）启动转矩 T_{st}。电动机刚启动（$n = 0,s = 1$）时的转矩称为启动转矩,用 T_{st} 表示。它的大小表示电动机启动性能的好坏,在选用电动机时,必须考虑启动转矩这一重要指标。启动转矩与电源电压的平方成正比,当转子电阻（如绕线式转子电路外接变阻器）适当增大时,启动转矩会增大,继续增大转子电阻,T_{st} 反而会减小,这一点在生产上具有实际意义。选择适当的电阻值,就可以获得最大的启动转矩。

若启动转矩小于额定转矩（假定负载转矩等于额定转矩）,电动机将不能启动,显然,启动转矩应大于额定转矩。启动转矩越大,电动机启动就越迅速,越容易。反映电动机启动能力的参数为启动转矩倍数 $K_{st} = T_{st}/T_N$,Y 系列三相异步电动机的 K_{st} 一般为 $1.7 \sim 2.2$。

（3）最大转矩 T_m 及过载系数 λ。最大转矩就是指电动机在运行中所能产生的最大电磁转矩。由机械特性曲线（图 6-14）上可以找到 T_m。它所对应的转速 n_m、转差率 s_m 称为临界转速和临界转差率。

最大转矩表明了电动机的最大负载能力,当机械负载转矩大于最大转矩时,电动机带不动负载而停转,发生闷车现象,此时电动机电流能很快升至 $(5 \sim 7) I_N$,电动机将严重过热以致损伤或烧坏。电动机在运行中应有一定的过载能力,电动机的额定转矩应小于最大转矩,最大转矩与额定电磁转矩的比值称为过载系数 $\lambda = T_m/T_N$,过载系数 λ 描述了异步电动机的过载能力,一般异步电动机的 $\lambda = 1.8 \sim 2.2$,特殊用途的电动机 λ 可达 3 或更大,λ 可从电动机的技术数据中查得。

6.2.3　三相异步电动机的控制与使用

实际应用中,除了应根据机械装置的负载特性选择合适的电动机,还应考虑电动机的铭牌数据、启动、制动、调速、反转、散热、效率等实际问题。在此仅作简单介绍。

1. 三相异步电动机的铭牌数据

按照国家标准而规定的电动机在正常工作条件下的运行状态,称为异步电动机的额定运行状态,表示电动机额定运行情况的各种数据,如电压、电流、功率、转速等,称为电动机的额定值。额定值一般标在电动机的铭牌或产品说明书中。因此,看懂铭牌及额定值含义,是正确使用异步电动机的先决条件。

(1) 型号说明。表示电动机的类型和规格的代号。国家标准规定,电机型号由汉语拼音大写字母及国际通用符号和阿拉伯数字组成。例如:

$$\text{三相异步电动机} \underset{\text{机座中心高度(132mm)}}{\underline{\text{Y } 132 \text{ M}}}\underset{\text{机座长度代号(中机座)}}{\overline{\underline{\text{—4}}}} \text{磁极数(4 极)}$$

(2) 额定电压、电流。铭牌上所标的电压、电流是指电动机在额定运行情况下,三相定子绕组应接的线电压值及线电流值。额定电压的单位为伏(V)或千伏(kV),按我国国家标准规定,电动机的电压等级分为 220V、380V、3kV、6kV 和 10kV 五级;额定电流的单位为安(A)。若铭牌上标有两个电流值,则表示定子绕组在两种不同接法时的输入线电流。

(3) 额定功率。铭牌上所标的功率值是指电动机在额定情况下运行时,转子轴上输出的机械功率,单位为瓦(W)或千瓦(kW)。应注意它与输入功率的区别,输入功率可由额定电压、电流及电动机的功率因数求出,$P_1 = \sqrt{3} U_N I_N \cos\Phi$,输出功率 P_2 与输入功率 P_1 的比值称为电动机的额定运行效率。一般鼠笼式电动机在额定运行时的效率为 $75\% \sim 95\%$。

(4) 频率、额定转速及接法。我国交流电源的频率 50Hz。额定转速是指电动机在额定运行时的转速。接法是指电动机定子绕组的接线方法,通常有星形连接和三角形连接两种。如铭牌上所标电压为 380/220V,接法为 Y/△。

另外还有功率因数、效率、噪声等级、温升与绝缘等级以及防护等级等。

2. 三相异步电动机的启动

电动机接通电源后,转子由静止转动起来,转子的转速从零逐渐增大,直到对应负载下的稳定转速(或额定转速),这一过程称为启动过程,简称启动。电动机的启动过程非常短暂,一般小型电动机的启动时间在 1s 以内,大型电动机的启动时间为十几秒到几十秒。

三相异步电动机在启动过程中主要存在以下两个问题。

(1) 启动电流比额定电流大很多。电动机在接通三相电源后,电动机的转子开始从静止转动起来,这时旋转磁场以最大的相对速度切割转子导线,在转子导线中产生最大的感应电动势和感应电流,该最大的转子电流通过磁路作用,使得定子绕组中便跟着出现很大的启动电流,其值为电动机额定电流的 $5 \sim 7$ 倍。过大的启动电流会使电动机本身产生大量的热量,同时还会造成电网电压下降,使得在同一回路上的电器设备不能正常工作。但在一般情况下,因为启动的时间短,且电动机一经启动,启动电流就会随着转速的增大而迅速减小,大启动电流产生的热量来不及积累就散发掉了,不会过热。故这种情况对于小型电动机及启动不频繁的电动机来说影响不大。

(2) 启动转矩不大。在刚启动时,转子电流虽然很大,但启动转矩并不大,它与额定转矩之比为 $1:1 \sim 1:2$,太小的启动转矩会给电动机的带负载能力造成困难,结果造成过长的启动时间。

由此可见,电动机在启动时既要把启动电流限制在一定数值内,又要有足够大的启动转矩,以便缩短启动过程。对不同容量、不同类型的电动机应采取适当的启动办法,具体有以下几种。

(1) 直接启动。直接启动又称为全压启动,它是直接通过刀开关或接触器等电器将电源与电动机的定子绕组接通。参考以下经验公式来确定是否允许全压启动:

$$\frac{I_{st}}{I_N} \leqslant \frac{3}{4} + \frac{S_T}{4P_N}$$

式中,S_T 为公用变压器容量(kVA),P_N 为电动机的额定功率(kW),I_{st}/I_N 为电动机启动电流与额定电流之比。若此式成立,则允许全压启动;若不成立,则不允许全压启动。

电动机直接启动的优点是启动设备简单、运行可靠、成本低廉、启动时间短,这也是小型异步电动机常用的启动方式;缺点是启动电流大,对电动机和电网有一定的电流冲击。只要电网容量允许,应尽量采用直接启动,一般情况下,容量在 10kW 以下(不含 10kW)的电动机可以直接启动。

(2) 降压启动。通过启动设备将电动机的额定电压降低后加到电动机的定子绕组上,以限制电动机的启动电流,待电机的转速上升到稳定值时,再使定子绕组承受全压,从而使电机在额定电压下稳定运行,这种启动方法称为降压启动。常用的方法有串电阻(或电抗器)降压启动、星形-三角形(丫-△)减压启动、自耦变压器(补偿器)降压启动。

降压启动减小了启动电流,但同时也减小了启动转矩。所以降压启动只适用于电动机轻载或空载启动情况。

(3) 软启动器启动。软启动器是一种集电动机软启动、软停车、轻载节能和多种保护功能于一体的新颖电动机控制装置,国外称为 Soft Starter。软启动器的发展经历了由磁控式软启动器、电子式软启动器到智能化软启动器几个阶段。作为一种新型电动机启动控制装置,它克服了传统降压启动方式而引起的启动电流不连续、启动转矩不可调及对电网产生二次冲击电流等诸多缺点,是现代工业生产电动机控制行业上应用最广泛的高科技电机控制设备。

软启动器的主要构成是串接于电源与被控电动机之间的三相反并联晶闸管及其电子控制电路。运用单片机的控制技术,控制三相反并联晶闸管的导通角大小和导通时间,使被控电机的输入电压按照不同的要求而变化,从而实现电动机的软启动功能。

软启动器实质是一个智能调压器,用于电动机启动时,输出一个平滑的可变电压加到电动机的定子绕组上,实现软启动的各种功能。

3. 三相异步电动机的反转

实现异步电动机转动方向的改变是由旋转磁场的方向决定的,而旋转磁场的转向取决于定子绕组中通入三相电流的相序。因此,只要将电动机三相供电电源中的任意两相对调,这时接到电动机定子绕组的电流相序就被改变,旋转磁场的方向也被改变,电动机就实现了反转。

4. 三相异步电动机的制动

当电源与电动机断开后,由于电动机转动部分的惯性,电机转子仍然继续转动,要经较长时间后才能停止。但是某些生产机械要求电动机必须迅速停转或反转,为此对电动机要进行制动。常用的制动方法有机械制动和电气制动两大类:

（1）机械制动。机械制动是利用机械装置使电动机在电源切断以后迅速停转的方法，这种制动方式需要的时间较长，多在施工机械中使用。常用的机械制动有电磁离合器和电磁抱闸。

（2）电气制动。电气制动是指切断电源后，电动机在惯性转动过程中，使异步电动机内产生一个与电动机旋转方向相反的电磁力矩，作为制动力矩，迫使电动机迅速停转的方法，这种制动方法多在金属加工机械中使用。电气制动的主要方法有反接制动（将三相电源的任意两项对调）、能耗制动（定子绕组接入直流电源）及回馈发电制动（$n > n_0$，电动机作为发电机运行，此时的转矩也是制动的）。

5．三相异步电动机的调速

在实际生产中，为了提高生产效率或满足生产工艺的要求，需要人为地改变电动机的转速，称为调速。

由 $s = \dfrac{n_0 - n}{n_0} \times 100\%$ 和 $n_0 = \dfrac{60f}{p}$ 可得

$$n = (1-s)n_0 = \frac{60f}{p}(1-s)$$

可见，异步电动机的转速由电源频率、旋转磁场极对数和转率差决定。因此，调整转速的方法有以下 3 种。

（1）变频调速。改变电动机的电源频率 f，以达到调节转子转速 n 的目的。这种调速方法称为变频调速。由于频率可以连续平滑地改变，则电动机的转速就可以连续平滑地在较大范围内调整，故变频调速属于无级调速，且具有机械特性较硬的特点。随着电力电子技术的发展，目前，已有性能良好、工作可靠的变频电源应用于各种电气设备当中。

（2）变极调速。改变定子绕组磁极对数 p，以改变转子转速 n，这种调速方法称为变极调速，变极调速只适用于鼠笼式异步电动机。

（3）变转差率调速。改变电动机的转差率 s 进行调速。通常只适用于绕线转子异步电动机。这种方法是通过转子电路中串接调速电阻来实现，此时转子电流减小，则定子电流、转矩、转速也随之减小，转差率 s 升高，所以称为变转差率调速。改变调速电阻的大小可以得到平滑调速。

由于电阻耗能和机械特性不能过软，调速电阻不能过大，这种调速的范围比较小，但这种调速方法简便易行，仍广泛应用于大型起重设备中。在实际应用中，还需要类型、结构、性触各异的电动机，例如：单相异步电动机、三相同步电动机、直流电动机以及微特电动机等。有关内容可参阅电子资源。

【思考题】

（1）三相异步电动机的转子与定子之间没有电的直接联系，为什么当转子轴上的机械负载增加后，定子绕组的电流以及输入功率会随之增大？

（2）异步电动机的转差率 s 有何意义？下列几种取值在什么情况下出现？①$s = 0$；②$s = 1$；③$s > 1$；④$0 < s < 1$；⑤$s < 0$。

（3）何为异步电动机的额定值？有哪些额定值？

（4）三相异步电动机直接启动时，为什么启动电流很大（一般为额定电流的 $4 \sim 7$ 倍），启动转矩并不大（只有额定转矩的 $0.8 \sim 1.8$ 倍）？

（5）三相异步电动机有几种调速方法？各适用于哪种类型的电动机？是否可以通过改变电源电压进行调速？

6.3　电动机的选择

电动机的正确选用是关系到运行安全和经济效益的问题。我们应该根据生产机械的实际要求、电动机的工作环境等因素，正确选择电动机的种类、形式、电压和转速、容量等，以确保生产的顺利进行。

1. 种类的选择

一般来说，选择电动机的种类是从以下几方面来考虑的：交流还是直流、机械特性（硬特性或软特性）、调速性能、维护与价格等。鼠笼式异步电动机有结构简单、启动方便、容易维护、价格便宜等优点，故一般如无特殊要求，都选用这种电动机。其缺点是调速性能和起动性能较差（起动电流较大，起动转矩较小），故只适用于轻载启动的场合。绕线式电动机的起动性能较鼠笼式要好，并能在不大的范围内平滑调速，但价格较贵，维护不便，故一般只用于某些起重设备（如卷扬机、吊车等）中。直流电动机具有调速性能好、起动转矩大等优点，广泛应用于电动工具、运输机械等设备中。

2. 形式的选择

电动机的防护形式要按照使用电动机的工作环境来选定。例如，在灰尘多、水土飞溅的场所，如碾米机、磨粉机等选用 JO2 系列电动机；在易引起爆炸的地方（如煤矿中），应选用JBS 系列防爆电动机。如无特殊要求，一般选用 J2 系列防护式电动机，因为它通风良好，价格便宜，也有一定防护能力。

3. 电压和转速的选择

电动机的电压选择要由使用地的电源电压来决定。Y 系列异步电动机的额定电压只有380V 的，功率大于 100kW 的电动机应选用 3000V 或 6000V 的高压电动机。电动机额定转速的选择应根据生产机械设备的转速和传动设备的情况来决定。电动机的转速应尽量与生产机械的转速一致，以便于直接传动，避免传动装置复杂化。

4. 容量的选择

电动机容量的选择是一件十分重要的事情。选择太小的容量，电动机会因过荷而损坏，甚至烧毁；选择太大的容量，不但增加投资，而且电动机没有充分发挥它的作用，效率和功率因数都会降低。

一般来说，对于连续运行的电动机，电动机的容量应等于或稍大于生产机械的功率。如果生产机械的功率为 P_1，则电动机的功率 P_N 可按下式算出：

$$P_N = k \frac{P_1}{\eta_1 \eta_2}$$

式中：η_1 为生产机械本身的效率；η_2 为电动机和生产机械之间的传动效率；k 为安全系数，取 $1.05 \sim 1.4$，功率在 100kW 以上时取 1.05，功率在 1kW 以下时取 $1.3 \sim 1.4$。

计算出功率 P_N 后可选择一台合适的电动机，使其额定功率 P 满足 $P \geqq P_N$。对于连续运行但负载变动、短时运行（即断续运行）的电动机，则可视具体情况分别进行选择。

【思考题】

(1) 说明如何选择电动机。

(2) 当容量选择不合适时会出现何种现象？结合实际说明。

习题

6-1　交流接触器与继电器在结构及应用上有何不同？

6-2　异步电动机的旋转磁场的转速和转向由哪些因素决定？如何改变交流异步电动机的转动方向？异步电动机的电磁转矩与哪些因素有关？

6-3　三相异步电动机以 480r/min 旋转，如果旋转磁场的同步转速为 500r/min，电源的频率为 50Hz，求电动机的磁极对数和转差率。

6-4　有一台三相六极异步电动机，当负载由空载增加到满载时，转差率由 0.5% 增加到 4%，电源的频率为 50Hz，问电动机的转速是怎样变化的？

6-5　已知两台异步电动机额定功率都是 10kW，但转速不同。其中 $n_{1N} = 2930$r/min，$n_{2N} = 1450$r/min，如果过载系数都是 2.2，求它们的额定转矩和最大转矩。

6-6　一台三相异步电动机皮带拖动的通风机，通风机的功率为 6kW，转速为 1440r/min，效率为 0.6，选择电动机的额定功率。

第 7 章

半导体器件和基本放大电路

 学习目标要求

本章首先介绍半导体和 PN 结,在此基础上介绍常用的半导体器件,以单管共射电路为例介绍放大电路的组成、工作原理以及分析方法,同时介绍三极管的 3 种接法和特点以及工作点稳定电路;然后介绍场效应管放大电路以及功率放大电路的结构和工作原理及计算;最后简单介绍多级放大电路及频率特性知识。读者学习本章内容应做到以下几点。

(1) 了解半导体导电特性,熟悉 PN 结的单向导电性。

(2) 了解二极管、三极管、绝缘栅场效应管的基本结构及工作原理;了解晶闸管的结构,熟悉晶闸管的工作特点。

(3) 理解二极管的单向导电性、掌握二极管的伏安特性及主要参数。熟悉三极管的电流及电压放大作用,掌握三极管的输入特性、输出特性曲线及主要参数。掌握三极管和场效应管的工作条件和工作特点。

(4) 熟悉基本放大电路的组成、各元件的作用及工作原理;熟悉功率放大电路的作用、工作原理;了解多级放大电路的耦合方式及特点;了解单级和多级放大电路的频率响应。

(5) 理解放大电路设置静态工作点的必要性;分压式偏置电路稳定静态工作点设计要求;放大电路中容易出现的失真问题及消除措施。

(6) 掌握基本放大电路静态工作点分析的图解分析法与估算分析法;掌握动态分析的图解分析法和微变等效分析法及相关计算;掌握功率放大电路最大输出功率、效率、管耗的估算。

(7) 根据外形及标号能辨认出二极管、三极管、场效应管和晶闸管;学会半导体二极管、三极管和场效应管的检测和判断。

(8) 学会放大电路测量和调试的方法,会使用简单放大电路。

7.1 常用半导体器件

半导体器件是以半导体为主要材料制作而成的电子控制器件。它种类很多,二极管、双极型三极管、场效应管以及集成电路都是重要的半导体器件。

半导体器件具有体积小、重量轻、使用寿命长、输入功率小和功率转化效率高以及可靠性强等优点,因而得到极为广泛的应用。

7.1.1　半导体与 PN 结

1. 半导体及其特性

自然界中的物质,由于其原子结构不同,导电能力也各不相同。导电能力介于导体和绝缘体之间的物质称为半导体。常用的半导体材料有硅、锗和砷化镓。

半导体具有热敏性、光敏性、掺杂性等特点,内部有带正电的空穴和带负电的自由电子两种导电粒子(称为载流子),这是与导体的本质区别。

1) 本征半导体及其特点

完全纯净的、结构完整的半导体材料称为本征半导体。其特点如下。

(1) 有带正电的空穴和带负电的自由电子两种载流子,两种载流子数目相等,定向运动形成电流。

(2) 两种载流子的浓度受温度和光照的影响很重,温度越高、光照越强,浓度越大。

注意:在常温下,本征半导体导电能力很差,只能利用其光(热)敏特性制作光(热)敏元件。

2) 杂质半导体及其特点

在本征半导体中掺入微量的特定杂质元素,就会使半导体的导电性能发生显著改变形成杂质半导体。根据掺入杂质元素的性质不同,杂质半导体可分为 P 型半导体和 N 型半导体两大类。

(1) P 型半导体是在本征半导体硅(或锗)中掺入微量的 3 价元素(如硼、铟等)而形成的,空穴为多数载流子(简称多子),自由电子则为少数载流子(简称少子),P 型半导体以空穴导电为主。

(2) N 型半导体是在本征半导体硅(或锗)中掺入微量的 5 价元素(如磷、砷、镓等)而形成的,自由电子是多数载流子,空穴是少数载流子,N 型半导体以电子导电为主。

注意:多子主要取决于掺杂,少子主要取决于温度和光照,控制掺杂可控制导电能力,稳定性受温度影响。

2. PN 结及其特性

通过掺杂工艺,把本征硅(或锗)片的一边做成 P 型半导体,另一边做成 N 型半导体,这样在它们的交界面处会形成一个很薄的特殊物理层,称为 PN 结。PN 结的重要特点是单向导电性,PN 结是构造所有半导体元器件的基本结构单元。

1) PN 结的单向导电性

(1) PN 结外加正向电压,即电源的正极接 P 区,负极接 N 区,称为正向接法或正向偏置,简称正偏。此时,PN 结处于导通状态,它所呈现出的电阻为正向电阻,其阻值很小,流过的电流较大(由多数载流子形成),正向电压越大,正向电流越大。

(2) PN 结外加反向电压,即电源的正极接 N 区,负极接 P 区,称为反向接法或反向偏置,简称反偏。此时,PN 结处于截止状态,呈现的电阻称为反向电阻,其阻值很大,高达几百千欧以上,流过很小的反向电流(由少数载流子形成),反向电压在一定范围内改变时反向电流基本不变。

2) PN 结的反向击穿特性

当反向电压的值增大到特定值时,反向电压值稍有增大,反向电流会急剧增大,称此现象为反向击穿,此电压称为反向击穿电压,此时失去单向导电性。

3）PN 结的电容特性和温度特性

（1）PN 结的电容特性。PN 结两端加上电压，PN 结内就有电荷的变化，说明 PN 结具有电容效应。PN 结有两种电容：势垒电容和扩散电容。势垒电容和扩散电容都是非线性电容。

综上可知，PN 结既有电阻性又有电容性，因为势垒电容和扩散电容并不大，在低频工作时可以不考虑电容作用，在高频工作时，将影响其单向导电性，必须考虑电容的影响。

（2）PN 结的温度特性。PN 结特性对温度变化很敏感，具体变化规律是，保持正向电流不变时，温度每升高 1℃，结电压减小 2～2.5mV，温度每升高 10℃，反向饱和电流 I_s 增大一倍，反向击穿电压减小。

当温度升高到一定程度时，由本征激发产生的少子浓度有可能超过掺杂浓度，使杂质半导体变得与本征半导体一样，这时 PN 结就不存在了。因此，为了保证 PN 结正常工作，它的最高工作温度有一个限制，对硅材料为 150～200℃，对锗材料为 75～100℃。

半导体和 PN 结详细内容，请参阅所附电子资源。

7.1.2 半导体二极管

1. 半导体二极管的结构和符号

把 PN 结封装在管壳内，并引出两个金属电极，就构成一个二极管。二极管按半导体材料的不同可以分为硅二极管、锗二极管和砷化镓二极管等。按结构可分为点接触型、面接触型和平面型二极管三类，如图 7-1 所示。

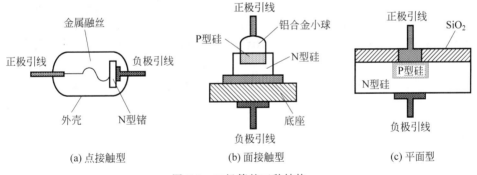

(a) 点接触型   (b) 面接触型   (c) 平面型

图 7-1 二极管的三种结构

点接触型二极管结构的 PN 结面积和极间电容均很小，允许通过电流较小，工作频率较高，不能承受高的反向电压和大电流，因而适用于制作高频检波和脉冲数字电路里的开关元件以及作为小电流的整流管。面接触型和硅平面型二极管的 PN 结面积大，可承受较大的电流，其极间电容大，工作频率低，因而适用于整流，而不宜用于高频电路中。不同结构二极管公用同一符号，如图 7-2 所示。由 P 端引出的电极是正极，由 N 端引出的电极是负极，箭头的方向表示正向电流的方向，VD 是二极管的文字符号。

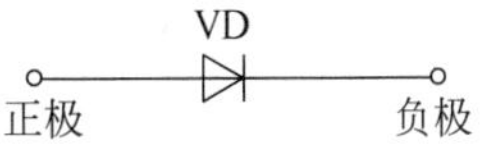

图 7-2 二极管的符号

常见的二极管有金属、塑料和玻璃 3 种封装形式。按照应用的不同，二极管分为整流、检波、开关、稳压、发光、光电、快恢复和变容二极管等。根据使用的不同，二极管的外形各异，图 7-3 所示为几种常见的二极管外形。

图 7-3　常见的二极管外形

2. 二极管的伏安特性和温度特性

1) 二极管的伏安特性

二极管两端的电压 U 及其流过二极管的电流 I 之间的关系曲线,称为二极管的伏安特

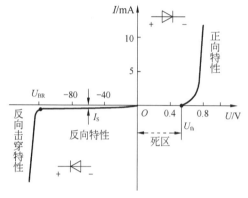

图 7-4　二极管的伏安特性曲线

性。二极管的伏安特性曲线如图 7-4 所示。

（1）正向特性。二极管外加正向电压时,电流和电压的关系称为二极管的正向特性。如图 7-4 所示,当二极管所加正向电压比较小时($0<U<U_{\mathrm{th}}$),二极管上流经的电流为 0,管子处于截止状态,此区域称为死区,U_{th} 称为死区电压(或者门槛电压)。硅二极管的死区电压约为 0.5V,锗二极管的死区电压约为 0.1V。

（2）反向特性。二极管外加反向电压时,电流和电压的关系称为二极管的反向特性。由图 7-4 可见,二极管外加反向电压时,反向电流很小($I\approx-I_{\mathrm{S}}$),而且在相当宽的反向电压范围内,反向电流几乎不变,此电流值为二极管的反向饱和电流。

（3）反向击穿特性。从图 7-4 可见,当反向电压的值增大到 U_{BR} 时,反向电压值稍有增大,反向电流会急剧增大,称此现象为反向击穿,U_{BR} 为反向击穿电压。利用二极管的反向击穿特性,可以做成稳压二极管,但一般的二极管不允许工作在反向击穿区。

理论分析表明,二极管的电流 I 与外加电压 U 之间的关系(不包含击穿特性)可表示为

$$I = I_{\mathrm{S}}(\mathrm{e}^{\frac{U}{U_{\mathrm{T}}}} - 1) \tag{7-1}$$

式(7-1)中,I_{S} 为反向饱和电流,其大小与二极管的材料、制作工艺、温度等有关,随温度升高明显上升,$U_{\mathrm{T}}=kT/q$,称为温度的电压当量或热电压,其中 k 为玻耳兹曼常数,T 为热力学温度,q 为电子的电量。在 $T=300\mathrm{K}$(室温)时,$U_{\mathrm{T}}=26\mathrm{mV}$,式(7-1)称为伏安特性方程。

2) 二极管的温度特性

二极管是对温度非常敏感的器件。实验表明,随温度升高,二极管的正向压降会减小,正向伏安特性左移,即二极管的正向压降具有负的温度系数(约为 $-2\mathrm{mV}/℃$);温度升高,反向饱和电流会增大,反向伏安特性下移,温度每升高 $10℃$,反向电流大约增加 1 倍。图 7-5 所示为温度对二极管伏安特性的影响。

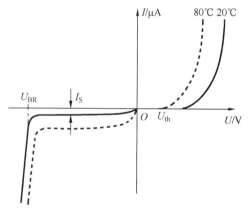

图 7-5　温度对二极管伏安特性的影响

3．二极管的主要参数

器件参数是定量描述器件性能质量和安全工作范围的重要数据,更是人们合理选择和正确使用器件的依据。二极管的参数一般可以从产品手册中查到,也可以通过直接测量得到。下面介绍晶体二极管的主要参数及其意义。

(1) 最大整流电流 I_F。I_F 是二极管长期运行时,允许通过的最大正向平均电流。实际应用时,流过二极管的平均电流不能超过此值,否则二极管将过热而烧毁。例如,2AP1的最大整流电流为16mA。此值取决于PN结的面积、材料和散热情况。

(2) 最大反向工作电压 U_{RM}。U_{RM} 是指二极管允许的最大反向工作电压。当反向电压超过此值时,二极管可能被击穿。为了留有余地,通常取击穿电压的一半作为 U_{RM}。

(3) 反向电流 I_R。I_R 是指二极管未击穿时的反向电流。I_R 与温度密切相关,使用时应注意 I_R 的温度条件。其值越小,说明二极管的单向导电性越好。

(4) 最高工作频率 f_M。f_M 的值主要取决于二极管内PN结电容的大小,结电容越大,则二极管允许的最高工作频率越低。工作频率超过 f_M 时,二极管的单向导电性能变坏。

需要指出,由于器件参数分散性较大,手册中给出的一般为典型值,必要时应通过实际测量得到准确值。另外,应注意参数的测试条件,不同测试条件,测试结果不同,当运用条件不同时,应考虑其影响。

二极管在实际应用中,首先应根据电路要求选用合适的管子类型和型号,并且保证管子参数满足电路的要求,同时留有余量以免损坏二极管;另外在实际操作时应注意对二极管的保护。

普通二极管的应用范围很广,可用于开关、稳压、整流、检波、限幅、电平变换等电路。数字电路中,二极管一般作为开关使用。

4．二极管的电路模型和分析方法

二极管是一种非线性元件,根据分析手段及应用要求,器件电路模型将有所不同。例如,借助计算机辅助分析,则允许模型复杂,以保证分析结果尽可能精确,而在工程分析中,则力求模型简单、实用,以突出电路的功能及主要特性。半导体二极管的单向导电性决定了它可以作为一个受外加电压控制的开关使用(对其电阻电压特性,应根据实际情况适当近似),在频率没有超过其极限值时,可以视为理想开关。

(1) 静态开关特性。由二极管的伏安特性曲线可以看出:外加电压大于开启电压以后,二极管才导通,而且二极管电压变化很小,约0.7V(硅),二极管呈现很小的电阻,正向电流 i 随外输入电压变化,这时,二极管可以视为具有 $u_D = 0.7V$ 的闭合开关,若输入电压 u_i 较大,可以忽略0.7V压降;当外加反向电压时,反向电流 i 极小近似为0,二极管呈现很高的电阻,二极管截止,这时,二极管可以视为断开的开关。综上所述,在电路中二极管就是一个压控开关。

(2) 动态开关特性。二极管并非理想开关,内部结构决定了二极管的开、关需要一定的时间。在低速开关电路中,这种由截止到导通和由导通到截止的转换时间可以忽略,但在高速开关电路中必须考虑。

若二极管两端输入电压频率非常高时,以至于低电平的持续时间小于它的反向恢复时间,二极管将失去其单向导电的开关作用。

5. 特殊二极管

1）稳压管

稳压管是一种大面积结构的硅二极管,实质也是一个半导体二极管。稳压管和一个合适的电阻相串联,就可起到稳定电压的作用,如图 7-6(a)所示。电阻的选择要保证在输入电压和负载的变化下,稳压管工作在正常击穿区范围。

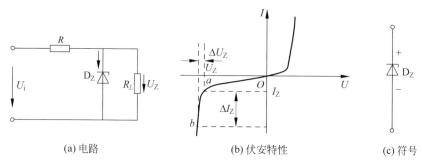

(a)电路　　　　　　　(b)伏安特性　　　　　　　(c)符号

图 7-6　稳压管电路、伏安特性及符号

在电子线路中稳压管工作在特性曲线的反向击穿区,击穿电压从几伏到几十伏,在反向击穿状态下正常工作而不损坏是其重要特点,通过实验得出其伏安特性如图 7-6(b)所示。稳压管的符号如图 7-6(c)所示,型号如 2CW1～2CW10 等,一般用于直流电路中的稳压或电子线路中箝位。

稳压管的主要技术参数有:稳定电压 U_Z,指管子正常工作时两端电压;最大稳定电流 I_{Zmax}、最小稳定电流 I_{Zmin},指稳压管正常工作时的电流范围;动态电阻 r_Z,指管子在正常工作范围内,管子两端电压 U_Z 的变化量和管子中电流 I_Z 的变化量之比,r_Z 越小性能越好;温度系数,指 U_Z 随温度的变化量,不同结构和材料有正负之分。

2）发光二极管

发光二极管是一种能把电能转换成光能的特殊器件(Light Emitting Diode,LED),它通常由元素周期表中 Ⅲ、Ⅴ 族的化合物如砷化镓、磷化镓等制成。其内部结构是一个 PN 结,这种二极管不仅具有普通二极管的正、反向特性,而且当给管子施加正向偏压时,由于注入 N 区和 P 区的多数载流子被复合,管子还会发出可见光和不可见光(即电致发光)。光谱范围较窄,其波长由所用的基本材料而定。发光二极管种类很多,图 7-7 所示为发光二极管的图形符号。目前应用的有红、黄、绿、蓝、紫等颜色的发光二极管。此外,还有变色发光二极管,即当通过二极管的电流改变时,发光颜色也随之改变。发光二极管正向导通电压为 1～2V,工作电流一般为几毫安至几十毫安,目前一些高亮度 LED 可达数百毫安。

发光二极管常用来作为显示器件,除单个使用外,也常做成七段式或矩阵式器件。发光二极管的另一个重要的用途是将电信号变为光信号,通过光缆传输,然后再用光电二极管接收,再现电信号。

图 7-7　发光二极管符号

值得一提的是,随着发光二极管制作技术水平的提高,目前在大屏幕显示和照明技术中得到了极为广泛的应用。特别是照明领域,白光管的出现,使发光管照明成为现实,由于其具有低耗能、无污染等优良特性,必将成为未来照明的主流。

3）光电二极管

光电二极管的结构和一般二极管相似，只是它的外壳是透明的玻璃，它的符号如图7-8所示，其型号如2CU1等。光电二极管在电路中一般是处于反向工作，在没有光照时，其反向电阻很大，管子中只有很小的电流；当有光照时，其反向电阻大大减小，反向电流也随之增加，显然电流的大小和光照强度有关，光照越强，电流也越大。它用于光电继电器、触发器及光电转换的自动测控系统中。另外还有变容二极管、肖特基二极管、隧道二极管以及双向二极管等，在此不再赘述。

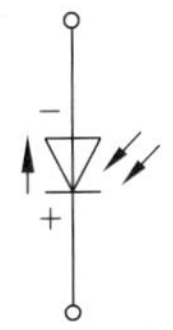

图7-8 光电二极管符号

7.1.3 双极型半导体三极管

1. 双极型三极管的类型和结构

半导体三极管又称为晶体三极管，简称三极管，因其内部有两种载流子参与导电，又称为双极型三极管。它在电子电路中既可作为放大元件，又可作为开关元件，应用十分广泛。

双极型三极管种类很多。按照工作频率分，有低频管和高频管；按照功率分，有小、中、大功率管；按照半导体材料分，有硅管和锗管等。三极管一般有3个电极，常见的三极管外形如图7-9所示。

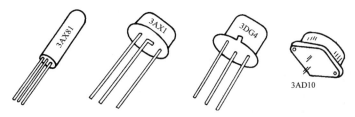

图7-9 三极管的几种常见外形

三极管一般有NPN型和PNP型两种结构类型，结构示意和电路符号如图7-10所示。

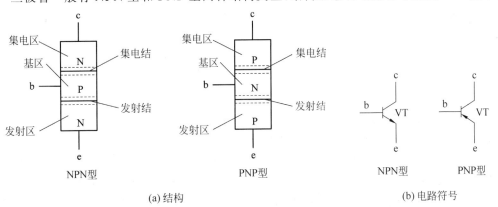

(a) 结构　　　　　　　　　　　　　(b) 电路符号

图7-10 三极管的结构和电路符号

在一块半导体上，掺入不同杂质，制成不同的3层杂质半导体，形成两个紧挨着的PN结，并引出3个电极，则构成三极管。从3块杂质半导体各自引出的电极依次为发射极（e极）、基极（b极）和集电极（c极）；对应的杂质半导体称为发射区、基区和集电区。在3区交界处形成两个PN结，基区和发射区形成发射结；基区和集电区形成集电结。

3块杂质半导体的体积和掺杂浓度有很大差别。发射区掺杂浓度远大于基区的掺杂浓度,以便于有足够的载流子供"发射";基区很薄,掺杂浓度很低,以减少载流子在基区的复合机会,这是三极管具有放大作用的关键所在;集电区比发射区体积大且掺杂少,以利于收集载流子。

由此可见,三极管并非两个 PN 结的简单组合,不能用两个二极管来代替,在放大电路中也不可将发射极和集电极对调使用。三极管不是对称性器件。

组成 NPN 晶体管的 3 层杂质半导体是 N 型-P 型-N 型结构,简称 NPN 管;组成 PNP 晶体管的 3 层杂质半导体是 P 型-N 型-P 型结构,简称 PNP 管。注意两种结构管子电路符号发射极的箭头方向不同。

晶体三极管产品共有 4 种类型,它们对应的型号分别为 3A(锗 PNP)、3B(锗 NPN)、3C(硅 PNP)、3D(硅 NPN)4 种系列。目前我国产品多为硅 NPN 和锗 PNP 两种。

2. 双极型三极管的 3 种连接方式及工作电压

1）双极型三极管的 3 种连接方式

三极管有 3 个电极,而在连成电路时必须由两个电极接输入回路,两个电极接输出回路,这样势必有一个电极作为输入和输出回路的公共端。根据公共端的不同,有各具特点的 3 种基本连接方式。

（1）共发射极接法。共射接法是以基极为输入端的一端,集电极为输出端的一端,发射极为公共端,如图 7-11(a)所示。

（2）共集电极接法。共集接法是以基极为输入端的一端,发射极为输出端的一端,集电极为公共端,如图 7-11(b)所示。

（3）共基极接法：共基接法是以发射极为输入端的一端,集电极为输出端的一端,基极为公共端,如图 7-11(c)所示。

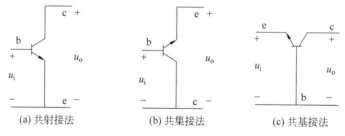

(a) 共射接法　　　　　(b) 共集接法　　　　　(c) 共基接法

图 7-11　三极管电路的三种组态

2）三极管的工作电压

三极管正常工作时,须外加合适的电源电压。三极管要实现放大作用,发射结必须加正向电压,集电结必须加反向电压,即发射结正偏,集电结反偏,如图 7-12 所示。其中 VT 为三极管,U_{CC} 为集电极电源电压,U_{BB} 为基极电源电压,两类管子外部电路所接电源极性正好相反,R_b 为基极电阻,R_c 为集电极电阻。若以发射极电压为参考电压,则三极管发射结正偏、集电结反偏,这个外部条件也可用电压关系来表示：对于 NPN 型,$U_C > U_B > U_E$；对于 PNP 型,$U_E > U_B > U_C$。

无论采用哪种接法,三极管要实现放大作用,都必须满足发射结正偏,集电结反偏。这里要注意的是,复杂的实际应用电路共端极并不一定接地,判断方法是,基入集出为共射,射入集出为共基,基入射出为共集。

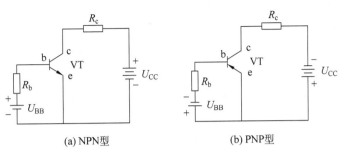

(a) NPN型　　　　　　　　　　(b) PNP型

图 7-12　三极管的电源接法

3. 双极型三极管的电流分配关系和放大作用

NPN 型三极管和 PNP 型三极管虽然结构不同,但工作原理是相同的。下面以 NPN 硅三极管共射电路为例分析其工作情况。有关 PNP 三极管的性能特点可依照此方法自己去分析。

图 7-13 是三极管共射极放大电路。图中 U_{BB} 为基极外接电源,它使 $U_{BE}>0$,保证发射结正偏压,U_{CC} 为集电极外接电源,要满足 $U_{CC}>U_{BB}$,以保证集电结反偏,R_b 和 R_c 分别为基极回路和集电极回路的串接电阻。

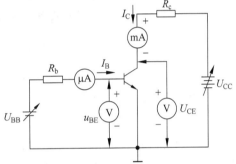

图 7-13　三极管共射极放大电路

改变 U_{BB} 用以改变 I_B 的大小,同时测试记录 I_B、I_C 和 I_E 的值,可以得出如下结论:

$$I_C \approx \bar{\beta} I_B \tag{7-2}$$
$$I_E = I_B + I_C$$

经理论分析,可以得出更加精确的结论如下(详细分析请参阅电子资源):

$$I_C = \bar{\beta} I_B + (1+\bar{\beta}) I_{CBO} = \bar{\beta} I_B + I_{CEO} \tag{7-3}$$
$$I_E = I_B + I_C$$

式(7-3)中,$\bar{\beta}$ 值称为共射直流电流放大系数,一般在 $10\sim200$。$\bar{\beta}$ 太小,管子的放大能力就差,而 $\bar{\beta}$ 过大则管子不够稳定。基极电流有微小的变化时,集电极电流将发生大幅度变化。这就是三极管的电流放大作用。I_{CBO} 是集电结反向饱和电流,与温度关系密切,$I_{CEO}=(1+\bar{\beta})I_{CBO}$ 称为集电极-发射极穿透电流。因 I_{CBO} 很小,在忽略其影响时,则有式(7-2),是今后电路分析中常用的关系式。

为了反映集电极电流与射极电流的比例关系,定义共基极直流电流放大系数为

$$\bar{\alpha} = \frac{I_C - I_{CBO}}{I_E} \approx \frac{I_C}{I_E} \tag{7-4}$$

显然,$\bar{\alpha}<1$,一般为 $0.97\sim0.99$。

选择合适的 R_b 和 R_c,保证三极管工作在放大状态。若在 U_{BB} 上叠加一微小的正弦电压 Δu_i,则正向发射结电压会引起相应的变化,集电极会产生一个较大的电流变化量 Δi_C,必将在负载上产生较大的电压变化,从而使电压也得到放大。

三极管常常工作在有信号输入的情况下,这时体现了一种电流变化量的控制关系。放大系数的大小反映了三极管放大能力的强弱。集电极电流变化量与基极电流变化量之比

值,称为共发射极交流电流放大系数,用 β 表示,即

$$\beta = \frac{\Delta I_C}{\Delta I_B}\bigg|_{U_{CE}=\text{常数}} \tag{7-5}$$

其大小体现了共射接法时,三极管的放大能力。

同样道理,集电极电流变化量与射极电流变化量之比值,称为共基极交流电流放大系数,用 α 表示,即

$$\alpha = \frac{\Delta I_C}{\Delta I_E}\bigg|_{U_{CB}=\text{常数}} \tag{7-6}$$

其大小体现了共基接法时,三极管的放大能力。

显然,直流状态和交流状态下的两种系数含义不同,数目也不相等。只是在放大状态,并忽略 I_{CEO} 的情况下,两者基本相等。一般计算中,常常认为相等,不再区分。通常用 β 和 α 表示。

4. 双极型三极管的伏安特性曲线

三极管的特性曲线是指各极电压与电流之间的关系曲线。因为三极管的共射接法应用最广,下面以 NPN 硅管共射接法为例来分析三极管的特性曲线。因为三极管有两个回路,晶体管特性曲线包括输入和输出两组特性曲线。这两组曲线可以在晶体管特性图示仪的屏幕上直接显示出来,也可以用图 7-13 测试电路逐点测出。

1) 共发射极输入特性曲线

共射输入特性曲线是以 u_{CE} 为参变量时,i_B 与 u_{BE} 间的关系曲线,用函数关系表示为

$$i_B = f(u_{BE})\big|_{u_{CE}=\text{常数}} \tag{7-7}$$

典型的硅 NPN 型三极管共发射极输入特性曲线如图 7-14 所示。

从图 7-14 可以看出,输入特性具有以下特点。

(1) 当 $U_{CE}=0$ 时,三极管的输入回路相当于两个 PN 结并联。三极管的输入特性曲线是两个正向二极管并联的伏安特性。

(2) 当 $U_{CE}>0$ 时,随着 U_{CE} 的增加,曲线右移。

(3) 当 $U_{CE}>1V$ 时,在一定的 U_{BE} 条件之下,只要 U_{BE} 不变,U_{CE} 再继续增大,I_B 变化不大,$U_{CE}>1V$ 以后,不同 U_{CE} 的值的各条输入特性曲线几乎重叠在一起。在实际应用中,三极管的 U_{CE} 一般大于 1V,$U_{CE}>1V$ 时的曲线更具有实际意义,常用 $U_{CE}>1V$ 的某条输入特性曲线来代表输入特性曲线。

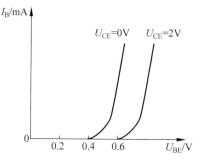

图 7-14 共发射极输入特性曲线

由三极管的输入特性曲线可看出,三极管的输入特性曲线是非线性的,输入电压小于某一开启值时,三极管不导通,基极电流约为零,这个开启电压又称为阈值电压。对于硅管,其阈值电压约为 0.5V,锗管为 0.1～0.2V。当管子正常工作时,发射结压降变化不大,对于硅管为 0.6～0.8V,对于锗管为 0.2～0.3V。

2) 共发射输出特性曲线

三极管共射输出特性曲线是以 i_B 为参变量时,i_C 与 u_{CE} 之间的关系曲线,用函数关系表示为:

$$i_C = f(u_{CE})\big|_{i_B=\text{常数}} \tag{7-8}$$

典型的硅 NPN 型三极管共发射极输出特性曲线如图 7-15 所示。固定一个 I_B 值,可得到一条输出特性曲线,改变 I_B 值,可得到一族输出特性曲线。

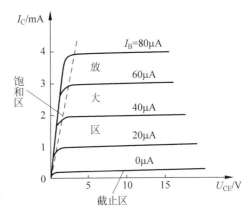

图 7-15 共发射极输出特性曲线

由图 7-15 可见,输出特性可以划分为 3 个区域,即截止区、放大区、饱和区,分别对应于 3 种工作状态。现分别讨论如下。

(1) 截止区。$I_B \leqslant 0$ 的区域,称为截止区。对于 NPN 型硅三极管,此时 $u_{BE} < U_{th}(0.5V)$,$I_C \approx I_{CEO} \approx 0$,由于穿透电流 I_{CEO} 很小,输出特性曲线是一条几乎与横轴重合的直线。实际应用常使 $u_{BE} \leqslant 0$,此时,发射结和集电结均处于反偏状态,三极管处于可靠截止状态。

(2) 放大区。发射结正向偏置(要大于导通电压),集电结反向偏置的工作区域为放大区。由图 7-15 可以看出,在放大区有以下两个特点。

① 基极电流 i_B 对集电极电流 i_C 有很强的控制作用,即 i_B 有很小的变化量 Δi_B 时,i_C 就会有很大的变化量 Δi_C,满足 $\Delta i_C \approx \beta \Delta i_B$。由于工作在这一区域的三极管具有放大作用,因而把该区域称为放大区。

② u_{CE} 变化对 i_C 的影响很小。在特性曲线上表现为,i_B 一定而 u_{CE} 增大时,曲线略有上翘(i_C 略有增大)。u_{CE} 在很大范围内变化时 I_C 基本不变。当 I_B 一定时,输出特性曲线几乎与横轴平行,集电极电流具有恒流特性。

(3) 饱和区。发射结和集电结均处于正偏的区域为饱和区。对于 NPN 型三极管,此时 $U_{CE} \leqslant U_{BE}$,i_C 不再随 i_B 成比例增大,三极管失去了电流控制作用。i_C 与外电路有关,随 U_{CE} 的增加而迅速上升,通常把 $u_{CE} = u_{BE}$(即 c 结零偏)的情况称为临界饱和,对应点的轨迹为临界饱和线,$u_{CE} < u_{BE}$ 称为过饱和。在特性曲线上表现为靠近纵坐标的区域。三极管饱和时,集射极间的电压称为饱和压降,用 U_{CES} 表示,国标用 $U_{CE(sat)}$ 表示。一般很小,小功率硅管 $U_{CES} \leqslant 0.3V$。

三极管在放大电路中一般工作在放大区,在脉冲和数字电路中一般工作在饱和区和截止区。

3) 三极管的温度特性

三极管是一种对温度十分敏感的元件,由它构成的电路性能往往受温度影响。理论上,三极管的所有参数都与温度有关。实际中,着重考虑温度对 u_{BE}、I_{CBO} 和 β 3 个参数的影响。

(1) 温度对 I_{CBO} 的影响。I_{CBO} 是由少数载流子形成的,随温度变化的规律与 PN 结相同。当温度上升时,少数载流子增加,故 I_{CBO} 也上升。其变化规律是,温度每上升 10℃,I_{CBO} 约上升 1 倍。I_{CEO} 随温度变化规律大致与 I_{CBO} 相同,比 I_{CBO} 变化更快。在输出特性曲线上,温度上升,曲线上移。

(2) 温度对 u_{BE} 的影响。u_{BE} 随温度变化的规律与 PN 结相同,随温度升高而减小。温度每升高 1℃,u_{BE} 减小 2~2.5mV。表现在输入特性曲线图上,温度升高时曲线左移。

(3) 温度对 β 的影响。β 随温度升高而增大。温度升高加快了基区中注入载流子的扩散速度,增加了集电极收集电流的比例,因此 β 随温度升高而增大。变化规律是:温度每升

高 $1℃$，β 值增大 $0.5\%\sim1\%$。表现在输出特性曲线图上，曲线间的距离随温度升高而增大。

综上所述，温度对 u_{BE}、I_{CBO} 和 β 的影响，均将使 i_C 随温度上升而增加，这将严重影响三极管的工作状态，正常工作时，必须采取措施进行抑制。

5. 双极型三极管的主要参数

三极管的参数是表征管子性能和安全运用范围的物理量，是正确使用和合理选择三极管的依据。三极管的参数较多，这里只介绍主要的几个。

1）电流放大系数 β

前面已述，根据工作状态和电路接法的不同，电流放大系数可分为共发射极直流电流放大系数、共发射极交流电流放大系数、共基极直流电流放大系数和共基极交流电流放大系数 4 种。

电流放大系数描述了三极管的控制能力，实际应用中，应选择 β 值合适的三极管，因为 β 值太大时管子性能不稳定，太小时放大作用较差。

应当指出，三极管具有分散性，同型号三极管 β 值也有差异。β 值与测量条件有关。一般来说，在 i_C 很大或很小时，β 值较小。只有在 i_C 不大不小的中间值范围内，β 值才比较大，且基本不随 i_C 而变化。因此，在查手册时应注意 β 值的测试条件，尤其是大功率管更应强调这一点。实际应用中最好测量。

2）极间反向电流

（1）集电极-基极间的反向电流 I_{CBO}。I_{CBO} 是指发射极开路时，集电极-基极间的反向电流，称为集电极反向饱和电流。温度升高时，I_{CBO} 急剧增大，温度每升高 $10℃$，I_{CBO} 增大一倍。

（2）集电极-发射极间的反向电流 I_{CEO}。I_{CEO} 是指基极开路时，集电极-发射极间的反向电流，称为集电极穿透电流，$I_{CEO}=(1+\beta)I_{CBO}$。它受温度影响较 I_{CBO} 更重，它反映了三极管的稳定性，其值越小，受温度影响也越小，三极管的工作就越稳定。

实际应用中，应选择 I_{CEO} 小，且受温度影响小的三极管。硅管的极间反向电流比锗管小得多，这是硅管应用广泛的重要原因。

3）结电容和最高工作频率

三极管内有两个 PN 结，其结电容包括发射结电容和集电结电容。与二极管一样，结电容包括扩散电容和势垒电容。结电容影响晶体管的频率特性，决定了最高工作频率。

4）晶体管的极限参数

三极管的极限参数是指在使用时不得超过的极限值，以此保证三极管的安全工作。

（1）击穿电压。$U_{(BR)CBO}$ 是指发射极开路时，集电极-基极间的反向击穿电压。通常 $U_{(BR)CBO}$ 为几十伏，高反压管可达数百伏；$U_{(BR)CEO}$ 是指基极开路时，集电极-发射极间的反向击穿电压。$U_{(BR)CEO}<U_{(BR)CBO}$；$U_{(BR)EBO}$ 是指集电极开路时，发射极-基极间的反向击穿电压。普通晶体管该电压值比较小，只有几伏。

（2）集电极最大允许电流 I_{CM}。β 与 i_C 的大小有关，随着 i_C 的增大，β 值会减小。I_{CM} 一般指 β 下降到正常值的 $2/3$ 时所对应的集电极电流。当 $i_C>I_{CM}$ 时，虽然管子不至于损坏，但 β 值已经明显减小。因此，晶体管线性运用时，i_C 不应超过 I_{CM}。

（3）集电极最大允许耗散功率 P_{CM}。为了保证三极管可靠工作，必须对结温加以限制，最高结温对应的 P_C，称为集电极最大允许耗散功率 P_{CM}，实际应用功耗必须小于 P_{CM}。P_{CM} 的大小与管芯的材料、体积、环境温度及散热条件等因素有关。根据 3 个极限参数 I_{CM}、P_{CM}、$U_{(BR)CEO}$ 可以确定三极管的安全工作区，如图 7-16 所示。三极管工作时必须保证工作在安全区内,并留有一定的余量。

　　半导体三极管有 3 个工作区域,既可以作为开关管使用,又可以作为放大管使用。在信号的运算、放大、处理以及波形产生等领域都有着广泛的用途。在数字电路中,三极管一般工作在截止或饱和状态,而放大状态仅仅是一种快速过渡状态,半导体三极管与半导体二极管相似,其内部电荷的建立和消散都需要一定的时间,因此半导体三极管由截止变为导通或由导通变为截止均需要一定的时间,为提高三极管的开关速度,常采用由肖特基二极管和三极管构成的抗饱和三极管。

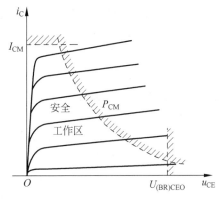

图 7-16　三极管的安全工作区

　　除了前面所介绍的二极管和双极型三极管,场效应管和晶闸管也是重要的半导体器件。场效应管是一种电压控制器件,其作用与双极型三极管相似。晶闸管是一种可控整流器件,又称可控硅。详细内容请参阅电子资源。

【思考题】

　　(1) 二极管开关时间会对二极管开关特性有什么影响? 简述二极管的开关条件和特点。

　　(2) 三极管的发射极和集电极能否互换使用? 简述三极管的开关条件和特点。

　　*(3) MOS 管结构上有什么特点? 漏极和源极能否互换使用?

　　*(4) 增强型 NMOS 管三个工作区域各有什么特点? 如何区分三个工作区域?

　　*(5) 为何 MOS 管的温度特性优于双极型三极管? MOS 管开关时间和三极管开关时间哪个长? 说明原因。

　　*(6) 简述晶闸管的特性和导通条件。如何关断导通的晶闸管?

7.2　放大电路及其性能指标

7.2.1　放大电路的基本概念

1. 放大的概念

　　所谓放大,从表面上看是将信号由小变大,实质上是通过晶体管的控制作用,把直流电转换为交流电输出,是能量转换的过程。放大电路(放大器)的作用就是将微弱的电信号不失真(在许可范围内)地加以放大。例如,电视机天线收到的信号只有微伏级,必须经过放大后才能进行处理用来推动扬声器和显示器。

2. 放大电路的组成和分类

1) 放大电路的组成

　　放大电路一般由放大器件、输入信号源、输出负载、直流电源和相应的偏置电路等部分组成。其中,放大器件是放大电路的核心,放大器件可以是双极型三极管、场效应管,也可以是多个管子或集成器件;输入信号源为放大电路提供电压输入信号或电流输入信号,其来源不同,例如,将声音变换为电信号的话筒,将图像变换为电信号的摄像管等;输出负载就是执行器件,在输出信号的作用下完成各种具体的功能,例如,扬声器发出声音;直流电源和相应的偏置电路用来为放大器件(如晶体三极管)提供静态工作点,以保证放大器件工作在线性放大区,直流电源同时还是整个电路和输出信号的能量来源。人们习惯把只有一个放大器件(三极管或场效应管)的放大电路或较简单的多管放大电路称为基本放大电路,本章将简单的多级放大电路和功率放大电路归入基本放大电路。

2)放大电路的分类

为了达到一定的输出功率,放大器往往由多级基本放大电路组成。放大电路一般可分为电压放大和功率放大两种,电压放大器的作用主要是把信号电压加以放大,功率放大器除了要求输出一定的电压外,还要求输出较大的电流以驱动执行部件;根据放大信号的不同,放大电路又可分为交流放大器、直流放大器、脉冲放大器等;根据放大器件的不同可分为三极管放大电路和场效应管放大电路。由于双极型三极管和场效应管有 3 个电极,小信号三极管或场效应管基本放大电路,有 3 种不同的连接方式(或称为 3 种组态)。

3. 放大电路的特点和分析方法

放大电路中既有直流信号又有交流信号,而电路中往往存在电感、电容等电抗性器件,且放大器件都是非线性器件,直流信号和交流信号流经的路径是不一样的。直流信号通过的路径称为直流通路,交流信号通过的路径称为交流通路。在分析放大电路时,为了简便起见,往往把直流分量和交流分量分开处理,这就需要分别画出它们的直流通路和交流通路。

在画直流通路和交流通路时,应遵循下列原则。

(1)对直流通路,电感可视为短路,电容可视为开路。

(2)对交流通路,若直流电压源内阻很小,则其上交流压降很小,可把它看成短路,电容、电感器件视具体情况而定,若交流压降很小,可把它看成短路。

放大电路分析包括两个方面的内容,根据直流通路分析直流工作情况(静态分析)以及根据交流通路分析交流工作情况(动态分析)。静态分析就是确定静态工作点,动态分析就是计算放大电路在有信号输入时的放大倍数、输入阻抗、输出阻抗等。常用的分析方法有两种:图解法和微变等效电路法。

7.2.2 放大电路的性能指标

分析放大器的性能时,必须了解放大器有哪些性能指标。由于放大电路中既有直流成分又有交流成分,因而晶体管的各极电流、电压都有瞬时值,包含直流分量和交流分量,为了规范表示,下面以基极电流为例,介绍各种符号的含义。

i_B(小写字母、大写下标)——基极电流的瞬时值。

I_B(大写字母、大写下标)——基极直流电流。

i_b(小写字母、小写下标)——基极交流电流的瞬时值。

I_b(大写字母、小写下标)——基极交流电流的有效值。

I_{bm}(大写字母、小写下标)——基极交流电流的峰值或振幅。

其他电流、电压、功率等参量与此相同。

放大器有一个输入端口,一个输出端口,所以从整体上看,可以把它当作一个有源二端口网络,各种小信号放大器都可以用图 7-17 所示的组成框图表示。图 7-17 中 u_s 代表输入信号电压源的等效电动势,r_s 代表内阻。u_i 和 i_i 分别为放大器输入信号电压和电流的交流值,R_L 为负载电阻,u_o 和 i_o 分别为放大器输出信号电压和电流的交流值。衡量放大器性能的指标很多,现介绍输入、输出电阻、放大倍数、频率失真和非线性失真等基本指标。

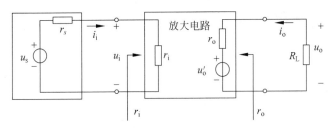

图 7-17 放大电路的等效方框图

1. 输入电阻和输出电阻

(1)输入电阻 r_i。在不考虑电抗性器件的情况下,定义放大器输入端信号电压对电流的比值为输入电阻,即

$$r_i = \frac{U_i}{I_i} \tag{7-9}$$

对于输入信号源,r_i 是负载,一般用恒压源时,总是希望输入电阻越大越好,因为可以减小输入电流,减小信号源内阻的压降,增加输出电压的幅值。

(2)输出电阻 r_o。对于输出负载 R_L,可把放大器当作它的信号源。在不考虑电抗性器件的情况下,放大器可以等效为一个电压源和一个电阻串联或者一个电流源和一个电阻并联,该电阻就是输出端的等效电阻,称为放大器的输出电阻,如图 7-17 中的 r_o。

r_o 是在放大器中的独立电压源短路或独立电流源开路、保留受控源的情况下,从 R_L 两端向放大器看进去所呈现的电阻。因此假如在放大器输出端外加信号电压 U_o,计算出由 U_o 产生的电流 I_o,则

$$r_o = \frac{U_o}{I_o} \bigg|_{U_s=0 \text{或} I_s=0, R_L=\infty} \tag{7-10}$$

若空载时测试得到输出电压 U_o',接上已知负载 R_L 测量得到输出电压 U_o,则有图 7-17 可得,$U_o/R_L = U_o'/(r_o+R_L)$,可求得

$$r_o = (U_o'/U_o - 1)R_L \tag{7-11}$$

当用恒压源时,放大器的输出电阻越小越好,就如同希望电池的内阻越小越好一样,因为可以增加输出电压的稳定性,改善负荷性能。

注意,以上公式中所用的电压和电流值均为交流有效值,若考虑电抗性器件,输入电阻和输出电阻将是阻抗。

2. 放大倍数

放大倍数又称为增益,用来衡量放大器放大信号的能力。规定放大器输出量与输入量的比值为放大器的放大倍数,有电压增益、电流增益、功率增益等。

(1)电压放大倍数。定义放大器输出信号电压有效值与输入信号电压有效值的比值为电压增益,用 A_u 表示,即

$$A_u = \frac{U_o}{U_i} \tag{7-12}$$

而 U_o 与信号源开路电压 U_s 之比称为源电压放大倍数,记作 A_{us},即

$$A_{us} = \frac{U_o}{U_s} \tag{7-13}$$

根据输入回路可得 $U_i = \dfrac{r_i}{r_i + r_s} U_s$,因此两者关系如下:

$$A_{us} = \frac{r_i}{r_i + r_s} A_u \tag{7-14}$$

(2)电流放大倍数。电流放大倍数是指输出电流 I_o 有效值与输入电流 I_i 有效值之比,记为 A_i,即

$$A_i = \frac{I_o}{I_i} \tag{7-15}$$

(3)功率放大倍数。功率放大倍数表示放大器放大信号功率的能力,定义为输出功率 P_o 与输入功率 P_i 之比,记为 A_p,即 $A_p = P_o / P_i$。可以证明

$$A_p = \frac{P_o}{P_i} = \left| \frac{U_o I_o}{U_i I_i} \right| = | A_u A_i | \tag{7-16}$$

在实际工程上,放大倍数常常用 dB(分贝)来表示,称为增益,定义如下:

$$A_u = 20\lg \left| \frac{U_o}{U_i} \right| (\text{dB}) \quad A_i = 20\lg \left| \frac{I_o}{I_i} \right| (\text{dB}) \quad A_p = 10\lg \left| \frac{P_o}{P_i} \right| (\text{dB}) \tag{7-17}$$

3. 最大输出幅度

最大输出幅度表示放大器能提供给负载的最大输出电压或最大输出电流,用 U_{omax} 和 I_{omax} 表示。注意,只有输出波形在畸变的许可范围内最大输出幅度才有意义。

4. 非线性失真和频率失真

晶体管的非线性伏安特性曲线决定了输出波形不可避免要发生失真,称为非线性失真。当对应于某一特定频率的正弦波电压输入时,输出波形将发生畸变,含有一定数量的谐波。谐波总量与基波成分之比,称为非线性失真系数,它是衡量放大器非线性失真大小的重要指标。

放大器不能对信号中的所有频率分量进行等增益放大,输出信号波形必产生畸变,这种波形失真称为放大器的频率失真,频率失真是一种线性失真。

5. 最大输出功率 P_{omax} 和效率 η

放大器的最大输出功率是指它能向负载提供的最大交流功率,用 P_{omax} 表示。放大器的输出功率是通过晶体管的控制作用,把直流电转换为交流电输出的,我们规定放大器输出的最大功率与所消耗的直流电源功率 P_E 之比为放大器的效率 η,即

$$\eta = P_{omax} / P_E \tag{7-18}$$

如何提高功率放大器的效率,将在以后的功率放大器中进行详细讨论。

以上只是对放大器的常用技术指标做一些简单讨论,除上述指标外,还有其他一些技术指标,如噪声系数、信噪比、抗干扰能力、防震性能、重量和体积等方面。

【思考题】

(1)简述放大电路中直流电源的作用。

(2)简述放大电路的主要参数。

7.3 放大电路的基本组成和工作原理

根据输入、输出回路公共端所接的电极不同,实际单管放大电路有共射极、共集电极和共基极 3 种基本放大器。下面以最常用的共射电路为例来说明放大器的一般组成原理。

1. 基本组成及元器件的作用

共射极放大电路如图 7-18 所示。电路中各元件的作用如下。

（1）U_{CC} 为直流电源（集电极电源），其作用是为整个电路提供能源，保证三极管的发射结正向偏置，集电结反向偏置。

（2）R_b 为基极偏置电阻，其作用是为基极提供合适的偏置电流。

（3）R_c 为集电极负载电阻，其作用是将集电极电流的变化转换成电压的变化。

（4）晶体管 VT 具有放大作用，是放大器的核心。不同的管子，具有不同的放大性能，并且有不同接法，但都必须保证管子工作在放大状态，产生放大作用的外部条件是，发射结为正向偏置，集电结为反向偏置。图 7-18 中，基极偏置电阻 R_b、集电极负载电阻 R_c、直流电源 U_{CC}、晶体管 VT 构成固定偏流电路将晶体管偏置在放大状态。

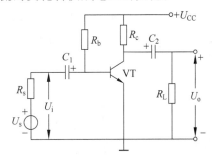

图 7-18　共射极放大电路

（5）图 7-18 中用内阻为 R_s 的正弦电压源 U_s 为放大器提供输入电压 U_i。输入信号通过电容 C_1 加到基极输入端，放大后的信号经电容 C_2 由集电极输出给负载 R_L。电容 C_1、C_2 称为隔直电容或耦合电容，其作用是隔直流通交流，即在保证信号正常流通的情况下，使交直流相互隔离互不影响。按这种方式连接的放大器，通常称为阻容耦合放大器。

（6）符号"⊥"为接地符号，是电路中的零参考电位，本电路输入回路、输出回路都以射极为共同端，因此是共射极放大电路。

2. 直流通路和交流通路

放大电路的定量分析主要包含两个部分：一是直流工作点分析，又称为静态分析，即在没有信号输入时，估算晶体管的各极直流电流和极间直流电压；二是交流性能分析，又称为动态分析，即在有交流输入信号作用下，确定晶体管在工作点处各极电流和极间电压的变化量，进而计算放大器的各项交流指标，主要求出电压放大倍数、输入电阻和输出电阻三项性能指标。

所谓直流通路，是指当输入信号 $u_i = 0$ 时，在直流电源 U_{CC} 的作用下，直流电流所流过的路径。在画直流通路时，电路中的电容开路，电感短路。图 7-18 所对应的直流通路如图 7-19(a) 所示。

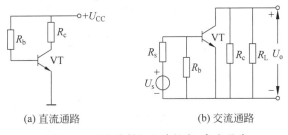

(a) 直流通路　　　　　　　　　(b) 交流通路

图 7-19　基本共射极电路的交、直流通路

所谓交流通路，是指在信号源 u_i 的作用下，只有交流电流所流过的路径。画交流通路时，图 7-18 放大电路中的耦合电容容抗很小，近似看为短路；由于直流电源 U_{CC} 的内阻很小，

对交流变化量几乎不起作用,故可看作短路。图 7-18 电路的交流通路可画成如图 7-19(b)所示。

3. 单管共射放大电路的工作原理

在图 7-18 所示基本放大电路中,我们只要适当选取 R_b、R_c 和 U_{CC} 的值,三极管就能够工作在放大区。下面以图 7-18 为例,分析放大电路的工作原理。

1) 无输入信号时,放大器的工作情况

在图 7-18 所示的基本放大电路中,在接通直流电源 U_{CC} 后,当 $u_i = 0$ 时,U_{CC} 通过基极偏流电阻 R_b 为晶体管提供发射结正偏电压 U_{BE},晶体管基极就有正向偏流 I_B 流过,由于晶体管的电流放大作用,那么集电极电流 $I_C = \beta I_B$,显然,晶体管集电极-发射极间的管压降为 $U_{CE} = U_{CC} - I_C R_c$。

此时,放大电路处于直流工作状态,称为静态。这时的发射结正偏电压 U_{BE}、基极电流 I_B、集电极电流 I_C 和集电极发射极电压 U_{CE} 用 U_{BEQ}、I_{BQ}、I_{CQ}、U_{CEQ} 表示,分别称为静态电压和静态电流。它们在三极管特性曲线上所确定的点就称为静态工作点,习惯上用 Q 表示。静态分析的目的就是通过直流通路分析放大电路中的静态工作点,由图 7-19(a)所示直流通路可以近似估算其静态工作点。

首先由图 7-19(a)基极回路求出静态时基极电流 I_{BQ}

$$I_{BQ} = \frac{U_{CC} - U_{BEQ}}{R_b} \tag{7-19}$$

U_{BE} 与二极管正向导通电压近似相等,三极管导通时,U_{BE} 变化很小,可以近似认为是常数,对于小功率硅晶体管一般有 $U_{BE} = 0.6 \sim 0.8V$,取 $0.7V$;对于小功率锗晶体管一般有 $U_{BE} = 0.1 \sim 0.3V$,取 $0.2V$。当 U_{CC} 远大于 U_{BE} 时,$I_{BQ} = U_{CC}/R_b$。

根据三极管各极电流关系,可求出静态工作点的集电极电流 I_{CQ}

$$I_{CQ} = \beta I_{BQ} \tag{7-20}$$

再根据集电极输出回路求出 U_{CEQ}

$$U_{CEQ} = U_{CC} - I_{CQ} R_c \tag{7-21}$$

注意,上述求静态工作点的方法是假设晶体管工作在放大区的,若按照此法计算的 U_{CEQ} 太小,接近 0 或负值时(原因可能是 R_b 太小),说明集电结失去正常的反向电压偏置,晶体管接近饱和区或已经进入饱和区,这时 β 值将逐渐减小,或根本无放大作用,$i_C = \beta i_B$ 不再成立,集电极电流和电压由外回路决定。

以上分析的是晶体管为 NPN 型的情况,晶体管为 PNP 型的分析方法与 NPN 相同,但要注意电源和电流、电压的极性。上述直流通路只是偏置电路的一种,称为固定偏置电路,偏置方法还有多种,其他偏置方法在 7.4.3 节探讨。

2) 输入交流信号时的工作情况

当放大器的输入端加入正弦交流信号电压 u_i 时,电路中各电极的电压、电流都是由直流量和交流量叠加而成的,此时的工作状态又称为动态。工作过程如下:u_i 通过三极管的控制作用去控制三极管的 i_B,进而控制集电极电流 i_C,i_C 在负载 R_c、R_L 上形成压降使晶体管输出电压发生变化,最后经过 C_2 的隔直输出交流电压 u_o。电路中各电极的电压、电流波形如图 7-20 所示。把输出电压 u_o 和输入信号电压 u_i 进行对比,可以得到如下结论。

(1) 直流量和交流量共存于放大电路中。

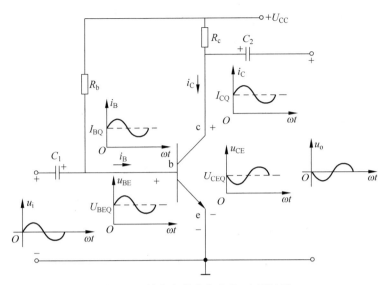

图 7-20 放大电路中各电流、电压波形

（2）输出电压和输入信号电压的波形相同，相位差为 180°，并且输出电压幅度比输入电压大，即共射极放大电路是反相放大器。

4. 放大电路组成原则

通过上述实际电路分析可以看出，用晶体管组成放大器时应该遵循如下原则。

（1）要有直流通路，合适的直流偏置，设置合适的工作点，保证晶体管偏置在放大状态。若工作点不合适，会造成输出波形失真。当输入为双极性信号（如正弦波）时，工作点应选在放大区的中间区域；在放大单极性信号（如脉冲波）时，工作点可适当靠向截止区或饱和区。

（2）必须设置合理的信号通路，即交流通路。当信号源以及负载与放大器相接时，一方面不能破坏已设定好的直流工作点，另一方面应尽可能减小信号通路中的损耗。

（3）待放大的输入信号必须加到晶体管的基极-发射极回路，因为 u_{BE} 对 i_C 有极为灵敏的控制作用。只有将输入信号加到基极-发射极回路，使其成为控制电压 u_{BE} 的一部分，才能得到有效地放大。

（4）要保证变化的输入电压能产生变化的输出电流，变化的输出电流能转换为变化的输出电压，而且放大了的信号能从电路中取出。

【例 7-1】 估算图 7-18 放大电路的静态工作点。设 $U_{CC}=12V$，$R_c=3k\Omega$，$R_b=280k\Omega$，$\beta=50$。

解： 根据式（7-19）～式（7-21）得

$$I_{BQ}=\frac{12-0.7}{280}\approx 0.040mA=40\mu A$$

$$I_{CQ}=50\times 0.04=2mA$$

$$U_{CEQ}=12-2\times 3=6V$$

【例 7-2】 判断图 7-21 所示电路是否具有电压放大作用。

解： 图 7-21(a) 由于 C_1 的隔直流作用，无输入直流通路；图 7-21(b) 由于 C_1 的旁路作用使得输入信号电压无法加入；图 7-21(c) 由于没有 R_c，只有信号电流，无信号电压输出，或者说输出信号电压无法取出；图 7-21(d) 发射结没有正向偏置电压。所以图 7-21 所示电

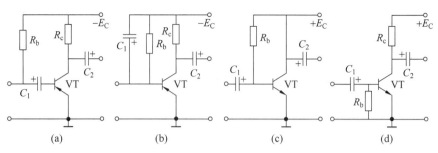

图 7-21　例 7-2 电路

路均无电压放大作用。

【思考题】

（1）简述共射放大电路的组成原则。

（2）共射放大电路中,输出输入电压相位关系如何? 为什么?

7.4　放大电路的分析方法

7.4.1　放大电路的图解分析法

所谓图解法,就是利用晶体管的特性曲线以及电路伏安曲线,通过作图来确定静态工作点和放大倍数等,图解法优点是直观,物理意义清楚。本小节介绍图解法。

1. 直流负载线和静态分析

将图 7-19(a)直流通路改画成图 7-22(a),由图 7-22 中 a、b 两端向左看,是三极管的非线性电路,其 $i_C \sim u_{CE}$ 关系由三极管的输出特性曲线确定;由图 7-22 中 a、b 两端向右看,其 $i_C \sim u_{CE}$ 关系由回路的电压方程 $u_{CE} = U_{CC} - i_C R_c$ 表示,u_{CE} 与 i_C 是线性关系,其所确定的直线称为直流负载线,其斜率为 $K = -1/R_c$,如图 7-22(b)所示。

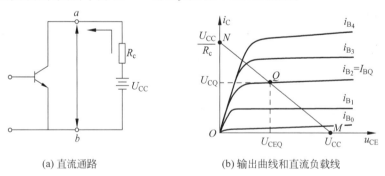

(a) 直流通路　　　　　(b) 输出曲线和直流负载线

图 7-22　静态工作点的图解法

当 $i_C = 0$ 时,$u_{CE} = U_{CC}$,在图 7-22(b)中定出 M 点; 当 $u_{CE} = 0$ 时,$i_C = U_{CC}/R_c$,在图 7-22(b)中定出 N 点; 连接 MN,则可确定直流负载线。

直流负载线和输出特性曲线的交点就是静态工作点,只要确定 i_B,静态工作点就可以唯一地确定。静态时 $i_B = I_{BQ}$,求 I_{BQ} 也可以通过输入曲线和输入回路伏安曲线用图解法确定,但由于输入曲线不太稳定,因此一般采用近估算法计算 I_{BQ}。由以上分析可得出用图解法求 Q 点的步骤。

（1）在输出特性曲线所在坐标中，作出直流负载线 $u_{CE}=U_{CC}-i_C R_c$。

（2）由基极回路求出 I_{BQ}。

（3）找出 $i_B=I_{BQ}$ 这一条输出特性曲线，其与直流负载线的交点即为 Q 点。

读出 Q 点坐标的电流、电压值即为所求。

【例 7-3】 如图 7-23（a）所示电路，已知 $R_b=280k\Omega$，$R_c=3k\Omega$，$U_{CC}=12V$，三极管的输出特性曲线如图 7-23（b）所示，试用图解法确定静态工作点。

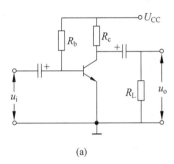
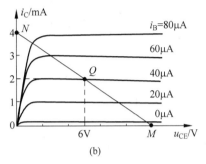

图 7-23 例 7-3 电路图

解：首先写出直流负载方程，并作出直流负载线

$$u_{CE}=U_{CC}-i_C R_c$$

$i_C=0$ 时，$u_{CE}=12V$，得 M 点；$u_{CE}=0$ 时，$i_C=U_{CC}/R_c=12/3=4mA$，得 N 点，连接 MN 则得直流负载线。

然后，由基极输入回路计算 I_{BQ}：

$$I_{BQ}=\frac{U_{CC}-U_{BE}}{R_b}=\frac{12-0.7}{280\times10^3}\approx0.04mA=40\mu A$$

直流负载线与 $i_B=I_{BQ}=40\mu A$ 这一条特性曲线的交点，即为 Q 点，从图 7-23 上查出 $I_{BQ}=40\mu A$，$I_{CQ}=2mA$，$U_{CEQ}=6V$，与例 7-1 结果一致。

2. 交流负载线和动态分析

交流图解分析是在输入信号作用下，通过作图来确定放大管各级电流和极间电压的变化量。

1）交流负载线

交流通路外电路的伏安特性称为交流负载线。由图 7-19（b）可见，交流通路的外电路包括两个电阻 R_c 和 R_L 的并联（以下用 $R_L'=R_c//R_L$ 来表示），因此交流负载线的斜率将与直流负载线的不同，即 $-1/R_L'$。由于 R_L' 小于 R_c，因此通常交流负载线要比直流负载线更陡。

通过分析知道交流负载线一定通过静态工作点 Q。因为当外加输入电压 u_i 的瞬时值为零时，如果不考虑电容 C_1 和 C_2 的作用，可认为放大电路相当于静态时的情况，则此时放大电路的工作点既要在交流负载线上，又要在静态工作点 Q 上，即交流负载线必须经过 Q 点。因此只要通过 Q 点作一条斜率为 $-1/R_L'$ 的直线就可得到交流负载线，如图 7-24（b）所示。

2）动态图解分析

现假设在放大电路的输入端加上一个正弦交流电压 u_i，则在线性范围内，三极管的

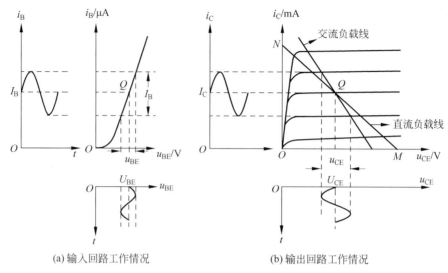

(a) 输入回路工作情况　　　　　　(b) 输出回路工作情况

图 7-24　加入正弦输入信号时放大电路的工作情况

u_{BE}、i_B、i_C 和 u_{CE} 都将围绕各自的静态值基本上按正弦规律变化。放大电路基极回路和集电极回路的动态工作情况如图 7-24 所示。从图 7-24 可以读出波形的幅值,将输出与输入相比,即可计算出电压放大倍数。

放大电路的输入端接有交流小信号电压,而输出端开路(不接 R_L)的情况称为空载放大电路,空载时交直流负载线重合,放大倍数最大。接入负载后输出电压减小,放大倍数减小,R_L 越小,这种变化越明显。

由图 7-24 可得到以下结论。

(1) 当输入一个正弦电压 u_i 时,放大电路中三极管的各极电压和电流都围绕各自的静态值也按正弦规律变化,即 u_{BE}、i_B、i_C 和 u_{CE} 的波形均为在原来的静态直流量的基础上再叠加一个正弦交流成分,成为交直流并存的状态。

(2) 当输入电压有一个微小的变化量时,通过放大电路在输出端可得到一个比较大的电压变化量,可见单管共射放大电路能够实现电压放大作用。

(3) 当 u_i 的瞬时值增大时,u_{BE}、i_B 和 i_C 的瞬时值也随之增大,但因 i_C 在 R_c 上的压降增大,故 u_{CE} 和 u_o 的瞬时值将减小。换句话说就是当输入一个正弦电压 u_i 时,输出端的正弦电压信号 u_o 的相位与 u_i 相反,通常称为单管共射放大电路的倒相作用。

3. 非线性失真和最大输出幅度

对一个放大电路而言,要求输出波形的失真尽可能地小。但是,由于三极管的非线性和静态工作点位置的不合适,将不可避免地出现非线性失真。

利用图解法可以分析放大电路输出波形的非线性失真及最大输出幅度。静态值设置不当引起的失真有饱和失真和截止失真两类,饱和失真和截止失真都是由于晶体管工作在特性曲线的非线性区所引起的,因而称为非线性失真。适当调整电路参数使 Q 点合适,可降低非线性失真程度。

1) 截止失真

在图 7-25(a)中,Q 点设置过低,在输入电压负半周的部分时间内,动态工作点进入截止区,使 i_B、i_C 不能跟随输入电压变化而恒为零,从而引起 i_B、i_C 和 u_{CE} 的波形发生失真,这种失真是动态工作点进入截止区而造成的,因此称为"截止失真"。由图 7-25(a)可知,对于 NPN 管的共射极放大器,当发生截止失真时,其输出电压波形的顶部被限幅在某一数值上,因此,又称为顶部失真。这种失真产生的原因是 i_B 太小,可通过减小基极偏置电阻 R_B 来消除。

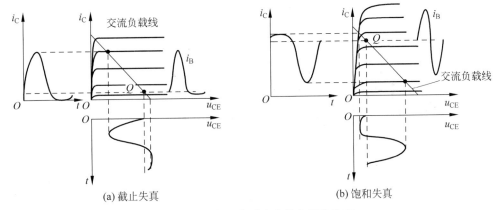

(a) 截止失真　　　　　　　(b) 饱和失真

图 7-25　Q 点不合适产生的非线性失真

2) 饱和失真

在图 7-25(b)中,Q 点设置过高,则在输入电压正半周的部分时间内,动态工作点进入饱和区。此时,当 i_B 增大时,i_C 则不能随之增大,因而也将引起 i_C 和 u_{CE} 波形的失真,这种失真是由于 Q 点过高,使其动态工作进入饱和区而引起的失真,因而称为"饱和失真"。由图 7-25(b)可见,当发生饱和失真时,其输出电压波形的底部将被限幅在某一数值上,因此,又称为底部失真。这种失真产生的原因是 i_B 太大,可通过增大基极偏置电阻 R_B 来消除。

3) 最大输出幅度

通过以上分析可知,由于受晶体管截止和饱和的限制,放大器的不失真输出电压有一个范围,其最大值称为放大器输出动态范围。由图 7-26 可知,因受截止失真限制,其最大不失真输出电压的幅度为 $U_{om}=I_{CQ}R'_L$,而因饱和失真的限制,最大不失真输出电压的幅度则为

$$U_{om}=U_{CEQ}-U_{CES}$$

式中,U_{CES} 表示晶体管的临界饱和压降,一般小于 1V。比较以上两个公式所确定的数值,其中较小的即为放大器最大不失真输出电压的幅度,而输出动态范围 U_{opp} 则为该幅度的两倍,即 $U_{opp}=2U_{om}$,显然,为了充分利用晶体管的放大区,使输出动态范围最大,直流工作点应选在交流负载线的中点处。

由于输出信号波形与静态工作点有密切的关系,因此静态工作点的设置要合理。所谓合理,即 Q 点的位置应使三极管各极电流、电压的变化量处于特性曲线的线性范围内。具体地说,如果输入信号幅值比较大,Q 点应选在交流负载线的中央;如果输入信号幅值比较小,从减小电源的消耗考虑,Q 点应尽量低一些。关于图解法分析动态特性的步骤归纳如下:

(1) 作出直流负载线,求出静态工作点 Q。

(2) 作出交流负载线。

(3) 根据要求从交流负载线可画出输出电流、电压波形,求出电压放大倍数或最大不失真输出电压值。

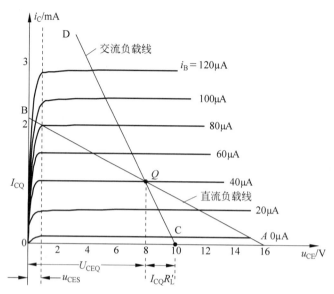

图 7-26 最大不失真输出电压的分析

7.4.2 微变等效电路分析法

图解法过程烦琐,不易进行定量分析,在计算交流参数时比较困难,为此引入微变等效电路法。微变等效电路法就是在很小的变化范围内,把放大器件等效为线性器件,然后根据线性电路确定有信号输入时的放大倍数、输入阻抗、输出阻抗等。微变等效电路法适应于小信号放大器。

用微变等效电路代替放大电路中的三极管,使复杂的电路计算大为简化。对不同的使用范围和不同的计算精度,可以引出不同的等效电路。下面仅介绍工程上常用的简化等效电路,其他请参阅有关资料。

1. 三极管的简化微变等效电路

1) 三极管的输入回路等效

静态工作点 Q 附近的小范围内,输入特性曲线可认为是一直线,如图 7-27(a)所示。忽略 Δu_{CE} 对输入特性的影响,从输入端 b、e 看,在小信号情况下,三极管就是一个线性电阻,即动态输入电阻

$$r_{be} = \frac{\Delta u_{BE}}{\Delta i_B} = \frac{u_{be}}{i_b} \tag{7-22}$$

2) 三极管的输出回路等效

如图 7-27(a)所示,当 u_{CE} 一定时,Δi_C 与 Δi_B 成正比。忽略 Δu_{CE} 对输出特性的影响,即 Δi_C 与 Δu_{CE} 无关,三极管的电流放大倍数为恒量,即

$$\beta = \frac{\Delta i_C}{\Delta i_B} = \frac{i_c}{i_b} \tag{7-23}$$

在小信号情况下,β 是常数,因此三极管输出端可以用一个受控电流源等效替代,即 $i_c = \beta i_b$,i_c 受 i_b 控制。

综上所述,非线性的三极管可近似为线性元件,它的 b 与 e 之间为一个电阻 r_{be},c 与 e 之

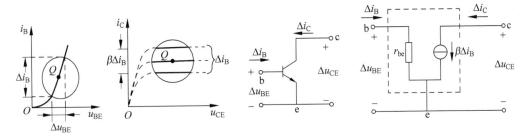

(a) 输入和输出特性曲线　　　　　　　　(b) 非线性电路和线性等效电路

图 7-27　三极管的简化微变等效电路

间为一个受控电流源 βi_b，因此可画出晶体管的线性等效电路如图 7-27(b)所示。图 7-27(b)为简化的三极管等效电路，在微小信号作用下的小动态范围内以及在合适的静态工作情况下，简化的三极管电路基本能反映实际电路的工作情况，足以满足工程计算的要求，本书分析以简化电路为准。

3) 三极管输入动态电阻 r_{be} 的计算

根据 PN 结伏安关系式及三极管的内部等效电阻，可近似得出 b、e 间的动态电阻

$$r_{be} = r_{bb'} + (1+\beta)\frac{26(\text{mV})}{I_{EQ}(\text{mA})} \tag{7-24}$$

式中，$r_{bb'}$ 为基区的体电阻；$r_{bb'}$ 的阻值对于不同类型的三极管相差是较大的，高频大功率一般为几十欧姆，低频小功率三极管一般为几百欧姆，低频小功率三极管常取 300Ω 进行运算，则

$$r_{be} = 300 + (1+\beta)\frac{26(\text{mV})}{I_{EQ}(\text{mA})} \tag{7-25}$$

2. 单管共射放大电路的微变等效分析

在三极管简化微变等效电路的基础上，以图 7-28(a)单管共射放大电路为例讨论放大电路的微变等效分析方法。在交流情况下，由于直流电源内阻很小，常常忽略不计，故整个直流电源可以视为短路，电路中的耦合电容 C_1 和 C_2 在一定的频率范围内容抗很小，也可以视为短路，再将三极管简化微变等效电路替代放大电路中的三极管，就可以得到如图 7-28(b)所示的放大电路微变等效电路。

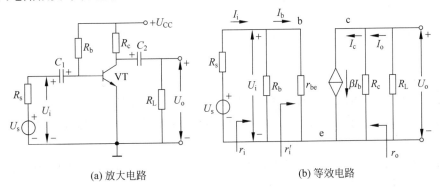

(a) 放大电路　　　　　　　　　　(b) 等效电路

图 7-28　共射放大电路及其微变等效电路

根据图 7-28(b)等效电路，可以求电路的输入电阻 r_i、输出电阻 r_o 和电压放大倍数 A_u

等技术指标。

（1）输入电阻。从输入回路，可得输入电阻

$$r_i = R_b \mathbin{/\mkern-5mu/} r_{be} \tag{7-26}$$

一般情况下，$R_b \gg r_{be}$，所以，$r_i \approx r_{be}$。

（2）输出电阻 r_o。由于当 $U_s = 0$ 时，$I_b = 0$，受控源 $\beta I_b = 0$，电流源作为开路，因此输出电阻为

$$r_o = R_c \tag{7-27}$$

注意，r_o 常用来考虑带负载 R_L 的能力，求 r_o 时不应含 R_L，应将其断开。

（3）电流放大倍数 A_i。由等效电路图 7-28(b)可得，电流放大倍数为

$$A_i = I_o / I_i \tag{7-28}$$

若不考虑 R_b 在输入端的分流作用和负载 R_c、R_L 在输出端的分流作用，则 $I_i \approx I_b$，$I_o \approx I_c = \beta I_b$，电流放大倍数为 β。

（4）电压放大倍数 A_u。输入电压 $U_i = I_b r_{be}$，输出电压 $U_o = -\beta I_b R_L'$，所以 $A_u = U_o / U_i = -\beta R_L' / r_{be}$。即

$$A_u = -\beta \frac{R_L'}{r_{be}} \tag{7-29}$$

式中，$R_L' = R_c /\!/ R_L = R_c R_L / (R_c + R_L)$，若负载开路，$R_L' = R_c$，明显看出，带载时的电压放大倍数小于空载时的电压放大倍数。式中，负号表示输出电压和输入电压反相。

（5）源电压放大倍数。定义输出电压与信号源电压 U_s 的比值为源电压放大倍数，用 A_{us} 表示。从输入回路可得

$$U_i = \frac{r_i}{r_i + R_s} U_s, \quad A_{us} = \frac{U_o}{U_s} = \frac{r_i}{r_i + R_s} A_u$$

一般情况下，$r_i \approx r_{be}$，则可以得出

$$A_{us} = -\beta \frac{R_L'}{R_s + r_{be}} \tag{7-30}$$

3. 提高电压放大倍数的措施

我们总希望一个电压放大电路的电压放大倍数足够大，以便获得所要求的输出电压。那么，A_u 的大小和电路元件的参数及静态工作点有何关系呢？下面根据式 $A_u = -\beta R_L' / r_{be}$ 来进行分析。

（1）R_c 增加，R_L' 增加，则 A_u 增大。但是，当 R_c 增大到一定程度，使得 $R_L' \approx R_L$ 时，再增大 R_c 值对提高 A_u 就没有作用了。另外，R_c 过大，易产生饱和失真。

（2）增加 β（如换管），在 I_{CQ} 不变时，A_u 有所增大，但不明显。这是因为 β 增大时，r_{be} 也随着增大的缘故，特别在 $r_{bb'}$ 较小时，这种增大作用更是微乎其微。

（3）I_{CQ} 增加，A_u 增大。由式(7-25)可知，当 I_C 增大（即 I_E 增大），r_{be} 减小，因而 A_u 增大。在 I_C 较小时，I_C 增加，A_u 增加较明显。但 I_C 过大，易产生饱和失真，同时，将增大功耗。在输出动态范围和功耗允许的情况下，提高静态工作点是增大 A_u 的有效措施。

*4. 放大电路的频率特性

放大电路中有电容元件，晶体管极间也存在电容，有的放大电路还存在电感器件，因此对于不同频率的输入信号，放大器具有不同的放大能力。在工程上，一个实际输入信号包含

许多频率分量,例如,语言、音乐信号的频率范围在 $20\sim20\,000\,Hz$,图像信号的频率范围在 $0\sim6\,MHz$,放大器不能对所有频率分量进行等增益放大,那么合成的输出信号波形就与输入信号不同。这种波形失真称为放大器的频率失真,频率失真是一种线性失真。

1) 幅频特性和相频特性

放大倍数随信号频率而变化,相应的增益是频率的复函数,将幅值随 ω 变化的特性称为放大器的幅频特性,其相应的曲线称为幅频特性曲线;相角随 ω 变化的特性称为放大器的相频特性,其相应的曲线称为相频特性曲线。

理论分析可得阻容耦合单管共射极放大电路的幅频特性和相频特性如图 7-29 所示,图 7-29(a)为幅频特性曲线,图 7-29(b)为相频特性曲线。从幅频特性曲线上可以看出,在一个较宽的频率范围内,曲线平坦,放大倍数不随信号频率变化,这个频率范围称为中频区,中频范围内的电压倍数称为中频放大倍数,用 A_{um} 表示。

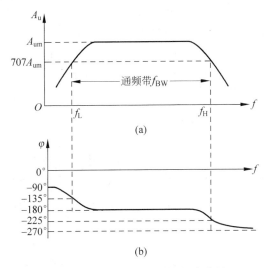

图 7-29　共射放大电路的频率特性

在中频区之外的低频区和高频区,放大倍数都要下降。引起低频区放大倍数下降的原因是由于外接耦合电容(C_1、C_2 及 C_e)的容抗随频率下降而增大所引起的;高频区放大倍数的下降原因是由于三极管结电容(C_{be}、C_{bc})和杂散电容的容抗随频率增加而减小所引起的,在高频时输入的电流被分流,使得 I_C 减小,输出电压降低,导致高频区电压增益下降,如图 7-29(a)所示。结电容通常为几十皮法到几百皮法,杂散电容也不大,因而频率不高时可视为开路。

当输入信号含有丰富的谐波时,不同频率分量得不到同等放大,就会改变各谐波之间的振幅比例和相位关系,经过放大以后,总输出波形将产生幅频失真和相频失真,统称为频率失真。

2) 上下限频率和通频带

把放大倍数 A_u 下降到 $\dfrac{1}{\sqrt{2}}A_{um}$ 时对应的频率称为下限频率 f_L 和上限频率 f_H,下限频率 f_L 主要取决于外接耦合电容,上限频率 f_H 主要取决于三极管内部结电容,放大电路一般满足 f_H 远大于 f_L。夹在上限频率和下限频率之间的频率范围称为通频带 f_{BW},$f_{BW} =$

$f_H-f_L\approx f_H$。

通频带的宽度表征了放大电路对不同频率输入信号的响应能力,是放大电路的重要技术指标之一。例如,音频放大器的带宽为 20Hz～20kHz,因为人耳可听的最低频率是 20Hz,而可听的最高频率是 20kHz。视频放大器的带宽为 6MHz 已能满足人的视角要求。如果要放大的信号变化极快,则要求放大器有更宽的通频带。

高于 f_H 的频率范围称为高频段,低于 f_L 的频率范围称为低频段,从图 7-29(b)所示的相频特性曲线可知,对不同的频率,相位移不同,中频段为 $-180°$,低频段比中频段超前,高频段比中频段滞后。

实际应用中,为了不产生频率失真,输入信号的频率范围应该在通频带范围内,即放大器频率响应曲线中平坦部分的带宽应大于输入信号的频率宽度。

3) 增益带宽积

一般常用中频电压放大倍数与通频带的乘积来表示放大电路性能的优劣,并且把这个乘积称为增益带宽积。理论分析证明,当管子选定以后(即 $r_{bb'}$、$C_{b'c}$ 值已经确定),放大倍数与通频带的乘积就一定了。也就是说放大倍数提高多少倍,通频带基本上变窄多少倍。

因此,要想得到一个通频带既宽且放大倍数又高的放大电路,首要的就是必须选用 $r_{bb'}$、$C_{b'c}$ 值都小的高频管。若接成多级放大电路,则可提高中频区的放大倍数,但通频带必然变窄,这是一个重要的概念。

*4) 对数频率特性

定量分析放大电路的频率特性,有多种方法。由于输入信号的频率范围很宽,低到几 Hz,高到几十 GHz,画出频率特性曲线十分困难,可以利用计算机辅助分析,根据电路公式用计算机语言编写程序,画出幅频特性和相频特性,也可以采用渐近线波特图法,画出幅频特性和相频特性。渐近线波特图方法是工程上较常采用的方法,这里仅作简单介绍,详细内容请参阅有关资料。

在绘制频率特性曲线时,人们常常习惯于对数坐标,即横坐标用 $\lg f$ 表示,幅频特性的纵坐标为 $20\lg|A_u(j\omega)|$,单位为分贝(dB);但相频特性的纵坐标仍为 Φ,不取对数。这样得到的频率特性,称为对数频率特性或波特图(Bode 译音)。采用对数坐标的主要优点是可以在较小的坐标范围内表示宽广范围的频率变化情况,使高频段和低频段的特性都表示得很清楚。而且当放大倍数的表示式为多项相乘时,在对数坐标上可以转换为多项相加,这对于分析多级放大电路非常方便。

【例 7-4】 在如图 7-28(a)所示放大电路中,$U_{CC}=12V$,$R_c=R_s=R_L=3k\Omega$,$R_b=280k\Omega$,$\beta=50$。试估算放大电路的静态工作点,计算输入、输出电阻、电压放大倍数及源电压放大倍数。

解:根据式(7-19)～式(7-21)得

$$I_{BQ}=\frac{12-0.7}{280}\approx 0.040mA=40\mu A$$

$$I_{CQ}=50\times 0.04=2(mA)$$

$$U_{CEQ}=12-2\times 3=6(V)$$

$$r_{be}=300+(1+\beta)\frac{26}{I_E}=300+(1+50)\frac{26}{2}\approx 963(\Omega)\approx 0.96(k\Omega)$$

$$R_{\text{i}} = R_{\text{b}} \mathbin{/\mkern-5mu/} r_{\text{be}} \approx r_{\text{be}} = 0.96\text{k}\Omega, \quad R_{\text{o}} = R_{\text{c}} = 3\text{k}\Omega$$

$$A_{\text{u}} = -\frac{\beta(R_{\text{c}} \mathbin{/\mkern-5mu/} R_{\text{L}})}{r_{\text{be}}} = -\frac{50 \times \dfrac{3 \times 3}{3+3}}{0.96} = -78$$

$$A_{\text{us}} = A_{\text{u}} \frac{R_{\text{i}}}{R_{\text{i}} + R_{\text{s}}} = -78 \times \frac{0.96}{0.96+3} \approx -18.91$$

7.4.3　静态工作点稳定电路

合适稳定的静态工作点是保证放大电路质量的重要前提,放大电路只有设置了合适的静态工作点 Q,才能不失真地放大交流信号,因此,设置直流偏置电路非常重要。放大电路中常见的直流偏置电路主要有固定偏置式电路、带射极电阻的固定偏置式电路、分压偏置式电路以及电流源偏置电路等几种。下面仅介绍带射极电阻的偏置式电路、分压偏置式电路。

直流电源、电阻的波动以及三极管的温度特性都会影响静态工作点 Q,尤其,温度变化的影响更是必须考虑。这就要求直流偏置电路不仅能提供合适的静态工作点 Q,而且要对各种因素造成的不稳定起到抑制作用。

前面分析的图 7-19(a)所示的固定偏置式电路,电路结构简单,但静态工作点不稳定。当温度变化或更换管子引起 β、I_{CBO} 改变时,由于外电路将 I_{BQ} 基本固定,因此管子参数的改变都将集中反映到 I_{CQ}、U_{CEQ} 的变化上。结果会造成工作点较大的漂移,甚至使管子进入饱和状态或截止状态。

1. 带射极电阻的固定偏置式电路

实现方法是在管子的发射极串接电阻 R_{e},带射极电阻的固定偏置式电路如图 7-30(a)所示。由图 7-30(a)可知,$U_{\text{EQ}} = I_{\text{EQ}} R_{\text{e}}$,$U_{\text{BEQ}} = U_{\text{BQ}} - U_{\text{EQ}}$,不管何种原因,如果使 I_{CQ} 有增大趋向时,电路会产生如下自我调节过程:$I_{\text{CQ}} \uparrow \to I_{\text{EQ}} \uparrow \to U_{\text{EQ}} \uparrow \to U_{\text{BEQ}} \downarrow \to I_{\text{BQ}} \downarrow \to I_{\text{CQ}} \downarrow$。

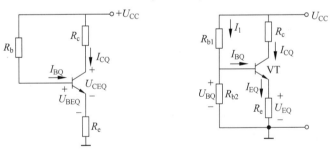

(a) 带射极电阻的固定偏置式电路　　　(b) 分压式直流偏置电路

图 7-30　静态工作点稳定电路

由以上分析可以看出,I_{CQ} 的增大,通过 R_{e} 对 I_{CQ} 的取样和调节,造成了 I_{BQ} 的减小,阻止了 I_{CQ} 的增大,反之亦然。因而实现了工作点的稳定。显然,R_{e} 的阻值越大,调节作用越强,则工作点越稳定。但 R_{e} 过大时,U_{CEQ} 将过小,会使 Q 点靠近饱和区。因此,要两者兼顾,合理选择 R_{e} 的阻值。

图 7-30(a)电路,由 KVL 定律可得

$$U_{\text{CC}} = I_{\text{BQ}} R_{\text{b}} + I_{\text{BQ}}(1+\beta)R_{\text{e}} + U_{\text{BEQ}}$$

$$I_{BQ} = \frac{U_{CC} - U_{BE}}{R_b + (1 + \beta)R_e} \tag{7-31}$$

$$I_{EQ} \approx I_{CQ} = \beta \cdot I_{BQ} \tag{7-32}$$

$$U_{CEQ} = U_{CC} - I_{CQ}R_c - I_{EQ}R_e \approx U_{CC} - I_{CQ}(R_c + R_e) \tag{7-33}$$

2. 分压式偏置电路

分压式偏置电路如图 7-30(b)所示,它是图 7-30(a)偏置电路的改进电路。由图 7-30(b)可知,通过增加一个基极电阻 R_{b2},可将基极电位 U_B 固定。这样由 I_{CQ} 引起的 U_E 变化就是 U_{BE} 的变化,因而增强了 U_{BE} 对 I_{CQ} 的调节作用,有利于 Q 点的进一步稳定。

由图 7-40(b)可得,$I_{EQ} = (U_B - U_{BEQ})/R_e$,所以要稳定工作点,应使基极电位 U_B 固定,使它与 I_B 无关,且远大于 U_{BE}。为确保 U_B 固定,应满足以下两个条件。

(1) 流过 R_{b1} 的电流 I_1 远大于 I_{BQ},这就要求 R_{b1}、R_{b2} 的取值越小越好。但是 R_{b1}、R_{b2} 过小,将增大电源 U_{CC} 的损耗,因此要两者兼顾。对硅管,通常选取 $I_1 \geqslant (5 \sim 10)I_{BQ}$;对锗管,通常选取 $I_1 \geqslant (10 \sim 20)I_{BQ}$。

(2) 当 U_B 太大时必然导致 U_E 太大,使 U_{CE} 减小,从而减小了放大电路的动态工作范围。因此,U_B 不能选取太大。对硅管,通常选取 $U_B = 3 \sim 5\text{V}$;对锗管,通常选取 $U_B = 1 \sim 3\text{V}$。

在上述条件满足的前提下,可得

$$U_B \approx \frac{R_{b2}}{R_{b1} + R_{b2}} \cdot U_{CC} \tag{7-34}$$

式(7-40)说明 U_B 与晶体管无关,不随温度变化而改变,可认为恒定不变。

$$I_{EQ} = (U_B - U_{BEQ})/R_e \approx \frac{R_{b2}}{R_{b1} + R_{b2}} \cdot \frac{U_{CC}}{R_e} \tag{7-35}$$

$$I_{BQ} = I_{EQ}/(1 + \beta) \tag{7-36}$$

$$I_{CQ} = \beta I_{BQ} \approx I_{EQ} \tag{7-37}$$

$$U_{CEQ} = U_{CC} - I_{CQ}R_c - I_{EQ}R_e \approx U_{CC} - I_{CQ}(R_c + R_e) \tag{7-38}$$

对图 7-30(b)所示静态工作点,可按式(7-34)～式(7-38)进行估算。如果要精确计算,应按戴维南定理,将基极回路对直流等效,请自己去分析,并进行对比。

【例 7-5】 电路如图 7-30(b)所示,已知 $\beta = 100$,$U_{CC} = 12\text{V}$,$R_{b1} = 39\text{k}\Omega$,$R_{b2} = 25\text{k}\Omega$,$R_c = R_e = 2\text{k}\Omega$,试计算工作点 I_{CQ} 和 U_{CEQ}。

解:$U_B = U_{CC}R_{b2}/(R_{b1} + R_{b2}) = 12 \times 25/(39 + 25) = 4.7\text{V}$

$I_{EQ} = (U_B - U_{BE})/R_e = (4.7 - 0.7)/2 = 2\text{mA}$

$I_{BQ} = I_{EQ}/(1 + \beta) = 2/(1 + 100) = 0.019\text{mA}$

$I_{CQ} = \beta I_{BQ} = 100 \times 0.019 = 1.9\text{mA}$

在图 7-30 所示偏置电路前后分别经过耦合电容连接信号源和负载 R_L,即可构成实际交流电路。用微变法(交流分析不再赘述)可得交流指标如下:

$$R_i \approx r_{be} + (1 + \beta)R_e, \quad R_o \approx R_c, \quad A_u = -\frac{\beta(R_c /\!/ R_L)}{r_{be} + (1 + \beta)R_e}$$

注意:R_e 的接入会使电压放大倍数降低,实际电路常将一个大电容与其并联。

7.4.4　共集和共基放大电路

三极管放大电路的 3 种组态所采用偏置电路相似,上述具有稳定工作点作用的偏置电路对其他两种组态同样适用。下面对三极管的共集和共基放大电路进行定性分析。

1. 共集放大电路

分压式偏置共集电极放大电路如图 7-31(a)所示。图 7-31(a)中采用分压式稳定偏置电路使晶体管工作在放大状态。具有内阻 R_s 的信号源 U_s 从基极输入,信号从发射极输出,而集电极交流接地,作为输入、输出的公共端。由于信号从射极输出,因此该电路又称为射极输出器。

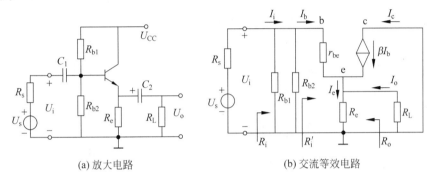

(a) 放大电路　　　　　　　　　　(b) 交流等效电路

图 7-31　共集电极放大器电路及其交流微变等效电路

根据图 7-31(a)可估算静态工作点,用三极管简化等效电路替代三极管,可得到交流等效电路如图 7-31(b)所示,根据图 7-31(b)可计算交流指标如下。

$$R_i \approx r_{be} + (1+\beta)(R_e /\!/ R_L), \quad R_o \approx R_e /\!/ \frac{r_{be} + R_s}{1+\beta}, \quad A_u = \frac{(1+\beta)(R_e /\!/ R_L)}{r_{be} + (1+\beta)(R_e /\!/ R_L)} \approx 1$$

共集极放大电路是一个具有高输入电阻、低输出电阻、电压增益近似为 1(且输出电压与输入电压同相)的放大电路。共集极放大电路常用来作输入级、输出级,也可作为缓冲级,用来隔离它前后两级之间的相互影响。

2. 共基放大电路

图 7-32(a)给出了共基极放大电路。图中 R_{b1}、R_{b2}、R_e 和 R_c 构成分压式稳定偏置电路,为晶体管设置合适而稳定的工作点。信号从射极输入,由集电极输出,而基极通过旁通电容 C_b 交流接地,作为输入、输出的公共端。按交流通路画出该放大器的交流等效电路如图 7-32(b)所示,可计算交流指标如下。

$$R_i \approx R_e /\!/ \frac{r_{be}}{1+\beta} \approx \frac{r_{be}}{1+\beta}, \quad R_o \approx R_c, \quad A_u = \frac{\beta(R_c /\!/ R_L)}{r_{be}}$$

共基极放大电路是一个具有低输入电阻、同相电压放大的放大电路(无电流放大),频率特性好,常用在高频电路中。

3. 三种组态放大器性能比较

共射极电路既有电压增益又有电流增益,所以应用最广,常用作各种放大器的主放大级。但作为电压或电流放大器,它的输入和输出电阻并不理想——在电压放大时,输入电阻不够大,且输出电阻又不够小;而在电流放大时,则输入电阻又不够小,且输出电阻也不够大。共集极电路有电流增益,电压同相跟随,输入电阻大、输出电阻小,常作为多级放大电路

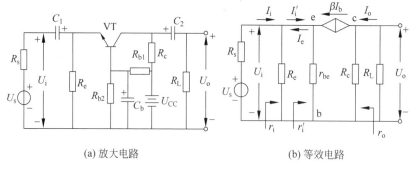

(a) 放大电路　　　　　　　　　　　　　(b) 等效电路

图 7-32　共基极放大电路及其微变等效电路

的输入级、输出级、中间缓冲级,功率放大电路中,常用作推挽输出级。共基极电路无电流放大作用,电压同相放大,输入电阻小、输出电阻大,频率特性好,常作为宽频放大和高频放大器使用。场效应管亦可以构成三种组态的放大电路,其电路组成、工作原理以及分析方法,参阅电子资源。

【思考题】

(1) 在放大电路中,输出波形产生非线性失真的原因是什么? 如何抑制?

(2) 怎样画三极管的等效电路? 为什么 c、e 间可以用受控电流源替代?

(3) 三极管可以作为电流源用吗?

(4) 试分析带有发射极电阻 R_e 的固定偏置电路稳定静态工作点的过程。

(5) 三极管的 3 种组态电路有何特点?

(6) 增强型 MOS 管能否使用自给栅偏压偏置电路来设置静态工作点?

(7) 各种场效应管外加电压极性有什么不同?

(8) 共源极和共漏极两种组态电路各有什么特点?

*7.5　功率放大电路

放大电路都要驱动一定的负载,为使负载能够正常工作,必须有足够大的输出功率,用来放大功率的放大级称为功率放大电路。输出功率、效率以及失真是功率放大电路更为关心的问题,本节重点探讨互补对称功率放大电路。

7.5.1　功率放大电路概述

1. 功率放大器的特点及要求

功率放大电路与电压放大器的区别是,电压放大器一般是多级放大器的前级,它主要对小信号进行电压放大,主要技术指标为电压放大倍数、输入阻抗及输出阻抗等。而功率放大电路则是多级放大器的最后一级,它要带动一定负载,如扬声器、电动机、仪表、继电器等,所以,功率放大电路要求获得一定的不失真输出功率,具有一些独特的问题和要求。

(1) 输出功率要足够大。功率放大器应给出足够大的输出功率 P_o 以推动负载工作。为获得足够大的输出功率,功放管的电压和电流变化范围应很大。为此,它们常常工作在大信号状态,接近极限工作状态,要以不超过管子的极限参数(I_{CM}、BV_{CEO}、P_{CM})为限度。这就使得功放管安全工作成为功率放大器的重要问题。

（2）效率要高。功率放大器的效率是指负载上得到的信号功率 $P_{\circ}$ 与直流电源供给电路的直流功率 P_E 之比，用 η 表示，即

$$\eta = \frac{P_{\circ}}{P_E} \times 100\% \tag{7-39}$$

功率放大器要求高效率地工作，一方面是为了提高输出功率，另一方面是为了降低管耗。直流电源供给的功率除了一部分变成有用的信号功率以外，剩余部分变成晶体管的管耗 $P_C(P_C = P_E - P_{\circ})$。管耗过大将使功率管发热损坏。所以，对于功率放大器，提高效率也是一个重要问题。

输出功率和效率是功放的两个重要指标。实际应用中，通常采取增大直流电源和改善器件散热条件的措施来提高输出功率；通常采取改变功放管的工作状态和选择最佳负载的措施来提高效率。

（3）非线性失真要小。为提高输出功率，功率放大器采用的三极管均应工作在大信号状态下。由于三极管是非线性器件，在大信号工作状态下，极易超出管子特性曲线的线性范围而进入非线性区，造成输出波形的非线性失真。功率放大器比小信号的电压放大器的非线性失真问题严重。

在实际应用中，有些设备对失真问题要求很严，因此，要采取措施减小失真，是功率放大器的又一个重要问题。

（4）保护及散热问题。由于功放管承受高电压、大电流，相当部分功率消耗在功放管的集电结上，结温和管壳温度会变得很高。因而功放管的保护及散热问题也应重视。

（5）分析方法。功率放大电路中的三极管通常工作在大信号状态，工作点的动态范围大，因此在进行分析时，通常采用图解法来分析放大电路的静态和动态工作情况。

2．功率放大器的分类

1）根据功放管的工作状态分类

功率放大器一般是根据功放管工作状态的不同（或功放管导通时间的长短）进行分类的。一般可分为甲类、乙类、甲乙类及丙类 4 种功率放大器。

（1）甲类工作状态。当输入为正弦信号的情况下，在整个周期内晶体管都处于导通状态，称为甲类工作状态，甲类工作状态又称为 A 类工作状态。这种电路的优点是输出信号失真较小（前面讨论的电压放大器都工作在这种状态），缺点是三极管有较大的静态电流 I_{CQ}，这时管耗 P_C 大，电路能量转换效率低。经计算知道，甲类工作状态的效率低于 50%。

（2）乙类工作状态。在正弦信号的一个周期中，晶体管只导通半个周期，而在另外半个周期晶体管截止，称为乙类工作状态。乙类工作状态又称为 B 类工作状态。由于三极管的静态电流 $I_{CQ} = 0$，因此能量转换效率高，它的缺点是只能对半个周期的输入信号进行放大，非线性失真大。

（3）甲乙类工作状态。它是介于甲类和乙类之间的工作状态，晶体管的导通时间大于半个周期，但小于一个周期，称为甲乙类工作状态。甲乙类工作状态又称为 AB 类工作状态。甲乙类放大电路可以有效克服乙类放大电路的失真问题，且能量转换效率也较高，目前使用较广泛。

（4）丙类工作状态。丙类工作状态下，晶体管导通时间小于半个周期，丙类工作状态又

称为 C 类工作状态。

在相同激励信号作用下,丙类功放集电极电流的流通时间最短,一个周期平均功耗最低,而甲类功放的功耗最高。分析表明,理想情况下,甲类功放的最高效率为 50%,乙类功放的最高效率为 78.5%,丙类功放的最高效率可达 85%~90%。

在低频功率放大电路中,采用前三种工作状态,如在电压放大电路中,采用甲类,功率放大电路采用甲乙类或乙类。至于丙类功放要求特殊形式的负载,不适用于低频,常用于高频领域或特殊振荡器中。

2)根据有无变压器分类

(1)变压器耦合功率放大器。变压器耦合功率放大器通过变压器的阻抗匹配,可以选择最佳负载,利于提高输出功率和效率。但变压器笨重、体积大、消耗有色金属,并且低频和高频特性差,放大电路引入反馈后易产生自激,所以目前的发展趋势是无输出变压器的功率放大电路。

(2)无输出变压器的功率放大器。无输出变压器的功率放大器主要有 OTL、OCL 两种。OTL 采用单电源供电,需外接大耦合电容;OCL 采用双电源供电,不需外接大耦合电容。OTL、OCL 都是互补对称功率放大电路,一般对负载的要求较为严格,当负载与电路匹配性差时,将对输出功率与效率产生严重影响。

7.5.2 OCL 互补对称功率放大电路

1. 乙类 OCL 电路

1)乙类 OCL 电路组成及工作原理

低频功放采用乙类或甲乙类工作状态可以提高效率。但功放管处于乙类或甲乙类工作状态时,将产生严重的非线性失真。为解决此矛盾,选用两只特性完全相同的异型晶体管,使它们都工作在乙类或甲乙类状态。两只晶体管轮流工作,一只晶体管在输入信号正半周导通,另一只晶体管在输入信号负半周导通,这样两管交替工作,犹如一推一挽,在负载上合成完整的信号波形。这就是互补对称功率放大电路,又称为推挽功率放大电路。

双电源乙类互补对称功放,既可保持静态时功耗小,又可减小失真,电路如图 7-33 所示。VT₁ 为 NPN 型管,VT₂ 为 PNP 型管,两管参数对称。两管的基极和射极应对接在一起,基极接输入信号,射极接输出信号,电路工作原理如下。

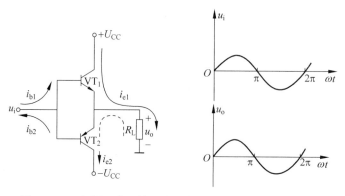

图 7-33　双电源乙类互补对称功率放大器及其输入输出波形

（1）静态分析。当输入信号 $u_i=0$ 时,两三极管都工作在截止区,此时 I_{BQ}、I_{CQ}、I_{EQ} 均为零,负载上无电流通过,输出电压 $u_o=0$。

（2）动态分析。当输入信号为正半周时,$u_i>0$,三极管 VT_1 导通,VT_2 截止,VT_1 管的射极电流 i_{e1} 从 $+U_{CC}$ 自上而下流过负载,在 R_L 上形成正半周输出电压,$u_o>0$。

当输入信号为负半周时,$u_i<0$,三极管 VT_2 导通,VT_1 截止,VT_2 管的射极电流 i_{e2} 经 $-U_{CC}$ 自下而上流过负载,在 R_L 上形成负半周输出电压,$u_o<0$。

不难看出,在输入信号 u_i 的一个周期内,VT_1、VT_2 管轮流导通,而且 i_{e1}、i_{e2} 流过负载的方向相反,从而形成完整的正弦波。由于这种电路中的三极管交替工作,即一个"推",一个"挽",互相补充,故这种电路又称为互补对称推挽电路。

2）电路指标估算

分析互补对称功率放大电路,可求出工作在乙类的互补对称电路的输出功率 P_o、管耗 P_V、直流电源供给的功率 P_U 和效率 η。

（1）输出功率 P_o。输出功率用输出电压有效值和输出电流有效值的乘积来表示。设输出电压的幅值为 U_{om},当输入信号足够大,且考虑饱和压降 U_{ces} 时,则输出的最大电压幅值为

$$U_{om}=U_{CC}-U_{ces}$$

一般情况下,输出电压的幅值 U_{om} 总是小于电源电压 U_{CC} 值,故引入电源利用系数 $\xi=U_{om}/U_{CC}$,则输出功率为

$$P_o=I_oU_o=\frac{U_o^2}{R_L}=\frac{1}{2}\frac{U_{om}^2}{R_L}=\frac{1}{2}\frac{\xi^2U_{CC}^2}{R_L} \tag{7-40}$$

当忽略饱和压降 U_{ces} 时,即 $\xi=1$,输出功率最大,输出功率 P_{om} 可按下式估算:

$$P_{om}=\frac{U_{om}^2}{2R_L}\approx\frac{U_{CC}^2}{2R_L} \tag{7-41}$$

（2）管耗 P_V。消耗在三极管上的功率,即是管耗,用 P_V 表示。计算可得 VT_1、VT_2 管的总管耗为

$$P_V=P_{V1}+P_{V2}=\frac{U_{CC}^2}{R_L}\left(\frac{2\xi}{\pi}-\frac{\xi^2}{2}\right) \tag{7-42}$$

由式（7-42）可求出,当 $\xi=2/\pi\approx0.636$ 时,三极管消耗的功率最大,其值为

$$P_{Vmax}=\frac{2}{\pi^2}\frac{U_{CC}^2}{R_L}=\frac{4}{\pi^2}P_{omax}\approx0.4P_{omax} \tag{7-43}$$

单个管子的最大管耗为

$$P_{V1max}=P_{V2max}=\frac{1}{2}P_{Vmax}\approx0.2P_{omax} \tag{7-44}$$

式（7-44）可作为选择功率管的依据。例如,若要求 $P_{omax}=10W$,则只要选用集电极功耗 $P_{CM}\geq2W$ 的晶体管即可。

通过以上分析计算可知,输出功率和管耗都是输出电压的函数。在输出功率最大时,所对应的管耗并不是最大的。当 $\xi=0.636$ 时,即 $U_o=0.636U_{CC}$ 时,管耗最大。

（3）直流电源的供给功率 P_U。直流电源供给的功率包括负载得到的功率和 VT_1、VT_2 管消耗的功率两部分。

$$P_U = P_o + P_V = \frac{1}{2}\frac{\xi^2 U_{CC}^2}{R_L} + \frac{U_{CC}^2}{R_L}\left(\frac{2\xi}{\pi} - \frac{\xi^2}{2}\right) = \frac{2\xi}{\pi}\frac{U_{CC}^2}{R_L} \tag{7-45}$$

因是正负两组直流电源,故直流电源 U_{CC} 或 $-U_{CC}$ 单独供给的功率为

$$P_{U1} = P_{U2} = \frac{1}{2}P_U = \frac{\xi}{\pi}\frac{U_{CC}^2}{R_L} \tag{7-46}$$

可见 U_{CC}、ξ 越大(输入信号越强),R_L 越小,则电源供给的功率 P_U 就越大。$\xi = 1$ 时,P_U 最大,为 $P_{Umax} = 2U_{CC}^2/\pi R_L$；$\xi = 0$ 时,P_U 最小,为 $P_{Umin} = 0$。

由以上分析可知,乙类工作状态下,电源供给的直流功率不是恒定不变的,而是随着输入信号大小而变化。输入信号小时,电源供给的直流功率也小；输入信号大时,电源供给的直流功率也大。所以,乙类工作状态效率较高。

(4) 效率 η。效率是输出功率与电源供给功率之比,即

$$\eta = \frac{P_o}{P_U} = \frac{\dfrac{1}{2}\dfrac{\xi^2 U_{CC}^2}{R_L}}{\dfrac{2\xi}{\pi}\dfrac{U_{CC}^2}{R_L}} = \frac{1}{4}\pi\xi \tag{7-47}$$

式(7-47)表明,乙类推挽功率放大器的集电极效率与电源电压利用系数 ξ 成正比。当 $\xi = 1$ 时,$U_{om} = U_{CC}$,效率 η 最高,即

$$\eta_{max} = \frac{\pi}{4} \approx 78.5\% \tag{7-48}$$

式(7-48)是乙类功率放大器理想情况下的极限效率,实际乙类功放的效率一般在 60% 左右。

3) 功放管的选择

通过以上分析计算可知,输出功率和管耗都是输出电压的函数。在输出功率最大时,所对应的管耗并不是最大。当 $\xi = 0.636$ 时,即 $U_o = 0.636U_{CC}$ 时,管耗最大。通常必须按照以下要求选择三极管参数。

(1) 每只三极管的最大允许管耗 P_{CM} 必须大于 $0.2P_{om}$。

(2) 考虑到 VT_2 导通时,$u_{CE2} \approx 0$,此时 u_{CE1} 具有最大值,且约等于 $2U_{CC}$。因此,应选用 $U_{(BR)CEO} > 2U_{CC}$ 的管子。

(3) 通过三极管的最大集电极电流为 U_{CC}/R_L,选择三极管的 I_{CM} 应高于此值。

2. 交越失真及甲乙类 OCL 电路

1) 交越失真

图 7-33 所示乙类互补对称电路效率比较高,但存在交越失真问题。当输入信号 $|u_i|$ 小于开启电压时,VT_1、VT_2 都截止,两管电流均为零,无输出信号；在刚大于开启电压的很小范围内,i_{C1}、i_{C2} 变化很慢,输出信号非线性严重。这样,在两管交替工作前后,在负载上产生的波形和输入正弦波形相差较大,如图 7-34 所示。这种乙类推挽放大器所特有的失真称为交越失真。

2) 甲乙类双电源互补对称电路

采用甲乙类互补对称电路,可以克服交越失真问题。为了

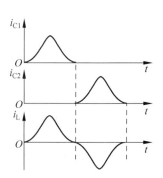

图 7-34 乙类电路的交越
失真波形

消除交越失真,可分别给两只晶体管的发射结加适当的正向基极偏压,让两只晶体管各有一个较小的电流 I_{CQ} 流过。这样,既可以消除交越失真,又不会对效率有很大的影响。甲乙类互补对称电路的常用形式如图 7-35 所示。

对于图 7-35(a)电路,是利用二极管以及小电阻 R_1 的正向压降为 VT_1、VT_2 提供所需的正向偏压,即

$$U_{BE1} + U_{EB2} = U_{D1} + U_{D2} + U_{R1}$$

上述偏置方法的偏置电压不易调整,实际中,经常采用图 7-35(b)电路,在图 7-35(b)电路中,VT_3 管组成前置放大电路,VT_4、R_1、R_2 组成的 U_{BE} 倍压电路为 VT_1、VT_2 管提供所需偏压。

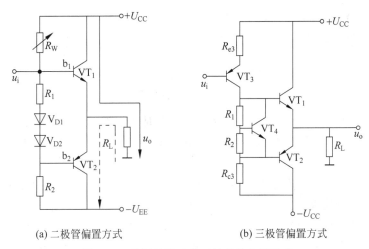

(a) 二极管偏置方式　　　　　　(b) 三极管偏置方式

图 7-35　常用的甲乙类互补对称电路形式

由图 7-35(b)可知,$I_{R2} = U_{BE4}/R_2$,设流入 VT_4 管的基极电流远小于流过 R_1、R_2 的电流,则可忽略 VT_4 管基极电流 I_{B4},则 $I_{R1} \approx I_{R2}$,于是可以得到 VT_1、VT_2 管上的偏置电压为

$$U_{BB} = U_{CE4} = U_{R1} + U_{R2} = U_{BE4} \frac{R_1 + R_2}{R_2} \tag{7-49}$$

因此,利用 VT_4 管的 U_{BE4} 基本为一固定值(0.6~0.7V),只要适当调节 R_1、R_2 的比值,就可改变 VT_1、VT_2 管的偏压值。这种方法常称为 U_{BE} 扩大电路,在集成电路中经常用到。

甲乙类电路的分析与计算与乙类基本相同,但是由于引入了静态偏置电流,功耗有所增加,效率略有降低。

以上讨论的互补对称推挽电路,由于采用正负两组电源供电,当无输入信号时,适当调节,可保证静态输出电位为零,负载 R_L 可直接连到功放电路输出端,不需要输出耦合电容,因此这种电路又称为 OCL(Output Capacitor Less)电路。

7.5.3　OTL 互补对称功率放大电路

双电源互补对称功率放大电路由于静态时输出端电位为零,负载可以直接连接,不需要耦合电容,因而它具有低频响应好、输出功率大、便于集成等优点。但实际应用中,如收音机、扩音机等,常采用单电源供电,双电源互补对称功率放大器使用起来会感到不便,这是其

不足之处。如果采用单电源供电,只需在互补对称功率放大电路两管发射极与负载之间接入一个大容量电容 C 即可。这种形式的电路无输出变压器,而有输出耦合电容,简称为 OTL 电路(Output Transformerless),如图 7-36 所示。图 7-36(a)为乙类 OTL,图 7-36(b)为甲乙类 OTL。

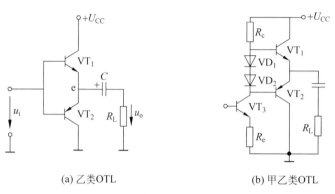

(a) 乙类OTL   (b) 甲乙类OTL

图 7-36 单电源互补对称电路

图 7-36(a)电路中,管子工作于乙类状态。静态时因电路对称,两管发射极 e 点电位为电源电压的一半 $U_{CC}/2$,负载中没有电流。电容 C 两端电压也稳定在 $U_{CC}/2$,作为电源使用。

动态时,在输入信号正半周,VT_1 导通,VT_2 截止,VT_1 以射极输出的方式向负载 R_L 提供电流 $i_L = i_{C1}$,使负载 R_L 上得到正半周输出电压,同时对电容 C 充电;在输入信号负半周,VT_1 截止,VT_2 导通,电容 C 通过 VT_2、R_L 放电,VT_2 也以射极输出的方式向 R_L 提供电流 $i_L = i_{C2}$,在负载 R_L 上得到负半周输出电压。电容器 C 在这时起到负电源的作用。为了使输出波形对称,即 i_{C1} 与 i_{C2} 大小相等,必须保持 C 上电压恒为 $U_{CC}/2$ 不变,也就是 C 在放电过程中其端电压不能下降过多,因此,C 的容量必须足够大。

为保证功率放大器良好的低频响应,电容 C 一般按下式选择

$$C \geqslant \frac{1}{2\pi f_L R_L} \tag{7-50}$$

式中,f_L 为放大器所要求的下限频率。

图 7-36(a)电路的管子工作于乙类状态,同样存在交越失真,为消除交越失真,实际电路多采用图 7-36(b)电路。

图 7-36(b)中,VT_1、VT_2 管子工作于甲乙类状态。VT_3 组成激励级,工作在甲类放大状态。VT_1、VT_2 组成互补功放级,输出端通过大电容 C 与负载 R_L 相接。由 VT_3 的静态电流在二极管 VD_1、VD_2 两端产生的电压为 VT_1、VT_2 提供正向偏置电压,以消除交越失真。

调整激励级 VT_3 的静态工作点,可使 VT_1、VT_2 两管静态时发射极电压为 $U_{CC}/2$,电容 C 两端电压也稳定在 $U_{CC}/2$,这样两管的集、射极之间如同分别加上了 $U_{CC}/2$ 和 $-U_{CC}/2$ 的电源电压。

由于 C 容量很大(大于 $200\mu F$),其充放电时间常数远大于信号的半个周期,因此在两管轮流导通时,电容器两端电压基本不变,近似等于 $U_{CC}/2$。因此 VT_1、VT_2 两管的等效电源电压为 $U_{CC}/2$,这与正负两组电源供电情况是相同的。

由上述分析可知,单电源互补对称电路的工作原理与正、负双电源互补对称电路的工作原理相似,不同之处只是最大输出电压幅度由 U_{cc} 降为 $U_{cc}/2$,因此,单电源互补对称电路的输出功率、效率、功耗以及三极管的参数等的计算方法与双电源互补对称电路完全相同,只要将 OCL 电路式中的 U_{cc} 改为 $U_{cc}/2$,就可用于单电源互补对称功率放大器。这里不再重复,请自行推出该电路的最大输出功率的表达式。

　　与 OCL 电路相比,OTL 电路少用了一个电源,但由于输出端的耦合电容容量大,则电容器内铝箔卷绕圈数多,呈现的电感效应大,它对不同频率的信号会产生不同的相移,输出信号有附加失真,这是 OTL 电路的缺点。

　　实际功率放大电路中,为了提高三极管的驱动能力以及功率管匹配,常采用复合管替代三极管,构成复合管互补对称电路。复合管由两个或两个以上(一般为两个)三极管按一定的方式连接而成的,又称为达林顿管。为了保护功率电路,还设置有过压、过流、过热等各种保护电路。具体内容请参阅电子资源。

【思考题】

(1) 简述甲类、乙类、甲乙类的工作特点。

(2) 对功率放大电路和电压放大电路的要求有何不同?

(3) 简述 OCL 和 OTL 功率放大电路的工作原理。

*7.6　多级放大电路

　　在实际的电子设备中,为了得到足够大的放大倍数或者使输入电阻和输出电阻达到指标要求,一个放大电路往往由多级组成。多级放大电路由输入级、中间级以及输出级组成,如图 7-37 所示。

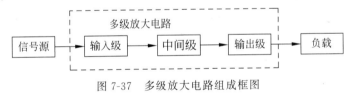

图 7-37　多级放大电路组成框图

　　输入级应考虑如何与信号源配合,输出级应考虑如何满足负载的要求,中间级应考虑如何保证放大倍数足够大。其中,输入级与中间级的主要作用是实现电压放大,输出级的主要作用是功率放大,以推动负载工作。根据实际要求,各级放大电路可以是共射、共基、共集组态的任意一种,但都必须满足技术指标的要求,输出级一般是大信号放大器,本节只讨论由输入级到中间级组成的多级小信号放大器。

7.6.1　多级放大电路的耦合方式

　　多级放大电路是由两级或两级以上的单级放大电路连接而成的。在多级放大电路中,把级与级之间的连接方式称为耦合方式。而级与级之间耦合时,必须满足:①耦合后各级放大电路仍具有合适的静态工作点;②保证前级输出信号尽可能不衰减地传输到后级的输入端;③耦合后多级放大电路的性能指标必须满足实际的要求。

　　一般常见的耦合方式有阻容耦合、变压器耦合及直接耦合 3 种形式。下面以三极管放大电路为例,分别介绍3种耦合方式。

1. 阻容耦合

阻容耦合是利用电容器作为耦合元件将前级和后级连接起来。这个电容器称为耦合电容,如图 7-38(a)所示。第一级的输出信号通过电容器 C_2 和第二级的输入端相连接。图 7-38(b)是其直流通路。阻容耦合放大电路具有以下特点。

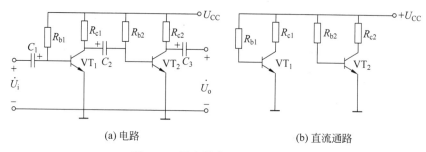

(a) 电路   (b) 直流通路

图 7-38　阻容耦合两级放大电路

(1) 电容器隔直流、通交流,各级的直流工作点相互独立,互不影响,设计、调试和分析方便。

(2) 只要耦合电容选得足够大,则较低频率的信号也能由前级几乎不衰减地加到后级,实现逐级放大。

(3) 体积较小、质量较轻。

(4) 因电容对交流信号具有一定的容抗,在信号传输过程中,会受到一定的衰减,尤其对于变化缓慢的信号容抗很大,不便于传输,对直流信号无法传输。

(5) 在集成电路中,制造大容量的电容很困难,所以这种耦合方式下的多级放大电路不便于集成。

因此,阻容耦合只适用于分立元件组成的电路,在多级中频交流放大电路中应用广泛。

2. 变压器耦合

变压器耦合是利用变压器将前级的输出端与后级的输入端连接起来,这种耦合方式称为变压器耦合,如图 7-39 所示。将 VT_1 的输出信号经过变压器 T_1 送到 VT_2 的基极和发射极之间。VT_2 的输出信号经 T_2 耦合到负载 R_L 上。R_{b11}、R_{b12} 和 R_{b21}、R_{b22} 分别为 VT_1 管和 VT_2 管的偏置电阻,R_{b11}、R_{b12}、R_{e1} 和 R_{b21}、R_{b22}、R_{e2} 分别为 VT_1 和 VT_2 确定静态工作点。C_{b2} 是 R_{b21} 和 R_{b22} 的旁路电容,用于防止信号被偏置电阻所衰减。变压器耦合放大电路具有以下特点。

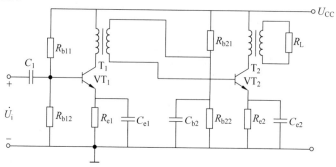

图 7-39　变压器耦合两级放大电路

（1）由于变压器通过磁路,把初级线圈的交流信号传到次级线圈,直流电压或电流无法通过变压器传给次级,因此各级直流通路相互独立,静态工作点互不影响。

（2）变压器在传输信号的同时还能够进行阻抗、电压、电流变换。

（3）频率特性比较差。

（4）变压器耦合体积大,笨重等,不能实现集成化应用,一般只应用于低频功率放大和中频调谐放大电路中。

3. 直接耦合

为了避免电容对缓慢变化的信号在传输过程中带来的不良影响,也可以把级与级之间直接连接起来或者经电阻等能通过直流的元件连接起来,这种连接方式称为直接耦合。

图 7-40 是一种简单的两级直接耦合,两级之间直接用导线连接起来。直接耦合电路中没有大电容和变压器,电路简单,体积小,便于集成,低频特性好,既可以放大交流信号,也可以放大直流和变化非常缓慢的信号。由于直接耦合放大器可用来放大直流信号,因此也称为直流放大器,它在集成电路中得到广泛的应用。但是直接耦合也存在静态工作点相互牵制与零点漂移现象两个问题,如果不加以解决,电路将无法正常工作。现讨论如下。

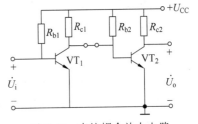

图 7-40 直接耦合放大电路

（1）静态工作点相互牵制。由于失去隔离作用,使前、后级直流电路相通,静态工作点相互牵制、相互影响,不利于分析和设计。静态工作点相互牵制同时还会导致三极管各极电位移动,甚至进入饱和区而无法正常工作。

（2）零点漂移现象。由于温度变化等原因,使放大电路在输入信号为零时,输出端有一个无规则的缓慢变化的输出信号,这种现象称为零点漂移。产生零点漂移的主要原因是由于温度变化而引起的,零点漂移的大小主要由温度所决定,又称为温漂。

通过上述分析,在采用直接耦合的多级放大电路时,必须解决静态工作点相互影响和零点漂移两个问题,以保证各级各自有合适的稳定的静态工作点。零点漂移问题的解决方法常用的主要措施有:采用高稳定度的稳压电源;采用高质量的电阻、晶体管,其中晶体管选硅管(硅管的 I_{CBO} 比锗管的小);采用温度补偿电路;采用特殊形式的负反馈电路;采用调制解调方法;采用差动式放大电路等。

*4. 共电源耦合的弊端和措施

在多级放大器中,各级由同一直流电源供电,由于直流电源存在交流内阻 R,R 上产生的交流压降将被耦合到放大器的输入端。这种通过直流电源内阻将信号经输出端向各级输入端的传送称为共电耦合。

如果传送到某一级输入端的电压与输入信号源在该级输入端产生的电压有相同的极性,那么该级的合成输入电压便增大,使放大器输出电压增大,而增大了的输出电压通过共电耦合加到输入端的电压也增大,使输出电压进一步增大,如此循环下去将产生振荡。这样,就破坏了放大器对信号的正常放大作用。为了消除共电耦合的影响,应加强电源滤波,在放大器各级电源供电端接入 RC 滤波元件,接入 C 后,直流电源内阻 R 上的信号电压被旁路滤除。

7.6.2 多级放大电路的分析

1. 静态分析

多级放大电路的静态分析与单管放大电路相似,同样是根据放大电路的直流通路去分析,但是,3 种耦合方式的分析方法有很大差别。

(1) 阻容耦合和变压器耦合各级直流通路相互独立,静态工作点互不影响,每级静态工作点可以分别计算。

(2) 直接耦合前、后级直流电路相通,静态工作点相互牵制,计算静态工作点较麻烦,一般需联立方程或通过近似法计算。

2. 动态性能分析

分析多级放大电路的性能指标,一般采用的方法是:通过计算每一单级指标来分析多级指标。在多级放大电路中,由于后级电路相当于前级的负载,而该负载正是后级放大器的输入电阻,因此在计算前级输出时,只要将后级的输入电阻作为其负载,则该级的输出信号就是后级的输入信号。

(1) 多级放大电路的电压放大倍数。多级放大电路的总电压放大倍数为各级电压放大倍数的乘积。但要注意,在计算各级电压放大倍数时,一定要考虑级间的影响,要把后级的输入电阻作为前级的负载。

(2) 多级放大电路的输入电阻和输出电阻。一般说来,多级放大电路的输入电阻就是第一级的输入电阻,而输出电阻就是最末级的输出电阻。

3 种基本组态电路的性能各有特点,多级放大电路中的单元电路,可以是共射、共集、共基电路。根据 3 种组态电路的特性,将不同组态适当组合,取长补短,可以构成各具特点的多级放大电路,使其更适合实际电路的需要。

【例 7-6】 电路如图 7-38(a)所示,已知 $U_{CC}=6V$,$R_{b1}=270k\Omega$,$R_{c1}=2k\Omega$,$R_{b2}=270k\Omega$,$R_{c2}=1.5k\Omega$,$U_{BE1}=U_{BE2}=0.6V$,$\beta_1=\beta_2=\beta=50$,$C_1=C_2=C_3=10\mu F$,求:

(1) 静态工作点。

(2) 电压放大倍数。

(3) 输入电阻、输出电阻。

解:(1) 静态工作点为

$$I_{BQ1}=(U_{CC}-U_{BE1})/R_{b1}=0.02mA$$

$$I_{CQ1}=\beta_1 I_{BQ1}=1mA,\quad U_{CEQ1}=U_{CC}-I_{CQ1}R_{c1}=4V,\quad r_{be1}=300+50\times26\div1=1.6(k\Omega)$$

$$I_{BQ2}=I_{BQ1}=0.02mA,\quad I_{CQ2}=I_{CQ1}=1mA$$

$$U_{CEQ2}=U_{CC}-I_{CQ2}R_{c2}=4.5V,\quad r_{be2}=r_{be1}=1.6k\Omega$$

(2) 电压放大倍数为

$$A_{u1}=-\frac{\beta R'_{L1}}{r_{be1}},\quad A_{u2}=-\frac{\beta R_{c2}}{r_{be2}},\quad R_{i2}=R_{b2}\ /\!/\ r_{be2}\approx1.6k\Omega,\quad R'_{L1}=R_{c1}\ /\!/\ R_{i2}\approx0.9k\Omega$$

$$A_{u1}=-\frac{\beta R'_{L1}}{r_{be1}}=-\frac{50\times0.9}{1.6}=-28.13,\quad A_{u2}=-\frac{\beta R_{c2}}{r_{be2}}=-\frac{50\times1.5}{1.6}=-46.9$$

$$A_u=A_{u1}A_{u2}=(-28.13)\times(-46.9)\approx1319.3$$

(3) 输入电阻、输出电阻为

$$R_i=R_{i1}=R_{b1}\ /\!/\ r_{be1}=270\ /\!/\ 1.6\approx1.6k\Omega,\quad R_o=R_{c2}=1.5k\Omega$$

*7.6.3　多级放大电路的频率响应

1. 多级放大电路的频率特性及上限和下限频率

多级放大电路由多个单级放大电路级联而成,多级放大电路的总增益是各级放大倍数的乘积。多级放大电路的频率特性可以由多个单级的频率特性叠加而成。经数学分析可得,多级放大电路的上限频率与组成它的各单级放大电路上限频率之间的关系,可按照下式进行近似估算

$$\frac{1}{f_{\mathrm{h}}} \approx \sqrt{\frac{1}{f_{\mathrm{h1}}^2} + \frac{1}{f_{\mathrm{h2}}^2} + \cdots + \frac{1}{f_{\mathrm{h}n}^2}} \tag{7-51}$$

由式(7-51)可以估算多级放大电路的上限频率。

多级放大电路的下限频率与组成它的各单级放大电路下限频率之间的关系,可按照下式进行估算

$$f_{\mathrm{l}} \approx \sqrt{f_{\mathrm{l1}}^2 + f_{\mathrm{l2}}^2 + \cdots + f_{\mathrm{l}n}^2} \tag{7-52}$$

一般级数越多,式(7-51)、式(7-52)误差越小,为了得到更精确的结果,可以在上述公式前面乘以修正系数1.1,其修正公式如下:

$$\frac{1}{f_{\mathrm{h}}} \approx 1.1 \sqrt{\frac{1}{f_{\mathrm{h1}}^2} + \frac{1}{f_{\mathrm{h2}}^2} + \cdots + \frac{1}{f_{\mathrm{h}n}^2}} \tag{7-53}$$

$$f_{\mathrm{l}} \approx 1.1 \sqrt{f_{\mathrm{l1}}^2 + f_{\mathrm{l2}}^2 + \cdots + f_{\mathrm{l}n}^2} \tag{7-54}$$

由式(7-53)可以算出,具有同样上限频率的两级放大电路,其总的上限频率是单级上限频率的0.64。由式(7-54)可以算出,具有同样下限频率的两级放大电路,其总的下限频率是单级下限频率的1.56倍。

2. 多级放大电路的通频带

由式(7-51)、式(7-52)可知,多级放大电路的上限频率低于组成它的任一级放大电路的上限频率,下限频率高于组成它的任一级放大电路的下限频率,因此,多级放大电路的通频带,总是窄于组成它的任一级放大电路的通频带。多级放大电路增益的提高是以牺牲带宽换得的,管子确定后,增益带宽积基本上是常数。

【思考题】

(1) 多级放大电路的通频带为何低于组成它的任何一级电路的通频带?

(2) 一多级放大电路由四级完全相同的单级放大电路组成,单级上、下限频率分别为 f_{h}、f_{l},试求多级放大电路的上、下限频率。

(3) 直接耦合放大电路的下限频率为多少?

习题

7-1　二极管电路和二极管伏安特性曲线如图7-41所示,其中 $R_{\mathrm{L}} = 500\Omega$,试问:

(1) $U_1 = 1\mathrm{V}$ 时,$i_{\mathrm{D}} = ?$ 二极管两端电压 $U_{\mathrm{D}} = ?$

(2) $U_1 = 2\mathrm{V}$ 时,i_{D} 是否增加一倍? 为什么?

7-2　硅二极管电路如图7-42所示,硅二极管的导通电压为0.7V,判断它是否导通,若

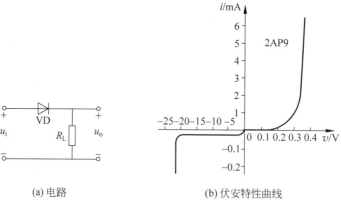

(a) 电路　　　　　　　　　(b) 伏安特性曲线

图 7-41　题 7-1 图

导通流过二极管的电流是多少?

7-3　若将一般的整流二极管用作高频整流或高速开关,会出现什么问题?

7-4　有两个晶体管,一个 $\beta=200$, $I_{CEO}=200\mu A$;另一个 $\beta=50$, $I_{CEO}=10\mu A$,其余参数大致相同。你认为应选用哪个管子较稳定?

7-5　已知某三极管的 $P_{CM}=100mW$, $I_{CM}=200mA$, $U_{(BR)CEO}=15V$,试问在下列几种情况下,哪种是正常工作的?

(1) $U_{CE}=3V$, $I_C=100mA$

(2) $U_{CE}=2V$, $I_C=40mA$

(3) $U_{CE}=6V$, $I_C=20mA$

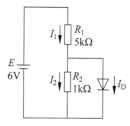

图 7-42　题 7-2 电路图

7-6　如何用万用表的电阻挡检测三极管的极性和结构?

*7-7　NMOS 管电路如图 7-43(a)所示,NMOS 管的漏极特性曲线如图 7-43(b)所示。试问输入电压为 1V、5V 和 7V 时,管子的状态以及输出电压值?

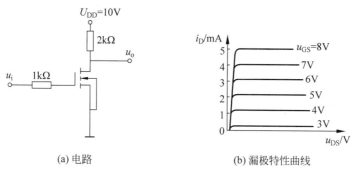

(a) 电路　　　　　　　　　(b) 漏极特性曲线

图 7-43　题 7-7 图

*7-8　晶闸管与二极管的导电特性有何区别?

7-9　一学生用交流电压表测得某放大电路的开路输出电压为 4.8V,接上 24kΩ 的负载电阻后测出的电压值为 4V。已知电压表的内阻为 120kΩ。求该放大电路的输出电阻 R_o 和实际的开路输出电压 U_o'。

7-10　共射放大电路及三极管的伏安特性如图 7-44 所示。

（1）用估算法求出电路的静态工作点，并分析这个工作点选得是否合适。

（2）在 U_{CC} 和三极管参数不变的情况下，为了把三极管的集电极电压 U_{CEQ} 提高到 5V 左右，可以改变哪些电路参数？如何改变？

（3）在 U_{CC} 和三极管参数不变的情况下，为了使 $I_{CQ}=2\mathrm{mA}$，$U_{CEQ}=2\mathrm{V}$，应改变哪些电路参数，改变到什么数值？

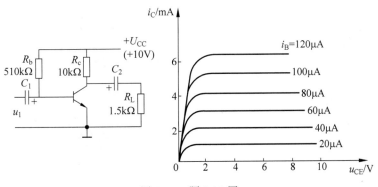

图 7-44 题 7-10 图

7-11 一组同学做基本 CE 放大电路实验，出现了 5 种不同的接线方式，如图 7-45 所示。若从正确合理、方便实用的角度去考虑，哪一种最为可取？

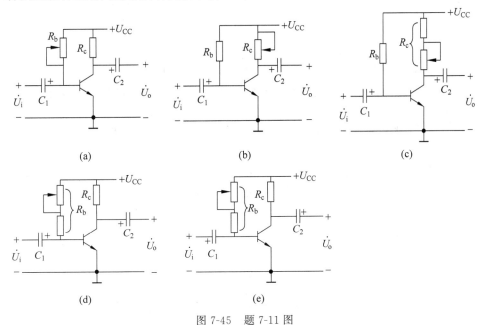

图 7-45 题 7-11 图

7-12 有一共射放大电路如图 7-46 所示。试回答下列问题：

（1）写出该电路电压放大倍数 A_u、输入电阻 R_i 和输出电阻 R_o 的表达式。

（2）若换用 β 值较小的三极管，则静态工作点 I_{BQ}、U_{CEQ} 将如何变化？电压放大倍数 $|A_u|$、输入电阻 R_i 和输出电阻 R_o 将如何变化？

7-13 双极型晶体管组成的基本放大电路如图 7-47 所示。设各 BJT 的 $r_{bb'}=200\Omega$，$\beta=50$，$U_{BE}=0.7\mathrm{V}$。

（1）计算各电路的静态工作点。

（2）画出各电路的微变等效电路，指出它们的放大组态。

（3）求电压放大倍数 A_u、输入电阻 R_i 和输出电阻 R_o。

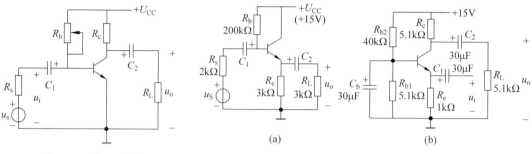

图 7-46　题 7-12 图　　　　　图 7-47　题 7-13 图

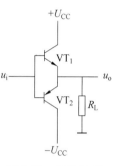

7-14　一双电源互补对称电路如图 7-48 所示,设已知 $U_{CC}=12V$, $R_L=16\Omega$, u_i 为正弦波。求:

（1）在三极管的饱和压降 U_{CES} 可以忽略不计的条件下,负载上可能得到的最大输出功率 P_{om}=?

（2）每个管子允许的管耗 P_{CM} 至少应为多少? 每个管子的耐压 $|U_{(BR)CEO}|$ 应大于多少?

（3）此电路是何种工作方式? 是否会出现失真? 若出现失真,如何消除?

图 7-48　题 7-14 图

7-15　在图 7-49 所示的 OTL 功放电路中,设 $R_L=8\Omega$,管子的饱和压降 $|U_{CES}|$ 可以忽略不计。若要求最大不失真输出功率(不考虑交越失真)为 9W,则电源电压 U_{CC} 至少应为多大? (已知 u_i 为正弦电压。)

7-16　甲乙类 OTL 放大电路如图 7-50 所示,设 VT_1、VT_2 特性完全对称,u_i 为正弦电压,$U_{CC}=10V$, $R_L=16\Omega$。试回答下列问题:

（1）静态时,电容 C_2 两端的电压应是多少? 调整哪个电阻能满足这一要求?

（2）动态时,若输出电压波形出现交越失真,应调整哪个电阻? 如何调整?

（3）若 $R_1=R_3=1.2k\Omega$, VT_1、VT_2 管的 $\beta=50$, $|U_{BE}|=0.7V$, $P_{cm}=200mW$,假设 VD_1、VD_2、R_2 中任意一个开路,将会产生什么后果?

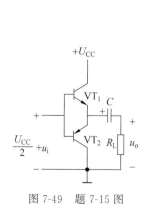

图 7-49　题 7-15 图

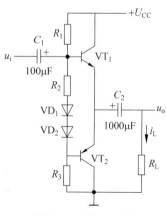

图 7-50　题 7-16 图

第8章 集成运算放大器及其他模拟集成电路

CHAPTER 8

学习目标要求

本章首先从集成电路的特点和类型出发,介绍集成运算放大器的电路组成、分类、电路符号以及技术指标,重点介绍理想运算放大器的指标和特点;然后引入负反馈概念,介绍集成运放在线性区和非线性区的应用,运算电路、有源滤波电路、比较电路以及信号产生电路;最后简单介绍集成模拟乘法器及集成功率放大器。读者学习本章内容应做到以下几点。

(1) 了解集成电路的特点和分类,了解集成运放的应用领域。

(2) 理解集成运算放大器技术指标,理解集成运放的工作特点。

(3) 掌握反馈类型的判别,理解反馈对放大电路性能的影响。

(4) 掌握模拟运算电路工作原理和功能的分析。

(5) 熟悉集成运放构成的信号处理电路和信号产生电路。

(6) 掌握集成模拟乘法器、集成功率放大器的应用。

(7) 学会集成运放的参数测量和调试。

(8) 会分析模拟运算等电路功能,并能根据实际需要,设计相应应用电路。

8.1 集成运算放大器基础知识

采用半导体制造工艺,将大量的晶体管、电阻、电容等电路元件及其电路连线全部集中制造在同一半导体硅片上,形成具有特定电路功能的单元电路,统称为集成电路(Integrated Circuit,IC)。集成电路具有成本低、体积小、质量轻、耗电省、可靠性高等一系列优点,随着半导体工艺的进步,集成电路规模的不断扩大,使得器件、电路与系统之间已难以区分。因此,有时又将集成电路称为集成器件。

8.1.1 集成电路的特点和类型

集成电路类型繁多,根据集成规模可分为小、中、大、超大规模等类型;根据电路功能可分为数字集成电路、模拟集成电路;根据元器件类型可分为单极型和双极型集成电路。根据应用情况不同更是类型繁多,其中模拟集成电路主要包括集成运算放大器、集成功率放大器、集成高频放大器、集成中频放大器、集成滤波器、集成比较器、集成乘法器、集成稳压器、集成锁相环等。

集成电路的常见封装形式有 4 种,即双列直插式、扁平式、圆壳式和贴片式,贴片式是近年来迅速发展的一种新工艺,应用已日趋广泛。

图 8-1 是半导体集成电路的常见几种封装形式。图 8-1(a)为金属圆壳式封装,采用金属圆筒外壳,类似于一个多引脚的普通晶体管,但引线较多,有 8、12、14 根引出线等;图 8-1(b)是扁平式塑料封装,用于要求尺寸微小的场合,一般有 14、18、24 根引出线等;图 8-1(c)是双列直插式封装,它的用途最广,其外壳多用陶瓷或塑料,通常设计成 2.5 mm 的引线间距,以便与印刷电路板上的标准件插孔配合。对于集成功率放大器和集成稳压电源等,还带有金属散热片及安装孔。封装引线有 14、18、24 根等。图 8-1(d)为超大规模集成电路的一种封装形式,外壳多为塑料,四面都有引出线。

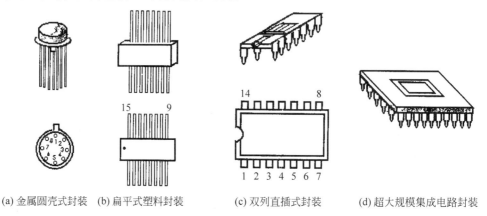

(a) 金属圆壳式封装　(b) 扁平式塑料封装　　(c) 双列直插式封装　　(d) 超大规模集成电路封装

图 8-1　半导体集成电路外形图

8.1.2　集成运算放大器的组成及其表示符号

集成运放实际上就是一个高增益的多级直接耦合放大器,简称集成运放。它最初主要用作各种数学运算,目前,它的应用领域已大大超出了数学运算的范畴,在控制、测量、仪表等许多领域中,都发挥着重要作用。

1. 集成运放的基本组成

集成运放型号繁多,性能各异,内部电路各不相同,但其内部电路的基本结构却大致相同。集成运放的内部电路一般可分为输入级、中间级、输出级及偏置电路 4 个部分,其内部组成原理框图如图 8-2(a)所示。

1) 输入级

输入级是决定整个集成运放性能的最关键一级,不仅要求其零漂小,还要求其输入电阻高,输入电压范围大,并有较高的增益等。为了能减小零点漂移和抑制共模干扰信号,输入级毫无例外地都采用具有恒流源的差动放大电路,也称为差动输入级。

恒流源的差动放大电路由一对参数一致的对管及恒流源构成,有两个输入端(同相、反相输入端),可以是单端输出,也可双端输出。下面对差动放大的意义做简单解释。

两个输入信号分别为 u_{i1}、u_{i2},若 $u_{i1}=-u_{i2}$,称为差模输入信号,用 u_{id} 表示,$u_{id}=u_{i1}-u_{i2}$;若 $u_{i1}=u_{i2}$,称为共模输入信号,用 u_{ic} 表示,$u_{ic}=u_{i1}=u_{i2}$。

差动放大电路能够有效地放大差模输入信号,强力抑制共模信号。通常差模信号是需要放大的有用信号,共模信号是干扰信号,例如温漂就是一种共模干扰。

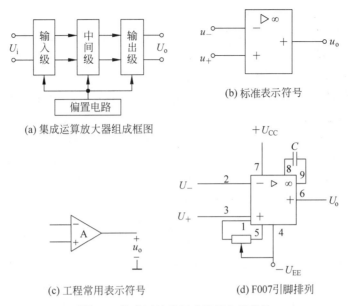

(a) 集成运算放大器组成框图

(b) 标准表示符号

(c) 工程常用表示符号

(d) F007引脚排列

图 8-2　集成运放的组成及其表示符号

为了描述抑制温漂的能力,特定义差模放大倍数 A_d 与共模放大倍数 A_c 的比值,称为共模抑制比,常用对数表示,详见集成运放参数部分。

实际加到差动放大电路两个输入端的信号通常既不是单纯的差模信号,又不是单纯的共模信号,而是任意信号 u_{i1}、u_{i2}。此时,$u_{id}=u_{i1}-u_{i2}$,$u_{ic}=(u_{i1}+u_{i2})/2$,即

$$u_{i1}=(u_{i1}+u_{i2})/2+(u_{i1}-u_{i2})/2=u_{ic}+u_{id}/2 \tag{8-1}$$

$$u_{i2}=(u_{i1}+u_{i2})/2-(u_{i1}-u_{i2})/2=u_{ic}-u_{id}/2 \tag{8-2}$$

可见,差动放大电路两个输入端的任意信号都可以分解为差模信号和共模信号的叠加。

2)中间级

中间级的主要作用是提供足够大的电压放大倍数,因而也称为电压放大级。不仅要求中间级本身具有较高的电压增益,同时为了减小对前级的影响,还应具有较高的输入电阻,为了给输出级提供足够的输出电流,还应具有低输出电阻,并能够根据需要实现单双端输出转换以及实现电位移动等任务。中间级一般采用有源负载的共射放大电路,一些电路还采用复合管。

3)输出级

输出级的主要作用是输出足够的电压和电流以满足负载的需要,同时还需要有较低的输出电阻和较高的输入电阻,以起到将放大级和负载隔离的作用。为提高输出电路的带负载能力,输出级电路多采用由负载能力较强的射极输出器演变来的互补对称推挽电路,它常附加有过载保护电路,同时还必须考虑失真问题。输出级为功率放大电路。

4)偏置电路

偏置电路的作用是为各放大级提供合适且稳定的静态工作电流,决定各级静态工作点,有时偏置电路还作为放大器的有源负载。在集成电路中,偏置电路一般由各种恒流源电路组成。

此外,还有一些辅助电路,如过载保护电路、调零电路以及频率补偿电路等。

2. 集成运放的表示符号与封装形式

集成运放内部电路随型号的不同而不同,但可以用同一电路符号来表示集成运放。集成运算放大器的输入级由差动放大电路组成,因此一般具有两个输入端、一个输出端:一个是同相输入端,用"+"表示;另一个是反相输入端,用"−"表示;输出端用"+"表示。若将反相输入端接地,信号由同相输入端输入,则输出信号和输入信号的相位相同;若将同相输入端接地,信号从反相输入端输入,则输出信号和输入信号相位相反。集成运放的引脚除输入、输出端外,还有用于连接电源电压和外加校正环节等的引出端,如正负电源、相位补偿、调零端等。集成运放的表示符号如图 8-2(b)和图 8-2(c)所示,图中"▷"表示信号的传输方向,"∞"表示具有极高的增益,同相输入电压、反相输入电压以及输出电压分别用"u_+""u_-""u_o"表示。图 8-2(b)是目前常用的规定符号,工程常用图 8-2(c)所示符号表示集成运算放大器。

常见集成运放的封装主要有金属圆壳式、扁平式和双列直插式(DIP 式)等,引脚数有 8 脚、9 脚、14 脚等类型。其引脚排列顺序的首号,一般有色点、凹槽、管键及封装时压出的其他标记等。例如,常见的圆壳型集成运放的外形如图 8-1(a)所示,典型运放 F007 的引脚排列如图 8-2(d)所示。从成本说,塑料外壳的 DIP 式最低,陶瓷外壳 DIP 式和扁平式最高;从体积上说,扁平式最小;从可靠性来说,陶瓷 DIP 式和扁平式最好,塑料 DIP 式最差。

8.1.3 集成运算放大器的分类

自 1964 年第一块集成运算放大器 μA702(我国为 F001)问世以来,经过数十年的发展,集成运放已成为一种类别与品种系列繁多的模拟集成电路了。随着集成工艺和材料技术的进步,通用型产品技术指标进一步得到完善,适应特殊需要的各种专用型集成运放不断涌现。为了能在实际应用中正确地选择使用,必须了解集成运算放大器的分类。集成运算放大器一般有 4 种分类方法。

1. 按其用途分类

集成运算放大器按其用途分为通用型及专用型两大类。通用型集成运算放大器的参数指标比较均衡全面,适应于一般工程应用。通用型种类多、产量大、价格低,作为一般应用首选通用型。专用型集成运算放大器是为满足特殊要求而设计的,其参数中往往有一项或某几项非常突出,已经出现了多种专用型集成运算放大器,如高速、低功耗、高精度、宽带、高电压、功率型、高输入阻抗、电流模型、跨导型、程控型等集成运算放大器。

2. 按其供电电源分类

集成运算放大器按其供电电源分类,可分为双电源和单电源集成运算放大器两类。双电源集成运算放大器采用正负对称的双电源供电,以保证运放的优良性能。绝大部分运放在设计中都采取这种供电方式;单电源集成运算放大器采用特殊设计,在单电源下能实现零输入、零输出。交流放大时,失真较小。

3. 按其器件类型分类

集成运算放大器按其制作工艺分类,可分为双极型、单极型、双极-单极兼容型三类。双极型集成运算放大器由双极型器件集成,一般速度优于单极型,功耗劣于单极型。单极型集成运算放大器内部由单极型器件集成,一般速度低于双极型,功耗极低是单极型突出优点。双极-单极兼容型集成运算放大器采用双极和单极两种集成工艺优化组合,取长补短,运算放大器性能更加优良,但工艺较复杂。

4. 按运放数目分类

按单片封装内所包含的运放数目来分,集成运放可分为单运放、双运放、三运放、四运放四类。

8.1.4　集成运算放大器的主要技术指标

集成运放的参数是评价其性能优劣的主要标志,也是正确选择和使用的依据。必须熟悉这些参数的含义和数值范围。运放的技术指标有很多,可以通过器件手册直接查到,参数存在一定的分散性,因而使用前常需要进行测试和筛选。集成运放的手册上给出了多达 30 种以上的技术指标,现将集成运放的主要技术指标介绍如下。

1. 开环差模电压增益 A_{od} 和共模电压增益 A_{oc}

(1) 开环差模电压增益 A_{od}。在标称电源电压和额定负载下,集成运放在开环时(无外加反馈时)输出电压与输入差模信号电压之比称开环差模电压放大倍数 A_{od}。A_{od} 是频率的函数,但通常给出直流开环增益。它是决定运放运算精度的重要因素,一般用对数表示,单位为分贝。它的定义是

$$A_{od} = 20\lg \left| \frac{\Delta U_o}{\Delta U_- - \Delta U_+} \right| \tag{8-3}$$

A_{od} 越大,运算电路精度越高,工作性能越好。A_{od} 均为 $10^4 \sim 10^7$,即 $80 \sim 140\text{dB}$,高质量集成运算放大器 A_{od} 可达 140dB 以上。

(2) 共模电压增益 A_{oc}。共模电压增益是运放对输入共模信号的电压放大倍数。理想运放的输入级匹配,因此,共模电压增益为零,但实际运放不可能匹配,共模电压增益不可能为零。

2. 共模抑制比 K_{CMR}

K_{CMR} 是差模电压放大倍数与共模电压放大倍数之比,即 $K_{CMR} = 20\lg |A_{od}/A_{oc}|$,$K_{CMR}$ 越大越好,高质量的运放 K_{CMR} 可达 160dB。

3. 输入偏置电流 I_B

输入偏置电流 I_B 是指运放在静态时,流经两个输入端的电流平均值。一般是输入差放管的基极或栅极偏置电流,用 $I_B = (I_{B1} + I_{B2})/2$ 表示。该值越小,信号源内阻变化时所引起的输出电压变化越小,因此,I_B 越小越好,一般为 $1\text{nA} \sim 100\mu\text{A}$,F007 的 $I_B = 200\text{nA}$。

4. 输入失调电压 U_{IO} 和输入失调电流 I_{IO}

(1) 输入失调电压 U_{IO}。实际上集成运放难以做到差动输入级完全对称。当输入电压为零时,为了使输出电压也为零,需在集成运放两输入端额外附加补偿电压,该补偿电压称为输入失调电压 U_{IO}。U_{IO} 越小越好,一般为 $0.5 \sim 5\text{mV}$,高性能运放的 U_{IO} 小于 1mV。它的大小反映了电路的不对称程度和调零的难易。

(2) 输入失调电流 I_{IO}。理想运放的两个输入端偏置电流应该完全相等。实际上,当运放输出电压为零时,两个输入端的偏置电流并不相等,这两个电流之差的绝对值称为输入失调电流 I_{IO},即 $I_{IO} = |I_{B1} - I_{B2}|$。$I_{IO}$ 是运放内部元件参数不一致等原因造成的。I_{IO} 越小越好,一般为 $1\text{nA} \sim 10\mu\text{A}$。F007 的 I_{IO} 为 $50 \sim 100\text{nA}$。

5. 输入失调电压温漂 dU_{IO}/dT 和输入失调电流温漂 dI_{IO}/dT

在规定的工作温度范围内,输入失调电压 U_{IO} 随温度的平均变化率称为输入失调电压温漂,以 dU_{IO}/dT 表示;在规定的工作温度范围内,I_{IO} 随温度的平均变化率称为输入失调电流温漂,以 dI_{IO}/dT 表示。它们可以用来衡量集成运放的温漂特性。

通过调零的办法可以补偿 U_{IO}、I_B、I_{IO} 的影响,使直流输出电压调至零伏,但却很难补偿其温度漂移。低温漂型集成运放 dU_{IO}/dT 可做到 $0.9\mu V/℃$ 以下,dI_{IO}/dT 可做到 $0.009\mu A/℃$ 以下。F007 的 $dU_{IO}/dT=20\sim30\mu V/℃$,$dI_{IO}/dT=1nA/℃$。

6. 差模输入电阻和差模输出电阻

(1) 差模输入电阻 r_{id}。r_{id} 是集成运放在开环时,差模输入电压变化量与由它引起的输入电流的变化量之比,即从输入端看进去的动态电阻。r_{id} 越大,对信号源的影响及所引起的动态误差越小,一般集成运放 r_{id} 为几百千欧至几兆欧,以场效应管为输入级的可达 $10^4 M\Omega$。F007 的 $r_{id}=2M\Omega$。

(2) 差模输出电阻 r_{od}。r_{od} 是集成运放开环时,从输出端向里看进去的等效电阻。r_{od} 的大小反映了集成运放在小信号输出时的负载能力。其值越小,说明运放的带负载能力越强。集成运放的实际值一般为 $100\Omega\sim1k\Omega$。

7. 最大差模输入电压 U_{Idmax} 和共模输入电压 U_{Icmax}

(1) 最大差模输入电压 U_{Idmax}。U_{Idmax} 是运放同相端和反相端之间所能承受的最大电压值。输入差模电压超过 U_{Idmax} 时,运放性能将显著恶化,甚至可能使输入级的管子反向击穿。不同运放此参数差别很大,有的小于 $\pm0.5V$,有的大到 $\pm40V$,如 F007 的 U_{Idmax} 为 $\pm30V$。

(2) 最大共模输入电压 U_{Icmax}。U_{Icmax} 是在线性工作范围内集成运放所能承受的最大共模输入电压。超过此值,集成运放的共模抑制比、差模放大倍数等会显著下降。F007 的 U_{Icmax} 值为 $\pm13V$。

8. 电源电压和功耗

(1) 供电电压范围。能够安全施加于运放电源端子的最大和最小直流电压值称为运放的供电电压范围。一般有两种表示方法:用正、负两种电压 U_{CC}、U_{EE} 或 U_{DD}、U_{SS} 表示。

采用双电源的运放,其正负电源电压通常对称,多数运放可以在较宽的电源电压内工作,有的可低到 $\pm1V$ 以下,有的则可高到 $\pm40V$。

(2) 功耗 P_D。运放在规定的温度范围安全工作时,允许耗散的功率称为功耗。功耗与运放的设计及封装形式有关,一般来说,陶瓷封装允许的功耗最大,金属封装次之,塑料封装的功耗最小。通用型运放的静态功耗一般在 $60\sim180mW$。

9. 最大输出电压 U_{omax} 和最大输出电流 I_{omax}

(1) 最大输出电压 U_{omax} 或 U_{opp}。最大输出电压 U_{opp} 是指运放在标称电源电压下,其输出端所能提供的最大不失真峰值电压。其值与电源值之差一般小于 $2V$。

(2) 最大输出电流 I_{omax}。最大输出电流 I_{omax} 是指运放在标称电源电压和最大输出电压下,运放所能提供的正向和负向峰值电流。

10. 带宽和转换速率

(1) 开环带宽 $BW(f_h)$ 及单位增益带宽 $BW_G(f_c)$。集成运放开环差模电压增益 A_{od} 是频率的函数,随着输入信号频率上升,A_{od} 将下降,当 A_{od} 下降到中频时的 0.707 倍时为

上限截止频率 f_h,此时所对应的频率范围称为开环带宽 BW。用分贝表示正好下降了 3dB,又常称为 -3dB 带宽;当输入信号频率继续增大时,A_{od} 继续下降,当 $A_{ud}=1$ 时,与此对应的频率 f_c 称为单位增益带宽。F007 的 $f_c=1$MHz。

(2) 转换速率 S_R。S_R 也称为压摆率,它是运放输出电压的最大可能变化率,定义为

$$S_R = \left| \frac{du_o}{dt} \right|_{max} \tag{8-4}$$

即只有当输入信号变化斜率的绝对值小于 S_R 时,运放的输出才有可能按线性规律变化。它反映运放输出对高速变化的输入信号的响应情况,S_R 越大,表明运放的高频性能越好。不同运放的 S_R 相差很大,通用型集成运放 S_R 一般在几个 $V/\mu s$ 以下,高速运放的 S_R 在数十个 $V/\mu s$ 以上,超高速运放的 S_R 可达 $3000 \sim 10000 V/\mu s$。

11. 电源电压抑制比 K_{SVR}

衡量电源电压波动对输出电压影响的程度,通常定义为折合到输入端的失调电压变化与电源电压变化的比值,即 $K_{SVR}=dU_{IO}/d(U_{CC}+U_{EE})$。$K_{SVR}$ 的典型值一般为 $1\mu V/V$ 量级。

12. 工作温度范围

能保证运放在额定的参数范围内工作的温度称为它的工作温度范围。军用级器件的工作温度范围是 $-55 \sim +125℃$,工用级器件的工作温度范围是 $25 \sim +85℃$,民用级器件的工作温度范围是 $0 \sim +70℃$。例如,LM124/LM224/LM324 是相同品种的运放,它们的差别仅仅是工作温度范围依次为军用级、工用级、民用级。

通用型集成运放的性能指标比较均衡,专用型集成运放部分指标特别优良,但其他指标并不都是十分理想。随着集成工艺和电路技术的发展,各种专用型集成运放不断问世,如高阻型(输入电阻高)、高压型(输出电压高)、大功率型(输出功率高达十几瓦)、低功耗型(静态功耗低,如 $1 \sim 2V$、$10 \sim 100\mu A$)、低漂移型(温漂小)、高速型(过渡时间短、转换率高)等。通用型集成运放种类多、价格便宜,容易购买;专用型集成运放则可满足一些特殊要求。集成运放正在向超高精度、超高速度、超宽频带及多功能方向发展,有关具体器件的详细资料,须参看生产厂家提供的产品说明。

8.1.5　集成运算放大器的选择及应用

(1) 选用集成运放时,首先考虑尽量采用通用型集成运放,只有在通用型集成运放不能满足要求时,才去选择专用型的集成运放。选用集成运放时应着重考虑:信号源的性质、负载的性质、对精度的要求、环境条件等因素。既要保证系统可靠,性能优良,又要具有经济性。

(2) 正确选择集成运放的型号后,还要注意测试、调零、保护、单电源供电、相位补偿等问题。具体内容可参阅电子资源。

8.1.6　理想集成运算放大器及其工作特点

集成运放实际上是一种各项技术指标都比较理想的放大器件。因此,分析集成运放应用电路时,为使分析简化,常把集成运放看成理想运算放大器。实际集成运放绝大部分接近理想运放,由此带来的误差一般在工程许可范围内。

1. 理想集成运算放大器及其技术指标

所谓理想运算放大器,就是各项技术指标理想化的运算放大器。理想运算放大器的具体指标如下。

(1) 开环电压放大倍数 $A_{od} = \infty$。

(2) 输入电阻 $r_{id} = \infty$、$r_{ic} = \infty$。

(3) 输入偏置电流 $I_{B1} = I_{B2} = 0$。

(4) 失调电压 U_{IO}、失调电流 I_{IO} 以及它们的温漂均为零。

(5) 共模抑制比 $K_{CMPP} = \infty$。

(6) 输出电阻 $r_{od} = 0$。

(7) -3dB 带宽 $f_h = \infty$。

(8) 无干扰、噪声。

由于实际集成运放接近于理想运放,因此利用理想运放分析电路时,造成的误差很小。

2. 理想集成运算放大器的工作特点

1) 集成运放的电压传输特性

集成运放在输入大小不同的信号时,有两种工作区域,即线性工作区和非线性工作区,实际集成运放的电压传输特性如图8-3所示,图中,$u_i = u_+ - u_-$ 是差模输入电压,U_{OH}、U_{OL} 分别是最大输出电压和最小输出电压。对于双电源集成运放,U_{OH} 为正饱和电压,接近正电源,U_{OL} 为负饱和电压,接近负电源,正负电源一样时,U_{OH}、U_{OL} 数值近似相等,常用 $\pm U_{om}$ 或 U_{pp} 表示。图中曲线上升部分的斜率为开环电压放大倍数 A_{od},以 F007 为例,其 A_{od} 可达 10^5,最大输出电压受到电源的限制,不超过 18V。此时,可以算出输入端的电压不超过 0.18mV,也就是说 $|u_i|$ 在 $0 \sim 0.18\text{mV}$ 之间时,输入输出之间为线性关系,这个区间称为线性工作区;若 $|u_i|$ 超过 0.18mV,则集成运放内部的三极管进入饱和工作区,最大输出电压接近正负电源,与输入不再是线性关系,故称为非线性工作区。

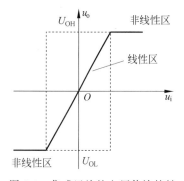

图 8-3 集成运放的电压传输特性

2) 集成运放的线性工作区

由于集成运放的开环差模电压放大倍数很大($A_{od} \to \infty$),而开环电压放大倍数受温度的影响,很不稳定。采用深度负反馈可以提高其稳定性,此外运放的开环频带窄,例如 F007 只有 10Hz,无法适应交流信号的放大要求,加负反馈后可将频带扩展 $(1 + AF)$ 倍。另外负反馈还可以改变输入、输出电阻等。所以要使集成运放工作在线性区,采用深度负反馈是必要条件。为了便于分析集成运放的线性应用,我们建立"虚短"与"虚断"这两个概念。

(1) 当集成运放工作在线性区时,输出电压在有限值之间变化,而集成运放的 $A_{od} \to \infty$,则 $u_{id} = u_{od}/A_{od} \approx 0$,但不是短路,故称为"虚短"。由此得出

$$u_+ \approx u_- \tag{8-5}$$

上式说明,集成运放工作在线性区时,两输入端电位近似相等。

(2) 由于集成运放的差模开环输入电阻 $r_{id} \to \infty$,输入偏置电流 $I_B \approx 0$,不向外部索取电流,因此两输入端电流为零,即可得出

$$i_+ = i_- \approx 0 \qquad\qquad (8\text{-}6)$$

上式说明,流入集成运放同相端和反相端的电流近似为零,所以称为"虚断"。

3) 集成运放的非线性工作区

当集成运放工作在开环状态或外接正反馈时,由于集成运放的 A_{od} 很大,只要有微小的电压信号输入,集成运放就一定工作在非线性区。其特点如下。

(1) 输出电压只有两种状态,正饱和电压 $+U_{om}$ 或负饱和电压 $-U_{om}$。当同相端电压大于反相端电压,即 $u_+ > u_-$ 时,$u_o = +U_{om}$;当反相端电压大于同相端电压,即 $u_+ < u_-$ 时,$u_o = -U_{om}$。

(2) 由于集成运放的差模开环输入电阻 $r_{id} \rightarrow \infty$,工作在非线性区时,集成运放的净输入电流仍然近似为0,即 $i_+ = i_- \approx 0$,"虚断"的概念仍然成立。

综上所述,在分析具体的集成运放应用电路时,应该首先判断集成运放工作在线性区还是非线性区,然后再运用线性区和非线性区的特点对电路进行分析。

【思考题】

(1) 集成运放的封装主要有几种? 各有什么特点?

(2) 集成运放由哪几部分组成? 对各组成部分有什么要求?

(3) 集成运放符号框内符号的含义是什么?

(4) 如何选择您需要的集成运放? A_{od}、r_{id}、K_{CMR} 的物理含义是什么?

(5) 在实际应用中,集成运放的极限参数能否超过所规定的值? 为什么?

(6) 集成运放工作在线性区和非线性区各有什么特点?

*8.2　放大电路中的反馈

8.2.1　反馈的基本概念

1. 什么是反馈

反馈是指将输出信号(电压或电流)的部分或全部通过一条电路反向送回输入端的过程。相关的电路或元器件就称为反馈电路或反馈元器件。放大电路通过反馈电路作用使放大电路的性能得到改善,同时也可能出现自激现象。

2. 反馈放大电路的组成

引入反馈的放大电路称为反馈放大电路,它由基本放大电路、反馈网络、输出取样、输入求和四部分组成一个闭合回路,称为反馈环路。反馈放大电路也称闭环放大电路,对应地,未引入反馈的放大器称为开环放大电路。

负反馈放大电路的一般方框图如图 8-4 所示,图中箭头表示信号的传递方向。认为在基本放大电路中,信号是正向传递,而在反馈网络中,信号是反向传递。这样做可以突出主要因素,使问题的处理更加简明清晰,同时也是符合一般工程要求的。

图 8-4 中符号 $\otimes$ 代表输入求和,$+$、$-$ 表示 X_i 与 X_f 是相减关系,代表是负反馈,X_i、X_o、X_f 和

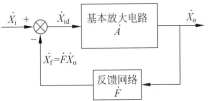

图 8-4　负反馈放大电路的简化框图

X_{id}(交流中用相量表示)分别表示放大电路的输入量、输出量、反馈量及净输入量。这些量均为一般化的信号,它们可以是电压,也可以是电流。放大器的开环放大倍数 A(或称为开环增益、基本放大倍数)定义为输出量 X_o 与净输入量 X_{id} 之比;定义反馈量 X_f 与输出量 X_o 之比为反馈网络的反馈系数 F;定义输出量 X_o 与输入量 X_i 之比为该放大器的闭环放大倍数(或称为闭环增益),用 A_f 表示。

3. 反馈放大电路的一般表达式

由图 8-4 可知:

$$\dot{X}_{id} = \dot{X}_i - \dot{X}_f \tag{8-7}$$

基本放大电路的开环增益为

$$\dot{A} = \frac{\dot{X}_o}{\dot{X}_{id}} \tag{8-8}$$

反馈网络的反馈系数为

$$\dot{F} = \frac{\dot{X}_f}{\dot{X}_o} \tag{8-9}$$

负反馈放大电路的闭环放大倍数(或称为闭环增益)为

$$\dot{A}_f = \frac{\dot{X}_o}{\dot{X}_i} \tag{8-10}$$

将式(8-7)、式(8-8)、式(8-9)代入式(8-10),可得出负反馈放大电路增益的一般表达式为

$$\dot{A}_f = \frac{\dot{X}_o}{\dot{X}_i} = \frac{\dot{X}_o}{\dot{X}_{id} + \dot{X}_f} = \frac{\dot{X}_o}{\dot{X}_o/\dot{A} + \dot{F}\dot{X}_o} = \frac{\dot{A}}{1 + \dot{A}\dot{F}} \tag{8-11}$$

式(8-11)即负反馈放大器放大倍数(闭环放大倍数)的一般表达式,又称为基本关系式,它反映了闭环放大倍数与开环放大倍数及反馈系数之间的关系。

在式(8-11)中,$|1 + \dot{A}\dot{F}|$ 是开环放大倍数与闭环放大倍数幅值之比,它反映了反馈对放大电路的影响程度,通常把 $|1 + \dot{A}\dot{F}|$ 称为反馈深度,$|\dot{A}\dot{F}|$ 称为环路增益。反馈放大电路的很多性能都与反馈深度有关。一般情况下,它们都是频率的函数,其幅值和相角均与频率有关。

必须说明的是,对于不同的反馈类型,上式中各量具有不同的含义和量纲,可以是电压也可以是电流,还可以是电阻、电导或无量纲。

8.2.2 反馈的类型与判别

对反馈可以从不同的角度进行分类。按反馈信号的成分可分为直流反馈和交流反馈;按反馈的极性可分为正反馈和负反馈;按反馈信号与输出信号的关系可分为电压反馈和电流反馈;按反馈信号与输入信号的关系可分为串联反馈和并联反馈。

1. 有无反馈的判断

检查电路中是否存在反馈元件。反馈元件是指在电路中把输出信号回送到输入端的元件。反馈元件可以是一个或若干个,例如,可以是一根连接导线,也可以是由一系列运放、电

阻、电容和电感组成的网络,但它们的共同点是一端直接或间接地接于输入端,另一端直接或间接地接于输出端。

2. 直流反馈与交流反馈

这是按照反馈信号的成分来划分的。放大电路中存在着直流分量和交流分量,反馈信号也是如此。若反馈的信号仅有交流成分,则称为交流反馈,仅对输入回路中的交流成分有影响;若反馈的信号仅有直流成分,则称为直流反馈,仅对输入回路中的直流成分有影响,例如,静态工作点稳定电路就是直流反馈。若反馈信号中,既有交流量,又有直流量,则反馈对电路的交流性能和直流性能都有影响。

图 8-5(a)中反馈信号的交流成分被 C_e 旁路掉,在 R_e 上产生的反馈信号只有直流成分,因此是直流反馈;图 8-5(b)中直流反馈信号被 C 隔离,仅通交流,不通直流,因而为交流反馈。若将图 8-5(a)中电容 C_e 去掉,即 R_e 不再并联旁路电容,则 R_e 两端的压降既有直流成分,又有交流成分,因而是交直流反馈。

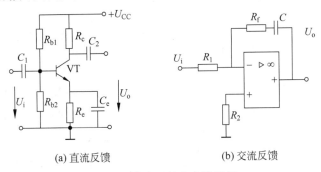

(a) 直流反馈　　　　　　　　　　(b) 交流反馈

图 8-5　直流反馈和交流反馈

3. 正反馈与负反馈

若反馈信号使净输入信号减弱,则为负反馈;若反馈信号使净输入信号加强,则为正反馈。正反馈多用于振荡电路和脉冲电路,而负反馈多用于改善放大电路的性能。

反馈极性的判断多用"瞬时极性法"。具体方法如下。

首先假定输入信号为某一瞬时极性(一般设对地极性为正,用 $\oplus$ 或 ↑ 表示升高,$\ominus$ 或 ↓ 表示降低),沿放大电路通过反馈网络再回到输入回路,依次定出电路中各有关点电位的瞬时极性;如果反馈信号与原假定的输入信号瞬时(变化)极性相同(加强净输入信号),则表明为正反馈,否则为负反馈(削弱净输入信号)。

注意:(1) 信号方向按照输入信号沿放大电路到输出,反馈信号沿反馈电路回到输入。

(2) 相位一般按中频判断,对分立元件放大器有共射反相,共集、共基同相;对集成运放有 U_o 与 U_- 反相、与 U_+ 同相。

【例 8-1】 用瞬时极性法来判别图 8-6 反馈电路的反馈极性。

解:对于图 8-6(a),首先假定输入信号电压对地瞬时极性为正,用 $\oplus$ 表示,则同相输入端电压瞬时极性为正,则输出电压瞬时极性为正(运放相位关系决定);通过反馈电路 R_1 将输出电压反送到反相端,形成反馈电压用 u_f 表示,且瞬时极性为正;由于,$u_{id} = u_i - u_f$,u_f 的正极性会使净输入量 u_{id} 减小,因此此电路为负反馈。

对于图 8-6(b)所示电路,假定 u_i 为正,则反相端电压瞬时极性为正,则输出电压瞬时极性为负;通过反馈电路 R_1 将输出电压反送到同相端,形成反馈电压用 u_f 表示,且瞬时极性

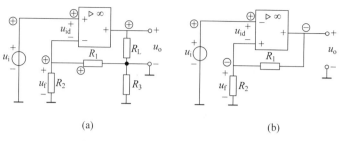

图 8-6 运放构成的反馈放大电路

为负；运放的净输入信号 $u_{id}=u_i-u_f$，u_f 的负极性会使净输入量 u_{id} 增大，因此，此电路为正反馈。

通过以上分析可以得出如下结论：运放组成的本级内反馈，若反馈到反相端，则为负反馈；若反馈到同相端，则为正反馈。但多级运放之间的反馈不能这样判断。

4. 反馈组态的判别

放大电路中一般为交流负反馈，可分为电压串联负反馈、电压并联负反馈、电流串联负反馈、电流并联负反馈 4 种组态。其判别方法可按以下步骤进行。

1) 电压反馈与电流反馈

这是按照反馈在输出端的取样方式来划分的。电压反馈的反馈信号取自输出电压的部分或全部，如图 8-7(a)所示。电流反馈的反馈信号取自输出电流，如图 8-7(b)所示。

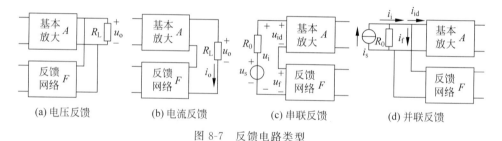

图 8-7 反馈电路类型

判断是电压反馈还是电流反馈的常用办法是负载电阻短路法(亦称输出短路法)，这种办法是假设将负载电阻 R_L 短路，也就是使输出电压为零。此时若原来是电压反馈，则反馈信号一定随输出电压为零而消失；若电路中仍然有反馈存在，则原来的反馈应该是电流反馈。

电压负反馈具有稳定输出电压、减小输出电阻的特点；电流负反馈具有稳定输出电流、增大输出电阻的特点。

2) 串联反馈与并联反馈

串联反馈与并联反馈是按照反馈信号在输入回路中与输入信号相叠加方式的不同来分类的，以电压形式还是以电流形式相叠加，是区分串联反馈与并联反馈的依据。

(1) 串联反馈。反馈信号与输入信号以电压形式在输入回路串联相叠加的反馈是串联反馈，如图 8-7(c)所示，$u_{id}=u_i-u_f$。

(2) 并联反馈。反馈信号与输入信号以电流形式在输入节点并联相叠加的反馈是并联反馈，如图 8-7(d)所示，$i_{id}=i_i-i_f$。

输入端的信号源内阻对于负反馈的反馈效果是有影响的。对于串联负反馈，信号源内阻越小，反馈效果越明显，应采用内阻小的电压源作为信号源；对于并联负反馈，信号源内阻越大,反馈效果越明显,应采用内阻大的电流源作为信号源,信号源内阻不能为0。

串联负反馈具有增大输入电阻的特点,并联反馈具有减小输入电阻的特点。

判别规律总结:反馈信号与输入信号在不同节点为串联反馈,在同一个节点为并联反馈。反馈取自输出端或输出分压端为电压反馈,反馈取自非输出端为电流反馈。

【例 8-2】　判别图 8-6(a)反馈电路的反馈组态。

解:图 8-6(a)中,R_1、R_2 为反馈元件,在输出回路与输入回路间建立反馈关系。若将负载 R_L 短路,$U_o=0$,U_f 依然存在,若将 R_L 开路(使 $I_o=0$),反馈便消失,所以这个电路是电流反馈。

从输入端来分析,反馈信号 U_f 与输入信号 U_i 是以串联方式在输入回路中叠加的,$U_{id}=U_i-U_f$,因而是串联反馈。

总之,这个电路是电流串联负反馈放大电路。

8.2.3　负反馈对放大器性能的影响

负反馈虽然降低了放大电路的放大倍数,但可以改善放大电路的很多性能,如稳定输出电压或输出电流、提高增益稳定性、扩展通频带、减小失真、影响输入电阻和输出电阻等,下面分别加以讨论。

1. 提高闭环放大倍数的稳定性

放大电路的放大倍数是由电路元件的参数决定的。若元件老化或更换、电源不稳、负载变化或环境温度变化,则可能引起放大器的放大倍数变化。为此,通常都要在放大电路中引入负反馈,用以提高放大倍数的稳定性。

放大倍数的稳定性常用有、无反馈时增益的相对变化量之比来衡量。由负反馈放大器的闭环放大倍数 $A_f=A/(1+AF)$,可以推出

$$dA_f/A_f=(dA/A)/(1+AF) \tag{8-12}$$

式(8-12)说明,负反馈的引入使放大电路的放大倍数稳定性提高到了$(1+AF)$倍,负反馈越深,稳定性越高。这里要提请大家注意以下几个问题。

(1) 负反馈只能减小由基本放大电路引起的增益变化量,对反馈网络的反馈系数变化引起的增益变化量是无法解决的。因此,设计负反馈电路时,反馈网络最好由无源器件组成,以使反馈系数稳定。

(2) 不同组态的反馈电路能稳定的增益含义不同。

(3) 负反馈的自动调节作用不能保持输出量不变,只能使输出量趋于不变。

2. 展宽通频带

加入负反馈后,利用负反馈的自动调整作用,可以使通频带展宽。经计算可知,展宽大约 $1+A_mF$ 倍。注意:A_m 为中频放大倍数。

3. 减小非线性失真和抑制干扰、噪声

由于放大电路中元件(如晶体管)具有非线性,因而会引起非线性失真。一个无反馈的放大电路,即使设置了合适的静态工作点,但当输入信号较大时,仍会使输出信号波形产生非线性失真。引入负反馈后,这种失真可以减小。

这里应当说明,负反馈只能够减小反馈环路内的非线性所产生的非线性失真,而不能减小输入信号本身所固有的失真。而且,负反馈只是"减小"而不是"完全消除"非线性

失真。同样,当放大电路受到干扰和内部噪声的影响时,采用负反馈可以减小这种影响。干扰和噪声同非线性失真一样都减小为无反馈时的 $1/(1+AF)$。必须指出,若干扰和噪声是随输入信号同时由外界引入的,负反馈则毫无办法。另外,放大电路引入负反馈后,噪声输出虽然减小了 $1+AF$ 倍,但净输入信号也减小同样的倍数,结果输出端输出信号与噪声的比值(简称信噪比)并没有提高,因此,为了提高信噪比,必须同时提高有用信号,对信号源要求更高。

4. 改变输入电阻和输出电阻

负反馈可以影响放大电路的输入电阻和输出电阻,影响的情况与反馈的类型有关。

1)对输入电阻的影响

负反馈对输入电阻的影响随反馈信号在输入回路中叠加方式的不同而不同,而与输出端的取样方式无直接关系,取样方式只改变 AF 的具体含义。

串联负反馈使输入电阻增大,并联负反馈使输入电阻减小,增大和减小的倍数均为 $1+AF$。这里要说明两点:其一,电压反馈和电流反馈不影响输入电阻变化公式,但影响 A 及 F 的含义,应根据电路的具体反馈类型加以确定;其二,串并联反馈只对反馈环路内的输入电阻影响。

2)对输出电阻的影响

负反馈对输出电阻的影响随反馈信号在输出回路中的采样方式不同而不同,而与输入端的叠加方式无直接关系,叠加方式只改变 AF 的具体含义。因此,负反馈对输出电阻的影响时,只需画出输出端口的连接方式。电压负反馈使输出电阻减小,电流负反馈使输出电阻增大,增大和减小的倍数均为 $1+AF$。

这里要说明两点:其一,串联反馈和并联反馈不影响输出电阻变化公式,但影响 A 及 F 的含义,应根据电路的具体反馈类型加以确定;其二,电压、电流反馈只对反馈环路内的输出电阻影响。详细分析,请参阅电子资源。

8.2.4 负反馈放大器的自激与稳定

引入负反馈后可以改善放大器的性能,而且反馈越深,即 F 越大,改善的程度就越好,但另一方面,反馈越深,放大器却越不易稳定。当负反馈放大器的反馈深度 $|1+\dot{A}\dot{F}|=0$ 时,即使不加输入信号,放大器也有信号输出,这种现象称为放大器自激。自激破坏放大器的稳定性,使电路无法正常工作,因而应设法消除或避免。

1. 产生自激振荡的原因

前述的负反馈是针对中频区,在中频范围内,电路中各电抗的影响可以忽略。在高频区或低频区,电路中各电抗的影响必须考虑,此时,$\dot{A}$、$\dot{F}$ 都是频率的函数。根据频率响应分析可知,当频率升高和下降时,放大器和反馈网络都会产生附加相移 $\Delta\varphi$,若在某一频率处,附加相移 $\Delta\varphi$ 达到 $180°$,则中频时的负反馈放大电路变成正反馈放大电路,从而可能出现自激。

根据频率响应分析可知,一级 RC 放大电路在低频或高频时的附加相移接近 $90°$,两级 RC 放大电路在低频或高频时的附加相移可接近 $180°$,三级 RC 放大电路在低频或高频时的附加相移可接近 $270°$,以此类推,放大器级数越多,附加相移越大,越易产生自激。可见负反馈产生自激的根本原因之一是 $\dot{A}\dot{F}$ 的附加相移。

2. 产生自激振荡的相位条件和幅度条件

前面已经指出,当负反馈放大器满足 $|1+\dot{A}\dot{F}|=0$ 时,会产生自激。因此可以推出自激振荡的条件是

$$\dot{A}\dot{F}=-1$$

它含有幅值和相位两个条件

$$|\dot{A}\dot{F}|=1 \tag{8-13}$$

$$\arg\dot{A}\dot{F}=\pm(2n+1)\pi,\quad n=0,1,2\cdots \tag{8-14}$$

幅值和相位两个条件同时满足时,负反馈放大电路就会产生自激振荡。

实际上,在满足式(8-14)相位条件后, $|\dot{A}\dot{F}|>1$ 也会使放大器自激,且其输出信号的幅度会增加,直到为电路元件的非线性所限制不再增加为止。

3. 负反馈自激的消除

引入负反馈可以改善放大电路的性能,负反馈越深,放大电路的性能越好,同时也越易自激。为了使放大电路能稳定地工作,必须消除自激。一个简单的办法就是减小反馈系数 $|F|$,但是, $|F|$ 减小,将使负反馈减弱,对改善放大电路性能不利。可见改善放大电路的性能和提高放大电路的稳定性两者存在着矛盾,相位补偿法是一种有效措施。所谓相位补偿,就是在负反馈电路的适当位置加入 RC 网络,以改变 $\dot{A}\dot{F}$ 的频率响应,设法破坏其自激振荡的条件,使得在稳定度满足要求的前提下,能获得较大的环路增益。相位补偿法有多种形式,一般多采用电容 C 或 RC 补偿电路来改变电路的频率特性,以消除自激。

图 8-8 为几个主要用于消除负反馈高频自激的电路形式。图 8-8(a)为电容补偿;图 8-8(b)为 RC 补偿,它比电容补偿的高频衰减小,可以改善带宽;图 8-8(c)为反馈补偿。

(1) 电容补偿。将电容 C 接在时间常数最大的回路中,即前级输出电阻和后级输入电阻都比较大的地方,如图 8-8(a)所示。由于加入电容 C,使最低上限频率变小,其通频带变窄,故又称为窄带补偿。

(2) 电阻电容补偿。用 RC 串联网络代替电容 C,接法及要求和电容补偿相同。补偿后的通频带比电容补偿略宽,如图 8-8(b)所示。

(3) 反馈补偿。以上两种补偿所需电容一般较大。在电路特别是集成电路中,常采用反馈补偿,如图 8-8(c)所示。在电路中接入较小的电容,利用密勒效应可以达到增大电容的作用,获得同样的效果。它们的元件数值可比前两种补偿取的小。图 8-8(c)中,也常用 RC 网络取代电容 C,同样可以增宽通频带。

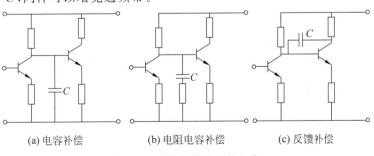

(a)电容补偿　　　　(b)电阻电容补偿　　　　(c)反馈补偿

图 8-8　消除自激的几种电路

上述几种补偿方法都会使开环增益 $\dot{A}\dot{F}$ 的相位滞后,习惯称为滞后补偿。补偿元件的数值计算很烦琐,一般可通过实验确定。

负反馈电路在低频范围内,满足自激条件时,也会产生自激现象,称为低频自激。低频自激产生的主要原因有直流电源内阻偏大、电路耦合电容作用以及接地不良等。消除低频自激,首先要选择低内阻直流电源,然后加接去耦电容。实际应用中的去耦电容常用一个大容量的电解电容和一个小容量的无感电容并联使用。

有关负反馈电路分析计算的详细内容可参阅电子资源。

【思考题】

(1)什么是反馈?如何判断一个电路是否有反馈?什么是反馈信号?反馈信号与输出信号的类型是否一定相同?

(2)如何判断交流反馈和直流反馈?如何判断反馈的正负极性?如何判断电压反馈和电流反馈?如何判断并联反馈和串联反馈?

(3)写出负反馈闭环增益的一般表达式。反馈深度和环路增益的含义是什么?

(4)负反馈可以改善放大器的哪些性能?要稳定电压放大倍数要接成什么反馈?

(5)产生自激振荡的原因是什么?一级和二级放大电路可能产生自激振荡吗?

(6)消除自激振荡的措施有哪些?各有什么特点?

8.3 集成运算放大器构成的模拟运算电路

模拟运算电路包括比例、加法、减法、微积分、对数、反对数、乘除法等应用电路,要求集成运放必须工作在线性区,采用负反馈是必然选择。

8.3.1 比例运算电路

比例运算电路的输出电压与输入电压之间存在比例关系,即电路可以实现比例运算。比例运算是最基本的运算电路,是其他各种运算的基础,如求和、积分、微分、对数、反对数等,都是在比例电路的基础上,加以扩展和演变得到的。根据输入信号接法的不同,比例运算电路有反相输入比例、同相输入比例、差动输入比例 3 种基本形式,差动输入比例实际上是一种减法电路。

1. 反相输入比例运算电路

如图 8-9 所示为反相输入比例运算电路。图 8-9 中,输入信号 u_i 通过 R_1 接运放反相端,可以判断反馈电阻 R_f 和 R_1 共同构成电压并联负反馈,因此,运放工作在线性区,具有"虚短"和"虚断"特点;R_2 是平衡电阻,要求 $R_2 = R_1 // R_f$,以保证处于平衡对称的工作状态,利于消除偏流和温漂的影响。

根据"虚短"和"虚断"可知,A 点的电位为 0,称为"虚地"。"虚地"是反相输入的一个重要特点。利用"虚断"、"虚地"特点,根据 KCL 定律可推出

$$A_{uf} = \frac{u_o}{u_i} = -\frac{R_f}{R_1} \qquad (8\text{-}15)$$

上述反相输入电路具有以下特点。

(1)输出电压与输入电压成比例关系,且相位相

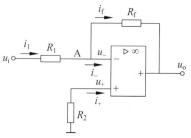

图 8-9　反相输入比例运算电路

反,当 $R_1 = R_f = R$ 时,输入电压与输出电压大小相等,相位相反,成为反相器。

（2）由于反相端和同相端的对地电压都接近于零,所以集成运放输入端的共模输入电压极小,因此对集成运放的共模抑制比要求较低。

（3）由于反相输入比例运算电路引入的是深度电压并联负反馈,因此输入电阻、输出电阻为

$$r_{if} = R_1 + \frac{r_{id}}{1 + AF} \approx R_1 \qquad (8\text{-}16)$$

$$r_{of} = \frac{r_{od}}{1 + AF} \approx 0 \qquad (8\text{-}17)$$

由于并联负反馈输入电阻小,因此要向信号源汲取一定的电流;由于深度电压负反馈输出电阻小,因此带负载能力较强。

2. 同相输入比例运算电路

在图 8-10 中,输入信号 u_i 经过外接电阻 R_2 接到集成运放的同相端,反馈电阻接到其反相端,构成电压串联负反馈。利用虚短、虚断,由 KCL 定律可得

$$A_{uf} = \frac{u_o}{u_i} = 1 + \frac{R_f}{R_1} \qquad (8\text{-}18)$$

上述同相输入电路具有以下特点。

（1）输出电压与输入电压成比例关系,且相位相同,当 $R_f = 0$ 或 $R_1 \to \infty$ 时,输入电压与输出电压大小相等,相位相同,成为电压跟随器,如图 8-11 所示,实用中常接 R_f, R_f 具有限流保护作用,为满足平衡要求,输入端也要接一个与 R_f 大小相同的电阻。

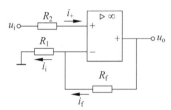
图 8-10 同相输入比例运算电路

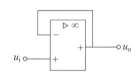
图 8-11 电压跟随器

（2）由于同相端和反相端的对地电压都接近于输入电压,所以集成运放输入端的共模输入电压较高,因此对集成运放的共模抑制比要求较高。

（3）由于同相输入比例运算电路引入的是深度电压串联负反馈,因此输入电阻为 $r_{if} \approx (1 + AF)r_{id} \to \infty$,输出电阻为

$$r_{of} = \frac{r_{od}}{1 + AF} \approx 0 \qquad (8\text{-}19)$$

由于串联负反馈输入电阻大,因此对信号源影响小;由于深度电压负反馈输出电阻小,因此带负载能力较强。

3. 差动输入比例运算电路

差动比例运算电路的输出电压与运放两端的输入电压差成比例,因此,称为差动比例运算电路,又因为能实现减法运算,又称为减法电路。电路如图 8-12所示。

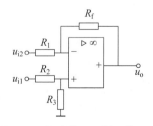
图 8-12 差动输入比例运算电路

根据虚短、虚断特点,利用 KCL、KVL 定律或叠加定律,可得输出电压 u_o 为:

$$u_o = \left(1 + \frac{R_f}{R_1}\right)\frac{R_3}{R_2 + R_2}u_{i1} - \frac{R_f}{R_1}u_{i2} \tag{8-20}$$

一般满足 $R_1 = R_2$,$R_3 = R_f$,则有

$$A_{uf} = \frac{u_o}{u_{i1} - u_{i2}} = \frac{R_f}{R_1}$$

当 $R_1 = R_2 = R_3 = R_f = R$ 时,$u_o = u_{i1} - u_{i2}$。在理想情况下,它的输出电压等于两个输入信号电压之差,具有很好的抑制共模信号的能力。

差动比例运算电路常用作减法运算以及测量放大器。但是该电路作为差动放大器对元件的对称性要求比较高,如果元件失配,不仅带来附加误差还会产生共模电压输出,增益调节困难;同时,还有输入电阻低的缺点。因此,为了满足输入阻抗和增益可调的要求,在工程上常采用多级运放组成的差动放大器来完成对差模信号的放大。

比例电路是一种基本的运算电路,以它为基础可以组合成各种用途的实用电路。数据放大器就常用比例电路组成,数据放大器是一种高增益、高输入电阻和高共模抑制比的直接耦合放大电路,一般具有差动输入、单端输出的形式。它通常在数据采集、自动控制、精密测量以及生物工程等系统中,对各种传感器送来的缓慢变化信号加以放大,然后输出给系统。数据放大器质量的优劣常常是决定整个系统精度的关键。目前,单片集成数据放大器已普及应用,已有多种型号的单片集成电路,如 LH0036、LH0084 就是典型的单片集成数据放大器,其基本组成单元是同相比例和差动比例运放电路。

前面分析按理想进行,实际中还是有一定误差的,一般在不同的场合对指标要求不同。在分析误差时,我们可以认定部分指标理想,考虑某一个或几个指标对实际的影响。只要画出等效电路,按照前面电路分析进行就可以,限于篇幅,不做详细讨论。

8.3.2 求和运算电路

在测控电路中,往往需要将多个采样信号按一定比例叠加起来输入到放大电路中,这就需要求和电路。用运放可以组成求和电路,根据输入方式有反相输入求和、同相输入求和、双端输入求和 3 种求和电路,下面分别讨论。

1. 反相求和电路

反相求和电路如图 8-13 所示。因为 R_f 引入负反馈,所以运放工作在线性区,根据"虚断"、"虚短"(此处虚地)概念和 KCL 定律可得:

$$u_o = -\left(\frac{R_f}{R_1}u_{i1} + \frac{R_f}{R_2}u_{i2} + \frac{R_f}{R_2}u_{i3}\right) \tag{8-21}$$

则实现了各信号按比例进行加法运算,图 8-13 中 R' 是平衡电阻,要求 $R' = R_1 // R_2 // R_3 // R_f$。此种运算可以推广到 n 个输入信号,并且调节方便。如取 $R_1 = R_2 = R_3 = R_f$,则 $u_o = -(u_{i1} + u_{i2} + u_{i3})$,实现了各输入信号的反相相加。图 8-13 所示电路对 3 个输入所呈现的输入电阻分别为 R_1、R_2、R_3;输出电阻约为 0。

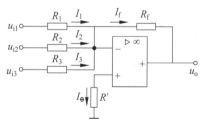

图 8-13 反相求和电路

【例 8-3】　设计运算电路,要求实现 $U_o = -(2U_{i1} + 5U_{i2} + U_{i3})$ 的运算。

解:此题的电路是 3 个输入信号的反相加法运算,实现这一运算的电路如图 8-13 所示。由式(8-21)可知各个系数由反馈电阻 R_f 与各输入电阻的比例关系所决定。只要选取 $R_f/R_1 = 2$、$R_f/R_2 = 5$、$R_f/R_3 = 1$,就可满足要求。若取 $R_f = 10\text{k}\Omega$,则得 $R_1 = 5\text{k}\Omega$, $R_2 = 2\text{k}\Omega$, $R_3 = 10\text{k}\Omega$, $R' = R_1 // R_2 // R_3 // R_f \approx 1.1\text{k}\Omega$ 则可实现上述关系。图 8-13 如果再增加一级反相比例电路则可实现同相加法运算。这里要注意选择电阻还要结合实际情况和电路要求。

2. 同相求和电路与双端求和电路

如果从运放的同相端输入信号,就可以实现输入信号之间的同相求和,如果从运放的同相端和反相端都输入信号,就可以实现输入信号之间的加减。利用同相求和可以实现同相相加,双端求和可以实现加减法,但各项系数相互影响,参数调节麻烦。实际中实现加减法运算常采用多级反相求和相串联的方案,下面举例说明。

【例 8-4】　设计一个加减法运算电路,使其实现数学运算 $u_o = u_{i1} + 2u_{i2} - 5u_{i3} - u_{i4}$。

解:利用两个反相加法器则可以实现此加减法运算,电路如图 8-14 所示。

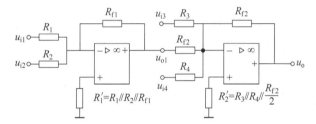

图 8-14　加减法运算电路

根据第一级反相求和运算,可以求出 u_{o1}:

$$u_{o1} = -\frac{R_{f1}}{R_1}u_{i1} - \frac{R_{f1}}{R_2}u_{i2}$$

将 u_{o1} 作为后级输入,根据第二级反相求和运算,可以求出 u_o:

$$u_o = -\frac{R_{f2}}{R_{f2}}u_{o1} - \frac{R_{f2}}{R_3}u_{i3} - \frac{R_{f2}}{R_4}u_{i4} = \frac{R_{f1}}{R_1}u_{i1} + \frac{R_{f1}}{R_2}u_{i2} - \frac{R_{f2}}{R_3}u_{i3} - \frac{R_{f2}}{R_4}u_{i4}$$

将上式和 $u_o = u_{i1} + 2u_{i2} - 5u_{i3} - u_{i4}$ 对比,则可求出电阻值。如果取 $R_{f1} = R_{f2} = 10\text{k}\Omega$,则 $R_1 = 10\text{k}\Omega$, $R_2 = 5\text{k}\Omega$, $R_3 = 2\text{k}\Omega$, $R_4 = 10\text{k}\Omega$, $R_1' = R_1 // R_2 // R_{f1}$、$R_2' = R_3 // R_4 // R_{f2}$。由于两级电路都是反相输入运算电路,故不存在共模误差。

由于反相输入方式调节方便,共模误差较小,因此十分常用,但是低输入电阻是其严重缺陷。为了提高输入电阻,采取了多种措施,如加入有源反馈等。

8.3.3　积分和微分运算电路

1. 积分运算

积分运算是模拟计算中的基本单元电路,它是各种测控系统中重要单元,利用它的充放电可以实现延时、定时以及产生各种波形。例如,积分电路在自动控制系统中用以延缓过渡过程的冲击,使被控制的电动机外加电压缓慢上升,避免其机械转矩猛增而造成传动机械的损坏。积分电路还常用来做显示器的扫描电路,以及模/数转换器、数学模拟运算等。

采用集成运放的基本积分电路如图 8-15(a)所示。它和反相比例放大电路的不同就是

用电容器 C 取代了反馈电阻 R_f，成了积分运算电路。

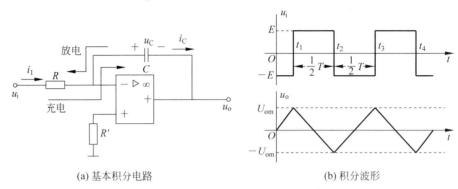

(a) 基本积分电路　　　　　　　　　(b) 积分波形

图 8-15　基本积分电路及积分波形

　　因为 C 引入负反馈，所以运放工作在线性区，根据"虚断"、"虚短"(此处虚地)的概念可以得出

$$u_o = -u_C = -\frac{1}{C}\int i_C \, dt - u_C(0) = -\frac{1}{RC}\int u_i \, dt - u_C(0) \tag{8-22}$$

$u_C(0)$ 是积分前时刻电容 C 上的电压，称为电容端电压的初始值。式(8-22)表明，输出电压为输入电压对时间的积分，且相位相反。

　　当 $u_C(0)=0$ 时，可以写成下面形式

$$u_o = -\frac{1}{RC}\int u_i \, dt \tag{8-23}$$

　　若输入电压是图 8-15(b)所示的方波电压时，并假定 $u_C(0)=0$，方波电压的幅值为 $\pm E$。积分波形形成过程如下。

　　当时间在 $0\sim t_1$ 期间时，$u_i = -E$，电容放电，输出电压为

$$u_o = -\frac{1}{RC}\int_0^{t_1}(-E)\,dt = +\frac{E}{RC}t$$

　　当 $t = t_1$ 时，$u_o = +U_{om}$。$+U_{om}$ 为其正向最大输出幅度。

　　当时间在 $t_1 \sim t_2$ 期间时，$u_i = +E$，电容充电，电容初始值为

$$u_C(t_1) = -u_o(t_1) = -U_{om}$$

所以得出

$$u_C = \frac{1}{RC}\int_{t_1}^{t_2} E\,dt + u_C(t_1) = \frac{1}{RC}\int_{t_1}^{t_2} E\,dt - U_{om}$$

$$u_o = -u_C = -\frac{1}{RC}\int_{t_1}^{t_2} E\,dt + U_{om} = -\frac{E}{RC}t + U_{om}$$

　　当 $t = t_2$ 时，$u_o = -U_{om}$。$-U_{om}$ 为其负向最大输出幅度。如此周而复始，即可得到三角波输出。这里要说明两点：其一，输出幅度和积分快慢主要取决于积分时间常数 RC 的大小；其二，若可能输出的最大幅度 $\pm U_{om}$ 大于运放的最大幅度，输出波形将被限幅，成为梯形波。输入其他信号，例如阶跃信号的情况请自己分析。

　　图 8-15 所示基本积分电路，会产生一定的误差。产生积分误差的主要原因有两个方面，一方面是集成运放不够理想引起的，另一方面是积分电容存在泄漏电阻和吸附效应等引起的。为了减小误差，人们采用了多种措施，形成了多种实用的积分电路，但其基本原理是

相同的。

2. 微分运算

微分运算是积分运算的逆运算。将积分电路中的 R 和 C 互换,就可得到微分(运算)电路,如图 8-16(a)所示。

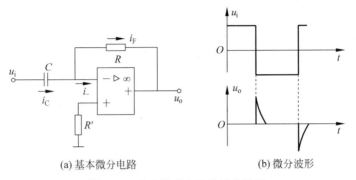

(a) 基本微分电路　　　　　　　(b) 微分波形

图 8-16　基本微分电路及微分波形

因为 R 引入负反馈,所以运放工作在线性区,在这个电路中,同样满足"虚地"、"虚断"。根据"虚断"、"虚地"的概念可得,$u_+ = u_- = 0$,$i_+ = i_- = 0$,则 $i_F \approx i_C$。假设电容 C 的初始电压为零,那么可以得出

$$i_F = i_C = C \frac{\mathrm{d}u_i}{\mathrm{d}t} \quad u_o = -i_F R = -RC \frac{\mathrm{d}u_i}{\mathrm{d}t} \tag{8-24}$$

上式表明,输出电压为输入电压对时间的微分,且相位相反。RC 为微分时间常数,其值越大,微分作用越强。

微分电路的波形变换作用如图 8-16(b)所示,可将矩形波变成尖脉冲输出。微分电路在自动控制系统中可用作加速环节,例如电动机出现短路故障时,起加速保护作用,迅速降低其供电电压。上述基本微分电路还有一些不足,实际中要加以改进。

将比例运算、积分运算和微分运算三部分组合在一起,可组成 PID 调节器。各部分作用是,比例用在常规调节,积分用在提高精度,微分用来反映变化的趋势。PID 常用于工矿企业的各类测控仪表中。

*用二极管取代反相比例电路中的 R_f,则可构成对数运算电路;将对数电路中的电阻和二极管互换位置,则可构成反对数运算电路。利用对数和反对数运算的组合,可以得到多种形式的非线性运算。例如,利用对数和反对数以及加或减法运算配合,可以实现乘或除法运算。

这种组合方案有明显缺点,一方面输入信号正负受限制,只能实现单象限运算;另一方面,电路复杂,并且选择三极管也比较费事。随着高性能模拟乘法器的出现,上述组合运算电路应用已日渐衰微。有关具体内容可参阅电子资源。

【思考题】

(1) 3 种比例电路各有什么特点?"虚地"和"虚短"有何区别?

(2) 为了调节方便,构成求和电路一般采用哪种电路形式?

(3) 积分电路可以将方波、正弦波变换成何种波形?微分电路可以将方波、正弦波变换成何种波形?

*8.4　集成运算放大器构成的有源滤波器和电压比较器

8.4.1　有源滤波器

1. 有源滤波器概述

在实际的电子系统中,输入信号往往包含一些不需要的信号成分,必须设法将它衰减到足够小的程度,但同时必须让有用信号顺利通过。完成上述功能的电子电路就是滤波电路,称为滤波器。

滤波电路实质上是一种选频电路,常用在信息的处理、数据的传送和干扰的抑制等方面。早期主要采用由 R、L 和 C 组成的无源模拟滤波器,因滤波效果较差,已被由集成运放和 R、C 组成的有源滤波器取代,集成运放有源滤波器应用较为广泛。但是,运放的带宽有限,所以有源滤波器的最高工作频率受运放的限制,这是它的不足之处,目前已有多种性能优良的集成有源滤波器出现。

根据输出信号中所保留的频率范围的不同,可将滤波分为低通滤波(LPF)、高通滤波(HPF)、带通滤波(BPF)、带阻滤波(BEF)四类。通常用幅频特性来表征一个滤波器的特性,它们的理想和实际幅频特性如图 8-17 所示,被保留的频率范围称为"通带",被抑制的频率范围称为"阻带","通带"和"阻带"的临界频率称为截止频率。其中,A_u 为各频率的增益,A_{um} 为通带的最大增益。

2. 有源低通滤波

(1) 一阶有源低通滤波。将 RC 无源低通滤波电路接到集成运放的同相输入端,则构成有源低通滤波电路,电路如图 8-18 所示,因为只有一阶 RC,所以称为一阶低通。

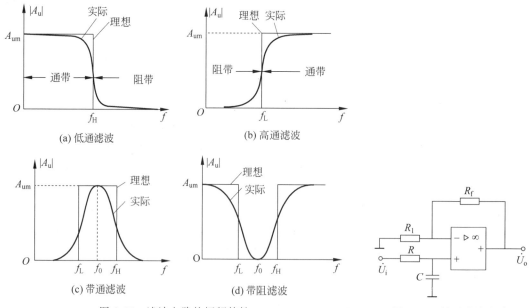

图 8-17　滤波电路的幅频特性

图 8-18　低通滤波电路

图 8-18 接有深度负反馈,因而,运放工作在线性区,具有"虚短"和"虚断"特点。根据"虚短"和"虚断"特点,由电路定律可得增益为

$$\dot{A}_{u} = \left(1 + \frac{R_f}{R_1}\right)\frac{1}{1 + j\omega RC} = \frac{A_{up}}{1 + j\dfrac{\omega}{\omega_0}} \tag{8-25}$$

式中，$A_{up} = 1 + \dfrac{R_f}{R_1}$，称为低通滤波器的通带电压放大倍数，它是当工作频率趋近于零时，其输出电压 U_o 与其输入电压 U_i 的比值；$\omega_0 = 1/RC$，称为截止角频率，它是随着工作频率的提高，电压放大倍数下降到 $0.707A_{up}$ 时，对应的角频率。当 $\omega = \omega_0$ 时，增益下降 3dB，$f_0 = \omega_0/2\pi$，称为截止频率。

（2）二阶有源低通滤波。为了改善滤波效果，使输出信号在 $f > f_0$（$f_0 = \omega_0/2\pi$）时衰减得更快，可将上述滤波电路再加一级 RC 低通电路，组成二阶低通滤波电路，如图 8-19(a) 所示，图 8-19(b) 是经过改进的具有更好滤波效果的二阶低通滤波电路。在图 8-19(b) 中，第一阶电容 C 的一端从地改接到运放的输出端，相当于在二阶低通滤波电路中引入了反馈。由于 RC 网络的移相作用，它的反馈极性对于不同频段是不同的。在小于截止频率的范围内，有增强输出信号的作用；在大于截止频率范围内，有减弱输出信号的作用。总之，反馈的引入，使高频段幅度衰减更快，更接近理想特性。

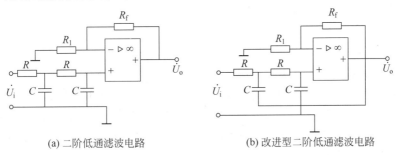

(a) 二阶低通滤波电路　　　　　　　(b) 改进型二阶低通滤波电路

图 8-19　二阶低通滤波电路

3. 其他有源滤波

（1）有源高通滤波。高通滤波器能够通过高频信号，抑制或衰减低频信号。将低通滤波器中起滤波作用的电阻、电容位置互换，就构成为高通滤波器。

（2）有源带通滤波电路。带通滤波电路的作用是只允许某一频段内的信号通过，而比通频带下限频率低和比上限频率高的信号都被阻断。常用于从许多信号（包括干扰、噪声）中获取所需的信号。

将截止频率为 ω_h 的低通滤波电路和截止频率为 ω_l 的高通滤波电路"串接"起来，就可获得带通滤波电路。$\omega > \omega_h$ 的信号被低通滤波电路滤掉，$\omega < \omega_l$ 的信号被高通滤波电路滤掉，只有当 $\omega_l < \omega < \omega_h$ 时信号才能通过，显然，只有 $\omega_h > \omega_l$ 才能组成带通电路。

（3）有源带阻滤波电路。带阻滤波电路的性能和带通滤波相反，即在规定的频带内，信号不能通过或受很大衰减，而在其余频率范围，信号则能顺利通过。经常用在抗干扰的设备中。

将截止频率为 ω_h 的低通滤波电路和截止频率为 ω_l 的高通滤波电路"并联"起来，就可获得带阻滤波电路。$\omega < \omega_h$ 的信号从低通滤波电路中通过，$\omega > \omega_l$ 的信号从高通滤波电路通过，只有 $\omega_h < \omega < \omega_l$ 的信号无法通过，同样，只有 $\omega_h < \omega_l$ 才能组成带阻电路。

一般带通滤波器较带阻滤波器结构简单，带阻滤波器也可由带通滤波器和减法运算器组成，只要从输入信号中减去带通滤波器的输出信号，就可得到带阻信号，如图 8-20 所示。

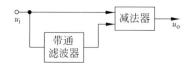

图 8-20　带通滤波器和减法器组成的带阻滤波器框图

8.4.2　电压比较器

电压比较器的基本功能是比较两个或多个模拟量的大小,并将比较结果由输出状态反映出来。常用于报警、模数转换以及波形变换等场合。信号的幅度比较时,输入信号是连续变化的模拟量,但要求输出电压只有两种状态:高电平或低电平,所以集成运放通常工作在非线性区。比较器中的运放经常处于开环状态,有时为了使输入输出特性在转换时更加陡直,以提高比较精度,也在电路中引入正反馈。

电压比较实质上是运放的反相端 u_- 和同相端 u_+ 进行比较,根据非线性区特点可知:当 $u_- < u_+$ 时,输出正向饱和电压, $u_o = u_{OH}(+u_{om})$; 当 $u_- > u_+$ 时,输出负向饱和电压, $u_o = u_{OL}(-u_{om})$; 当 $u_- = u_+$ 时, $u_{OL} < u_o < u_{OH}$ (状态不定),仅此刻同相端和反相端可看成"虚短路"。比较器的类型很多,本节主要讨论常用的单门限比较器、迟滞比较器及双限比较器。

1. 单限电压比较器

单门限电压比较器的基本电路如图 8-21(a)所示。图 8-21(a)中,反相输入端接输入信号 u_i, 同相输入端接基准参考电压 U_{REF} (或 U_R)。集成运放处于开环工作状态,工作在非线性区。当 $u_i < u_{REF}$ 时,即 $u_- < u_+$, 输出为高电位 $+U_{om}$, 当 $u_i > u_{REF}$ 时,即 $u_- > u_+$, 输出为低电位 $-U_{om}$。若 U_{REF} 为一恒压,其传输特性如图 8-21(b)所示。由图 8-21(b)可见,只要输入电压相对于基准电压 U_{REF} 发生微小的正负变化时,输出电压 U_o 就在负的最大值到正的最大值之间作相应的变化。

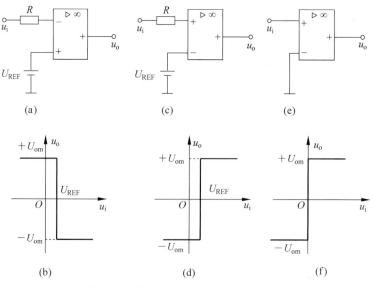

图 8-21　单门限电压比较器的基本电路

输入信号 u_i 也可从同相输入端接入,只需将 u_i 与 u_{REF} 调换即可,电路如图 8-21(c)所示,其传输特性如图 8-21(d)所示。

由图 8-21(b)和图 8-21(d)可知,输入电压 u_i 的变化经过 U_{REF} 时,输出电压发生翻转,我们把比较器的输出电压从一个电平翻转到另一个电平时对应的输入电压值,称为阈值电压,简称阈值;或门限电压,简称门限,用 u_{TH} 表示。

由于上述电路只有一个门限电压,因此称为单限比较器,图 8-21(a)输入信号 u_i 由反相端输入,称为反相输入单限比较器;图 8-21(c)输入信号 u_i 由同相端输入,称为同相输入单限比较器。

如果输入电压过零时,输出电压发生跳变,就称为过零电压比较器,如图 8-21(e)所示,传输特性曲线如图 8-21(f)所示。

比较器也可以用于波形变换,例如,过零电压比较器可以把正弦波转变为方波,如图 8-22所示。

由于比较器的两个输出电压分别是集成运放的正、负向输出饱和电压,而比较器往往要驱动数字电路,为了满足数字电路对电平的特殊要求,一般要对输出电压进行限幅。一般采用二极管和稳压管进行限幅,图 8-23 是限制输出幅度的连接方法。

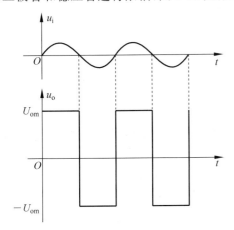

图 8-22　过零电压比较器的波形转换作用

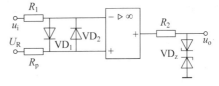

图 8-23　具有输入保护和输出限幅的比较器

图 8-23 中的反并联二极管 VD_1、VD_2 是输入保护电路,当输入电压过大时,VD_1、VD_2将会导通,从而将运放的输入电压箝位在 $-U_D \sim +U_D$(二极管正向压降)的范围内,起到了保护作用。

在图 8-23 中,输出端接有两个反串联的稳压管 VD_Z,当输出电压正向幅度过大时,输出电压将被箝位在 U_Z+U_D;当输出电压负向幅度过大时,输出电压将被箝位在 $-(U_Z+U_D)$。其中,U_Z 是稳压管反向击穿时的稳压值,U_D 是稳压管以及二极管的正向导通压降。

2. 迟滞电压比较器

单限电压比较器虽然具有电路简单、灵敏度高等特点,但其抗干扰能力差。在实际应用中,往往存在干扰和噪声,当干扰和噪声信号叠加在有用信号上时,输入信号就会在 U_R 处上下波动时,输出电压会出现多次翻转,导致比较器输出不稳定。

1）滞回电压比较器的电路组成

只要在前面单限比较器中引入正反馈,其阈值电压就随输出电压的大小和极性而变,这时比较器的输入输出特性曲线具有滞迟回线形状,构成滞回电压比较器,又称为施密特触发器。滞回电压比较器有两个比较门限电平。

滞回电压比较器的输入信号,可以从同相端输入,也可以从反相端输入,因此,滞回电压比较器有反相和同相两种电路形式。反相输入方式的电路组成,如图 8-24(a)所示,图 8-24(b)为反相传输特性曲线;同相输入方式的电路组成,如图 8-25(a)所示,图 8-25(b)为同相传输特性曲线。可以看出两种电路形式都通过电阻 R_3 引入了正反馈。

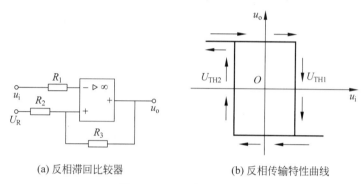

(a) 反相滞回比较器   (b) 反相传输特性曲线

图 8-24　反相滞回比较器

2) 传输特性和回差电压

首先对反相迟滞比较器进行分析。由于图 8-24(a)中引入了正反馈,因此集成运放工作在非线性区,那么它的输出只有两种状态:正向饱和电压 $+U_{om}$ 和负向饱和电压 $-U_{om}$。

由图 8-24(a)可知集成运放的同相端电压 u_+ 是由输出电压和参考电压共同叠加而成的,因此集成运放的同相端电压 u_+ 也有两个。当然,当输出电压在 $+U_{om}$ 和 $-U_{om}$ 之间转换瞬间所对应的输入电压 u_i 值也有两个,一般把数值大的称为上门限电平,用 U_{TH1} 表示,把数值小的称为下门限电平,用 U_{TH2} 表示。

由于运放处于正反馈状态,在绝大多数情况下,输出与输入都是非线性关系,只有在输出端电压发生跳变瞬间,才可认为 $u_+ \approx u_-$。$u_+ \approx u_-$ 是输出电压转换的临界条件。

根据叠加定理,可以推出上门限电平 U_{TH1} 和下门限电平 U_{TH2}。

$$U_{TH1} = \frac{R_3}{R_2 + R_3}U_R + \frac{R_2}{R_2 + R_3}U_{om} \tag{8-26}$$

$$U_{TH2} = \frac{R_3}{R_2 + R_3}U_R - \frac{R_2}{R_2 + R_3}U_{om} \tag{8-27}$$

反相滞回比较器的传输特性如图 8-24(b)所示,当输入信号 u_i 由小向大变化时,电路输出为正饱和压降 $+U_{om}$,此时,集成运放同相端对地电压为 U_{TH1}。当 u_i 增加到略大于 U_{TH1} 时,电路翻转,输出变为负向饱和电压 $-U_{om}$,此时,集成运放同相端对地电压变为 U_{TH2},u_i 继续增加,输出保持 $-U_{om}$ 不变;若输入信号 u_i 由大向小变化时,当下降到上门限电压 U_{TH1} 时,输出不变化,只有下降到略小于下门限电压 U_{TH2} 时,电路才发生翻转,输出变为正向饱和电压 U_{om}。

由以上分析可以看出,图 8-24(a)具有滞回特性。我们把上门限电压 U_{TH1} 与下门限电压 U_{TH2} 之差称为回差电压,用 ΔU_{TH} 表示,即

$$\Delta U_{TH} = U_{TH1} - U_{TH2} = 2U_{om}\frac{R_2}{R_2 + R_3} \tag{8-28}$$

对图 8-25(a)同相滞回比较器进行分析可得

$$u_- = U_R, \quad u_+ = \frac{R_2}{R_2 + R_3}u_o + \frac{R_3}{R_2 + R_3}u_i$$

当 $u_+ \approx u_-$ 时所对应的 u_i 值就是阈值,即

$$U_{TH} = \left(1 + \frac{R_2}{R_3}\right)U_R - \frac{R_2}{R_3}U_o$$

当 $U_o = -U_{om}$ 时得上阈值:

$$U_{TH1} = \left(1 + \frac{R_2}{R_3}\right)U_R + \frac{R_2}{R_3}U_{om} \tag{8-29}$$

当 $U_o = U_{om}$ 时得下阈值:

$$U_{TH2} = \left(1 + \frac{R_2}{R_3}\right)U_R - \frac{R_2}{R_3}U_{om} \tag{8-30}$$

回差电压 ΔU_{TH},$\Delta U_{TH} = U_{TH1} - U_{TH2} = 2U_{om}(R_2/R_3)$,同相滞回比较器的传输特性如图 8-25(b)所示。

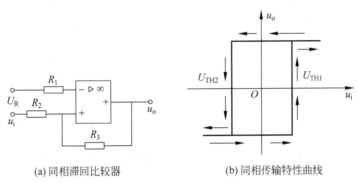

(a) 同相滞回比较器　　　　　(b) 同相传输特性曲线

图 8-25　同相滞回比较器

由以上分析可以看出,回差电压的存在,大大提高了电路的抗干扰能力。只要干扰信号的峰值小于半个回差电压,比较器就不会因为干扰而误动作。但由于门限电压随输出电压而变化,其灵敏度略低一些。

3. 双限比较器

如果要判断输入电压是否在两个参考电平之间,就要采用双限比较电路,又称为窗口比较器。窗口比较器的功能是用来检测由两个门限所决定的"电压窗口"以内的信号。当信号电压落在窗口内时,输出为高电平或低电平;当信号电压落在窗口外时,输出为相反电平。

实现双限比较的具体电路很多,图 8-26(a)是由两个单限比较器与二极管构成的窗口比较器。其中,单限比较器可以由集成电压比较器构成,也可以由运放构成,由于比较器对速度和灵敏度要求较高,一般应选择专用集成运放。

在图 8-26(a)电路中,输入电压 u_i 分别接两个运放的同相端和反相端,参考电压 U_A 接上面运放的反相端,参考电压 U_B 接下面运放的同相端。当 $u_i > U_A$ 时,u_{o1} 为高电平,VD_1 导通;u_{o2} 为低电平,VD_2 截止,即 $u_o = u_{o1} = U_{OH}$。

当 $u_i < U_B$ 时,u_{o1} 为低电平,VD_1 截止;u_{o2} 为高电平,VD_2 导通,即 $u_o = u_{o2} = U_{OH}$。

当 $U_B < u_i < U_A$ 时,$u_{o1} = u_{o2} = U_{OL}$,二极管 VD_1、VD_2 均截止,$u_o = 0V$,其传输特性如

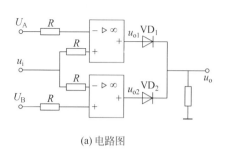

(a) 电路图

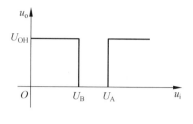

(b) 传输特性

图 8-26   双限比较器

图 8-26(b)所示,其中,U_{OH} 取决于集成运放或集成比较器的参数。显然,上面两个参考电压必须满足 $U_A > U_B$,否则无法完成上述功能。

目前已生产出多种型号的集成电压比较器,不同类型其表示符号是相同的,如图 8-27 所示。采用集成电压比较器可以方便地构成各类功能比较器,集成比较器的具体型号和指标,请参阅工具书或有关资料。

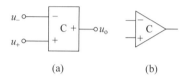

图 8-27   集成电压比较器两种代表符号

【思考题】

(1) 构成滤波器时,运放一般工作在什么区域? 一阶低通滤波器和两阶低通滤波器频率特性有何区别?

(2) 构成电压比较器时,运放一般工作在什么区域? 有何特点?

(3) 单限比较器有何特点? 迟滞比较器有何特点?

*8.5   集成运算放大器构成的信号产生电路

8.5.1   非正弦波信号产生电路

信号产生电路是一种不需要输入信号,能够产生特定频率交流输出信号的电路,又称为自激振荡电路,在测控系统、通信以及工业生产中得到了广泛应用。信号产生电路以输出波形的不同,可分为正弦波电路和非正弦波电路,非正弦波包括方波、矩形波、三角波、锯齿波等各种波形。这里仅介绍方波产生电路。

如果在运算放大器的同相输入端引入适当的电压正反馈,则电路的电压放大倍数更高,输出与输入不再是线性关系,运算放大器在不需要外接信号的情况下可自行输出矩形方波。

图 8-28(a)是方波发生器的基本电路,输出电压 u_o 经电阻 R_1 和 R_2 分压,将部分电压通过 R_3 反馈到同相输入端作为基准电压,其基准电压与 u_o 同相位。其大小为

$$u_2 = \frac{R_2}{R_1 + R_2} u_o \qquad (8\text{-}31)$$

同时,输出电压 u_o 又经 R_F 与 C 组成的积分电路,将电容电压 u_C 作为输入电压接至反相端,与基准电压 $u_2 (= u_+)$ 进行比较。

如在接通电源之前电容电压 $u_C = 0$,则接通电源后,由于干扰电压的作用,使输出电压 u_o 很快达到饱和值,而其极性则由随机因素决定。如设 $u_o = +U_{opp}$(正饱和值),则同相输入端电压

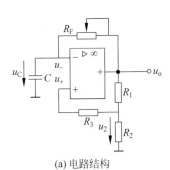
(a) 电路结构

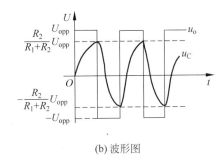
(b) 波形图

图 8-28 方波发生器的电路与波形图

$$u_+ = +\frac{R_2}{R_1+R_2}U_{opp} \tag{8-32}$$

同时随着电容的充电,反相输入端电压 $u_- = u_C$ 按指数规律上升,到 u_- 略大于 u_+ 时,输出电压 u_o 变为负值,并由于正反馈,很快从正饱和值 $+U_{opp}$ 变为负饱和值 $-U_{opp}$。此时 u_+ 为负值,即

$$u_+ = -\frac{R_2}{R_1+R_2}U_{opp} \tag{8-33}$$

同时电容通过 R_F 和输出端放电并进行反向充电。当 u_- 反向充电到比 u_+ 更负时,u_o 又从 $-U_{opp}$ 变为 $+U_{opp}$。如此反复翻转,输出端便形成矩形波振荡,如图 8-28(b)所示。可以推出,振荡周期为

$$T = 2R_F C\ln\left(1+\frac{2R_2}{R_1}\right) \tag{8-34}$$

调节 R_F 阻值,即可改变输出波形的振荡频率。

如果将充放电路径分开,就可得到任意矩形波,在方波和矩形波后加积分电路,则可得到三角波和锯齿波,自己去思考一下。

8.5.2 正弦波信号产生电路

1. 正弦波振荡器的基本概念

正弦波振荡电路是一种基本的模拟电路,可以作为信号源和能源使用,例如,在超声波探测、无线通信信号的发送和接收等,都离不开正弦波振荡电路。

1)产生振荡的条件

放大电路引入负反馈后,在一定的条件下能产生自激振荡,使电路不能正常工作,因此必须设法消除振荡。而正弦波振荡电路则是利用这种自激现象,产生高频或低频的正弦波信号。

从电路结构上看,正弦波振荡电路应该是一个没有输入信号带选频网络的正反馈放大器。图 8-29 就是一个带反馈网络的振荡电路原理框图,其中 $\dot{A}$ 为基本放大倍数,$\dot{F}$ 为反馈系数。在图 8-29 所示电路中,若将开关 S 合在 1 端,就是

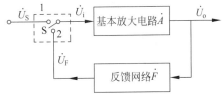

图 8-29 自激振荡方框图

一个交流电压放大电路,当输入信号电压 $\dot{U}_s$ 为正弦波时,那么输出电压为 $\dot{U}_o = \dot{A}\dot{U}_s$。如果将输出电压通过反馈支路反馈到输入端,形成反馈电压为 $\dot{U}_F$,选择合适的 $\dot{F}$,使 $\dot{U}_F = \dot{U}_i$,用反馈信号电压代替输入信号。此时,若将开关 S 合在 2 端,电路中没有输入信号,但仍有一定幅度、一定频率的正弦波信号输出,形成自激振荡,这时放大电路就转变成了自激振荡电路。

由此可见,自激振荡形成的基本条件是反馈信号与输入信号大小相等、相位相同,即 $\dot{U}_F = \dot{U}_i$,由图 8-29 可知,$\dot{A} = \dot{U}_o/\dot{U}_i$,$\dot{F} = \dot{U}_F/\dot{U}_o$,所以 $\dot{A}\dot{F} = \dot{U}_F/\dot{U}_i$,可得产生正弦波的自激振荡条件为

$$\dot{A}\dot{F} = 1 \qquad\qquad (8-35)$$

式(8-35)表示的是电路维持振荡的平衡条件,其 $\dot{A}$ 和 $\dot{F}$ 均为复数,所以该条件包含幅度平衡条件和相位平衡条件

$$|\dot{A}\dot{F}| = 1 \qquad\qquad (8-36)$$
$$\varphi_A + \varphi_F = \pm 2n\pi(n \text{ 为整数}) \qquad\qquad (8-37)$$

式(8-36)称为幅度平衡条件,式(8-37)称为相位平衡条件,相位条件是产生振荡的首要条件,只有接成正反馈才能满足相位条件。

2) 起振与稳幅过程

振荡电路最初的信号从何而来? 当振荡电路接通电源时,电路中会产生噪声和扰动信号,它包含各种频率的分量,通过选频网络的选择,只有一种频率的信号满足相位平衡条件,经过正反馈和不断放大后,输出信号就会逐渐由小变大,使电路起振。所以振荡电路的起振条件与振荡电路的平衡条件是不同的,前者 $|\dot{A}\dot{F}| > 1$ 而后者 $|\dot{A}\dot{F}| = 1$ 即可。

由于 $|\dot{A}\dot{F}| > 1$,振荡电路起振后会不会输出信号的幅度会越来越大呢? 由于晶体管是非线性器件,当振荡幅度大到一定程度后,管子进入饱和区,电路放大倍数会降低,从而限制了信号幅度的增大,直到 $|\dot{A}\dot{F}| = 1$ 时,电路就达到稳定工作状态。当然,放大电路的非线性也会导致输出波形的失真,这在实际电路中可采取一定的稳幅措施加以解决。

3) 正弦波振荡器的组成

由以上分析可知,正弦波振荡电路可以由以下几部分组成。

(1) 放大电路:通过电源供给振荡器能量,并且具有放大信号的作用。

(2) 反馈网络:产生正反馈以满足相位平衡条件。

(3) 选频网络:选择某一个频率满足振荡条件,形成单一频率的正弦波振荡。有的振荡电路的选频网络和反馈网络是同一网络。

(4) 稳幅环节:使振幅稳定,改善波形。有的振荡电路的稳幅是通过反馈来实现的。

4) 判断能否产生正弦波振荡器的步骤

为了保证振荡电路起振,必须由起振条件确定电路的某些参数。判断能否产生振荡的步骤如下。

(1) 该振荡电路必须具备放大电路、反馈网络、选频网络和稳幅等环节。

(2) 该放大电路一定要工作在放大状态。

（3）满足振荡条件。通常幅度平衡条件容易满足，而相位平衡条件主要是用瞬时极性法判断该电路是否处于正反馈状态。

5）正弦波振荡电路的分类

根据选频网络所用的元器件不同，正弦波振荡电路一般分为以下 3 种。

（1）RC 振荡器：选频网络由 R、C 元件组成。其电路工作频率较低（$10\sim100\text{kHz}$），输出功率较小，常用于低频电子线路。如文氏桥式、移相式及双 T 式等。

（2）LC 振荡器：选频网络由 L、C 元件组成。其电路工作频率较高，在几十兆赫兹以上，输出功率较大，常用于高频电子电路或设备中。

（3）石英晶体振荡器：依靠石英晶体谐振器来完成选频工作。工作频率在几十千赫兹以上，其频率稳定度高，多用于时基电路或测量设备中。

2. 正弦波振荡电路

（1）电路组成及参数

正弦波振荡电路有很多种，这里仅介绍 RC 串并联网络正弦波振荡电路。RC 串并联网络正弦波振荡电路如图 8-30 所示。图中，R_1、R_f 构成负反馈支路和集成运放组成一个同相输入比例运算放大电路；RC 串并联网络既是选频网络，又是正反馈网络。其中，RC 串并联网络与负反馈支路 R_1、R_f 相对构成电桥，因此，又称为 RC 桥式振荡电路。

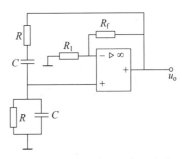

图 8-30 RC 串并联网络正弦波振荡电路

通过分析 RC 串并联网络的选频特性得知，在 $\omega=\omega_0=1/RC$ 时，其相移 $\varphi_F=0$，且传输系数最大为 $1/3$，为了使振荡电路满足相位条件

$$\varphi_{AF}=\varphi_A+\varphi_F=\pm2n\pi \tag{8-38}$$

要求放大器的相移 φ_A 也应为 $0°$（或 $360°$）。所以放大电路选用同相输入方式的集成运算放大器或二级共射分立元件放大电路等。（选频特性的详细分析，参阅电子资源）。

为了使电路能振荡，还应满足起振条件，根据起振条件以及同相比例放大系数 $A_u=1+R_f/R_1$ 可以计算此电路的起振条件。由于 RC 串并联网络在 $f=f_0$ 时的传输系数 $F=1/3$，因此要求放大器的总电压增益 A_u 应大于 3，即 $1+R_f/R_1>3$，可得起振条件为 $R_f>2R_1$。这对于集成运放组成的同相放大器来说是很容易满足的。但是 R_f 选择过大会造成严重失真，一般选择大于或等于 $2R_1$。由上述分析得，信号频率 $\omega_0=\dfrac{1}{RC}$，起振条件为 $R_f>2R_1$。

（2）稳幅措施

振荡电路的振幅平衡条件是 $AF=1$，当调整 R_f 或 R_1 时，总可以使输出电压达到或接近正弦波。然而，由于温度、电源电压或元件参数的变化，将会破坏幅度平衡条件，使振幅发生变化。当 AF 增加时，输出幅度增大，将使输出电压产生非线性失真；反之，当 AF 减小时，可能不满足幅度条件，将使输出电压消失（即停振）。因此，必须采取稳幅措施，使输出电压幅度稳定。

稳幅措施有多种，一般采用非线性器件，如二极管或热敏电阻等进行稳幅。例如，将图 8-30 中的反馈电阻 R_f 用一个具有负温度系数的热敏电阻代替，当输出电压幅值增加时，

流过 R_f 的电流也会增加,结果热敏电阻 R_f 减小,放大器增益下降,从而使输出电压幅值下降。如果参数选择合适,可使输出电压幅值基本稳定,且波形失真较小。当然,用一个正温度系数的热敏电阻代替 R_1 也可以稳幅,请读者自己分析。

由集成运放构成的 RC 桥式正弦波振荡电路,具有性能稳定、电路简单、调节方便等优点。其振动频率由 RC 串并联正反馈选频网络的参数决定,即 $f_0 = 1/2\pi RC$。

【思考题】

(1) 矩形波电路中,运放工作在什么区域?

(2) 正弦波振荡电路由哪几部分组成?试说明产生自激振荡必须满足哪些条件。

(3) 振荡的幅度平衡条件为 $|\dot{A}\dot{F}| = 1$,而起振时,要求 $|\dot{A}\dot{F}| > 1$,这是为什么?

8.6 其他模拟集成电路

8.6.1 集成模拟乘法器及其应用

模拟乘法器的用途十分广泛,不仅可以用来进行乘除及其他非线性运算,而且在通信、测量等领域,可利用它来进行频率变换,实现调制、检波、变频等功能。

1. 集成模拟乘法器及其表示符号

集成模拟乘法器种类繁多,主要有只能进行单象限运算的对数式以及四象限的脉冲调制、变跨导等类型。脉冲调制式集成乘法器具有很高的精度,但运算速度慢、带宽窄、价格贵;变跨导式精度低于前者,但具有相当高的运算速度和很宽的通频带,而且价格相当便宜。变跨导式是目前应用最广泛的一个品种。

集成模拟乘法器是实现两个模拟信号相乘的器件,不同型号产品,内部电路结构和性能指标都有很大差别,但功能是相同的。它们可以用同一个电路符号来表示,如图 8-31 所示。它有两个输入端 u_X 和 u_Y,一个输出端 u_o,它们之间的关系是

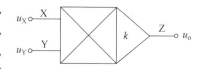

图 8-31 集成乘法器电路符号

$$u_o = k u_X u_Y \tag{8-39}$$

式中,k 称为乘法器增益系数,可以大于 0,也可以小于 0。

模拟乘法器目前种类很多,如 AD634、AD534L、MC1496 等,且不需外接元件,无须调零即可使用。

2. 集成模拟乘法器的应用

模拟乘法器不仅用于模拟运算方面,而且可以进行模拟信号处理。模拟乘法器除了乘法运算外还可以进行平方、除法、平方根运算,可以做成压控增益、功率测量、调制解调器、锁相环电路、倍频器、混频器使用。乘法器在有源滤波方面也有广泛应用,常选用开关速度较高的 MC1596 型。因此,它在自动控制、通信系统、信号处理等领域得到了广泛应用。具体应用可参阅电子资源。

8.6.2 集成功率放大器及其应用

集成化是功率放大器的发展必然,随着集成技术的不断发展,集成功率放大器产品越来

越多。由于集成功放具有输出功率大、外围连接元件少、使用方便、成本低等优点,因而被广泛地应用在收音机、录音机、电视机及直流伺服系统中的功率放大部分。集成功率放大器的型号很多,目前集成功率放大器大都工作在音频段。下面简单介绍几种常用的集成功率放大器。

1. TDA2030A 音频集成功率放大器

TDA2030A 是目前使用较为广泛的一种集成功率放大器,图 8-32 所示为 TDA2030 的引脚排列及功能,它的引脚和外部元件都较少。其中,引脚 1 为同相输入端;引脚 2 为反相输入端;引脚 3 为负电源端;引脚 4 为输出端;引脚 5 为正电源端。TDA2030A 的电器性能稳定,并在内部集成了过载和热切断保护电路,能适应长时间连续工作,由于其金属外壳与负电源引脚相连,因而在单电源使用时,金属外壳可直接固定在散热片上并与地线(金属机箱)相接,无须绝缘,使用很方便。因其内部采用的是直接耦合,也可以作直流放大。主要性能参数如下。

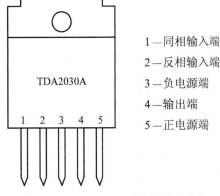

1—同相输入端
2—反相输入端
3—负电源端
4—输出端
5—正电源端

电源电压:$U_{CC} \pm 3 \sim \pm 18V$。

输出峰值电流:3.5A。

输入电阻:$>0.5M\Omega$。

静态电流:$<60mA$(测试条件:$U_{CC} = \pm 18V$)

电压增益:30dB

频响 BW:$0 \sim 140kHz$

在电源为 $\pm 15V$、$R_L = 4\Omega$ 时,输出功率为 14W。

图 8-32 TDA2030A 引脚排列及功能

TDA2030A 可以为双电源(OCL)应用电路,也可接成单电源(OTL)应用电路,两应用电路相似,OTL 应用电路应加接隔直电容,同时作电源使用,其他元件作用与双电源电路相同。具体应用,参阅电子资源或电路手册。

2. 单片音频功率放大器 LM386

LM386 是一种通用型宽带集成功率放大器,频带宽达几百千赫,适用的电源电压为 4～10V,常温下功耗在 660mW 左右,广泛用于收音机、对讲机、电视伴音、函数发生器等系统中。LM386 为 8 脚器件,LM386 的引脚排列如图 8-33(a)所示,为双列直插塑料封装。引脚功能为:2、3 脚分别为反相、同相输入端;5 脚为输出端;6 脚为正电源端;4 脚接地;7 脚为旁路端,可外接旁路电容以抑制纹波;1、8 两脚为电压增益设定端。

通过改变 1、8 间外加元件参数可改变电路的增益。当 1、8 脚开路时,负反馈最深,电压放大倍数最小,此时 $A_{uf} = 20$;当 1、8 脚间接入 $10\mu F$ 电容时,内部 1.35kΩ 电阻被旁路,负反馈最弱,电压放大倍数最大,此时 $A_{uf} = 200$(46dB);当 1、8 脚间接入电阻 R 和 $10\mu F$ 电容串联支路时,调整 R 可使电压放大倍数 A_{uf} 在 20～200 连续可调,且 R 越大,放大倍数越小。

LM386 的典型应用电路如图 8-33(b)所示。参照上面引脚功能可以知道:5 脚输出电压,R_3、C_3 支路组成容性负载,构成串联补偿网络,与呈感性的负载(扬声器)相并,最终使等效负载近似呈纯阻,防止在信号突变时扬声器上呈现较高的瞬时电压而使其损坏,同时可以防止高频自激;7 脚外接 C_2 去耦电容,用以提高纹波抑制能力,消除低频自激;1、8 脚设定电压增益,其间接 R_2、$10\mu F$ 串联支路,R_2 用以调整电压增益。当 $R_2 = 1.24k\Omega$ 时,$A_{uf} = 50$。C_4 作为电源使用,电路为 OTL 形式。将上述电路稍作变动,如在 1、5 脚间接入 R、C

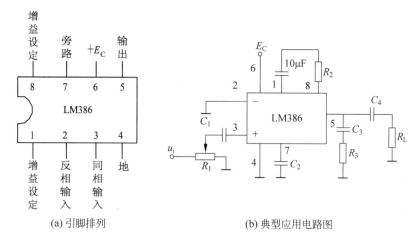

(a) 引脚排列　　　　　　　(b) 典型应用电路图

图 8-33　LM386 集成功率放大器

串联支路,则可以构成带低音提升的功率放大电路。

3. BiMOS 集成功率放大器

BiMOS 是一种双极晶体管与 MOS 管混合工艺,具有两种器件的优点。SHM1150Ⅱ型
音频集成功率放大器是其典型产品,允许电源电压为
±12～±50V,电路最大输出功率可达 150W。其外
部接线如图 8-34 所示,只需连接两个输入和输出与电
源即可,使用十分方便。

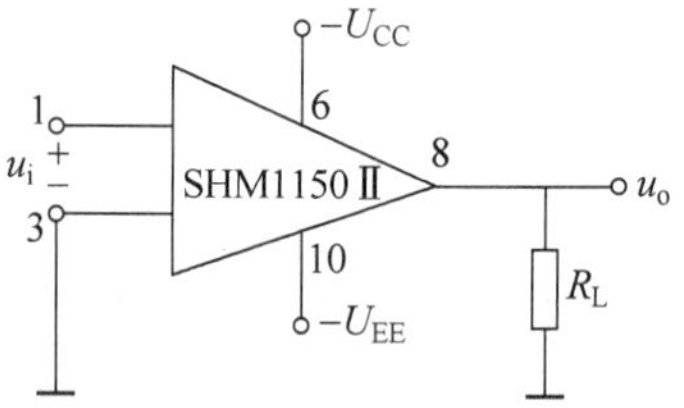

【思考题】

(1) 思考一下,如何利用乘法器实现 $x^2 - y^2$
运算?

(2) 结合实际,谈谈功放的应用。

图 8-34　SHM1150Ⅱ 型 BiMOS 集成
功率放大器外部接线图

习题

8-1　试根据下列各种要求,查资料定性选择合适的运放型号。

(1) 作一般的音频放大,工作频率 $f \leqslant 10\text{kHz}$,增益约为 40dB。

(2) 作为微伏级低频或直流信号放大。

(3) 用来与高内阻传感器(如 $R_s = 10\text{M}\Omega$)相配合。

(4) 作为便携式仪器中的放大器(用电池供电)。

(5) 要求输出电压幅度 $U_{om} \geqslant |\pm 24\text{V}|$。

(6) 用于放大 10kHz 方波信号,方波的上升沿与下降沿时间不大于 $2\mu\text{s}$,输出幅度为
±10V。

8-2　甲、乙、丙 3 个集成运放,甲的开环放大倍数为 1000 倍,当温度从 20℃升到 25℃
时,输出电压漂移了 10mV;乙的开环放大倍数为 50 倍,当温度从 20℃升到 40℃时,输出电
压漂移了 10mV;丙的开环放大倍数为 20 倍,当温度从 20℃升到 40℃时,输出电压漂移了
2mV,您认为哪一个运放的温漂参数小一些?

8-3　在图 8-35 中,设集成运放为理想器件,求下列情况下 u_o 与 u_S 的关系式:

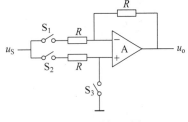

(1) 若 S_1 和 S_3 闭合,S_2 断开,$u_o =$?

(2) 若 S_1 和 S_2 闭合,S_3 断开,$u_o =$?

(3) 若 S_2 闭合,S_1 和 S_3 断开,$u_o =$?

(4) 若 S_1、S_2、S_3 都闭合,$u_o =$?

图 8-35　题 8-3 图

8-4　怎样分析电路中是否存在反馈? 如何判断正、负反馈;交、直流反馈;电压、电流反馈;串、并联反馈?

8-5　电压反馈与电流反馈在什么条件下其效果相同,什么条件下效果不同?

8-6　某一负反馈放大电路的闭环放大倍数为 100,若要求开环放大倍数变化 25% 时,其闭环放大倍数的变化不超过 1%,问开环放大倍数至少应为多大? 反馈系数应为多大?

8-7　在什么条件下,引入负反馈才能减少放大器的非线性失真系数和提高信噪比? 如果输入信号中混入了干扰,能否利用负反馈加以抑制?

8-8　用集成运放和普通电压表可组成性能良好的欧姆表,电路如图 8-36 所示。设 A 为理想运放,虚线方框表示电压表,满量程为 2V,R_M 是它的等效电阻,被测电阻 R_X 跨接在 A、B 之间。

(1) 试证明 R_X 与 u_o 成正比;

(2) 计算当要求 R_X 的测量范围为 0~10kΩ 时,R_1 应选多大阻值?

8-9　在图 8-37 所示的电路中,$R_1 = 50$kΩ,$R_2 = 33$kΩ,$R_3 = 3$kΩ,$R_4 = 2$kΩ,$R_F = 100$kΩ,试求电压放大倍数 A_{uf}。

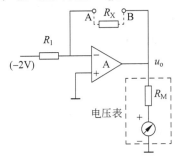

图 8-36　题 8-8 图

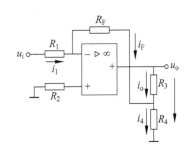

图 8-37　题 8-9 图

8-10　已知图 8-38 所示的电路中,输出最大电压 $U_{opp} = \pm 13$V,试求解:

(1) 引入的反馈是正反馈还是负反馈? 并判断反馈的类型。

(2) u_o 与 u_i 的运算关系。

(3) 当 u_i 分别为 10mV、1V、5V 时,试问输出电压 u_o 各为多少伏?

8-11　已知图 8-39 所示的电路中,试问:

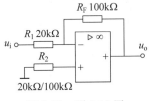

图 8-38　题 8-10 图

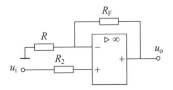

图 8-39　题 8-11 图

（1）若 $R=20\text{k}\Omega$，$R_F=100\text{k}\Omega$，则 u_o 为多少？

（2）若 $R_F=100\text{k}\Omega$，$u_o=2u_i$，则 R 为多少？

8-12　由 4 个运放组成的电路如图 8-40 所示，4 个运放各组成何种运算电路？若 $R_1=R_2=R_3=R$，试写出其输出电压的表达式：$u_o=f(u_{i1},u_{i2},u_{i3})$。

8-13　图 8-41(a)所示为加法器电路，$R_{11}=R_{12}=R_2=R$。

（1）试求运算关系式：$u_o=f(u_{i1},u_{i2})$；

（2）若 u_{i1}、u_{i2} 分别为三角波和方波，其波形如图 8-44(b)所示，试画出输出电压波形并注明其电压变化范围。

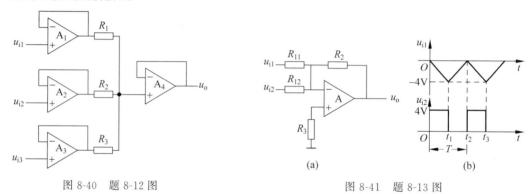

图 8-40　题 8-12 图　　　　　图 8-41　题 8-13 图

8-14　积分电路如图 8-42(a)所示，其输入信号 u_i 波形如图 8-42(b)所示，理想运放的最大电压输出幅度为 $\pm12\text{V}$。设 $t=0$ 时，$u_C(0)=0$，试画出相应的输出电压 u_o 波形。

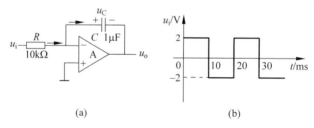

(a)　　　　　　　　(b)

图 8-42　题 8-14 图

8-15　在图 8-43 所示电路中，A_1、A_2 为理想运放，电容的初始电压 $u_C(0)=0$。

（1）写出 u_o 与 u_{S1}、u_{S2} 和 u_{S3} 之间的关系式。

（2）写出当电路中电阻 $R_1=R_2=R_3=R_4=R_5=R_6=R_7=R$ 时，输出电压 u_o 的表达式。

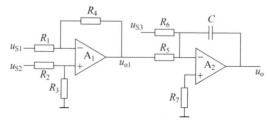

图 8-43　题 8-15 图

8-16　试画出图 8-44 所示电路的电压传输特性图。

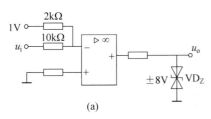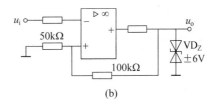

图 8-44 题 8-16 图

8-17 图 8-45(a)为理想运算放大器组件,图 8-45(b)为输入电压波形。已知 $U_{om}=\pm5V$,$U_R=4V$,$R_F=20k\Omega$,$R_2=10k\Omega$,求该比较器上、下阈值电压,并画出相应输出电压的波形。

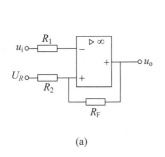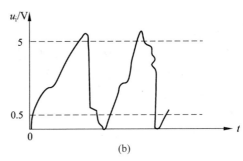

图 8-45 题 8-17 图

8-18 在如图 8-30 所示的 RC 桥式振荡电路中,设 $C=6800pF$,R 可在 $23\sim32k\Omega$ 进行调节,试求振荡频率的变化范围;若 $R_1=10k\Omega$,$C=0.022\mu F$,若希望产生频率为 2kHz 的正弦波,试估算 R 和 R_f 的值。

8-19 用相位平衡条件判断图 8-46 所示的各个电路能否产生自激振荡。如不能,如何改变电路的结构使之满足相位平衡条件?

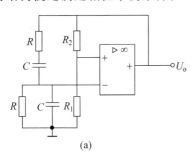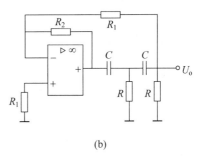

图 8-46 题 8-19 图

第 9 章

CHAPTER 9

直流稳压电源

学习目标要求

本章首先介绍直流电源的组成、类型以及技术指标；然后介绍单相整流电路和滤波电路，重点介绍桥式全波整流和电容滤波；最后重点介绍三端集成稳压电路及其应用。读者学习本章内容应做到以下几点。

(1) 熟悉直流稳压电源的类型及基本组成；了解开关稳压电路的类型、结构特点。

(2) 了解半波整流，熟悉桥式整流电路的工作原理，掌握桥式整流电路的技术指标及应用。

(3) 熟悉滤波电路的类型及特点，掌握电容滤波电路的技术指标及应用。

(4) 熟悉稳压电路的类型及特点，掌握三端点集成稳压器的应用方法。

(5) 会分析线性稳压电源电路；会识别常用三端点集成稳压器芯片及引脚。

(6) 会使用三端点集成稳压器设计直流稳压电源。

9.1 直流电源概述

大多数电子设备都需要稳定的直流电作为能源，但目前使用的都是 50Hz 的交流电，因此，需要将交流电转换为直流电。

9.1.1 直流稳压电源的组成

直流稳压电源是所有电子设备的重要组成部分，它的基本任务是将电力网交流电压变换为电子设备所需要的稳定的直流电源电压。小功率直流电源一般由变压器、整流、滤波和稳压电路几部分组成，如图 9-1 所示。

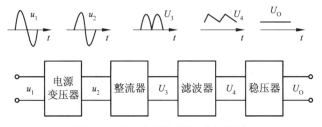

图 9-1　直流稳压电源组成方框图

（1）电源变压器。电网提供的一般是 50Hz、220V（或 380V）的交流电压，而各种电子设备所需要的直流电压值各不相同，因此需要将电网电压进行变换，电源变压器可以将电网的交流电压变换成所需要的交流电压。

（2）整流电路。整流电路利用具有单向导电性能的整流元件，将正负交替的交流电压变换成单方向的脉动直流电，这种直流电压脉动成分很大。

（3）滤波电路一般由电感、电容等储能元件组成，它可以将单方向脉动的直流电中所含的大部分交流成分滤掉，得到一个较平滑的直流电，输出直流电会随电网波动或负载变化而变化，对要求较高的设备，还不够理想。

（4）稳压电路。稳压电路用来消除由于电网电压波动、负载改变及温度变化对其产生的影响，从而使输出电压稳定。

9.1.2 稳压电源的类型及主要性能指标

1. 稳压电源的类型

直流稳压电源的类型可分为线性和开关型两大类，线性稳压电源的调整控制电路工作在放大状态，开关型稳压电源的调整控制电路工作在开关状态。直流稳压电源以稳压电路与负载的连接形式又可分为并联型、串联型两类。

开关型稳压电源的类型根据激励方式、控制方式等又有很多分类。开关型稳压电源具有效率高、体积小、质量轻、适应性强等突出优点，但其电路和工艺复杂。随着电子技术的进步，开关电源的应用越来越广泛，其有关内容请参阅专业资料，本章仅介绍线性电源。

2. 稳压电源的主要性能指标

描述稳压电源的主要技术指标有特性指标和质量指标两大类。特性指标指表明稳压电源工作特征的参数，例如，输入、输出电压及输出电流、电压可调范围等；质量指标是指衡量稳压电源稳定性能状况的参数，如稳压系数、输出电阻、纹波电压及温度系数等。现对质量指标的具体含义简述如下。

（1）稳压系数 S_γ。稳压系数是指通过负载的电流和环境温度保持不变时，稳压电路输出电压的相对变化量与输入电压的相对变化量之比。即

$$S_\gamma = \frac{\Delta u_o / u_o}{\Delta u_i / u_i} \bigg|_{\Delta I_o = 0, \Delta T = 0} \tag{9-1}$$

式中，u_i 为稳压电源输入直流电压；u_o 为稳压电源输出直流电压；S_γ 数值越小，输出电压的稳定性越好。

（2）输出电阻 r_o。输出电阻是指当输入电压和环境温度不变时，输出电压的变化量与输出电流变化量之比。即

$$r_o = \frac{\Delta u_o}{\Delta i_o} \bigg|_{\Delta u_i = 0, \Delta T = 0} \tag{9-2}$$

r_o 的值越小，带负载能力越强，对其他电路影响越小。

（3）纹波电压。纹波电压是指稳压电路输出端中含有的交流分量，通常用有效值或峰值表示。纹波电压值越小越好，否则影响正常工作，如在电视接收机中的表现是交流"嗡嗡"声和光栅在垂直方向呈现 S 形扭曲。具体电路中多用纹波系数表示。

（4）温度系数 S_T。温度系数是指在 u_i 和 i_o 都不变的情况下，环境温度 T 变化所引起

的输出电压的变化。即

$$S_T = \frac{\Delta u_o}{\Delta T}\bigg|_{\Delta u_i = 0, \Delta i_o = 0} \tag{9-3}$$

式中,Δu_o 为漂移电压。S_T 越小,漂移越小,该稳压电路受温度影响越小。

另外,还有其他的质量指标,如负载调整率、噪声电压等。

【思考题】

(1) 简述直流电源的各组成部分及作用。

(2) 稳压系数和纹波系数有何区别?

9.2 单相整流电路和滤波电路

9.2.1 单相整流电路

把交流电变换为脉动直流电的电路称为整流电路,一般由具有单向导电性的二极管组成,单相整流电路分为单相半波、单相全波、单相桥式整流等。

1. 单相半波整流电路

1) 电路组成及工作原理

单相半波整流电路如图 9-2 所示,它由整流变压器 T、整流二极管 VD 及负载 R_L 组成。其中 u_i、u_2 分别表示变压器的原边和副边交流电压,R_L 为负载电阻。设 $u_2 = \sqrt{2}U_2\sin\omega t$ V,其中 U_2 为变压器副边电压有效值,并且视 VD 为理想二极管。

由图 9-2 可知,在 $0\sim\pi$ 时间内,即在 u_2 的正半周内,变压器副边电压是上端为正、下端为负,二极管 VD 承受正向电压而导通,此时有电流流过负载,并且和二极管上电流相等,即 $i_o = i_D$。忽略二极管上压降,负载上输出电压 $u_o = u_2$,输出波形与 u_2 相同;在 $\pi\sim2\pi$ 时间内,即在 u_2 负半周内,变压器次级绕组的上端为负,下端为正,二极管 VD 承受反向电压,此时二极管截止,负载上无电流流过,输出电压 $u_o = 0$,此时 u_2 电压全部加在二极管 VD 上。其电路波形如图 9-3 所示。

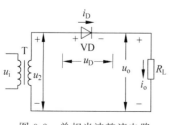

图 9-2 单相半波整流电路

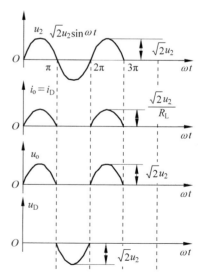

图 9-3 单相半波整流波形

2）单相半波整流电路的主要技术指标

（1）输出电压平均值 u_o。在图 9-3 所示的波形电路中，负载上得到的整流电压是单方向的，但其大小是变化的，是一个单向脉动的电压，由此可求出其平均电压值为

$$U_o = \frac{\sqrt{2}}{\pi} U_2 \approx 0.45 U_2 \tag{9-4}$$

（2）脉动系数 S。脉动系数 S 是衡量整流电路输出电压平滑程度的指标。脉动系数的定义为最低次谐波（基波 u_{o1}）的峰值与输出电压平均值之比，即

$$S = \frac{U_{o1m}}{U_o} \approx 1.57 \tag{9-5}$$

也可以用纹波系数表示，它定义为输出电压交流有效值和平均值之比。输出电压平均值、脉动系数求法，参阅电子资源。

（3）流过二极管的平均电流 I_D。由于流过负载的电流就等于流过二极管的电流，因此

$$i_D = i_o = \frac{U_o}{R_L} = 0.45 \frac{U_2}{R_L} \tag{9-6}$$

（4）二极管承受的最高反向电压 U_{RM}。在二极管不导通期间，承受反压的最大值就是变压器次级电压 u_2 的最大值，即

$$U_{RM} = \sqrt{2} U_2 \tag{9-7}$$

选择整流二极管时，应保证其最大整流电流 $I_F > I_D$，其最大反向击穿电压 $U_{BR} > U_{RM}$，一般还要根据实际情况留有一定余量。

单相半波整流电路简单，使用元件少；不足方面是变压器利用率和整流效率低，输出电压脉动大，所以单相半波整流仅在小电流且对电源要求不高的场合。

2. 单相桥式整流电路

1）电路与工作原理

为提高电源的利用率，要组成全波整流电路，最常用的就是单相桥式整流，电路如图 9-4(a) 所示。这种整流电路由变压器、4 个整流二极管和负载组成全波整流，4 个二极管组成一个桥，所以称为桥式整流电路，这个桥也可以简化成如图 9-4(b) 的形式。

当 u_2 是正半周时，二极管 VD_1 和 VD_2 导通，而二极管 VD_3 和 VD_4 截止，负载 R_L 上的电流是自上而下流过负载，负载上得到了与 u_2 正半周相同的电压；在 u_2 的负半周，u_2 的实际极性是下正上负，二极管 VD_3 和 VD_4 导通而 VD_1 和 VD_2 截止，负载 R_L 上的电流仍是自上而下流过负载，负载上得到了与 u_2 正半周相同的电压，其电路工作波形如图 9-5 所示，从波形图上可以看出，单相桥式整流比单相半波整流电路波形增加了一倍。

2）单相桥式整流电路的指标

从图 9-5 桥式整流电路波形可以看出，桥式整流电路的直流电压 U_o 和直流电流 I_o 应该为半波整流的两倍，脉动系数 S 减小。又因为每两个二极管串联轮换导通半个周期，因此，每个二极管中流过的平均电流只有负载电流的一半。桥式整

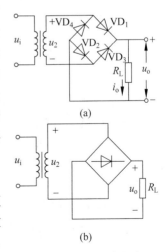

图 9-4　桥式整流电路

流电路的 $U_。$、$I_。$、I_D 以及脉动系数 S 分别为

$$U_。=0.9U_2, \quad I_。=0.9\frac{U_2}{R_L}, \quad I_D=\frac{1}{2}I_。=0.45\frac{U_2}{R_L}, \quad S=0.67$$

由图 9-5 可以看出,导通二极管和截止二极管承受的电压之和,总是等于副边电压 u_2。因此,如果忽略正向压降,截止二极管承受最高反压 U_{RM} 为 u_2 的峰值,即

$$U_{RM}=\sqrt{2}U_2 \tag{9-8}$$

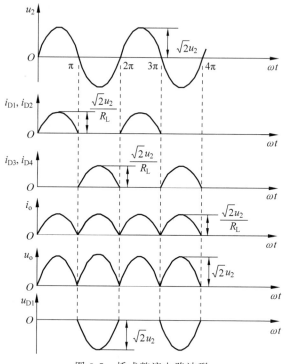

图 9-5 桥式整流电路波形

桥式整流电路的 4 个二极管的极性容易接错,会造成电路损坏。为了解决这一问题,生产厂家已将 4 个整流二极管集成在一起构成桥堆,它有 4 个引脚,其中两个与电源变压器相连(～端),两个与负载连接(＋、－端),就可代替 4 只二极管与电源变压器相连,组成桥式整流电路,非常方便。选用时,应注意桥堆的额定工作电流和允许的最高反向工作电压应符合整流电路的要求。另外厂家还将多个二极管串接在一起,做成高压整流堆,整流堆模块的反向工作电压可达万伏以上,整流堆常应用在电视机、计算机等高压整流电路中。

单相桥式整流电路在变压器次级电压相同的情况下,输出电压平均值高、脉动系数小,管子承受的反向电压和半波整流电路一样,因此全波桥式整流电路得到了广泛的应用。

【例 9-1】 有一单相桥式整流电路要求输出电压 $U_。=110$V,$R_L=80\Omega$,交流输入电压为 380V。

(1) 如何选用二极管?

(2) 求整流变压器变比和视在功率容量。

解:(1) 根据桥式整流电路公式可求出各参数如下。

$$I_。=\frac{U_。}{R_L}=\frac{110}{80}=1.4\text{A}$$

$$I_D = \frac{1}{2}I_o = 0.7\text{A}$$

$$U_2 = \frac{U_o}{0.9} = 122\text{V}$$

$$U_{RM} = \sqrt{2}U_2 = \sqrt{2} \times 122\text{V} = 172\text{V}$$

根据二极管选择原则可知,应选择最大整流电流大于 0.7A,耐压大于 172V 的二极管。通过对比,选择 2CZ12C 二极管,其最大整流电流 1A,最高反向电压为 300V,满足电路要求。

（2）求整流变压器变比和视在功率容量。

考虑到变压器副边绕组及管子上的压降,变压器副边电压大约需要高出 10% 才能满足要求,即实际 $U_2 = 122 \times 1.1 = 134\text{V}$,则变压器变比为

$$n = \frac{380}{134} = 2.8$$

变压器容量即视在功率为变压器副边电流与变压器副边电压的乘积。变压器副边电流 $I = I_o \times 1.1 = 1.55\text{A}$,乘 1.1 倍主要考虑变压器损耗。故整流变压器（视在）功率容量为

$$IU_2 = 134 \times 1.55 = 208\text{VA}$$

将两个半波整流组合在一起亦可构成另一种形式全波整流电路。这种电路用两只二极管,变压器有中间抽头,具体可参阅电子资源。

9.2.2　滤波电路

交流电经过整流后,输出电压在方向上没有变化,但输出电压波形仍然保持输入正弦波的波形。输出电压起伏较大,为了得到平滑的直流电压波形,必须采用滤波电路,以改善输出电压的脉动性。电容和电感是基本的滤波元件,利用它们在二极管导通时储存能量,然后再缓慢释放出来,从而得到比较平滑的波形,这就是滤波。常用的滤波电路有电容滤波、电感滤波、LC 滤波和 π 型滤波等。

1. 电容滤波电路

1）电路组成和工作原理

电容滤波是在负载 R_L 两端并联一只较大容量的电容器。图 9-6 所示为一单相桥式整流电容滤波电路,由于电容两端电压不能突变,因而负载两端的电压也不会突变,使输出电压得以平滑,达到滤波目的。

滤波过程及波形如图 9-7 所示。未加电容时,输出电压 u_o 的波形如图 9-7 中虚线所示。并联电容以后,假设在 $\omega t = 0$ 时,接通电源,并设电容 C 两端的初始电压 u_C 为零,分析如下。

空载时 $R_L \to \infty$,设电容 C 两端的初始电压 u_C 为零,

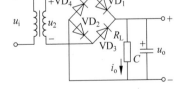

图 9-6　桥式整流电容滤波电路

接入交流电源后,当 u_2 为正半周时,VD_1、VD_2 导通,则 u_2 通过 VD_1、VD_2 对电容充电;当 u_2 为负半周时,VD_3、VD_4 导通,u_2 通过 VD_3、VD_4 对电容充电。由于充电回路等效电阻（包括变压器次级绕组的直流电阻和导通二极管的正向电阻,用 R_i 表示）很小,因此充电很快,电容 C 迅速被充到交流电压 u_2 的最大值 $\sqrt{2}U_2$。此时二极管的正向电压始终小于或等

于零,故二极管均截止,电容不可能放电,故输出电压恒为$\sqrt{2}U_2$,其波形如图9-7(a)所示。

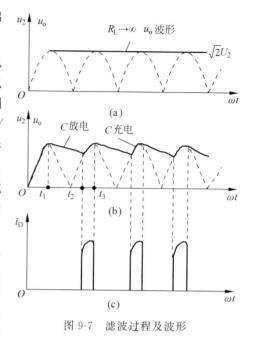

图9-7　滤波过程及波形

输出端接负载R_L时,在$t=0$时刻接通电源。则u_2从零开始上升时,VD_1、VD_2导通,电源通过VD_1、VD_2向负载电阻R_L提供电流,同时向电容C充电,充电时间常数为$\tau_充=(R_i//R_L)C\approx R_iC$,一般$R_i\ll R_L$,忽略$R_i$压降的影响,电容上电压将随$u_2$迅速上升;当$\omega t=\omega t_1$时,有$u_2=u_o$,此后$u_2$低于$u_o$,所有二极管截止,这时电容$C$通过$R_L$放电,放电时间常数为$R_LC$,放电速度慢,$u_o$变化平缓。当$\omega t=\omega t_2$时,$u_2=u_o$,$\omega t_2$后$u_2$又变化到比$u_o$大,又开始充电过程,$u_o$迅速上升。当$\omega t=\omega t_3$时,有$u_2=u_o$,$\omega t_3$后,电容$C$通过$R_L$放电。如此反复,通过这种周期性充放电,可以得到如图9-7(b)实线所示的输出电压波形。从图9-7(b)可以看出,由于电容C的储能作用,R_L上的电压波动大大减小了。

2)电路特点

根据以上分析,对于电容滤波可以得出以下几点结论。

(1)电容滤波以后,输出直流电压提高了,同时输出电压的脉动成分也降低了,而且输出直流电压与放电时间常数有关。时间常数R_LC越大,电容放电越慢,输出电压u_o波形越平稳。显然,R_L越大,C越大,电容放电越慢,u_o越高,电容滤波适合负载电流比较小的场合。

(2)电容滤波的输出电压u_o随输出电流i_o而变化。当负载开路,即$i_o=0$时,$u_o=u_C=\sqrt{2}U_2$;当i_o增大,即R_L减小时,C放电加快,u_o下降。如果忽略整流电路的内阻,则桥式整流电容滤波后,其u_o值的变化范围在$\sqrt{2}U_2\sim0.9U_2$,若考虑二极管和变压器等效内阻,则u_o更低。电容滤波电路的输出电压随着输出电流的变化下降很快,电容滤波适于负载电流变化不大的场合。

(3)电容滤波电路中整流二极管的导电时间缩短了。从图9-7(c)可以看出,二极管的导电角小于$180°$,而且电容放电时间越大,导电角越小,因此,整流管在短暂的导通时间内流过一个很大的冲击电流,对管子的寿命不利,所以必须选择更大容量的二极管。

3)指标计算

由于滤波电路的输出电压是一个近似为锯齿波的直流电压,很难用解析式表达,其平均值计算很复杂,工程上一般采用近似估算的方法,估算输出电压。电容滤波整流电路,其输出电压u_o在$\sqrt{2}U_2\sim0.9U_2$,输出电压的平均值取决于放电时间常数的大小。实际运用中常按下式选择滤波电容的容量

$$R_LC\geqslant(3\sim5)\frac{T}{2}\tag{9-9}$$

式中,T 为交流电源电压的周期。则可以近似得出输出电压平均值 $U_o \approx (1.18 \sim 1.27)U_2$,实际中,经常进一步近似为

$$U_o \approx 1.2U_2 \tag{9-10}$$

注意,式(9-10)在满足式(9-9)条件下成立,否则将有很大误差。

整流管的最大反向峰值电压 u_{RM} 为

$$U_{RM} = \sqrt{2} U_2$$

每个二极管的平均电流是负载电流的一半,即

$$I_D = \frac{1}{2} \frac{U_o}{R_L} \tag{9-11}$$

选择二极管不能根据式(9-11),因为二极管在短暂的导通时间内会出现瞬间大电流,可能导致二极管损坏,因此,选择二极管时,应留有充分的余量,一般大于平均电流的 $2 \sim 3$ 倍,即按下式选取二极管。

$$I_F \geq (2 \sim 3) \frac{1}{2} \frac{U_o}{R_L} \tag{9-12}$$

【例 9-2】 一单相桥式整流电容滤波电路的输出电压 $U_o = 30\text{V}$,负载电流为 250mA,试选择整流二极管的型号和滤波电容 C 的大小。

解:选择整流二极管。每个二极管的平均电流是负载电流的一半,即

$$I_D = \frac{1}{2} I_o = \frac{1}{2} \times 250 = 125\text{mA}$$

由 $U_o = 1.2U_2$,可求出

$$U_2 = \frac{U_o}{1.2} = \frac{30}{1.2} = 25\text{V}$$

所以,二极管承受的最大反向电压

$$U_{RM} = \sqrt{2} U_2 = \sqrt{2} \times 25 = 35\text{V}$$

查手册选 2CP21A,参数 $I_{FM} = 3000\text{mA}$,$U_{BM} = 50\text{V}$,满足电路要求。

选择滤波电容

$$R_L = \frac{U_o}{I_o} = \frac{30}{250} = 0.12\text{k}\Omega$$

$$T = 1/50 = 0.02\text{s}$$

根据式(9-9)选择,可求出电容为

$$C = \frac{5T}{2R_L} = \frac{5 \times 0.02}{2 \times 120} = 0.000417\text{F} = 417\mu\text{F}$$

2. 电感滤波电路

利用电感的电抗性,同样可以达到滤波的目的。在整流电路和负载 R_L 之间,串联一个电感 L 就构成了一个简单的电感滤波电路,如图 9-8 所示。电感具有阻止电流变化的特点,电感与负载串联,将使流过负载的电流变得平滑,输出电压的波形也就平稳了。当输出电流发生变化时,L 中将感应出一个反电势,其方向将阻止电流发生变化。在半波整

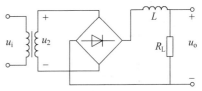

图 9-8 电感滤波电路

流电路中,这个反电势将使整流二极管的导电角大于180°,但在桥式整流电路中,反电势只是有延长整流管导电角的趋势,并不能改变导电角,导电角仍然是180°。这是因为,两管导通后,变压器次边电压将全部以反压的形式加给另外两个管子,强迫其截止。在图9-8中,电感对交流呈现很大的阻抗,对直流分量的电阻很小(理想时等于零),频率越高,感抗越大,则交流成分绝大部分降到了电感上,若忽略导线电阻,电感对直流没有压降,即直流均落在负载上,因此,能得到较好的滤波效果,而且直流电压损失很小。电感滤波有如下特点。

(1) 在这种电路中,输出电压的交流成分是整流电路输出电压的交流成分经 $X_L = 2\pi f L$ 和 R_L 分压的结果,L 越大、R_L 越小,则电感滤波效果越好,所以电感滤波适于负载电流比较大的场合,一般选择 $\omega L \gg R_L$。

(2) 输出电压平均值 U_o,一般小于全波整流电路输出电压的平均值,如果忽略电感线圈的铜阻,则 $U_{o(AV)} \approx 0.9U_2$。二极管承受的反向峰值电压仍为 $\sqrt{2}U_2$。

(3) 采用电感滤波,可以延长整流管的导通时间,因此避免了过大的冲击电流。实际电路中,为了使 L 值大,多采用铁芯电感,有体积大、笨重,且输出电压的平均值 $u_{o(AV)}$ 较低的缺点。

3. LC 滤波电路

采用单一的电容或电感滤波时,电路虽然简单,但滤波效果欠佳,为了达到更好的滤波效果,经常把 L 和 C 滤波电路结合起来,组成 LC 滤波电路。LC 滤波电路如图9-9所示,整流输出电压中的交流成分绝大部分降在 L 上,C 对交流近似短路,故 u_o 中交流成分很小,几乎是一个平滑的直流电压。其效果比单纯电容或电感滤波电路都好。

由于图9-9整流后先经电感 L 滤波,其总特性与电感滤波电路相近,故称为电感型 LC 滤波电路,其直流输出电压和电感滤波电路一样,$U_o = 0.9U_2$。若将电容 C 平移到电感 L 之前,则为电容型 LC 滤波电路。

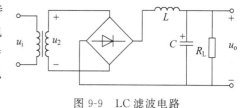

图 9-9　LC 滤波电路

但要说明的是,如果 L 值太小或 R_L 太大,则将呈现出电容滤波的特性。为了保证整流管的导电角仍为180°,参数之间要恰当配合,可以推出近似条件为 $R_L < 3\omega L$。

LC 滤波电路与电容滤波电路比较,电感元件限制了电流的脉动峰值,减小了对整流二极管的冲击。而且当输出电流变化时,因为电感内阻小,在负载电流较大或较小时均有良好的滤波效果,也就是说,它对负载的适应性比较强。但存在输出电压低、体积和重量大的缺点。它主要适用于电流较大,要求电压脉动较小的场合。

4. π 型滤波电路

为了进一步减小输出的脉动成分,可在 LC 滤波电路的输入端再加一只滤波电容就组成了 LC-π 型滤波电路,如图9-10(a)所示。LC-π 型滤波电路的整流输出电压先经电容 C_1,滤除了交流成分后,再经电感 L 上滤波,电容 C_2 上的交流成分极少,因此输出电路几乎是平直的直流电压。其输出电流波形比 LC 更加平滑,由于在输入端接了电容,输出直流电压更高。由于整流输出后先经 C_1 滤波,故其总特性与电容滤波电路相近,适当选择电路参数,同样可以达到 $U_o = 1.2U_2$。

LC-π 型滤波电路的特性与电容滤波相同,若考虑电感上损耗则下降更多,具有整流管

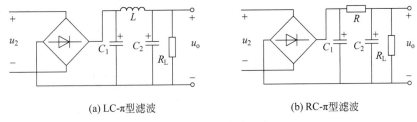

(a) LC-π型滤波 　　　　　　　　　　 (b) RC-π型滤波

图 9-10　π 型滤波电路

的冲击电流比较大、铁芯电感体积大、笨重、成本高、使用不便等不足。当负载电阻 R_L 值较大，负载电流较小时，可用电阻代替电感，组成 RC-π 型滤波电路，如图 9-10(b)所示，电阻 R 对交流和直流成分均产生压降，故会使输出电压下降。R_L 越大，C_2 越大，滤波效果越好，适于负载电流较小、要求稳定的场合。

【思考题】

(1) 半波整流和桥式整流有何不同？

(2) 在桥式整流电路中，若有一个二极管极性接反，分析电路会出现什么情况。

(3) 滤波电路中的电容容量大小能否随意选取？为什么？

(4) 在整流电容滤波的电路中，二极管的导通时间为什么变短？

(5) 比较一下各种滤波电路的输出电压。

9.3　三端集成稳压器及其应用

经过整流、滤波之后得的输出电压和理想的直流电源还有相当的差距，主要存在两方面的原因：一是当电网电压波动时，整流后输出电压直接与变压器副边电压有关，因此输出直流电压也将跟着变化；二是当负载电流变化时，由于整流滤波电路存在内阻，因此输出直流电压也随之发生变化。为了能够提供更加稳定的直流电源，需要在整流滤波电路之后增加稳压电路，以获得更加稳定的直流输出电压。

稳压电路已集成化，集成稳压电路有线性型和开关型两大类，开关型效率远高于线性型，但电路及工艺复杂。集成稳压器种类繁多，可分为三端和多端集成稳压器。本节仅介绍目前广泛使用的三端集成稳压电路。

三端稳压器有输入端、输出端和公共端(接地)3 个接线端点，由于它所需外接元件较少，使用方便，工作可靠，因此在实际中得到广泛应用。按输出电压是否可调，三端集成稳压器可分为固定式和可调式两种，是线性型集成稳压电路。

9.3.1　三端固定式集成稳压器

1. 三端固定式集成稳压器的外形和指标

常用的三端固定式集成稳压器有 W78XX 系列(输出正电压)和 W79XX 系列(输出负电压)，其外形如图 9-11 所示。W78XX 系列 1 脚为输入端，2 脚为输出端，3 脚为公共端；W79XX 系列 1 脚为公共端，2 脚为输出端，3 脚为输入端。由于它只有输入、输出和公共地 3 个端子，故称为三端稳压器。型号中 C 表示国标，W 表示稳压器，78 表示输出为正电压值,79 表示输出为负电压值,00(或 XX)表示输出电压的稳定值。

国产输出固定电压有±5V、±6V、±9V、±12V、±15V、±18V、±24V 7 个档次。根据输出电流的大小不同,又分为 W78 系列,最大输出电流 1~1.5A(带散热片);W78M 系列,最大输出电流 0.5A;W78L 系列,最大输出电流 100mA。例如 CW7815,表明国产输出 + 15V 电压,输出电流可达 1.5A,CW79M12 表明输出−12V 电压,输出电流为−0.5A。

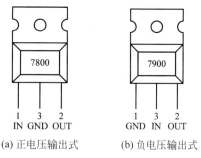

图 9-11　三端固定式集成稳压器外形

2. 三端固定式集成稳压器的应用

输出固定电压的应用电路如图 9-12 所示,其中图 9-12(a)为输出固定正电压,图 9-12(b)为输出固定负电压。图 9-12 中,C_i 用以抵消输入端因接线较长而产生的电感效应,用以旁路高频干扰信号,防止自激振荡,其取值范围在 0.1~1μF(若接线不长时可不用);C_o 用以改善负载的瞬态响应,一般取 1μF 左右,其作用是减少高频噪声。

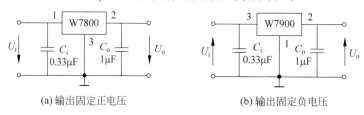

图 9-12　输出固定电压的应用电路

三端固定式集成稳压器加接电阻、二极管、稳压管、三极管及运放等器件,可提高输出电压和输出电流,实际中应用较少,详细内容可参阅电子资源。

当需要正、负两组电源输出时,可采用 7800 系列和 7900 系列各一块,按图 9-13 接线(电源变压器带有中心抽头并接地),输出端即可得到大小相等、极性相反的两组电源。

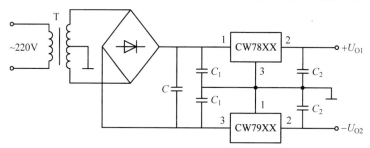

图 9-13　正负对称的稳压电路

9.3.2　三端可调集成稳压器

前面介绍的 78、79 系列集成稳压器,多输出固定电压值,在实际应用中不太方便。现在已经有输出电压连续可调的三端稳压器。按输出电压分为正电压输出和负电压输出两大类。按输出电流的大小又有 0.1A、0.5A、1.5A 等类型。如 CW117/217/317(国外型号LM117/217/317)是三端可调式正电压输出稳压器,而 CW137/237/337(国外型号 LM137/

237/337)是三端可调式负电压输出稳压器。三端可调集成稳压器克服了固定三端稳压器输出电压不可调的缺点,继承了三端固定式集成稳压器的诸多优点,应用更加方便。具体型号及参数请参阅电子资源。

三端可调集成稳压器 CW317 和 CW337 是一种悬浮式串联调整稳压器,它们的外形如图 9-14 所示。输入电压范围在 $\pm 2 \sim \pm 40\text{V}$,输出电压可在 $\pm 1.25 \sim \pm 37\text{V}$ 调整,负载电流可达 1.5A。

CW317 和 CW337 的基本应用电路如图 9-15 所示,它只需外接两个电阻(R_1 和 R_P)来确定输出电压。调整端的输出电流约为 $50\mu\text{A}$,并且十分稳定,为了使电路正常工作,一般输出电流不小于 5mA。那么在 CW317 应用电路中,可以推出输出电压为

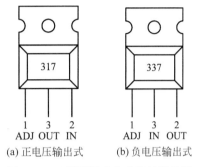

$$U_O = 1.25\left(1 + \frac{R_P}{R_1}\right) + 50 \times 10^{-6} \times R_P$$

由于调整端的电流非常小,而 R_P 阻值又不大,因此忽略调整端电流的影响可得

图 9-14　三端可调式集成稳压器外形

(a) 正电压输出式　(b) 负电压输出式

$$U_O \approx 1.25\left(1 + \frac{R_P}{R_1}\right) \qquad (9\text{-}13)$$

式中,1.25V 是集成稳压器输出端与调整端之间的固定参考电压 U_{REF},R_1 一般取值 $120 \sim 240\Omega$(此值保证稳压器在空载时也能正常工作),调节 R_P 可改变输出电压的大小(R_P 取值视 R_L 和输出电压的大小而确定)。对于 CW337 应用电路,上述关系同样成立,只是输入、输出电压都为负值。

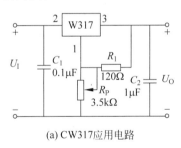

(a) CW317应用电路

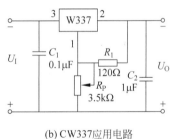

(b) CW337应用电路

图 9-15　典型应用电路

9.3.3　三端集成稳压器的使用注意事项

(1) 三端集成稳压器的输入、输出和公共端绝对不能接错,否则会损坏稳压器。

(2) 三端集成稳压器为降压式稳压,它的输入电压必须大于输出电压。一般输入、输出电压差值应大于 2V,否则不能输出稳定的电压。

(3) 当温度过高时,稳压性能将变差,甚至损坏。因此,实际应用时,稳压器要加接散热片。

(4) 当需要能输出大电流的稳压电源时,可以采用将多块三端稳压器并联使用。但要注意,并联使用的集成稳压器应采用同厂家、同型号的产品,以避免个别集成电路失效时导致其他电路的连锁损坏。

【思考题】

(1) 如何提高 CW78 系列的输出电压和输出电流?

(2) 三端集成稳压器对输入电压、输出电压有何要求?

(3) 不同型号的集成稳压器能否并联使用? 为什么?

习题

9-1 在图 9-4 所示的单相桥式整流电路中,已知变压器副边电压 $U_2 = 10\text{V}$(有效值):

(1) 正常工作时,直流输出电压是多少?

(2) 如果二极管 VD_1 虚焊,将会出现什么现象?

(3) 如果二极管 VD_1 接反,又可能出现什么问题?

(4) 如果 4 个二极管全部接反,则直流输出电压又是多少?

9-2 桥式整流电容滤波电路如图 9-16 所示。已知 $u_2 = 20\sqrt{2}\sin\omega t$(V),在下述不同情况下,说明输出直流电压平均值 $U_{O(AV)}$ 各为多少伏?

(1) 电容 C 因虚焊未接上。

(2) 有电容 C,但 $R_L = \infty$(负载 R_L 开路)。

(3) 整流桥中有一个二极管因虚焊而开路,有电容 C,$R_L = \infty$。

(4) 有电容 C,$R_L \neq \infty$。

9-3 利用三端集成稳压器 W78 接成输出电压可调的电路,如图 9-17 所示。试写出 U_O 与 U_O' 的关系。

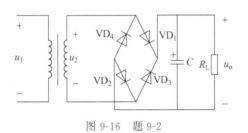

图 9-16 题 9-2

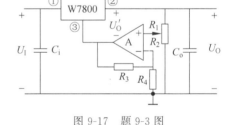

图 9-17 题 9-3 图

9-4 三端稳压器 W7815 和 W7915 组成的直流稳压电路如图 9-18 所示,已知变压器副边电压 $u_{21} = u_{22} = 20\sqrt{2}\sin\omega t$(V)。

(1) 在图中标明电容的极性。

(2) 确定 U_{O1}、U_{O2} 的值。

(3) 当负载 R_{L1}、R_{L2} 上电流 I_{L1}、I_{L2} 均为 1A 时,估算三端稳压器上的功耗 P_{CM} 值。

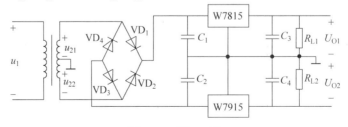

图 9-18 题 9-4 图

9-5　图 9-19 是由 LM317 组成的输出电压可调的三端稳压电路(LM317 与 CW317 功能相似)。已知当 LM317 上 3-1 之间的电压 $U_{31}=U_{REF}=1.2V$ 时,流过 R_1 的最小电流 $I_{R(min)}$ 为 5～10mA,调整端 1 输出的电流 $I_{adj}\ll I_{R(min)}$,且要求 $U_I-U_O\geqslant 2V$。

(1) 求 R_1 的大小?

(2) 当 $R_1=210\Omega$,$R_2=3k\Omega$ 时,求输出电压 U_O?

(3) 当 $U_O=37V$,$R_1=210\Omega$ 时,$R_2=?$ 电路的最小输入电压 $U_{I(min)}=?$

(4) 调节 R_2 从 0 变化到 $6.2k\Omega$ 时,求输出电压的调节范围?

9-6　可调恒流源电路如图 9-20 所示。

(1) 当 $U_{31}=U_{REF}=1.2V$,R 从 0.8～120Ω 改变时,恒流电流 I_O 的变化范围如何?(假设 $I_{adj}\approx 0$);

(2) 将 R_L 用待充电电池代替,若用 50mA 进行恒流充电,充电电压 $U_E=1.5V$,求电阻 R_L 的值。

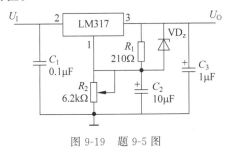

图 9-19　题 9-5 图

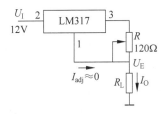

图 9-20　题 9-6 图

9-7　指出图 9-21 中各电路有无错误,错了就改正。

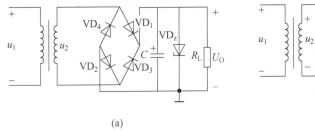

(a)

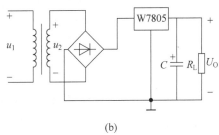

(b)

图 9-21　题 9-7 图

9-8　要得到下列直流稳压电源,试分别选用适当的三端式集成稳压器,画出电路原理图(包括整流、滤波电路),并标明变压器副边电压 U_2 及各电容的值。

(1) $+24V$,1A。

(2) $-5V$,100mA。

(3) $\pm 15V$,500mA(每路)。

第 10 章
CHAPTER 10

集成门电路及组合逻辑电路

 学习目标要求

本章首先从数字信号和数字电路的概念开始,引入数的进制及二进制代码,介绍研究数字电路的数学工具——逻辑代数及逻辑函数的化简方法;然后介绍构成数字电路的最基本单元——逻辑门电路及组合逻辑电路的分析方法和设计方法;最后介绍常见的中规模组合逻辑芯片及其应用。读者学习本章内容应做到以下几点。

(1) 熟悉数字电路的特点和分类;掌握常见的数制及相互转换方法;熟悉码制及相互转换方法。

(2) 熟悉逻辑函数的各种运算以及公理、公式;熟悉逻辑函数的表示方法及相互转换;掌握逻辑函数的化简方法。

(3) 了解集成门电路的电路结构和工作原理,理解常用 TTL、CMOS 集成门各项参数的含义;掌握常用 TTL、CMOS 集成门的逻辑功能及使用方法。

(4) 掌握组合逻辑电路的特点及分析方法、设计方法;了解数字逻辑电路的竞争冒险现象。

(5) 了解常用中规模组合集成芯片的电路结构和工作原理;熟悉常用中规模组合集成芯片的功能、特点、扩展;掌握利用中规模组合集成芯片实现组合电路的方法。

(6) 能够正确识别和使用常用集成门和组合逻辑芯片。

10.1 数字信号和数字电路

10.1.1 数字信号及特点

自然界中的物理量可分为数字量和模拟量两大类。数字量是指离散变化的物理量,模拟量是指连续变化的物理量。与之对应,电子技术中,处理和传输的电信号有两种,一种信号时间和数值连续变化,称为模拟信号;另一种信号时间和数值上都是离散的,称为数字信号。例如,自动生产线上输出的零件数目所对应的电信号就是数字信号,热电偶在工作时所输出的电压信号,就属于模拟信号。

与模拟信号相比,数字信号具有传输可靠、易于存储、抗干扰能力强、稳定性好等优点。为便于存储、分析和传输,常将模拟信号转化为数字信号,这也是数字电路应用越来越广泛的重要原因。

10.1.2　数字电路的分类和特点

处理数字信号、完成逻辑功能的电路,称为逻辑电路或数字电路。在数字电路中,数字信号用二进制表示,采用串行和并行传输两种传输方法。

1. 数字电路的分类

从电路结构上,数字电路有分立和集成之分。分立电路用单个元器件和导线连接而成,目前已很少使用。集成电路的所有元器件及其连线,均按照一定的功能要求,制作在同一块半导体基片上,集成电路种类很多,应用广泛。

数字集成电路按其内部有源器件的不同可以分为三大类:一类为双极型晶体管集成电路,它主要有晶体管-晶体管逻辑(Transistor Transistor Logic,TTL)、射极耦合逻辑(Emitter Coupled Logic,ECL)和集成注入逻辑(Integrated Injection Logic,I^2L)等几种类型;另一类为MOS(Metal Oxide Semiconductor)集成电路,其有源器件采用金属—氧化物—半导体场效应管,它又可分为PMOS、NMOS和CMOS等几种类型;还有一类为BiCMOS器件,它由双极型晶体管电路和MOS型集成电路构成,能够充分发挥两种电路的优势,缺点是制造工艺复杂。

目前数字系统中普遍使用TTL和CMOS集成电路。TTL集成电路工作速度高、驱动能力强,但功耗大、集成度低;MOS集成电路具有集成度高、功耗低的优点,超大规模集成电路基本上都是MOS集成电路,其缺点是工作速度略低。

数字集成电路按其集成规模可分为多种类型:一般认为,每片组件内包含10~100个元件(或1~10个等效门),为小规模集成电路(Small Scale Integration,SSI);每片组件内含100~1000个元件(或10~100个等效门),为中规模集成电路(Medium Scale Integration,MSI);每片组件内含1000~100 000个元件(或100~1000个等效门),为大规模集成电路(Large Scale Integration,LSI);每片组件内含100 000个元件以上(或1000个以上等效门),为超大规模集成电路(Very Large Scale Integration,VLSI)。

根据电路逻辑功能的不同,数字集成电路又可以分为组合逻辑电路和时序逻辑电路两大类,其中组合逻辑电路没有记忆功能,时序逻辑电路具有记忆功能。

目前常用的逻辑门和触发器属于SSI,常用的译码器、数据选择器、加法器、计数器、移位寄存器等组件属于MSI;常见的LSI、VLSI有D/A、A/D转换器、只读存储器、随机存取存储器、微处理器、单片微处理机、位片式微处理器、高速乘法累加器、通用和专用数字信号处理器等。此外还有专用集成电路ASIC和可编程逻辑器件PLD。PLD是近十几年来迅速发展的新型数字器件,目前应用十分广泛。

2. 数字电路的特点

在实际工作中,数字电路中数字信号的高低电平用1和0分别表示。只要能区分高低电平,就可以知道它所表示的逻辑状态了,所以高低电平都有一个允许的范围。正因为如此,数字电路一般工作于开关状态,对元器件参数和精度的要求,对供电电源的要求,都比模拟电路要低一些。数字电路比模拟电路应用更加广泛。数字电路与模拟电路相比具有以下特点。

(1) 结构简单,便于集成。

(2) 工作可靠,抗干扰能力强。

（3）数字信号便于长期保存和加密。

（4）产品系列全,通用性强,成本低。

（5）不仅能实现算术运算,还能进行逻辑判断。

10.2 数的进制和二进制代码

分析与设计数字电路的数学工具是逻辑代数,数的进制和二进制代码是学习逻辑代数的基础,因此要熟悉进制和代码。

10.2.1 常用的数制

人们在生产实践中,除了最常用的十进制以外,还大量使用其他计数制,如二进制、八进制、十六进制等。

1. 十进制(Decimal)

在十进制数中,每一位有 0～9 这 10 个数码,其基数为 10。例如,十进制数 $(123.75)_{10}$ 表示为:

$$(123.75)_{10} = 1 \times 10^2 + 2 \times 10^1 + 3 \times 10^0 + 7 \times 10^{-1} + 5 \times 10^{-2}$$

一般来说,对于任何一个十进制数 N,都可以用位置计数法和多项式表示法写为

$$
\begin{aligned}
(N)_{10} &= a_{n-1}a_{n-2}\cdots a_1 a_0 \cdot a_{-1}a_{-2}\cdots a_{-m} \\
&= a_{n-1} \times 10^{n-1} + a_{n-2} \times 10^{n-2} + \cdots + a_1 \times 10^1 + a_0 \times 10^0 + a_{-1} \times 10^{-1} \\
&\quad + a_{-2} \times 10^{-2} + \cdots + a_{-m} \times 10^{-m} \\
&= \sum_{i=-m}^{n-1} a_i \times 10^i
\end{aligned}
\tag{10-1}
$$

式中,n 代表整数位数;m 代表小数位数;$a_i(-m \leqslant i \leqslant n-1)$ 表示第 i 位数码(或系数),它可以是 0、1、2、3……9 中的任意一个,10^i 为第 i 位数码的权值。

2. 二进制(Binary)

目前在数字电路中应用最多的是二进制,在二进制数中每一位有 0 和 1 两个数码,计数基数为 2。低位和相邻高位间的进位关系是"逢二进一",故称为二进制。任何一个二进制数,可表示为

$$
\begin{aligned}
(N)_2 &= a_{n-1}a_{n-2}\cdots a_1 a_0 \cdot a_{-1}a_{-2}\cdots a_{-m} \\
&= a_{n-1} \times 2^{n-1} + a_{n-2} \times 2^{n-2} + \cdots + a_1 \times 2^1 + a_0 \times 2^0 + a_{-1} \times 2^{-1} \\
&\quad + a_{-2} \times 2^{-2} + \cdots + a_{-m} \times 2^{-m} \\
&= \sum_{i=-m}^{n-1} a_i 2^i
\end{aligned}
\tag{10-2}
$$

例如:$(110.01)_2 = 1 \times 2^2 + 1 \times 2^1 + 0 \times 2^0 + 0 \times 2^{-1} + 1 \times 2^{-2} = (6.25)_{10}$

二进制运算规则与十进制相同,并且只有两个数码,两个稳定电路状态即可实现,电路简单可靠易实现。因而,在数字技术中被广泛采用。但是二进制也有位数多,难写不方便记忆等缺点,因此,数字系统的运算过程中采用二进制,其对应的原始数据和运算结果多采用人们习惯的十进制数记录。

3. 八进制（Octaic）

在八进制数中，每一位有 0～7 这 8 个数码，其基数为 8。任何一个八进制数也可以表示为

$$(N)_8 = \sum_{i=-m}^{n-1} a_i 8^i \tag{10-3}$$

例如：$(36.2)_8 = 3 \times 8^1 + 6 \times 8^0 + 2 \times 8^{-1} = 3 \times 8 + 6 \times 1 + 2 \times 0.125 = (30.25)_{10}$

4. 十六进制（Hexadecimal）

十六进制数的每一位有 16 个不同的数码，分别用 0～9、A～F（即 10～15）表示。任何一个十六进制数，都可以表示为

$$(N)_{16} = \sum_{i=-m}^{n-1} a_i 16^i \tag{10-4}$$

例如：$(3AB.11)_{16} = 3 \times 16^2 + 10 \times 16^1 + 11 \times 16^0 + 1 \times 16^{-1} + 1 \times 16^{-2} = (939.0664)_{10}$

总之任意一个数，都可以用不同的计数制表示，尽管表示形式各不相同，但数值的大小是不变的，进制只是人为规定而已。

10.2.2 不同进制之间的转换

1. 任意进制转换为十进制

若将任意进制数转换为十进制数，只需将此数写成按权展开的多项式表示式，并按十进制规则进行运算，便可求得相应的十进制数 $(N)_{10}$。

例如：$(10110.11)_2 = 1 \times 2^4 + 1 \times 2^2 + 1 \times 2^1 + 1 \times 2^{-1} + 1 \times 2^{-2} = 16 + 4 + 2 + 0.5 + 0.25$
$= (22.75)_{10}$

$(2A.8)_{16} = 2 \times 16^1 + A \times 16^0 + 8 \times 16^{-1} = 32 + 10 + 0.5 = (42.5)_{10}$

$(165.2)_8 = 1 \times 8^2 + 6 \times 8^1 + 5 \times 8^0 + 2 \times 8^{-1} = 64 + 48 + 5 + 0.25 = (117.25)_{10}$

2. 十进制转换为二、八、十六进制

转换方法有两种：基数连除取余法（倒序写余），基数连乘取整法（正序写整），前者适应整数部分转换，后者适应小数部分转换。下面以十进制转换为二进制进行说明。

（1）整数转换。采用基数连除取余法，例如，将 $(57)_{10}$ 转换为二进制数：

$$(57)_{10} = (111001)_2$$

（2）纯小数转换。纯小数转换，采用基数连乘法，例如，将 $(0.724)_{10}$ 转换成二进制小数。

$$
\begin{array}{r}
0.724 \\
\times \qquad 2 \qquad 整数 \\
\hline
1.448 \cdots\cdots\cdots \quad 1 = a_{-1} \\
0.448 \\
\times \qquad 2 \\
\hline
0.896 \cdots\cdots\cdots \quad 0 = a_{-2} \\
\times \qquad 2 \\
\hline
1.792 \cdots\cdots\cdots \quad 1 = a_{-3} \\
0.792 \\
\times \qquad 2 \\
\hline
1.584 \cdots\cdots\cdots \quad 1 = a_{-4}
\end{array}
$$

$$(0.724)_{10} = (0.1011)_2$$

可见,小数部分乘 2 取整的过程,不一定能使最后乘积为 0,因此转换值存在误差。通常在二进制小数的精度已达到预定的要求时,运算便可结束。

(3) 将一个带有整数和小数的十进制数转换成二进制数时,必须将整数部分和小数部分分别按除 2 取余法和乘 2 取整法进行转换,然后再将两者的转换结果合并起来即可。

例如:$(57.724)_{10} = (111001.1011)_2$。

3. 二进制与八进制、十六进制之间的转化

(1) 二进制转换为八进制、十六进制。八进制数和十六进制数的基数分别为 $8 = 2^3$,$16 = 2^4$,所以 3 位二进制数恰好相当一位八进制数,4 位二进制数相当一位十六进制数,它们之间的相互转换是很方便的。

二进制数转换成八进制数(或十六进制数)时,其整数部分和小数部分可以同时进行转换。其方法是:以二进制数的小数点为起点,分别向左、向右,每 3 位(或 4 位)分一组,即分组规则是整数从低位到高位,小数从高位到低位。对于小数部分,最低位一组不足 3 位(或 4 位)时,必须在有效位右边补 0,使其足位;对于整数部分,最高位一组不足位时,可在有效位的左边补 0,也可不补。然后,把每一组二进制数转换成与之等值的八进制(或十六进制)数,并保持原排序,即得到二进制数对应的八进制数和十六进制数。

例如,求 $(01101111010.1011)_2$ 的等值八进制数。

二进制	001	101	111	010	.	101	100
八进制	1	5	7	2	.	5	4

得:$(01101111010.1011)_2 = (1572.54)_8$

例如,将 $(1101101011.101)_2$ 转换为十六进制数。

二进制	0011	0110	1011	.	1010
十六进制	3	6	C	.	B

得:$(1101101011.101)_2 = (36C.B)_{16}$

(2) 八进制、十六进制转化为二进制。八进制(或十六进制)数转换成二进制数时,与前面步骤相反,即只要按原来顺序将每一位八进制数(或十六进制数)用相应的 3 位(或 4 位)二进制数代替即可。整数最高位一组不足位左边补 0,小数最低位一组不足位右边补 0,即得到八进制数和十六进制数对应的二进制数。

由于目前微型计算机多采用 16 位或 32 位二进制数进行运算,而 16 位或 32 位二进制数可以用 4 位和 8 位十六进制数来表示,所以用十六进制符号书写程序就十分方便,十六进制比八进制应用更加广泛。不同进制数值的算术运算规则与十进制基本相同,机内二进制运算都在加法器中实现。

10.2.3 二进制代码

数字系统中的信息分为两类:一类是数值;另一类是文字符号(包括控制符),也采用一定位数的二进制数码来表示,称为代码。建立这种代码与十进制数值、字母、符号的一一对应关系称为编码。若所需编码的信息有 N 项,则二进制代码的位数 n 应满足 $2^n \geqslant N$,下面介绍几种常见的代码。

1. 二-十进制码(BCD 码)

二-十进制编码是用 4 位二进制码的 10 种组合表示十进制数 0~9,简称 BCD 码(Binary Coded Decimal)。用二进制来表示 0~9 这 10 个数符,必须用 4 位二进制来表示,而 4 位二进制共有 16 种组合,从中取出 10 种组合来表示 0~9 的编码方案有很多种。几种常用的 BCD 码如表 10-1 所示。若某种代码的每一位都有固定的"权值",则称这种代码为有权代码;否则,称为无权代码。

表 10-1 几种常用的 BCD 码对照表

十进制数	8421 码	5421 码	2421 码	余 3 码	BCD Gray 码
0	0000	0000	0000	0011	0000
1	0001	0001	0001	0100	0001
2	0010	0010	0010	0101	0011
3	0011	0011	0011	0110	0010
4	0100	0100	0100	0111	0110
5	0101	1000	1011	1000	0111
6	0110	1001	1100	1001	0101
7	0111	1010	1101	1010	0100
8	1000	1011	1110	1011	1100
9	1001	1100	1111	1100	1000

(1) 8421BCD 码。8421 BCD 码是最基本最常用的 BCD 码,它和 4 位自然二进制码相似,各位的权值为 8、4、2、1,故称为有权 BCD 码。和 4 位自然二进制码不同的是,它只选用了 4 位二进制码中前 10 组代码,即用 0000~1001 分别代表它所对应的十进制数,余下的六组代码不用。

(2) 5421BCD 码和 2421BCD 码。5421 BCD 码和 2421 BCD 码为有权 BCD 码,它们从高位到低位的权值分别为 5、4、2、1 和 2、4、2、1。这两种有权 BCD 码中,有的十进制数码存在两种加权方法,例如,5421 BCD 码中的数码 5,既可以用 1000 表示;也可以用 0101 表示;2421 BCD 码中的数码 6,既可以用 1100 表示,也可以用 0110 表示。这说明 5421BCD 码和 2421BCD 码的编码方案都不是唯一的。

(3) 余 3 码。余 3 码是 8421BCD 码的每个码组加 0011 形成的。其中的 0 和 9,1 和 8,2 和 7,3 和 6,4 和 5,各对码组相加均为 1111,具有这种特性的代码称为自补代码。也常用于 BCD 码的运算电路中。余 3 码各位无固定权值,故属于无权码。

用 BCD 码可以方便地表示多位十进制数,例如,十进制数$(579.8)_{10}$ 可以分别用 8421 BCD 码、余 3 码表示为

$$(579.8)_{10}=(0101 \quad 0111 \quad 1001.1000)_{8421BCD码}$$
$$=(1000 \quad 1010 \quad 1100.1011)_{余3码}$$

2. 可靠性代码

代码在形成和传输过程中难免出错,为了减少这种错误,且保证一旦出错时易于发现和校正,常采用可靠性代码。目前常用的代码有格雷码、奇偶校验码等。

(1) 格雷码(Gray 码)。Gray 码最基本的特性是任何相邻的两组代码中,仅有一位数码不同,并且任一组编码的首尾两个代码只有一位数不同,构成一个循环,因而常把格雷码称为循环码。Gray 码的编码方案有多种,典型的 Gray 码如表 10-1 所示。格雷码既是 BCD 码的一种,也是可靠性代码,不仅能对十进制数编码,同时还能对任意二进制数编码。

(2) 奇偶校验码。代码(或数据)在传输和处理过程中,有时会出现代码中的某一位由 0 错变成 1,或 1 变成 0,奇偶校验码是一种具有检验出这种错误的代码。奇偶校验码由信息位和一位奇偶检验位两部分组成。信息位是位数不限的任一种二进制代码,它代表着要传输的原始信息;检验位仅有一位,它可以放在信息位的前面,也可以放在信息位的后面,它的编码方式有两种。

使得一组代码中信息位和检验位中"1"的个数之和为奇数,称为奇检验;使得一组代码中信息位和检验位中"1"的个数之和为偶数,称为偶检验。对于任意 n 位二进制数,增加一位校验位,便可构成 $n+1$ 位的奇或偶校验码。接收方对接收到的奇偶校验码要进行检测,看每个码组中"1"的个数是否与约定相符,若不相符,则为错码。

奇偶校验码只能检测一位错码,但不能测定哪一位出错,也不能自行纠正错误。若代码中同时出现多位错误,则奇偶校验码无法检测。但是,由于多位同时出错的概率要比一位出错的概率小得多,并且奇偶校验码容易实现,因而该码在计算机存储器中被广泛采用。

3. 字符代码

对各个字母和符号编制的代码称为字符代码。字符代码的种类繁多,目前在计算机和数字通信系统中被广泛采用的是 ISO 和 ASCII 码。

(1) ISO(International Standardization Orgnization)编码。ISO 编码是国际标准化组织编制的一组 8 位二进制代码,主要用于信息传送。这一组编码包括 0～9 这 10 个数值码、26 个英文字母以及 20 个其他符号的代码共 56 个。8 位二进制代码的其中一位是补偶校验位,用来把每个代码中 1 的个数补成偶数以便于查询。

(2) ASC(American Standard Code for Information Interchange) 编码。ASC 码是美国信息交换标准代码的简称。ASCII 码采用 7 位二进制数编码,因此可以表示 128 个字符。它包括 10 个十进制数 0～9;26 个大小写字母;32 个通用控制符号;34 个专用符号。读码时,先读列码,再读行码。例如,十进制数 0～9,相应用 0110000～0111001 来表示,应用中常在最前面增加一位奇偶校验位,用来把每个代码中 1 的个数补成偶数或奇数以便于查询。在机器中表示时,常使其为 0,因此 0～9 的 ASCII 码为 30H～39H,大写字母 A～Z 的 ASCII 码为 41H～5AH 等。

ASCII 编码从 20H～7EH 均为可打印字符,而 00H～1FH 为通用控制符,它们不能被打印出来,只起控制或标志的作用,如 0DH 表示回车(CR),0AH 表示换行控制(LF),

04H(EOT)为传送结束标志。字符代码的具体内容请参阅有关资料。

10.2.4 算术运算和逻辑运算

当两个二进制数码 0 和 1 用于表示数量的大小时,可以进行数值运算,称为算术运算。二进制运算和十进制运算的规则基本相同,唯一的区别是二进制算术运算是逢二进一。在数字电路中,二进制数码 0 和 1 还可以表示两种不同的逻辑状态,它们之间可以按照指定的因果关系进行运算,称为逻辑运算,两种运算存在本质区别。

【思考题】

(1) 数字信号与模拟信号的主要区别是什么?试说明 $1+1=2,1+1=10$ 各式的含义。

(2) 数字电路有何特点?数字电路中采用哪种进制?

(3) 有权 BCD 码和无权 BCD 码有何区别?格雷码可靠性为什么强?

10.3 逻辑运算和逻辑化简

10.3.1 逻辑代数及其运算

1. 逻辑变量及逻辑函数

逻辑是指事物因果之间所遵循的规律。为了避免用冗繁的文字来描述逻辑问题,逻辑代数采用逻辑变量和一套运算符组成逻辑函数表达式来描述事物的因果关系。

(1) 逻辑变量。和普通代数一样,逻辑代数系统也是由变量、常量和基本运算符构成的。逻辑代数中的变量称为逻辑变量,一般用大写字母 A、B、C 等表示,逻辑变量的取值只有两种,即逻辑 0 和逻辑 1,0 和 1 称为逻辑常量。但必须指出,这里的逻辑 0 和 1 本身并没有数值意义,它们并不代表数量的大小,而仅仅是作为一种符号,代表事物矛盾双方的两种状态。例如,灯泡的亮与灭,开关的通与断,种子的发芽与否,命题的“假”和“真”等。

(2) 正负逻辑。对于一个事件的逻辑状态,单纯的用 0 和 1 描述仍有不确定性。例如,前面提到的灯泡亮灭状态,某一时刻灯亮,其逻辑状态是 0 还是 1 呢?这就要求对亮和灭两种状态与 0 和 1 的对应要事先规定。逻辑代数中,有两种基本的定义逻辑状态的规则体系,规定事件的正的、积极的、阳性的逻辑状态为“1”状态,称为正逻辑;反之,称为负逻辑。对于同一逻辑事件,所采用的正负逻辑不同,逻辑变量间的逻辑关系也不同。

(3) 逻辑函数。数字电路的输入、输出量一般用高、低电平来表示,本书采用正逻辑,定义高电平为逻辑 1 状态、低电平为逻辑 0 状态。数字电路的输出与输入之间的关系是一种因果关系,它可以用逻辑函数来描述,因此又称为逻辑电路。

对于任何一个电路,若输入逻辑变量 A、B、C 等的取值确定后,其输出逻辑变量 F 的值也被唯一地确定了,则可以称 F 是 A、B、C 等的逻辑函数,并记为

$$F = f(A 、B 、C \cdots) \tag{10-5}$$

逻辑函数与普通代数中的函数相似,它是随自变量的变化而变化的因变量,自变量和因变量分别表示某一事件发生的条件和结果。逻辑函数习惯用大写字母 F、Y、L、Z 等表示。

2. 3 种基本逻辑运算

逻辑代数规定了 3 种基本运算:与运算、或运算、非运算。任何逻辑函数都可以用这 3 种运算的组合来构成,即任何数字系统都可以用这 3 种逻辑电路来实现。因此,称“与”“或”

"非"是一个完备集合,简称完备集。逻辑关系可以用文字、逻辑表达式、表格或图形来描述,描述逻辑关系的0、1表格称为逻辑真值表,用规定的图形符号来表示逻辑运算称为逻辑符号。下面分别讨论这3种基本逻辑运算。

1) 与运算

只有当决定一事件结果(F)的所有条件(A、B、C)同时具备时,结果才能发生,这种逻辑关系称为与逻辑关系。例如,"只有德才兼备才能做一个好领导"这句话就内含了与逻辑关系。与运算相应的逻辑表达式为

$$F = A \cdot B \cdot C \cdots \tag{10-6}$$

在逻辑代数中,将与逻辑称为与运算或逻辑乘。符号"·"表示逻辑乘,和普通代数中乘法运算符号一致,在不致混淆的情况下,常省去符号"·"。在有些文献中,也采用 ∧、∩ 及 & 等符号来表示逻辑乘。

实现"与运算"的电路称为与门,其对应的逻辑符号如图 10-1 所示,其中图 10-1(a)是我国常用的传统符号,图 10-1(b)为国家标准符号,图 10-1(c)为国外流行符号。

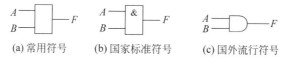

(a) 常用符号　　　(b) 国家标准符号　　　(c) 国外流行符号

图 10-1　与门的逻辑符号

例如,串联开关灯控电路中,灯亮与开关闭合的关系就是与逻辑。与逻辑关系可以用表 10-2 所示的真值表来描述。所谓真值表,就是将自变量的各种可能的取值组合与其因变量的值一一列出来的表格形式。

表 10-2　与、或、非逻辑真值表

A	B	$F = AB$	$F = A + B$	$F = \bar{A}$
0	0	0	0	1
0	1	0	1	1
1	0	0	1	0
1	1	1	1	0

由真值表可知,逻辑乘的基本运算规则为:$0 \cdot 0 = 0$,$0 \cdot 1 = 0$,$1 \cdot 0 = 0$,$1 \cdot 1 = 1$,与普通代数乘法一致。与逻辑的运算规律:输入有 0 输出得 0,输入全 1 输出得 1。

2) 或运算

当决定一事件结果(F)的几个条件(A、B、C、…)有一个或有一个以上具备时,结果就会发生,这种逻辑关系称为或逻辑关系。例如,"贪污或受贿都构成犯罪"这句话就内含了或逻辑关系。或运算相应的逻辑表达式为

$$F = A + B + C \cdots \tag{10-7}$$

在逻辑代数中,将或逻辑称为或运算或逻辑加。符号"+"表示逻辑加,有些文献中也采用 ∨、∪ 等符号来表示逻辑加。

实现"或运算"的电路称为或门,其对应的逻辑符号如图 10-2 所示,其中图 10-2(a)是我国常用的传统符号,图 10-2(b)为国家标准符号,图 10-2(c)为国外流行符号。

例如,并联开关灯控电路中,灯亮与开关闭合的关系就是或逻辑。或逻辑关系可以用表 10-2 所示的真值表来描述。由真值表可知,逻辑加的基本运算规则为:$0 + 0 = 0$、$0 + 1 = 1$、

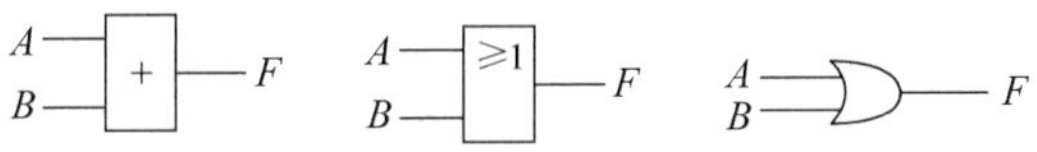

(a) 常用符号 (b) 国家标准符号 (c) 国外流行符号

图 10-2 或门的逻辑符号

$1+0=1$、$1+1=1$，与普通代数加法有区别。或逻辑的运算规律为：输入有 1 得 1，输入全 0 得 0。

　　3）非运算

　　非运算是逻辑的否定，即当一件事的条件（A）具备时，结果（F）不会发生；而条件不具备时，结果一定会发生。这种逻辑关系称为非逻辑，又称为逻辑反，对应的运算关系即非运算。例如，"怕死就不是真正的共产党员"这句话就内含了非逻辑关系。

　　非运算相应的逻辑表达式为：

$$F = \overline{A} \tag{10-8}$$

读作"F 等于 A 非"。通常称 A 为原变量，$\overline{A}$ 为反变量，两者为互补变量。

　　实现"非运算"的电路称为非门或者反相器，其对应的逻辑符号如图 10-3 所示，其中图 10-3(a)是我国常用的传统符号，图 10-3(b)为国家标准符号，图 10-3(c)为国外流行符号。

　　　　A ——□—○— F 　　　　A ——[1]○— F 　　　　A ——▷○— F

(a) 常用符号 (b) 国家标准符号 (c) 国外流行符号

图 10-3 非门的逻辑符号

　　例如，一只开关与灯并联的电路中，灯亮与开关闭合的关系就是非逻辑。非逻辑真值表如表 10-2 所示。由真值表可知，逻辑非的基本运算规则为：$0 = \overline{1}$，$1 = \overline{0}$。非逻辑的运算规律为：输出和输入始终相反。

3. 常用复合逻辑运算

　　常用的复合逻辑有"与非""或非""与或非""异或""同或"等，这些都有集成产品。

　　(1)"与非"逻辑。"与"和"非"的复合逻辑，称为"与非"逻辑，逻辑符号如图 10-4(a)所示。逻辑函数式为

$$F = \overline{AB} \tag{10-9}$$

其真值表如表 10-3 所示。

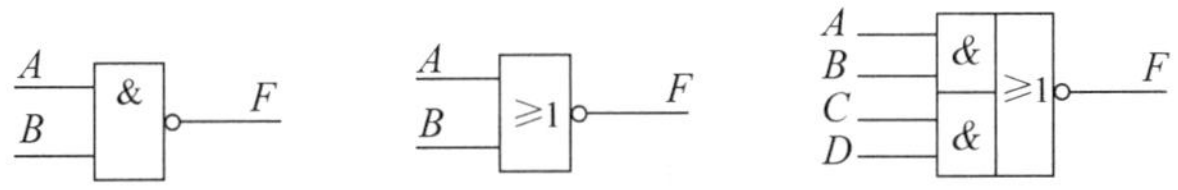

　　　A ，B ——[&]○— F 　　　A ，B ——[≥1]○— F 　　　A，B，C，D ——[&][≥1]○— F

(a) 与非逻辑符号 (b) 或非逻辑符号 (c) 与或非逻辑符号

图 10-4 逻辑符号

表 10-3　与非逻辑、或非逻辑真值表

A	B	$F = \overline{AB}$	$F = \overline{A+B}$
0	0	1	1
0	1	1	0
1	0	1	0
1	1	0	0

　　(2)"或非"逻辑。"或"和"非"的复合逻辑，称为"或非"逻辑，逻辑符号如图 10-4(b)所示。逻辑函数表达式为

$$F = \overline{A + B} \tag{10-10}$$

其真值表如表 10-3 所示。

（3）"与或非"逻辑。"与""或""非"3 种逻辑的复合逻辑称为"与或非"逻辑，逻辑符号如图 10-4(c)所示。其真值表如表 10-4 所示。逻辑函数表达式为

$$F = \overline{AB + CD} \tag{10-11}$$

表 10-4　与或非的逻辑真值表

A	B	C	D	$F = \overline{AB+CD}$	A	B	C	D	$F = \overline{AB+CD}$
0	0	0	0	1	1	0	0	0	1
0	0	0	1	1	1	0	0	1	1
0	0	1	0	1	1	0	1	0	1
0	0	1	1	0	1	0	1	1	0
0	1	0	0	1	1	1	0	0	0
0	1	0	1	1	1	1	0	1	0
0	1	1	0	1	1	1	1	0	0
0	1	1	1	0	1	1	1	1	0

（4）"异或""同或"逻辑。若两个输入变量 A、B 的取值相异，则输出变量 F 为"1"；若 A、B 取值相同，则 F 为"0"。这种逻辑关系称为"异或"（XOR）逻辑，逻辑符号如图 10-5(a) 所示。其逻辑函数式为

$$F = A \oplus B = \overline{A}B + A\overline{B} \tag{10-12}$$

读作"F 等于 A 异或 B"，其真值表如表 10-5 所示。

表 10-5　异或、同或逻辑真值表

A	B	$F = A \oplus B$	$F = A \odot B$
0	0	0	1
0	1	1	0
1	0	1	0
1	1	0	1

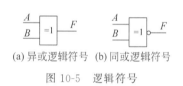

(a) 异或逻辑符号　(b) 同或逻辑符号

图 10-5　逻辑符号

若两个输入变量 A、B 的取值相同，则输出变量 F 为"1"；若 A、B 取值相异，则 F 为 0，这种逻辑关系称为"同或"逻辑，也称为"符合"逻辑，其逻辑符号如图 10-5(b)所示。其逻辑函数表达式为

$$F = A \odot B = AB + \overline{A}\,\overline{B} \tag{10-13}$$

读作"F 等于 A 同或 B"，其逻辑功能真值如表 10-5 所示。

10.3.2　逻辑代数的公理和公式

逻辑代数和普通代数一样，也有相应的公式、定理和运算规则。利用这些公式、定理和运算规则可以得到更多的常用逻辑运算，并且可以对复杂逻辑运算进行化简。

1. 逻辑代数的公理

不需要证明，大家都公认的规律称为公理。从与、或、非运算的定义可得出逻辑代数的公理如下。

（1）逻辑变量 A 只有两个取值，0 或 1。

（2）1+1=1+0=0+1=1(1"或"任何数都为 1)。

(3) $0+0=0$。

(4) $0 \cdot 0 = 0 \cdot 1 = 1 \cdot 0 = 0(0"与"任何数都为0)$。

(5) $1 \cdot 1 = 1$。

(6) $\overline{0} = 1, \overline{1} = 0$。

2. 逻辑代数的基本公式

逻辑变量的取值只有0和1,根据公理推得以下关系式。其中,有些与普通代数相似,有的则完全不同。

1) 变量和常量的关系式

0-1律:

$$A \cdot 0 = 0 \quad A + 1 = 1 \tag{10-14}$$

自等律:

$$A \cdot 1 = A \quad A + 0 = A \tag{10-15}$$

重叠律:

$$A \cdot A = A \quad A + A = A \tag{10-16}$$

互补律:

$$A \cdot \overline{A} = 0 \quad A + \overline{A} = 1 \tag{10-17}$$

2) 与普通代数相似的定律

交换律:

$$A \cdot B = B \cdot A \quad A + B = B + A \tag{10-18}$$

结合律:

$$(A \cdot B) \cdot C = A \cdot (B \cdot C) \quad (A + B) + C = A + (B + C) \tag{10-19}$$

分配律:

$$A \cdot (B + C) = AB + AC \qquad A + BC = (A + B)(A + C) \tag{10-20}$$

需要注意的是,上述基本公式反映的是变量的逻辑关系而非数量关系。

【例 10-1】 证明加对乘的分配律 $A + BC = (A + B)(A + C)$。

证明: $(A + B)(A + C) = A \cdot A + A \cdot B + A \cdot C + B \cdot C = A + AB + AC + BC = A(1 + B + C) + BC = A + BC$,因此有 $A + BC = (A + B)(A + C)$。

用真值表也可以证明 $A + BC = (A + B)(A + C)$。

3) 逻辑代数中的特殊定律

反演律(De Morgan 定律):

$$\overline{A \cdot B} = \overline{A} + \overline{B}, \quad \overline{A + B} = \overline{A} \cdot \overline{B} \tag{10-21}$$

还原律:

$$\overline{\overline{A}} = A \tag{10-22}$$

3. 若干常用公式

运用基本公式可以得到更多的公式,下面介绍一些常用的公式,常用公式可以用基本公式证明。

(1) 合并律:

$$AB + A\overline{B} = A \tag{10-23}$$

证明:

$$AB + A\overline{B} = A(B + \overline{B}) = A \cdot 1 = A$$

在逻辑代数中,如果两个乘积项分别包含了互补的两个因子(如 B 和 $\overline{B}$),而其他因子都相同,那么这两个乘积项称为相邻项。如 AB 与 $A\overline{B}$,ABC 与 $\overline{A}BC$ 都是相邻关系。

合并律说明,两个相邻项可以合并为一项,消去互补量(即变化量)。

(2) 吸收律:

$$A + AB = A \qquad\qquad (10\text{-}24)$$

证明:

$$A + AB = A(1 + B) = A \cdot 1 = A$$

该公式说明,在一个与或表达式中,如果某一乘积项的部分因子(如 AB 项中的 A)恰好等于另一乘积项(如 A)的全部,则该乘积项(AB)是多余的。

(3) 消因子律:

$$A + \overline{A}B = A + B \qquad\qquad (10\text{-}25)$$

证明:利用分配律,$A + \overline{A}B = (A + \overline{A})(A + B) = 1 \cdot (A + B) = A + B$

公式说明,在一个与或表达式中,如果一个乘积项(如 A)取反后是另一个乘积项(如 $\overline{A}B$)的因子,则此因子 $\overline{A}$ 是多余的。

(4) 多余项公式:

$$AB + \overline{A}C + BC = AB + \overline{A}C \qquad\qquad (10\text{-}26)$$

证明:$AB + \overline{A}C + BC = AB + \overline{A}C + (A + \overline{A})BC = AB + \overline{A}C + ABC + \overline{A}BC = AB + \overline{A}C$

推论:$AB + \overline{A}C + BCD = AB + \overline{A}C$

推论左式加多余项 BC 即可证明推论。

该公式及推论说明,在一个与或表达式中,如果两个乘积项中的部分因子互补(如 AB 项和 $\overline{A}C$ 项中的 A 和 $\overline{A}$),而这两个乘积项中的其余因子(如 B 和 C)都是第三个乘积项中的因子,则这个第三项是多余的。

10.3.3　逻辑问题的表示方法及相互转换

逻辑问题有多种表达方法,除了用语言描述外,常用的方法还有逻辑表达式、逻辑真值表、逻辑图、波形图和卡诺图等。下面分别介绍。

1. 逻辑表达式和逻辑真值表

1) 逻辑表达式

按照对应的逻辑关系,利用与、或、非等运算符号,描述输入、输出逻辑关系的函数表达式,称为逻辑表达式。前面所介绍的基本运算和复合逻辑运算式子都是最基本的逻辑表达式。不同的组合可得出多种逻辑表达式,常用表达式形式有与或表达式、或与表达式、与非与非表达式、或非或非表达式、与或非表达式 5 种。任何一个逻辑函数式都可以通过逻辑变换写成以上 5 种形式。

例如,逻辑表达式 $F = AB + \overline{A}C$,可以变化为以下 5 种形式:

$$F = AB + \overline{A}C \qquad\qquad\text{与或式}\qquad\qquad (10\text{-}27)$$

$$= (\overline{A} + B)(A + C) \qquad\qquad\text{或与式}\qquad\qquad (10\text{-}28)$$

$$= \overline{\overline{AB} \cdot \overline{\overline{A}C}} \qquad\qquad\text{与非与非式}\qquad\qquad (10\text{-}29)$$

$$=\overline{(\overline{A}+B)+(\overline{A}+C)} \qquad \text{或非或非式} \qquad (10\text{-}30)$$

$$=\overline{A\overline{B}+\overline{A}\,\overline{C}} \qquad \text{与或非式} \qquad (10\text{-}31)$$

这里要特别指出的是,一个逻辑函数的同一类型表达式不是唯一的,上例中函数 F 的与-或表达式就有多种形式。例如, $F=AB+\overline{A}C$ 就可以写成以下多种与-或表达式:

$$F=AB+\overline{A}C=AB+\overline{A}C+BC=AB+\overline{A}C+BC+BCD$$

逻辑表达式用规范的数学语言描述了变量之间的逻辑关系,而且十分简洁和准确,容易记忆;便于直接利用公式化简,且不受变量多少限制;其代数表达式有繁简不一的多种形式;但不能直观反映输出函数与输入变量之间的对应关系。

2) 逻辑真值表

将输入变量的全部可能取值和相应的函数值排列在一起所组成的表格就是逻辑真值表。具有 n 个输入变量的逻辑函数,其取值的可能组合有 2^n 个。对于一个确定的逻辑关系,逻辑函数的真值表是唯一的。它的优点是能够直观明了地反映变量取值和函数值之间的对应关系,而且从实际逻辑问题列写真值表也比较容易,复杂的逻辑问题往往直接列出其真值表,再分析变量间的逻辑关系;另外,画波形图时用真值表更直接。其主要缺点是,当变量多于 4 个时,列写真值表比较烦琐,而且不能运用逻辑代数公式进行逻辑化简。

3) 逻辑表达式和逻辑真值表之间的转换

可以直接从由逻辑问题的文字表述列出真值表;也可按照逻辑式子,对变量的各种取值进行计算,求出相应的函数值,再把变量值和函数值一一对应列成表格,就可以得到真值表。例如,上面 5 种形式都有 3 个输入变量,取值的可能组合有 $2^3=8$ 个,代入公式进行运算可得共同真值表,如表 10-6 所示,这说明逻辑真值表是唯一的。但是其代数表达式可以有繁简不一的形式。因此证明两个逻辑表达式等价与否的最有效方法,就是检查两函数的真值表是否一致。

表 10-6　逻辑式(10-27)～式(10-31)的共同真值表

A	B	C	F	A	B	C	F
0	0	0	0	1	0	0	0
0	0	1	1	1	0	1	0
0	1	0	0	1	1	0	1
0	1	1	1	1	1	1	1

反之,由真值表也可很容易地得到逻辑表达式。首先把真值表中函数值等于 1 的变量组合挑出来,输入变量值是 1 的写成原变量,是 0 的写成反变量,同一组合中的各个变量(以原变量或反变量的形式)相乘,这样,对应于函数值为 1 的每一个变量组合就可以写成一个乘积项,然后把这些乘积项相加,这就得到相应的逻辑表达式了。

为了书写方便,在逻辑表达式中,括号和运算符号可按下述规则省略:

(1) 对一组变量进行非运算时,可以不加括号。例如, $\overline{(AB+CD)}$ 可以写成 $\overline{AB+CD}$ 。

(2) 逻辑运算顺序先括号,再乘,最后加。表达式中,不混淆的情况下,可以按照先乘后加的原则省去括号。例如, $(A \cdot B)+(C \cdot D)$ 可以写成 $A \cdot B + C \cdot D$, $(A+B) \cdot (C+D)$ 不能写成 $A+B \cdot C+D$ 。

2. 逻辑图

在数字电路中,用逻辑符号表示每一个逻辑单元以及由逻辑单元所组成的部件而得到的图形称为逻辑电路图,简称逻辑图。每一张逻辑图的输出与输入之间的逻辑关系,都可以用相应的逻辑函数来表示,反之,一个逻辑函数也可以用相应的逻辑图来表示。逻辑图的优点是逻辑符号和实际电路、器件有着明显的对应关系,能方便地按逻辑图构成实际电路图。同一逻辑函数有多种逻辑表达式,相应的逻辑图也有多种。

逻辑图与实际的数字电路具有直接对应的特点,是分析和设计数字电路不可缺少的中间环节,逻辑图有繁简不一的多种形式;但不能直接化简,不能直观反映入出变量的对应关系。

1) 逻辑图转换为逻辑函数

分析逻辑图所示的逻辑关系有两种方法:一是根据逻辑图列出函数真值表;二是根据逻辑图逐级写出输出端的逻辑函数表达式。

【例 10-2】 分析图 10-6 输入与输出之间的逻辑关系。

解:方法 1,直接根据逻辑图,由输入至输出逐级写出输出端的逻辑函数表达式,即

$$F = AB + \overline{A}\overline{B}$$

方法 2,根据变量的各种取值,逐级求出输出 F 的相应值,列出逻辑函数的真值表,由真值表写出函数表达式为

$$F = \overline{A}\overline{B} + AB$$

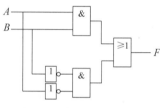

图 10-6　例 10-2 的逻辑图

列真值表对于简单的逻辑图是比较容易和直观的,但只要逻辑图稍微复杂一些(逻辑变量较多),就很麻烦。所以,写逻辑函数表达式是我们分析逻辑图时常用的方法。例 10-2 逻辑图比较简单,对于多级较复杂的逻辑电路可以设置中间变量,多次代入求出逻辑表达式。

2) 根据逻辑函数表达式画出逻辑图

逻辑函数表达式是由与、或、非等各种运算组合成的,只要用对应的逻辑符号来表示这些运算,就可以得到与给定的逻辑函数表达式相对应的逻辑图。

【例 10-3】 画出式(10-27)～式(10-31) 5 种逻辑函数表达式形式所对应的逻辑图。

解:在这里把反变量看成独立变量,可得逻辑图如图 10-7 所示。可以看出,形式上有复杂、简洁的不同。

3. 波形图和卡诺图

数字电路的输入信号和输出信号随时间变化的电压或电流图形称为波形图,又称为时序图。波形图能直观地表达出变量和函数之间随时间的变化规律,可以帮助人们掌握数字电路的工作情况和诊断电路故障。

只要已知赋值确定的逻辑函数和输入信号波形,很容易根据逻辑真值表、逻辑表达式或逻辑图画出输出信号波形图;反过来,只要已知输入信号波形和输出信号波形,也很容易找到逻辑真值表,进而得到逻辑表达式、逻辑图。这里要指出的是,已知的输入信号波形和输出信号波形必须是完整的波形,即信号波形的高低电平应包含输入变量的全部 0、1 组合。

波形图直观地表示出了数字电路输入输出端电压信号的变化,是分析数字电路的逻辑关系时的重要手段,尤其在时序逻辑电路中应用更多。卡诺图与真值表对应,主要用于逻辑

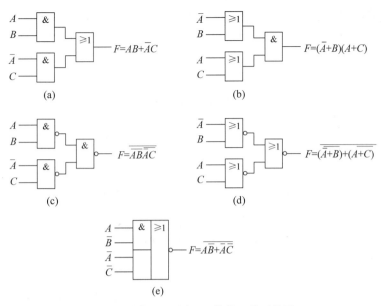

图 10-7 例 10-3 同一函数的 5 种逻辑图

函数表达式的化简,方法简单易掌握,应用广泛。

综上所述,可得如下结论:针对同一逻辑函数可以有多种表示方法,它们所表述的逻辑实质是一致的。这些表示方法各有特点,适应不同的场合并且可以相互转换。

10.3.4 逻辑函数的最小项及其最小项表达式

1. 最小项的概念及特点

1）最小项的概念

在 n 个变量的逻辑函数中,若 m 是包含 n 个因子的乘积项,这 n 个变量都以原变量或反变量的形式出现而且仅出现一次,则称 m 是这组变量的最小项。最小项中,n 个变量可以是原变量和反变量。两个变量 A、B 可以构成 $\overline{A}\overline{B}$、$\overline{A}B$、$A\overline{B}$、AB 4 个最小项;3 个变量 A、B、C 可以构成 $\overline{A}\overline{B}\overline{C}$、$\overline{A}\overline{B}C$、$\overline{A}B\overline{C}$、$\overline{A}BC$、$A\overline{B}\overline{C}$、$A\overline{B}C$、$AB\overline{C}$、$ABC$ 8 个最小项;以此类推,可见 n 个变量的最小项共有 2^n 个。

2）最小项的编号

通常为了书写方便,最小项可用符号 m_i 表示。下标确定方法如下:把最小项中变量按一定顺序排好,用 1 代替其中的原变量,用 0 代替其中的反变量,得到一个二进制数,该二进制数的等值十进制数即为相应最小项的编号。例如,上述三变量的 8 个最小项的编号依次为 0、1~7,n 个变量的 2^n 个最小项的编号为 0、1~2^n-1。

3）最小项的特点

从最小项的定义出发,不难得知最小项的下列几个主要特点。

（1）对于任意一个最小项,有且仅有一组变量取值使其值为 1。

（2）任意两个不同的最小项的逻辑乘恒为 0,即 $m_i \cdot m_j = 0 (i \neq j)$。

（3）n 变量的全部最小项的逻辑和恒为 1。

$$\text{即} \sum_{i=0}^{2^n-1} m_i = 1$$

（4）n 变量的每一个最小项有 n 个逻辑相邻项（只有一个变量不同的最小项）。例如，三变量的某一最小项 $\overline{A}B\overline{C}$ 有 3 个相邻项：$\overline{A}\,\overline{B}\,\overline{C}$、$A\,B\,\overline{C}$、$\overline{A}BC$。这种相邻关系对于逻辑函数化简十分重要。

2. 最小项表达式——标准与或式

如果在一个与或表达式中，所有与项均为最小项，则称这种表达式为最小项表达式，或称为标准与或式、标准积之和式。例如，$F(A,B,C)=\overline{A}BC+A\overline{B}\,\overline{C}+AB\overline{C}$ 是一个三变量的最小项表达式，它也可以简写为

$$F(A,B,C)=m_5+m_4+m_6=\sum m(4,5,6)$$

这里借用普通代数中“$\sum$”表示多个最小项的累计或运算，圆括号内的十进制数字表示参与运算的各个最小项的下标（编号）。

任何一个逻辑函数都可以表示为最小项之和的形式。最小项表达式可以从真值表中直接写出，也可以对一般表达式进行变换求得。若给出逻辑函数的一般表达式，则首先通过运算将一般表达式转换为与或表达式，再对与或表达式反复使用公式 $A=A(B+\overline{B})$ 配项，补齐变量，就可以获得最小项表达式；若给出逻辑函数的真值表，只要将真值表中使函数值为 1 的各个最小项相或，便可得出该函数的最小项表达式。由于任何一个逻辑函数的真值表都是唯一的，因此其最小项表达式也是唯一的。它是逻辑函数的标准形式之一，因此又称为标准与或式。

对于一些变量较多已经较简单的式子，利用补齐变量的方法十分烦琐，这时借助真值表反而较简单。

根据最小项的性质，很容易得出以下最小项表达式的 3 个主要性质：

（1）若 m_i 是逻辑函数 $F(A,B,C\cdots)$ 的一个最小项，则使 $m_i=1$ 的一组变量取值，必定使 $F(A,B,C\cdots)=1$。

（2）若 F_1 和 F_2 都是同变量 $(A,B,C\cdots)$ 的函数，则 $Y=F_1+F_2$ 将包含 F_1 和 F_2 中的所有最小项，$F=F_1\cdot F_2$ 将包含 F_1 和 F_2 中的共有最小项。

（3）反函数 $\overline{F}$ 的最小项由函数 F 包含的最小项之外的所有最小项组成。所谓反函数，就是对于任何一组变量取值组合，所对应的函数值都相反的函数，反函数是相互的。

【例 10-4】 写出 $F=AB+\overline{B}C$ 的最小项表达式。

解：$F=AB+\overline{B}C=AB(C+\overline{C})+(A+\overline{A})\overline{B}C=AB\overline{C}+ABC+\overline{A}\,\overline{B}C+A\overline{B}C$

$\qquad =m_1+m_5+m_6+m_7=\sum m(1,5,6,7)$

【思考题】

（1）$1+1=10,1+1=1$ 含义有何不同？

（2）在数字电路中，用什么符号来表示对立的两个状态？何为正逻辑？何为负逻辑？

（3）用真值表证明公式 $A+BC=(A+B)(A+C)$。

（4）写出四变量的摩根定律表达式。

（5）用逻辑代数基本公式证明 $ABC+\overline{A}+\overline{B}+\overline{C}=1$。

（6）最小项和最小项表达式有什么特点？如何求最小项表达式？

10.3.5　逻辑函数的化简

1. 逻辑函数化简的意义和最简的概念

1）化简的意义

直接根据实际逻辑要求而得到的逻辑函数可以用不同的逻辑表达式和逻辑图来描述。逻辑函数逻辑表达式简单，逻辑图就简单，实现逻辑问题所需要的逻辑单元就比较少，从而所需要的电路元器件少，电路更加可靠。为此在设计数字电路中，首先要化简逻辑表达式，以便用最少的门实现实际电路。这样既可降低系统的成本，又可提高电路的可靠性。逻辑函数化简，并没有一个严格的原则，通常遵循以下几条原则：①逻辑电路所用的门最少；②各个门的输入端要少；③逻辑电路所用的级数要少；④逻辑电路能可靠地工作。

例如，实现函数 $F=AB\bar{C}+A\bar{B}C+\bar{A}BC+B+\bar{A}B+BC$ 的逻辑图十分复杂，通过公式和定理可将函数化简为 $F=AC+B$，逻辑图如图 10-8 所示，只要两个门就够了。

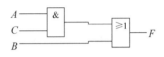

图 10-8　函数 F 化简后的逻辑图

2）最简的与或表达式

不同类型的逻辑表达式的最简标准是不同的，最常用的是与或表达式，由它很容易推导出其他形式的表达式，其他形式的表达式也可方便地变换为与或表达式。下面以与或表达式为例，介绍逻辑表达式的化简。

所谓最简的与或逻辑表达式，应满足：①乘积项的数目最少；②在此前提下，每一个乘积项中变量的个数也最少。这样才能称为最简与或表达式。

例如，$F=AC+B$ 就是最简与或逻辑表达式。最常用的化简逻辑函数的方法，有代数法（公式法）和卡诺图法。本节只介绍公式法，卡诺图法可请参阅电子资源。

2. 代数化简逻辑函数的常用方法

代数化简法就是利用逻辑代数的基本公式、常用公式对逻辑函数的代数表达式进行化简，又称为公式法。由于逻辑表达式的多样性，代数化简法尚无一套完整的方法，能否以最快的速度化简而得到最简逻辑表达式，与使用者的经验和对公式掌握与运用的熟练程度有密切关系。下面介绍几种具体化简方法，供化简时参考。

【例 10-5】 化简 $F=AD+A\bar{D}+AB+\bar{A}C+BD+ACEF+\bar{B}EF+DEFG$

解：$AD+A\bar{D}$ 并项得：$F=A+AB+\bar{A}C+BD+ACEF+\bar{B}EF+DEFG$

$A+AB+ACEF$ 吸收得：$F=A+\bar{A}C+BD+\bar{B}EF+DEFG$

$A+\bar{A}C$ 消去得：$F=A+C+BD+\bar{B}EF+DEFG$

吸收多余项得：$F=A+C+BD+\bar{B}EF$

实际解题时，不需要写出所用方法。

【例 10-6】　化简函数 $F=\overline{\overline{AB}+ABD\cdot(B+\bar{C}D)}$。

解：$F=\overline{\overline{AB}}\cdot\overline{ABD}\cdot\overline{(B+\bar{C}D)}=(A+B)(\bar{A}+\bar{B}+\bar{D})(B+\bar{C}D)$

　　　$=(B+A\bar{C}D)(\bar{A}+\bar{B}+\bar{D})=\bar{A}B+B\bar{D}+A\bar{B}\bar{C}D$

代数化简法没有固定的方法和步骤。对于复杂逻辑函数的化简，需要灵活地使用各种方法、公式、定理，才能得出最简逻辑表达式，并且函数的最简表达式不一定唯一。

3. 逻辑函数表达式不同形式的转换

逻辑函数表达式的多样性,决定了实现逻辑问题的逻辑电路的多样性。前面针对与或表达式进行化简,但实际中,大量使用与非、与或非等单元电路,这要求我们能将与或表达式转换为其他形式。

1) 与非与非式

最简与非表达式应满足:与非项最少(假定原变量和反变量都已存在,即单个变量的非运算不考虑在内);每个与非门输入变量个数最少。用两次求反法,可将已经化简的与或表达式转换为二级与非与非表达式。

【例 10-7】 将 $F=AB+\overline{A}C$ 转换为与非与非表达式。

解:利用反演率求反,将每个乘积项看成一个整体,可得:

$$\overline{F}=\overline{AB+\overline{A}C}=\overline{AB}\cdot\overline{\overline{A}C}$$

第二次求反得:$F=\overline{\overline{F}}=\overline{\overline{AB}\cdot\overline{\overline{A}C}}$

这里要指出的是,如果逻辑电路的组成不限于二级与非门网络,情况就要复杂得多,用两次求反法得到的与非与非表达式实际上不一定最简,这需要根据实际情况进行变换,有一定的灵活性和技巧。

2) 与或非表达式

将与或式转化为与或非表达式方法为,对与或式两次求反。先求出 $\overline{F}$ 的与或表达式,然后对 $\overline{F}$ 求反即可。

【例 10-8】 将 $F=AB+\overline{A}C$ 转换为与或非表达式。

解:$F=AB+\overline{A}C=\overline{\overline{AB+\overline{A}C}}=\overline{(\overline{A}+\overline{B})(A+\overline{C})}=\overline{A\overline{B}+\overline{A}\overline{C}}$

实际设计中,允许使用与或非门的地方,也允许使用非门,因此常用与或非门加非门的形式实现电路。

3) 或与表达式和或非或非表达式

将与或非表达式按摩根定律展开,即可变化为或与表达式。将或与表达式两次取反,用摩根定律展开一次即得或非或非表达式。

【例 10-9】 将 $F=AB+\overline{A}C$ 转换为或与表达式和或非或非表达式。

解:$F=AB+\overline{A}C=\overline{A\overline{B}+\overline{A}\overline{C}}=(\overline{A}+B)(A+C)=\overline{\overline{(\overline{A}+B)(A+C)}}=\overline{\overline{\overline{A}+B}+\overline{A+C}}$

*4. 逻辑函数式中的无关项及化简

在实际的逻辑关系中,有时会遇到这样一些情况,即逻辑函数的输出只与一部分最小项有对应关系,而和其余的最小项无关。余下的最小项是否写入逻辑函数式,都不会影响系统的逻辑功能。这些最小项称为无关项。无关项有两种情况,即任意项和约束项。

1) 任意项

在设计逻辑系统时,有时只关心变量某些取值组合情况下函数的值,而对变量的其他取值组合所对应的函数值不加限制,为 0 或 1 都可以。函数值可 0 可 1 的变量组合所对应的最小项常称为任意项。函数式中任意项加上与否,只会影响函数取值,但不会影响系统的逻辑功能。

例如,将 8421BCD 码转换为十进制数数码显示时,0000~1001 这 10 种取值是有效的

8421BCD 码,电路只需要在这 10 种取值出现时显示相应的 0～9 这 10 个数码即可,其余 6 种取值 1010～1111 不是 8421BCD 码的有效组合,因而此时输出变量的值为 0 或 1 都不影响电路的正常功能,所以对应的 6 个最小项 m_{10}～m_{15} 就是一组任意项。

2) 约束项

在实际的逻辑关系中,逻辑变量之间具有一定的制约关系,使得某些变量取值组合不可能出现,这些变量取值组合所对应的最小项称为约束项。显然,对变量所有的可能取值,约束项的值都等于 0。对变量约束的具体描述称为约束条件,可以用逻辑式、真值表和卡诺图来描述,在真值表和卡诺图中,约束项一般计为"×"或"ϕ"。

例如,用 3 个变量 A、B、C 分别表示加法、乘法和除法 3 种操作,因为机器是按顺序执行指令的,每次只能进行其中一种操作,所以任何两个逻辑变量都不会同时取值为 1,即三变量 A、B、C 的取值只可能出现 000、001、010、100,而不会出现 011、101、110、111。也就是说 A、B、C 是一组具有约束的逻辑变量,这个约束关系可以计为

$$AB = 0、BC = 0、AC = 0,或 AB + BC + AC = 0$$

也可以用最小项表示,则有 $\overline{A}BC + A\overline{B}C + AB\overline{C} + ABC = 0$ 或 $\sum m(3、5、6、7) = 0$。

3) 具有无关项逻辑函数的化简

无论是任意项还是约束项,它们的值为 1 或 0 都不会影响电路正常逻辑功能的实现。我们可以充分利用这一特性,使具有无关项的逻辑函数的表达式更简单。具体某个无关项的值作 1 或是 0,以能得到逻辑函数的最简表达式为依据。

具有无关项逻辑函数的化简方法与一般逻辑函数的化简方法相同,可以利用公式和卡诺图化简,其最大区别是无关项可以为 1 也可以为 0,而其他项只能是 1 或 0。具体化简方法,参阅电子资源。

【思考题】

(1) 最简与或表达式的标准是什么?

(2) 代数化简的难点是什么?

(3) 什么叫逻辑相邻项? 逻辑相邻的原则是什么?

*(4) 卡诺图化简应注意哪些?

(5) 无关项有何特点? 化简时如何处理?

*10.4 集成逻辑门电路

10.4.1 逻辑门电路的特点及其类型

实现基本逻辑运算和复合逻辑运算的电路单元通称为逻辑门电路,是按特定逻辑功能构成的系列开关电路,是构成各种复杂逻辑控制及数字运算电路的基本单元,应用极为广泛。常用的逻辑门在功能上有与门、或门、反相器(非门)、与非门、或非门、异或门、与或非门等。

集成门电路产品主要有双极型电路、单极型电路、Bi-CMOS 电路等。双极型集成逻辑门电路由双极型三极管、二极管构成,包括 TTL、ECL、I^2L 等;单极型集成逻辑门电路由 MOS 场效应管构成,包括 NMOS、PMOS 和 CMOS 等几种类型;Bi-CMOS 是双极型-

CMOS(Bipoler-CMOS)电路的简称。这种门电路的结构特点是逻辑功能部分采用 CMOS 结构,输出级采用双极型三极管。因此,它兼有 CMOS 门电路低功耗、高抗干扰能力和双极型门电路低输出电阻、大驱动能力的优点。目前 Bi-CMOS 反相器的传输延迟时间可以减小到 1ns 以下,驱动能力与 TTL 电路接近。由于 Bi-CMOS 系列电路工作速度极高也可算作高速 CMOS 电路范围。

TTL 和 CMOS 集成电路是目前数字系统中最常用的集成逻辑门,一般属于 SSI 产品。这两种类型的集成电路正朝高速度、低功耗、高集成度的方向发展。

在逻辑门电路中,半导体器件一般工作在开关状态,其输入和输出只有高电平 U_H 和低电平 U_L 两个不同的状态。高电平和低电平不是固定数值,允许有一定变化范围。TTL 和 CMOS 要求有所差别。本书逻辑门电路中,采用正逻辑分析,规定用 1 表示高电平,用 0 表示低电平。

10.4.2　3 种基本逻辑门电路

基本逻辑运算有与、或、非运算,相应的 3 种基本逻辑门电路与门、或门、非门(又称为反相器)。利用与、或、非门,能构成所有可以想象出的逻辑电路,如与非门、或非门、与或非门等。

1. 二极管与门和或门

用电子电路实现逻辑关系时,它的输入、输出量均为电位(或电平)。输入量作为条件,输出量作为结果,输入、输出量之间满足逻辑关系,则构成逻辑门电路。

1) 二极管与门电路

图 10-9 所示为双输入单输出二极管与门电路(DTL)及与门逻辑符号。在图 10-9(a)中,A、B 为输入变量,L 为输出变量,用 5V 正电源。取高、低电平为 3V、0V,二极管正向导通电压为 0.7V,进行分析。

当 A、B 端同时为低电平"0"时,二极管 VD_1、VD_2 均导通,使输出端 L 为低电平"0"(0.7V)。

当 A、B 中的任何一端为低电平"0"(0V)时,阴极接低电位的二极管将首先导通,使 L 点电位固定在 0.7V,此时阴极接高电位的二极管受反向电压作用而截止。这种现象称为二极管的钳位作用。此时,输出为低电平"0"(0.7V)。

当 A、B 端同时为高电平"1"(3V)时,二极管 VD_1、VD_2 均导通,输出端为高电平"1"(3.7V)。

把上述分析结果归纳列入功能表和真值表(正逻辑赋值),可以发现电路满足与逻辑关系。其逻辑表达式为 $L = A \cdot B$,当与门有多个输入端时,可推广为 $L = A \cdot B \cdot C \cdots$。

2) 二极管或门电路

图 10-10 所示为双输入单输出二极管或门电路(DTL)及或门逻辑符号。在图 10-10(a)中,A、B 为输入变量,L 为输出量。取高、低电平为 3V、0V,二极管正向导通电压为 0.7V。读者可仿照上面方法进行分析,输入与输出信号状态满足"或"逻辑关系。其逻辑表达式为 $L = A + B$,当或门有多个输入端时,可推广为 $L = A + B + C + \cdots$。

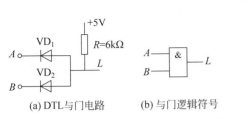
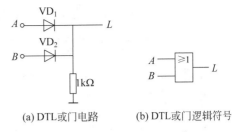

<table>
<tr><td>(a) DTL与门电路</td><td>(b) 与门逻辑符号</td><td>(a) DTL或门电路</td><td>(b) DTL或门逻辑符号</td></tr>
</table>

图 10-9　二极管与门电路　　　　　　　　　图 10-10　二极管或门电路

二极管门电路结构简单,价格便宜,但其存在电平偏移现象,且抗干扰能力和带负载能力都很差,所以目前已很少使用。

【例 10-10】　三输入二极管与门电路如图 10-11 所示。

已知二极管正向导通电压为 0.7V,试问:

(1) 若 C 悬空或接地对电路功能有何影响?

(2) 若在输出端接上 200Ω 的负载电阻,

对电路功能有何影响?

解: (1) 当 C 端悬空时,与 C 连接的二极管相当于开路。

输入 A、B 和输出 L 仍是与逻辑关系,即 $L=A \cdot B$。

可见,C 端悬空不影响电路的其余输入和输出的逻辑关系。

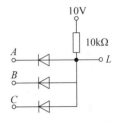

图 10-11　例 10-10 电路图

当 C 端接地时,与 C 连接的二极管导通,使输出电平被钳位在 $U_L = 0.7$V,其余输入端的信号变化对输出基本无影响,电路不能实现逻辑与功能。

(2) 若在输出端接上 200Ω 的负载电阻,输出电平将受负载影响,可能输出的最大电压为

$$U_L = 10 \times \frac{200}{200 + 10 \times 1000} \approx 0.2\text{V}$$

此时,输入无论是低电平还是高电平,二极管均不能导通,失去了钳位作用。电路不能再实现逻辑与功能。

2. 三极管非门电路

非门只有一个输入端和一个输出端,输入的逻辑状态经非门后被取反,图 10-12 所示为三极管非门电路及逻辑符号。当输入端 A 为高电平 1(+5V)时,选择合适参数晶体管饱和导通,L 端输出 0.2~0.3V 的电压,属于低电平范围;当输入端为低电平 0(0V)时,晶体管截止,晶体管集电极-发射极间呈高阻状态,输出端 L 的电压近似等于电源电压,即输入与输出信号状态满足"非"逻辑关系。用以下逻辑表达式表示:

$$L = \overline{A}$$

在数字电路的逻辑符号中,若在输入端加小圆圈,则表示输入低电平信号有效;若在输出端加一个小圆圈,则表示将输出信号取反。

三极管非电路结构简单,是一种具有放大功能的反向器,经常用它做负载的驱动器。与三极管一样,MOS 管也可构成非门电路,可以自己去分析。

利用二极管与门、或门和三极管、MOS管非门可以组合成与非、或非、与或非等各

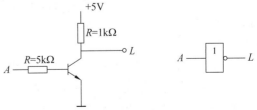

图 10-12　三极管非门电路及逻辑符号

种分立逻辑门电路,但由于电气特性较差,实际中很少采用,现在已被集成电路所取代。

10.4.3　TTL 集成逻辑门电路

TTL 集成逻辑门是最为常用的一种双极型集成电路。TTL 系列集成逻辑门电路主要由双极型三极管构成,由于输入级和输出级都采用三极管,因此称为三极管-三极管逻辑门电路(Transistor-Transistor Logic),简称 TTL 电路。它的特点是速度较快、抗静电能力强、集成度低、功耗大,TTL 门一般做成单片中小规模集成电路,其功能类型系列繁多,但其输入输出结构相近。TTL 系列集成门电路生产工艺成熟,产品参数稳定,工作稳定可靠,目前广泛应用于中小规模集成电路中。

1. 典型 TTL 门电路

图 10-13 所示是高速 TTL 与非门的典型电路。该电路由输入级、中间级、输出级三部分组成。

输入级由多发射极三极管 VT_1 和电阻 R_1 构成。它有一个基极、一个集电极和 3 个发射极,在原理上相当于基极、集电极分别连在一起的 3 个三极管,其结构及等效电路如图 10-14 所示。输入信号通过多发射极三极管实现"与"的作用。

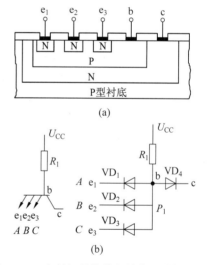

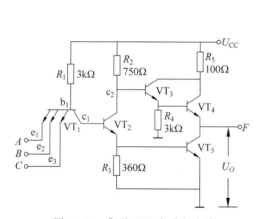

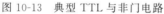

图 10-13　典型 TTL 与非门电路　　　　图 10-14　多射极晶体管的结构及其等效电路

中间级由三极管 VT_2 和电阻 R_2、R_3 组成,这一级又称为倒相级,即在 VT_2 管的集电极和发射级同时输出两个相反的信号,能同时控制输出级的 VT_4、VT_5 管工作在截然相反的工作状态。

输出级是 VT_3、VT_4、VT_5 管和电阻 R_4、R_5 构成的"推拉式"电路,其中 VT_3、VT_4 复合管称为达林顿管。当 VT_5 导通时,VT_3、VT_4 管截止;反之,VT_5 管截止时,VT_3、VT_4 管导通。

倒相级和输出级等效逻辑"非"的功能,电路实现逻辑非功能。

这种推拉式输出结构 TTL 集成门功能类型多,应用广泛。其结构相似,输入级都采用多发射极三极管或肖特基二极管,输出级都采用推拉式输出结构,这种输入、输出结构可以获得较高的开关速度和带负载能力。

2. 集电极开路门和三态输出门

除了一般推拉式输出结构,还有两种特殊结构的 TTL 电路,即集电极开路门和三态输出门。

1) 集电极开路门(OC)

在实际使用中,有时需要将多个门的输出端直接并联来实现"与"的功能,这种用"线"连接形成"与"功能的方式称为"线与"。推拉式输出结构的 TTL 门电路不能"线与"(思考原因),OC 门可以"线与"。集电极开路与非门的逻辑电路和逻辑符号如图 10-15 所示。OC 门的电路特点是其输出管的集电极开路,正常工作时,必须在输出端和 $+U_{CC}$ 之间外接"上拉电阻 R_C"。

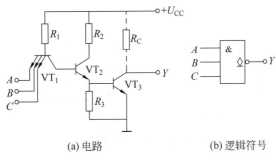

(a) 电路   (b) 逻辑符号

图 10-15 OC 与非门

多个门电路"线与"可以共用外接上拉电阻,R_C 的选取应保证输出的高电平不低于输出高电平的最小值 U_{OHmin};输出的低电平不高于输出低电平的最大值 U_{OLmax}。同时又能使输出三极管的负载电流不致过大。

OC 门的外接电阻的大小会影响系统的开关速度,其值越大,工作速度越低,开关速度受到限制,故 OC 门只适用于开关速度不高的场合。

OC 门可以实现线与逻辑、实现多路信号在总线(母线)上的分时传输、实现电平转换、驱动非逻辑性负载等。具体应用,可参阅电子资源。

2) 三态输出门(TS 门)

三态输出门(Three-State Output Gate)是在普通门电路的基础上附加控制电路而构成的,又称为 TSL 或 TS 门。普通 TTL 门的输出只有两种状态——逻辑 0 和逻辑 1,这两种状态都是低阻输出。三态逻辑(TSL)输出门除了具有这两个状态外,还具有高阻输出的第三状态(或称为禁止状态),这时输出端相当于悬空。在禁止状态下,三态门与负载之间无信号联系,对负载不产生任何逻辑功能,所以禁止状态不是逻辑状态,三态门也不是三值逻辑门,叫它"三态门"只是为了区别于其他门。

图 10-16 是一种三态与非门的电路图及其符号。从电路图中看出,它由两部分组成。上半部分是三输入与非门,下半部为控制部分,是一个快速非门,控制输入端为 G,其输出一方面接到与非门的一个输入端,另一方面通过二极管 VD 和与非门的 VT_3 管基极相连。

在图 10-16(a)中,G 端为控制端,也称为选通端或使能端。A 端与 B 端为信号输入端,F 端为输出端。分析可知,$G=0$ 时,与非门功能,$G=1$ 时,断路状态,此电路为低电平选通的三态与非门,逻辑符号 G 端以小圆圈标志,若高电平选通的三态门,辑符号 G 端无小圆圈标志,图 10-16(b)、(c)、(d)依次为常用符号、国外符号、国标符号。常见的 TTL 和 CMOS

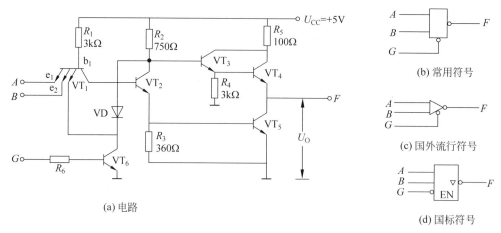

图 10-16 三态 TTL 与非门电路及符号

三态门有三态与非门、三态缓冲门、三态非门(三态倒相门)、三态与门。TS 门在数字系统中的应用十分广泛,可以实现总线上的分时传送、信号的可控双向传送。具体应用,参阅电子资源。

3) 三态门和 OC 门的性能比较

三态门和 OC 门结构不同,各具特点,具体比较如下:

(1) 三态门的开关速度比 OC 门快。

(2) 允许接到总线上的三态门的个数,原则上不受限制,但允许接到总线上的 OC 门的个数受到上拉电阻 R_C 取值条件的限制。

(3) OC 门可以实现"线与"逻辑,而三态门则不能。若把多个三态门输出端并联在一起,并使其同时选通,则当它们的输出状态不同时,不但不能输出正确的逻辑电平,而且还会烧坏导通状态的输出管。

3. TTL 集成逻辑门电路的系列

TTL 集成逻辑门电路有 74 和 54 两大系列,其中每种系列又有若干子系列产品。例如,74 系列包括如下基本子系列。

(1) 74:标准 TTL。国际型号 74 标准系列为早期产品,电路中所用电阻较大,输出级采用三极管和二极管串联的推拉式输出结构。每门功耗比 74H 高速度系列低,约为 10mW,平均传输延迟时间约为 10ns。

(2) 74H:高速系列简称 HTTL。电路中所用电阻较小,输出级采用达林顿管推拉式输出结构。它的特点是工作速度较标准系列高,t_{pd} 约为 6ns,但每门功耗比较大,约为 20mW。

(3) 74S:肖特基系列。74S 系列又称为肖特基系列,电路简称 STTL。它在电路结构上进行了改进,采用抗饱和三极管和有源泄放电路,这样,既提高了电路的工作速度,也提高了电路的抗干扰能力。STTL 与非门的 t_{pd} 约为 3ns,每门功耗约为 19mW。

(4) 74LS:低功耗肖特基系列。国际型号 74LS 系列又称为低功耗肖特基系列,电路简称 LSTTL。它是在 STTL 的基础上加大了电阻阻值,同时还采用了将输入端的多发射极三极管也用 SBD 代替等措施。这样,在提高工作速度的同时,也降低了功耗。LSTTL 与非门的每门功耗约为 2mW,平均传输延迟时间 t_{pd} 约为 5ns,这是 TTL 门电路中速度-功耗积较小的系列。因而得到广泛应用。

（5）74AS：先进肖特基系列。国际型号 74AS 系列又称为先进肖特基系列，电路简称 ASTTL。ASTTL 系列是为了进一步缩短延迟时间而设计的改进系列。其电路结构与 74LS 系列相似，但电路中采用了很低的电阻值，从而提高了工作速度，其缺点是功耗较大。每门功耗约为 8mW，平均传输延迟时间 t_{pd} 约为 1.5ns。较大的功耗限制了其使用范围。

（6）74ALS：先进低功耗肖特基系列。74ALS 系列又称为先进低功耗肖特基 TTL 系列，电路简称 ALSTTL。ALSTTL 系列是为了获得更小的延迟-功耗积而设计的改进系列。为了降低功耗，电路中采用了较高的电阻值。更主要的是在生产工艺上进行了改进，同时在电路结构上也进行了局部改进，因而使器件达到高性能，它的功耗-延迟积是 TTL 电路所有系列中最小的一种。每门功耗约为 1.2mW，平均传输延迟时间 t_{pd} 约为 3.5ns。

标准 TTL 和 HTTL 两个子系列的功耗-延迟积最大，综合性能较差，目前使用较少，而 LSTTL 子系列的功耗-延迟积很小，是一种性能优越的 TTL 集成电路，并且工艺成熟、产量大、品种全、价格便宜，是目前 TTL 集成电路的主要产品。ASTTL 系列和 ALSTTL 系列虽然性能有较大改善，但产品产量小、品种少、价格也较高，目前应用还不如 LSTTL 普及。

54 系列和 74 系列具有相同的子系列，两种系列的电路结构和电气性能参数基本相同，主要区别在于 54 系列比 74 系列的工作温度范围更宽，电源允许的工作范围也更大。74 系列工作温度范围为 0～70℃，而 54 系列为 −55～+125℃；74 系列电源允许的变化范围为 5V(1±5%)，54 系列为 5V(1±10%)。不同子系列 TTL 门在速度、功耗等参数上有所不同，所有 TTL 系列电路标准电源电压都是 5V。国产 TTL 主要产品有 CT54/74 标准系列、CT54/74H 高速系列、CT54/74S 肖特基系列和 CT54/74LS 低功耗肖特基系列。CT 的含义是中国制造 TTL 电路，以后 CT 可省略。

4. TTL 集成逻辑门电路的类型

TTL 系列集成逻辑门电路按功能可分为与门、或门、非门、与非门、或非门、与或非门、异或门等类型。

每个系列 TTL 电路都有很多功能类型，用不同数字代码表示，不同子系列 TTL 门电路中，只要器件型号后面几位数字代码相同，则它们的逻辑功能、外形尺寸、外引线排列都相同。例如 CT7400、CT74L00、CT74H00、CT74S00、CT74LS00、CT74AS00、CT74ALS00，它们都是四 2 输入与非门，外引线都为 14 根且排列顺序相同，如图 10-17(a)所示。CT7420、CT74L20、CT74H20、CT74S20、CT74LS20、CT74AS20、CT74ALS20，它们都是二 4 输入与非门，外引线都为 14 根且排列顺序相同，如图 10-17(b)所示。

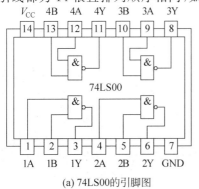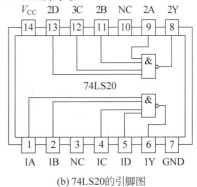

(a) 74LS00的引脚图　　　　　　　　(b) 74LS20的引脚图

图 10-17　74LS00 和 74LS20 的引脚图

10.4.4 CMOS 集成逻辑门电路

1. CMOS 集成门电路的结构与特点

MOS 逻辑门是用 MOS 管制作的逻辑门,MOS 逻辑电路有 PMOS、NMOS 和 CMOS 3 种类型,目前最理想的是 CMOS 逻辑电路。CMOS 逻辑电路一般是增强型 P 沟道和 N 沟道两种增强型 MOS 管构成的互补电路。CMOS 电路具有静态功耗低、抗干扰能力强、电源电压范围宽、输出逻辑摆幅大、输入阻抗高、扇出能力强、温度稳定性好、便于和 TTL 电路连接等优点;而且,由于它完成一定功能的芯片所占面积小,特别适于大规模集成,它既适宜制作大规模数字集成电路,如寄存器、存储器、微处理器及计算机中的常用接口等,又适宜制作大规模通用型逻辑电路,如可编程逻辑器件等。它的缺点在于其工作速度显得比双极型组件略逊一筹,目前高速 CMOS 逻辑电路已可以与 TTL 媲美。CMOS 门电路同样有推拉式互补输出结构、漏极开路结构及三态输出结构 3 种结构形式。

2. 典型 CMOS 集成门电路

CMOS 门电路的种类很多,主要有 CMOS 反相器、CMOS 与非门、CMOS 或非门及 CMOS 传输门。任何复杂的 CMOS 电路都可以看成是由这几种典型门电路组成的。这里将介绍典型的 CMOS 反相器、CMOS 传输门。

1) CMOS 反相器

CMOS 反相器是 CMOS 集成电路最基本的逻辑单元,如图 10-18 所示,它是由两个 MOS 场效应管组成的。P 沟道 MOS 管与 N 沟道 MOS 管相串联,它们的漏极连在一起做输出端,栅极连在一起做输入端。电源极性为正,与 PMOS 管的源极相连,NMOS 管的源极接地。为了使电路能正常工作,要求电源电压 $U_{DD} > U_{TN} + |U_{TP}|$。

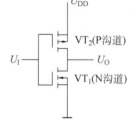

图 10-18　CMOS 反相器电路

式中,U_{DD} 可在 $2 \sim 18V$ 工作,$U_{TP}(< 0)$ 是 PMOS 管的开启电压,$U_{TN}(> 0)$ NMOS 管的开启电压。

反相器的工作原理如下。

(1) 当输入为高电平时,NMOS 管的栅源电压大于其开启电压,VT_1 管导通;对于 PMOS 管 VT_2 而言,由于栅极电位高,栅源间电压绝对值小于其开启电压,该管截止,电路输出低电平。

(2) 当输入为低电平时,VT_1 的栅源电压小于开启电压,VT_1 管截止;VT_2 管由于其栅极电位较低,栅源电压绝对值大于开启电压绝对值,VT_2 管导通,电路输出高电平。

可知电路完成了反相功能,$F = \overline{A}$。

当反相器处于稳定的逻辑状态时,无论是输出高电平还是输出低电平,两个 MOS 管中总有一个导通,另一个截止。电源只向电路提供纳安级的沟道漏电流,因而使得 CMOS 电路的静态功耗很低,这正是 CMOS 类型电路的突出优点。

2) CMOS 传输门和双向模拟开关

CMOS 传输门也是 CMOS 集成电路的基本单元电路之一。传输门的功能,是对所要传送的信号起允许通过或禁止通过的作用,在集成电路中,主要用来做模拟开关以传递模拟信号,CMOS 传输门被广泛用于采样/保持电路、A/D 及 D/A 转换电路中。用 CMOS 集成技术制造的双向传输门开关接通时电阻很小,断开时电阻很大,接通与断开的时间可以忽略不计,已很接近理想开关的要求。

CMOS 传输门的电路和符号如图 10-19 所示。它由完全对称的 NMOS 管 VT_1 和 PMOS 管 VT_2 并联而成。VT_1 和 VT_2 的源极和漏极分别相接作为传输门的输入端和输出端。两管的栅极是一对互补控制端,C 端称为高电平控制端,$\overline{C}$ 端称为低电平控制端。两管的衬底均不和源极相接,NMOS 管的衬底接地,PMOS 管的衬底接正电源 U_{DD},以便于控制沟道的产生。

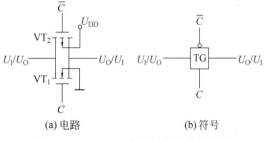

(a) 电路　　　　　(b) 符号

图 10-19　CMOS 传输门的电路和符号

设输入信号的变化范围为 $0 \sim U_{DD}$,控制信号的高电平为 U_{DD},低电平为 0,电路的工作过程如下。

(1) 当 $C=0,\overline{C}=1$ 时,NMOS 管与 PMOS 管均处于截止状态,传输门截止,输入与输出之间呈现高阻状态($R_{TG} > 10^9\,\Omega$),相当于开关断开。

(2) 在 $C=1,\overline{C}=0$ 的情况下,当 $0 \leqslant U_I \leqslant (U_{DD}-U_{TN})$ 时,VT_1 导通,而当 $|U_{TP}| < U_I < U_{DD}$ 时,VT_2 导通。因此,U_I 在 $0 \sim U_{DD}$ 变化时,VT_1 和 VT_2 至少有一个是导通的,使 U_I 与 U_O 两端之间呈低阻态(R_{TG} 小于 $1k\Omega$),传输门导通,相当于开关接通。

若 CMOS 传输门所驱动负载为 R_L,则输出电压为

$$U_O = U_I \frac{R_L}{R_L + R_{TG}}$$

U_O 与 U_I 的比值称为电压传输系数 K_{TG},即

$$K_{TG} = \frac{R_L}{R_L + R_{TG}} \tag{10-32}$$

为了保证电压传输系数尽量大而且稳定,要求所驱动负载 R_L 要远大于 VT_1、VT_2 的导通电阻。传输信号的大小对 MOS 管的导通电阻影响很大,但是 CMOS 传输门中两个管子并联运行,且随着传输信号的变化,两个管子的导通电阻一个增加一个减小,从而使传输信号的大小对传输门导通电阻 R_{TG} 的影响极小,这是其显著优点。

由于 MOS 管在结构上的对称性,当输入与输出端互换时,传输门同样可以工作,因而可进行双向传输。

传输门的一个重要用途是作模拟开关,它可以用来传输连续变化的模拟电压信号。模拟开关的基本电路由 CMOS 传输门和一个 CMOS 反相器组成,如图 10-20(a) 所示,图 10-20(b) 所示是其逻辑符号。当 $C=1$ 时,开关接通;$C=0$ 时,开关断开,因此只要一个控制电压即可工作。和 CMOS 传输门一样,模拟开关也是双向器件。

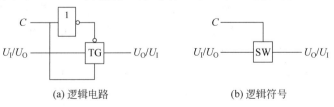

(a) 逻辑电路　　　　　　(b) 逻辑符号

图 10-20　CMOS 模拟开关

由于传输信号的大小对传输门导通电阻 R_{TG} 的影响,传输门导通电阻 R_{TG} 并不是常数,并且不够小,改进的国产四双向模拟开关 CC4066 的导通电阻 R_{TG} 已下降到 240Ω 以下,并且在传输信号变化时,R_{TG} 基本不变。目前一些精密 CMOS 模拟开关的导通电阻 R_{TG} 已下降到 20Ω 以下。

利用传输门和 CMOS 反相器可以组合成各种复杂的逻辑电路,如数据选择器、寄存器和计数器等。

3) CMOS 漏极开路门和三态门

如同 TTL 电路中的 OC 门一样,CMOS 门的输出电路结构也可以做成漏极开路形式。CMOS 漏极开路门简称 OD 门。在 CMOS 电路中,CMOS 漏极开路门经常用作输出缓冲/驱动器,或者用于输出电平转换,或者用于驱动较大电流负载。同 TTL 电路中的 OC 门一样,CMOS 漏极开路门同样可以实现线与逻辑,同样需要外接上拉电阻。

CMOS 三态门和 TTL 三态门的逻辑符号以及逻辑功能与应用没有区别。但是在电路结构上,CMOS 三态门的电路要简单得多。一般在 CMOS 非门、与非门、或非门的基础上增加控制 MOS 管和传输门,就可以构成多种形式的 CMOS 三态门。

3. CMOS 集成门电路类型

CMOS 数字集成电路具有微功耗、高抗干扰能力、集成度高等突出优点,在大规模电路中广泛应用。CMOS 数字集成电路系列有多种,基本结构相似,国内、国际上同系列同序号产品可以互换使用。同 TTL 门电路一样,CMOS 集成门电路也有 74 和 54 两大系列。74 和 54 系列的差别是工作温度范围有所不同,74 系列的工作温度范围较 54 系列小,54 系列适合在温度条件恶劣的环境下工作,74 系列适合在常规条件下工作。

CMOS 集成门电路的供电电源较宽,随着集成工艺的完善,CMOS 系列的速度不断提高。国产高速 CMOS 器件,目前主要有 MOS74/54HCXX 系列和 MOS74/54HCTXX(T 表示与 TTL 兼容)两个子系列,它们的逻辑功能、外引线排列与同型号(最后几位数字)的 TTL 电路 CT74/54LS 系列相同,这为 HCMOS 电路替代 CT74/54LS 系列提供了方便。

超高速、低电压 CMOS 集成门电路已经出现,工作电源电压为 $1.2\sim3.6$V,其工作频率可达 150MHz。可以与 LSTTL 电路直接接口。目前又开发出了 AHC/AHCT 系列,其工作频率可达 185MHz。

10.4.5 集成逻辑门电路的性能参数

对器件的使用者来说,正确地理解器件的各项参数是十分重要的。集成门电路的性能指标主要包括直流电源电压、输入/输出逻辑电平、输入/输出电流、扇出系数、空载功耗、平均传输延时等。

1. 直流电源电压

TTL 电路直流电源电压为 $4.5\sim5.5$V。CMOS 电路直流电源电压有 5V 和 3.3V 两种,CMOS 电路的电源变化范围大,如 5V CMOS 电路,电源电压在 $2\sim6$V 能正常工作,3.3V CMOS 电路,电源电压在 $1.2\sim3.6$V 能正常工作。

2. 输入/输出逻辑电平

集成逻辑门电路有 4 个不同的输入/输出逻辑电平参数,它们都有一个许可范围,在许可范围内,电路可以确定是 1 还是 0,超越范围将会出现逻辑错误。

（1）输入高电平 U_{IH}：应满足 $U_{IH} > U_{IH(min)}$，$U_{IH(min)}$ 是输入高电平的最小值。

（2）输入低电平 U_{IL}：应满足 $U_{IL} < U_{IL(max)}$，$U_{IL(max)}$ 是输入低电平的最大值。

（3）输出高电平 U_{OH}：应满足 $U_{OH} > U_{OH(min)}$，$U_{OH(min)}$ 是输出高电平的最小值。

（4）输出低电平 U_{OL}：应满足 $U_{OL} < U_{OL(max)}$，$U_{OL(max)}$ 是输出低电平的最大值。

这些指标,对于 TTL、CMOS 有较大差别,具体请参阅有关资料。

3. 输入/输出电流

集成逻辑门电路有 4 个不同的输入/输出电流参数。

（1）高电平输入电流 I_{IH}：I_{IH} 是把门的一个输入端接高电平时,流入该输入端的电流,也称为输入漏电流。

（2）低电平输入电流 I_{IL}：常用输入短路电流 I_{IS} 表示,是把门的一个输入端直接接地,由该输入端流向参考地的电流,也称为输入短路电流。

CMOS 的输入电流小于 TTL 的输入电流。

（3）高电平输出电流 I_{OH}：输出电流过大,输出高电平将小于下限高电平,I_{OH} 有最大值,应保证 $I_{OH} < I_{OH(max)}$。

（4）低电平输出电流 I_{OL}：输出电流过大,输出低电平将大于上限低电平,I_{OL} 有最大值,应保证 $I_{OL} < I_{OL(max)}$。

CMOS 的输出电流小于 TTL 的输出电流。

4. 扇出系数

在正常工作范围内,门电路输出端允许连接的同类门的输入端数,称为扇出系数 N_O。它是衡量门电路带负载能力的一个重要参数,一般 CMOS 的扇出系数高于 TTL。

N_O 由 I_{OL}/I_{IS} 和 I_{OH}/I_{IH} 中的较小者决定。一般 $N_O \geqslant 8$,N_O 越大,表明门的负载能力越强。例如,74LS00 与非门的 $I_{OH} = 0.4\text{mA}$,$I_{IH} = 20\mu\text{A}$,$I_{OL} = 8\text{mA}$,$I_{IL} = 0.4\text{mA}$,则扇出系数 $N_O = 20$。

这说明一个 74LS00 与非门的输出端最多可驱动 74LS 系列门电路(不一定是与非门)的 20 个输入端。

5. 空载功耗和平均延迟时间

（1）空载功耗。输出端不接负载时,门电路消耗的功率称为空载功耗。定义为空载时电源电压与电源平均电流的乘积。包括静态功耗 P_D 和动态功耗。

静态功耗是门电路的输出状态不变时,门电路消耗的功率。静态功耗又分为截止功耗和导通功耗。截止功耗 P_{Doff} 是门输出高电平时消耗的功率;导通功耗 P_{Don} 是门输出低电平时消耗的功率。导通功耗一般大于截止功耗。

动态功耗是门电路的输出状态由 U_{OH} 变为 U_{OL}(或相反)时,门电路消耗的功率。动态功耗一般大于静态功耗。作为门电路的功耗指标通常是指空载静态功耗。

CMOS 电路的功耗较低,而且与频率关系密切,TTL 门电路的功耗较大,受工作频率影响较小。

（2）平均延迟时间 t_{pd}。平均延迟时间是衡量门电路开关速度的重要指标,它表示输出信号滞后于输入信号的时间,如图 10-21 所示。输出电压由高电平跳变为低电平,所经历的时间称为导通延迟时间,记作 t_{PHL},输出电压由低电平跳变为高电平的传输延迟时间称为截止延迟时间 t_{PLH}。t_{pd} 为 t_{PHL} 和 t_{PLH} 的平均值:

$$t_{pd} = \frac{1}{2}(t_{PHL} + t_{PLH}) \tag{10-33}$$

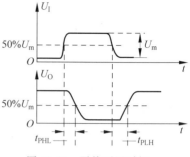

图 10-21　平均延迟时间 t_{pd}

t_{pd} 是衡量门电路开关速度的一个重要参数。通常，TTL、CMOS 门的 t_{pd} 在 $3 \sim 40 \text{ns}$。

（3）功耗延迟积 M。门的平均延迟时间 t_{pd} 和空载导通功耗 P_{ON} 的乘积称为功耗延迟积，也称为品质因数，记作 M。

$$M = P_{ON} \cdot t_{pd} \tag{10-34}$$

若 P_{ON} 的单位是 mW，t_{pd} 的单位是 ns，则 M 的单位是 pJ（微微焦耳）。M 是全面衡量一个门电路品质的重要指标。M 越小，其品质越高。

各系列技术指标，请参阅有关资料或手册。

10.4.6　集成门电路的应用

1. 集成逻辑门电路的选择

设计一个复杂的数字系统时，需要用到大量的门电路。应根据各个部分的性能要求选择合适的门电路，以使系统经济、稳定、可靠，且性能优良。

在优先考虑功耗，对速度要求不高的情况下，可选用 CMOS 门电路；当要求很高速度时，可选用 ECL 门电路；TTL 电路速度较高、功耗适中，产品丰富，无特殊要求时，均选用 TTL 电路。

2. 集成门电路的使用注意事项

在使用集成门电路时，应注意以下几个问题。

（1）电源电压的稳定及电源干扰的消除。电源电压不允许超出具体系列允许的范围。另外，为防止动态尖峰电流或脉冲电流通过公共电源内阻耦合到逻辑电路造成的干扰，须对电源进行滤波。通常在印制电路上加接电容进行滤波。

（2）电路输出端的连接。门电路输出端不能直接和地线或电源线相连；所接负载不能超过规定的扇出系数，更不允许输出端短路，输出电流应小于产品手册上规定的最大值。

一般门电路输出端不能直接并联使用。开路门输出端可以直接并联使用，但公共输出端和电源之间必须接上拉电阻。三态门输出端可以直接并联使用，但在同一时刻只能有一个门工作，其他门输出都处于高阻状态。

（3）闲置输入端的处理方法。TTL 门的输入端悬空，相当于输入高电平或低电平，但是，为防止引入干扰，通常不允许其输入端悬空。

MOS 门的输入端是 MOS 管的绝缘栅极，输入阻抗高，易受外界干扰的影响，它与其他电极间的绝缘层很容易被击穿。虽然内部设置有保护电路，但它只能防止稳态过压，对瞬变过压保护效果差，因此 MOS 门的闲置端不允许悬空。

闲置输入端应根据逻辑要求接低电平或高电平，在前级门的扇出系数有富余，且速度许可时，也可以和有用输入端并联连接。

（4）为提高电路的驱动能力，可将同一集成芯片内相同门电路的输入端和输出端并联使用，注意只能是同一集成芯片。

（5）CMOS 电路容易产生栅极击穿问题，甚至破坏电路的工作。为防止这种现象发生，应特别注意避免静电损失、输入电路的过流保护。

另外在实际操作时,还要注意用线的布局,焊接的功率和时间以及焊剂的选取。

3. TTL 门电路和 CMOS 门电路的连接

TTL 门电路和 CMOS 门电路是两种不同类型的电路,它们的参数并不完全相同。因此,在一个数字系统中,如果同时使用 TTL 门和 CMOS 门,为了保证系统能够正常工作,必须考虑两者之间的连接问题。

TTL 电路和 CMOS 电路连接时,无论是用 TTL 电路驱动 CMOS 电路,还是用 CMOS 电路驱动 TTL 电路,驱动门都必须为负载门提供符合标准的高、低电平和足够的驱动电流,也就是必须同时满足下列条件:

$$\begin{array}{cc} 驱动门 & 负载门 \\ U_{OH(min)} & \geqslant U_{IH(min)} \\ U_{OL(max)} & \leqslant U_{IL(max)} \\ I_{OH(max)} & \geqslant N_H I_{IH(max)} \\ I_{OL(max)} & \geqslant N_L I_{IL(max)} \end{array}$$

其中,N_H 和 N_L 分别为输出高、低电平扇出系数,上式左边为驱动门的极限参数,右边为负载门的极限参数。由于 TTL、CMOS 电路的输入、输出特性参数的不一致性,合理连接不同的电路十分重要。

如果不满足上面条件,必须增加接口电路。常用的方法有增加上拉电阻、采用开路门、采用三极管放大、驱动门并接、采用专用接口电路等。

【思考题】

(1) 什么是逻辑门? 基本逻辑门有哪几种? 简述二极管的钳位作用。

(2) 什么是"线与"? 普通 TTL 门电路为什么不能进行"线与"?

(3) 对比 TTL 和 CMOS 电路的优点和缺点。

(4) 三态门输出有哪 3 种状态?

(5) 如果将 TTL、CMOS 与非门、异或门和同或门作为非门使用,其输入端应如何连接?

(6) TTL 和 CMOS 电路相互驱动时,应注意哪些问题?

*10.5　**组合逻辑电路的分析与设计**

10.5.1　**组合逻辑电路概述**

按照逻辑功能的不同,数字逻辑电路可分为两大类,一类是组合逻辑电路(简称组合电路);另一类是时序逻辑电路(简称时序电路)。

1. 组合逻辑电路的特点

所谓组合电路,是指电路在任一时刻的电路输出状态只与同一时刻各输入状态的组合有关,而与前一时刻的输出状态无关。

为了保证组合电路的逻辑功能,组合电路在电路结构上要满足以下两点。

(1) 输出、输入之间没有反馈延迟通路,即只有从输入到输出的通路,没有从输出到输入的回路。

(2) 电路中不包含存储单元,如触发器等。

组合电路没有记忆功能,这是组合电路功能上的共同特点。目前集成组合逻辑电路主要有 TTL 和 CMOS 两种工艺。常见的组合逻辑集成芯片有加法器、编码器、译码器、数据选择器、数值比较器和数据分配器等,它们都属于 MSI 产品。集成门电路是最简单的组合逻辑电路。

2. 组合逻辑电路的逻辑功能描述

构成组合逻辑电路的基本单元电路是门电路,可以有多个输入端和多个输出端。组合电路的示意图如图 10-22 所示。它有 n 个输入变量 X_1、X_2、X_3、$\cdots$、X_n,m 个输出变量 Y_1、Y_2、Y_3、$\cdots$、Y_m,输出变量是输入变量的逻辑函数。

图 10-22　组合电路的示意图

根据组合逻辑电路的概念,可以用下面逻辑函数表达式来描述该逻辑电路的逻辑功能:

$$Y_i = F_i(X_1, X_2, X_3, \cdots, X_n)(i = 1, 2, 3, \cdots, n) \tag{10-35}$$

组合逻辑电路的逻辑功能除了可以用逻辑函数表达式来描述外,还可以用逻辑真值表、卡诺图和逻辑图等各种方法来描述。

10.5.2　组合逻辑电路的分析

所谓组合逻辑电路的分析,就是根据给定的逻辑电路写出输出逻辑函数式和真值表,并指出电路的逻辑功能,有时还要检查电路设计是否合理。组合逻辑电路的分析过程一般按下列步骤进行。

(1) 根据给定的逻辑电路,从输入端开始,逐级推导出输出端的逻辑函数表达式。表达式不够简明应利用公式法或卡诺图法化简逻辑函数表达式。

(2) 根据输出函数表达式列出真值表。

(3) 根据函数表达式或真值表的特点用简明文字概括出电路的逻辑功能。

通过实验测试也可得出组合逻辑电路的逻辑功能,这里不作介绍。

【例 10-11】　分析如图 10-23 所示组合逻辑电路的功能。

解:(1) 写出如下逻辑表达式:

由图 10-23 可得

$$Y_1 = \overline{AB}、\quad Y_2 = \overline{A \cdot Y_1} = \overline{A \cdot \overline{AB}} = \overline{A} + AB$$

$$Y_3 = \overline{Y_1 \cdot B} = \overline{\overline{AB} \cdot B} = AB + \overline{B}$$

由此可得电路的逻辑表达式为

$$Y = \overline{Y_2 Y_3} = \overline{(\overline{A} + AB) \cdot (AB + \overline{B})} = \overline{\overline{AB} + AB}$$

(2) 根据逻辑函数式可列出表 10-7 所示的真值表。

图 10-23　例 10-11 的组合逻辑电路图

A	B	Y
表 10-7　例 10-11 的真值表		
0	0	0
0	1	1
1	0	1
1	1	0

（3）确定逻辑功能。从逻辑表达式和真值表可以看出，电路具有"异或"功能，为异或门。

*10.5.3　组合逻辑电路的设计方法

组合逻辑电路的设计就是根据给定的实际逻辑问题，设计出能实现这一逻辑要求的最简单逻辑电路。这里所说的"最简"，是指逻辑电路所用的逻辑器件数目最少，器件的种类最少，且器件之间的连线最简单。这样的电路又称为"最小化"电路。这里要明确的是"最小化"电路不一定是实际上的最佳逻辑电路。"最佳化"电路，是逻辑电路的最佳设计，必须从经济指标和速度、功耗等多个指标综合考虑，才能设计出最佳电路。

组合逻辑电路可以采用小规模集成电路实现，也可以采用中规模集成电路器件或存储器、可编程逻辑器件来实现。虽然采用中、大规模集成电路设计时，其最佳含义及设计方法都有所不同，但采用传统的设计方法仍是数字电路设计的基础。因此下面介绍设计的一般方法。组合逻辑电路的设计一般可按以下步骤进行。

1. 进行逻辑抽象

将文字描述的逻辑命题转换成逻辑真值表称为逻辑抽象。首先要分析逻辑命题，确定输入、输出变量，一般把引起事件的原因定为输入变量，而把事件的结果定为输出变量；然后用二值逻辑的 0、1 两种状态分别对输入、输出变量进行逻辑赋值，即确定 0、1 的具体含义；最后根据输出与输入之间的逻辑关系列出真值表。

2. 根据真值表写出与选择器件类型相应的逻辑函数表达式

首先根据对电路的具体要求和器件的资源情况选择器件类型；然后根据逻辑真值表写出逻辑函数表达式；最后根据实际要求把逻辑函数表达式化简或变换为与所选器件相对应的表达式形式。本节只介绍采用 SSI 集成门设计组合逻辑电路的方法。

当采用 SSI 集成门设计时，为了获得最简单的设计结果，应将逻辑函数表达式化简，一般化简为最简与或式，若对所用器件种类有附加的限制则要将逻辑函数表达式变换为和门电路相对应的最简式。例如，若实际要求只允许使用单一与非门，则要把逻辑函数表达式变换为与非与非式。

目前用于逻辑设计的计算机辅助设计软件几乎都具有对逻辑函数进行化简和变换的功能，因而在采用计算机辅助设计时，逻辑函数的化简和变换都是由计算机自动完成的。

3. 根据逻辑函数表达式及选用的逻辑器件画出逻辑电路图

至此，理论上原理性设计已经完成。这里要指出的是，把逻辑电路实现为具体的电路装置还需要进行工艺设计，最后还要组装、调试。这部分内容本书不做介绍，读者可参阅有关资料。

【例 10-12】　有 3 个班学生上自习，大教室能容纳两个班学生，小教室能容纳一个班学生。设计两个教室是否开灯的逻辑控制电路，要求如下：一个班学生上自习，开小教室的灯；两个班上自习，开大教室的灯；3 个班上自习，两教室均开灯。

解：(1) 根据电路要求,设输入变量 A、B、C 分别表示 3 个班学生是否上自习,1 表示上自习,0 表示不上自习；输出变量 Y、G 分别表示大教室、小教室的灯是否亮,1 表示亮,0 表示灭。由此可以列出真值表如表 10-8 所示。

表 10-8　例 10-12 的真值表

A	B	C	Y	G
0	0	0	0	0
0	0	1	0	1
0	1	0	0	1
0	1	1	1	0
1	0	0	0	1
1	0	1	1	0
1	1	0	1	0
1	1	1	1	1

（2）由真值表可得逻辑表达式

$$Y = \bar{A}BC + A\bar{B}C + AB\bar{C} + ABC$$

$$G = \bar{A}\bar{B}C + \bar{A}B\bar{C} + A\bar{B}\bar{C} + ABC$$

化简并变换可得

$$Y = AB + BC + AC = \overline{\overline{AB} \cdot \overline{BC} \cdot \overline{AC}}$$

$$G = \bar{A}(B \oplus C) + A\overline{(B \oplus C)} = A \oplus B \oplus C = \overline{\overline{\bar{A}\bar{B}C} \cdot \overline{\bar{A}B\bar{C}} \cdot \overline{A\bar{B}\bar{C}} \cdot \overline{ABC}}$$

（3）根据逻辑式可画逻辑图。用与门、或门和异或门实现的逻辑电路图如图 10-24 所示,用与非门实现的逻辑电路图如图 10-25 所示。若要求用与非门实现,首先将化简后的与或逻辑表达式转换为与非形式；然后再画出如图 10-25 所示的逻辑图。本例也可用或非门和与或非门实现,自己去做。

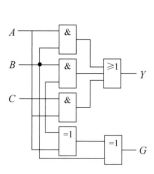

图 10-24　与、或、异或门实现

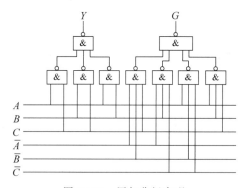

图 10-25　用与非门实现

前面逻辑电路的分析和设计中,都是考虑电路在稳态时的工作情况,并未考虑门电路的延迟时间对电路产生的影响,实际上从信号输入到稳定输出需要一定的时间。由于从输入到输出存在不同的通路,而这些通路上门电路的级数不同,并且门电路平均延迟时间存在差异,从而使信号经过不同路径传输到输出级所需的时间不同,可能会使电路输出干扰脉冲(电压毛刺),造成系统中某些环节误动作。通常把这种现象称为竞争冒险。组合和时序逻辑电路都可能存在竞争冒险现象。

经分析证明,干扰脉冲多为尖峰脉冲只发生在输入信号转化瞬间,在稳定状态下是不会出现的。对于速度要求不高的数字系统,尖峰脉冲影响不大,但对于高速工作的数字系统,尖峰脉冲将使系统逻辑混乱,不能正常工作,是必须克服的。为此应当识别电路是否存在竞争冒险,并采取措施加以消除。常用计算机辅助分析、实验法、代数法、卡诺图法判断和识别竞争冒险的存在,若逻辑电路存在竞争冒险现象必须加以消除,常用的消除措施主要有优化逻辑设计、输出端并接滤波电容、引入选通脉冲等。竞争冒险详见电子资源。

【思考题】

(1) 组合逻辑电路的特点是什么?

(2) 最简组合电路是否一定是最佳组合电路? 说明原因。

(3) 简述组合电路的分析和设计方法。

10.6　常见中规模组合逻辑芯片及其应用

为了方便实际应用,厂家把一些经常使用的电路做成了标准化集成产品,常见的中规模组合逻辑芯片主要有编码器、译码器、数据选择器、加法器、比较器以及奇偶校验电路等。本节介绍编码器、译码器、数据选择器及其应用。

10.6.1　集成编码器及其应用

1. 编码器的特点及类型

1) 编码器的特点

在数字系统中,常常需要将信息(输入信号)变换为某一特定的代码(输出)。用文字、数字、符号来表示某一特定对象或信号的过程,称为编码。实现编码操作的数字电路称为编码器。在逻辑电路中,信号都是以高、低电平的形式给出的,编码器的逻辑功能就是把输入的高低电平信号编成一组二进制代码并行输出。

编码器通常有 m 个输入($I_0 \sim I_{m-1}$),需要编码的信号从此处输入,有 n 个输出端($Y_0 \sim Y_{n-1}$),编码后的二进制信号从此处输出。n 位二进制数有 2^n 个代码组合,最多为 2^n 个信息编码,m 与 n 之间应满足 $m \leqslant 2^n$ 的关系。另外,集成编码器还设置有一些控制端,它用于控制编码器是否进行编码,主要用于编码器间的级联扩展。

2) 编码器的分类

编码器可分为二进制编码器和非二进制编码器。待编码输入信号的个数 m 与输出变量的位数 n 满足 $m = 2^n$ 关系的编码器称为二进制编码器;满足 $m < 2^n$ 的编码器称为非二进制编码器。

编码器可分为普通编码器和优先编码器,允许多个信号同时进入只对优先级高的信号进行编码的编码器称为优先编码器,只允许一个信号进入并对其进行编码的编码器称为普通编码器,普通编码器输入的 m 个信号是互相排斥的,只允许一个信号为有效电平,因此又称为互斥变量编码器。

普通编码器的输入信号互相排斥,当多个输入有效时,输出的二进制代码将出现紊乱,限制了它的应用。与普通编码器不同,优先编码器允许多个输入信号同时有效,但它只为其中优先级别最高的有效输入信号编码,对级别较低的输入信号不予理睬。在设计优先编码器时已经将所有输入信号按优先顺序排了队,优先编码器也有二进制和非二进制优先编码器两种。优先编码器常用于优先中断系统和键盘编码。

2. 编码器的工作原理

普通编码器的输入信号只能有一个为有效电平,根据设计规定,可以是高电平有效,也可以是低电平有效。下面以两位二进制普通编码器为例说明其工作特点。两位二进制普通编码器的功能是对 4 个相互排斥的输入信号进行编码,它有 I_0、I_1、I_2、I_3 4 个输入信息,输出为两位代码 Y_0、Y_1,因此又称为 4 线-2 线编码器。

规定 $I_i(i=0,1,2,3)$ 为 1 时编码,为 0 不编码,并依此按 I_i 下角标的值与 Y_0、Y_1 二进制代码的值相对应进行编码。据此可列出如表 10-9 所示的编码真值表。表 10-10 只列出了 I_0、I_1、I_2、I_3 可能出现的组合,其他组合都是不允许出现的,约束条件为 $I_i I_j=0(i\neq j)$。由真值表可以写出以下逻辑表达式:

$$Y_1=\overline{I_3}I_2\overline{I_1}\,\overline{I_0}+I_3\overline{I_2}\,\overline{I_1}\,\overline{I_0},\quad Y_0=\overline{I_3}\,\overline{I_2}I_1\overline{I_0}+I_3\overline{I_2}\,\overline{I_1}\,\overline{I_0}$$

利用约束条件 $I_i I_j=0(i\neq j)$,进行化简可得逻辑表达式:

$$Y_1=I_2+I_3,\quad Y_0=I_1+I_3$$

用或门实现的编码器电路如图 10-26 所示,I_1、I_2、I_3 都为 0 时,则对 I_0 编码,所以 I_0 线可以不画。

表 10-9　编码真值表

I_0	I_1	I_2	I_3	Y_1	Y_0
1	0	0	0	0	0
0	1	0	0	0	1
0	0	1	0	1	0
0	0	0	1	1	1

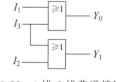

图 10-26　4 线-2 线普通编码器

【例 10-13】　电话室有 3 部电话,按由高到低优先级排序依次是火警电话、急救电话、工作电话,要求电话编码依次为 00、01、10。试设计电话编码控制电路。

解:根据题意可知,同一时间电话室只能处理一部电话,假如用 A、B、C 分别代表火警、急救、工作 3 种电话,设电话铃响用 1 表示,铃没响用 0 表示。当优先级别高的信号有效时,低级别的则不起作用,这时用×表示;用 Y_1、Y_2 表示输出编码。

根据规定可以列出如表 10-10 所示的真值表。由真值表写逻辑表达式如下

$$Y_1=\overline{A}BC,\quad Y_2=\overline{A}B$$

根据逻辑表达式可画出如图 10-27 所示的优先编码器逻辑图。

表 10-10　例 10-13 的真值表

输　入			输　出	
A	B	C	Y_1	Y_2
1	×	×	0	0
0	1	×	0	1
0	0	1	1	0

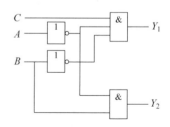

图 10-27　例 10-13 的优先编码逻辑图

3. 集成编码器及其应用

MSI 优先编码器一般设计为输入输出低电位有效,反码输出,有的电路还采用缓冲级,以提高驱动能力。为了实际应用方便,集成电路还增加了功能控制端。常用的 MSI 优先编码器主要有 10 线-4 线、8 线-3 线两种。10 线-4 线集成优先编码器常见型号为 54/74147、54/74LS147、74HC147,8 线-3 线常见型号为 54/74148、54/74LS148、74HC148。下面以 74LS147、74LS148 为例进行介绍。

1) 集成优先编码器 74LS147

74LS147 是 10 线-4 线集成优先编码器,74LS147 编码器的引脚图及逻辑符号如图 10-28 所示。引脚图及逻辑符号中的输入端的小圆圈表示低电平输入有效,输出端的小圆圈表示反码输出。注意这种情况也经常用反变量表示,并没有硬性规定。

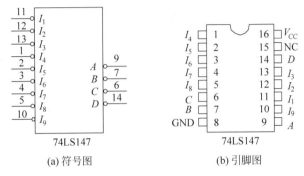

图 10-28 优先编码器 74LS147

编码器有 10 个输入端($I_0 \sim I_9$),输入低电平有效,其中 I_9 状态信号级别最高,I_0 状态信号的级别最低。4 个编码输出端(A、B、C、D),以反码输出,D 为最高位,A 为最低位。

一组 4 位二进制代码表示一位十进制数。I_0 是隐含输入,当输入端 $I_1 \sim I_9$ 均为无效,即 9 个输入信号全为"1"时,电路输出 $DCBA = 1111$(0 的反码)即是 0 的编码,代表输入的十进制数是 0。若 $I_1 \sim I_9$ 均为有效信号输入,则根据输入信号的优先级别输出级别最高信号的编码,I_9 有效时,$DCBA = 0110$(9 的反码)即是 9 的编码,代表输入的十进制数是 9,以此类推。74LS147 编码器中,每一个十进制数字分别独立编码,无须扩展编码位数,所以它没有设置扩展端。

2) 集成优先编码器 74LS148

74LS148 是 8 线-3 线优先编码器,逻辑符号图和引脚图如图 10-29 所示,小圆圈表示低电平有效。74LS148 的功能如表 10-11 所示,现对各引脚解释如下。

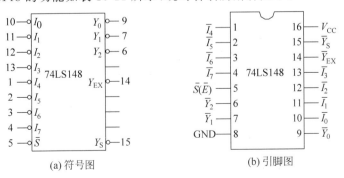

图 10-29 74LS148 优先编码器

图 10-29 中,$\overline{I_7} \sim \overline{I_0}$ 为输入信号端,$\overline{S}$ 是使能输入端,$\overline{Y_2}\ \overline{Y_1}\ \overline{Y_0}$ 是 3 个代码(反码)输出端,其中 $\overline{Y_2}$ 为最高位,$\overline{Y_S}$ 和 $\overline{Y_{EX}}$ 是用于扩展功能的输出端,主要用于级联和扩展。

$\overline{S}$:使能(允许)输入端,低电平有效,只有 $\overline{S}=0$ 时编码器工作,允许编码;$\overline{S}=1$ 时编码器不工作,电路禁止编码。

$\overline{Y_S}$:使能输出端,当 $\overline{S}=0$ 允许工作时,如果 $\overline{I_7} \sim \overline{I_0}$ 端有信号输入,$\overline{Y_S}=1$;若 $\overline{I_7} \sim \overline{I_0}$ 端无信号输入时,$\overline{Y_S}=0$。

$\overline{Y_{EX}}$:扩展输出端,当 $\overline{S}=0$ 时,只要有编码信号输入,$\overline{Y_{EX}}=0$;无编码信号输入,$\overline{Y_{EX}}=1$。

表 10-11　优先编码器 74LS148 的功能表

使能输入	输　　入								输　　出			扩展输出	使能输出
$\overline{S}$	$\overline{I_7}$	$\overline{I_6}$	$\overline{I_5}$	$\overline{I_4}$	$\overline{I_3}$	$\overline{I_2}$	$\overline{I_1}$	$\overline{I_0}$	$\overline{Y_2}$	$\overline{Y_1}$	$\overline{Y_0}$	$\overline{Y_{EX}}$	$\overline{Y_S}$
1	×	×	×	×	×	×	×	×	1	1	1	1	1
0	1	1	1	1	1	1	1	1	1	1	1	1	0
0	0	×	×	×	×	×	×	×	0	0	0	0	1
0	1	0	×	×	×	×	×	×	0	0	1	0	1
0	1	1	0	×	×	×	×	×	0	1	0	0	1
0	1	1	1	0	×	×	×	×	0	1	1	0	1
0	1	1	1	1	0	×	×	×	1	0	0	0	1
0	1	1	1	1	1	0	×	×	1	0	1	0	1
0	1	1	1	1	1	1	0	×	1	1	0	0	1
0	1	1	1	1	1	1	1	0	1	1	1	0	1

综合以上可以看出,$\overline{S}=0$(允许编码)时,若有编码信号输入,$\overline{Y_S}=1$,$\overline{Y_{EX}}=0$;若无编码信号输入,$\overline{Y_S}=0$,$\overline{Y_{EX}}=1$。$\overline{S}=1$ 时,编码器不工作,电路禁止编码,$\overline{Y_S}=1$,$\overline{Y_{EX}}=1$。根据此二输出端值可判断编码器是否有码可编。

3) 74LS148 的扩展

利用 $\overline{S}$、$\overline{Y_S}$ 和 $\overline{Y_{EX}}$ 可以实现优先编码器的扩展。用两块 74LS148 可以扩展成为一个 16 线-4 线优先编码器,电路连接图如图 10-30 所示。

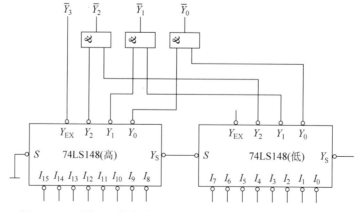

图 10-30　两片 8-3 优先编码器扩展为 16-4 优先编码器的连接图

根据图 10-30 进行分析可以看出,高位片 $\overline{S}=0$,则高位片允许对输入 $I_8 \sim I_{15}$ 编码。若 $I_8 \sim I_{15}$ 有编码请求,则高位片 $\overline{Y_S}=1$,使得低位片 $\overline{S}=1$,低位片禁止编码;但若 $I_8 \sim I_{15}$ 都是高电平,即均无编码请求,则高位片 $\overline{Y_S}=0$,使得低位片 $\overline{S}=0$ 允许低位片对输入 $I_0 \sim I_7$ 编码。显然,高位片的编码级别优先于低位片。自己进行扩展时,要注意输入端数、输出端数的确定以及芯片间的连接等若干问题。

4) 编码器的应用

编码器的应用是非常广泛的。例如,计算机键盘,内部就有一个采用 ASCII 码的字符编码器。字符编码器的种类很多,用途不同,其电路形式各异,是一种用途十分广泛的编码器。它将键盘上的大、小写英文字母,数字,符号及一些功能键等编成一系列的 7 位二进制代码,送到计算机的 CPU 进行数字处理、存储后,再输出到显示器或打印机等输出设备上。计算机的显示器和打印机也都使用专用的字符编码器。显示器把每个要显示的字符分成 m 行,每行又分成 n 列,每行用一组 n 位二进制数来表示。因此每一个字符变成 $m \times n$ 的二进制阵列。显示时,只要按行将某字符的行二进制编码送到屏幕上,经过 m 行后,一个完整的字符就显示在屏幕上。这些字符的编码都存储在 ROM 中。

编码器还可用于工业控制中。例如,74LS148 编码器监控炉罐的温度,若其中任何一个炉温超过标准温度或低于标准温度,则检测传感器输出一个 0 电平到 74LS148 编码器的输入端,编码器编码后输出 3 位二进制代码到微处理器进行控制。

10.6.2　集成译码器及其应用

1. 译码器的特点及分类

译码是编码的逆过程,即将输入的二进制代码按其原意转换成与代码对应的输出信号。实现译码功能的数字电路称为译码器。根据译码信号的特点可把译码器分为二进制译码器、二-十进制译码器和显示译码器。

(1) 二进制译码器。二进制译码器有 n 个输入端(即 n 位二进制码),2^n 个输出线。一个代码组合只能对应一个指定信息,二进制译码器所有的代码组合全部使用,因此称为完全译码。集成二进制译码器的输出端常常是反码输出,低电位有效,为了扩展功能增加了使能端,为了减轻信号的负载,集成电路输入一般都采用缓冲级等。

(2) 二-十进制译码器。二-十进制译码器也称为 BCD 译码器,它的功能是将输入的一位 BCD 码(4 位二进制)译成相应的 10 个高、低电平输出信号,因此也称为 4-10 译码器。

(3) 显示译码器。显示译码器能把二进制代码翻译成高低电平以驱动显示器件显示数字或字符。

译码器多为 MSI 部件,其应用范围很广,译码器除了用来驱动各种显示器件外,还可实现存储系统和其他数字系统的地址译码、指令译码,组成脉冲分配器、程序计数器、代码转换和逻辑函数发生器等。

2. 译码器的工作原理

图 10-31(a)为两位二进制译码器的逻辑电路,下面以此为例简单说明其工作原理。根据逻辑电路图可以写出逻辑表达式为

$$\overline{Y}_0 = \overline{E\overline{A}_1\overline{A}_0}, \quad \overline{Y}_1 = \overline{E\overline{A}_1 A_0}, \quad \overline{Y}_2 = \overline{EA_1\overline{A}_0}, \quad \overline{Y}_3 = \overline{EA_1 A_0}$$

由逻辑表达式可以列出表 10-12 所示的逻辑真值表。

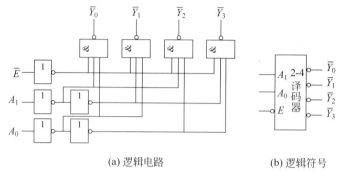

(a) 逻辑电路　　　　　(b) 逻辑符号

图 10-31　译码器的逻辑电路及符号

表 10-12　图 10-31 的真值表

$\overline{E}$	A_1	A_0	$\overline{Y}_3$	$\overline{Y}_2$	$\overline{Y}_1$	$\overline{Y}_0$
1	$\times$	$\times$	1	1	1	1
0	0	0	1	1	1	0
0	0	1	1	1	0	1
0	1	0	1	0	1	1
0	1	1	0	1	1	1

分析逻辑真值表可知,A_1、A_0 为地址输入端,A_1 为高位。$\overline{Y}_0\overline{Y}_1\overline{Y}_2\overline{Y}_3$ 为状态信号输出端,Y_i 上的非号及逻辑符号中的小圆圈表示低电平有效。$\overline{E}$ 为使能端(或称选通控制端),低电平有效。当 $\overline{E}=0$ 时,允许译码器工作,$\overline{Y}_0 \sim \overline{Y}_3$ 中有一个为低电平输出;当 $\overline{E}=1$ 时,禁止译码器工作,所有输出 $\overline{Y}_0 \sim \overline{Y}_3$ 均为高电平。图 10-31(a)为 2-4 译码器,图 10-31(b)为其逻辑符号。一般使能端有两个用途,一是可以引入选通脉冲,以抑制冒险脉冲的发生;二是可以用来扩展输入变量数实现功能扩展。

3. 集成二进制译码器及其应用

1) 集成二进制译码器 74LS138

集成二进制译码器种类很多。常见的 MSI 译码器有 2-4 译码器、3-8 译码器和 4-16 译码器。常用的有 TTL 系列中的 54/74LS138、CMOS 系列中的 54/74HCT138 等。

图 10-32 所示为集成 3-8 译码器 74LS138 的符号图、引脚图,其逻辑功能表如表 10-13 所示。

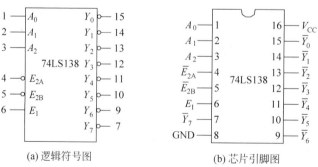

(a) 逻辑符号图　　　　　(b) 芯片引脚图

图 10-32　74LS138 的符号图和引脚图

表 10-13 74LS138 译码器功能表

输 入		输 出										
E_1	$\overline{E_{2A}}+\overline{E_{2B}}$	A_2	A_1	A_0	$\overline{Y_7}$	$\overline{Y_6}$	$\overline{Y_5}$	$\overline{Y_4}$	$\overline{Y_3}$	$\overline{Y_2}$	$\overline{Y_1}$	$\overline{Y_0}$
$\times$	1	$\times$	$\times$	$\times$	1	1	1	1	1	1	1	1
0	$\times$	$\times$	$\times$	$\times$	1	1	1	1	1	1	1	1
1	0	0	0	0	1	1	1	1	1	1	1	0
1	0	0	0	1	1	1	1	1	1	1	0	1
1	0	0	1	0	1	1	1	1	1	0	1	1
1	0	0	1	1	1	1	1	1	0	1	1	1
1	0	1	0	0	1	1	1	0	1	1	1	1
1	0	1	0	1	1	1	0	1	1	1	1	1
1	0	1	1	0	1	0	1	1	1	1	1	1
1	0	1	1	1	0	1	1	1	1	1	1	1

由功能表 10-13 可知，A_2、A_1、A_0 为地址输入端，A_2 为高位。$\overline{Y_0}\sim\overline{Y_7}$ 为状态信号输出端，低电平有效。由功能表可看出，E_1 和 $\overline{E_{2A}}$、$\overline{E_{2B}}$ 为使能端，只有当 E_1 为高，且 $\overline{E_{2A}}$、$\overline{E_{2B}}$ 都为低时，该译码器才处于工作状态，才有译码状态信号输出；若有一个条件不满足，则译码器不工作，输出全为高。

如果用 $\overline{Y_i}$ 表示 i 端的输出，则输出函数为

$$\overline{Y_i}=\overline{Em_i}\,(i=0\sim 7) \tag{10-36}$$

其中，$E=E_1\cdot\overline{\overline{E_{2A}}}\cdot\overline{\overline{E_{2B}}}=E_1 E_{2A} E_{2B}$。

可见，当使能端有效（$E=1$）时，每个输出函数也正好等于输入变量最小项的非。因此二进制译码器也称为最小项译码器（或称为全译码器）。

2）逻辑功能扩展

用两片 3-8 译码器可以构成 4-16 译码器，或者用两片 4-16 译码器构成 5-32 译码器。两片 3-8 译码器 74LS138 构成 4-16 译码器的具体连接如图 10-33 所示。

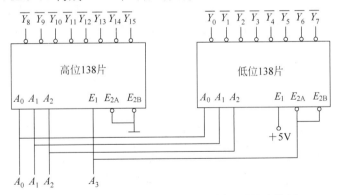

图 10-33 3-8 译码器扩展为 4-16 译码器的连接图

利用译码器的使能端作为高位输入端，4 位输入变量 A_3、A_2、A_1、A_0 的最高位 A_3 接到高位片的 E_1 和低位片的 E_{2A} 和 E_{2B}，其他 3 位输入变量 A_2、A_1、A_0 分别接两块 74LS138 的变量输入端 $A_2 A_1 A_0$。

当 $A_3=0$ 时，由表 10-13 可知，低位片 74LS138 工作，对输入 A_3、A_2、A_1、A_0 进行译码，

还原出 $Y_0 \sim Y_7$，此时高位禁止工作；当 $A_3 = 1$ 时，高位片 74LS138 工作，还原出 $Y_8 \sim Y_{15}$，而低位片禁止工作。

*3）实现逻辑函数

二进制译码器在选通时，各输出函数为输入变量相应最小项之非（或最小项），且包含所有最小项，而任意逻辑函数总能表示成最小项之和的形式。利用这个特点，可以实现组合逻辑电路的设计，而不需要经过化简过程。因此，利用全译码器和门电路可实现逻辑函数。

【例 10-14】　用全译码器 74LS138 实现逻辑函数

$$F = \overline{A}\,\overline{B}\,\overline{C} + \overline{A}\,B\,C + \overline{A}\,B\,\overline{C} + ABC$$

解：（1）全译码器的输出为输入变量相应最小项之非，故先将逻辑函数式 F 写成最小项的反的形式。由德·摩根定理得

$$F = \overline{\overline{\overline{A}\,\overline{B}\,\overline{C}} \cdot \overline{\overline{A}\,B\,C} \cdot \overline{\overline{A}\,B\,\overline{C}} \cdot \overline{ABC}}$$

（2）F 有 3 个变量，因而选用三变量译码器。将变量 A、B、C 分别接三变量译码器的 $A_2 A_1 A_0$ 端，则上式变为

$$F = \overline{\overline{\overline{A}\,\overline{B}\,\overline{C}} \cdot \overline{\overline{A}\,B\,C} \cdot \overline{\overline{A}\,B\,\overline{C}} \cdot \overline{ABC}} = \overline{\overline{Y_0}\,\overline{Y_1}\,\overline{Y_2}\,\overline{Y_7}}$$

（3）根据上式可以画出用三变量译码器 74LS138 实现上述函数的逻辑图，如图 10-34 所示。译码器的选通端均应接有效电平，例如，图 10-34 中，E_1 和 E_{2A}、E_{2B} 分别接 1 和 0。

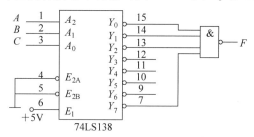

图 10-34　74LS138 实现逻辑函数

由以上例题可以看出，采用输出为低电平有效的译码器时，应将最小项表达式变换成"与非-与非"表达式，并用译码器的输出取代式中各最小项的非，然后加一个与非门就可以完成设计；若采用输出为高电平有效的译码器时，则需要用译码器的输出取代式中各最小项，并加或门就可以完成设计。

全译码器可以实现任意函数，并且可以有多路输出，但函数变量数不能超过译码器地址端数。

4）用译码器构成数据分配器或时钟分配器

数据分配器也称为多路分配器，它可以在地址的控制下，把每一路输入数据或脉冲分配到多输出通道中某一特定输出通道中去输出，一个数据分配器有一个数据输入端，n 个地址输入端，2^n 个数据输出端。二进制译码器和数据分配器的输出都是地址的最小项，二进制译码器可以方便地构成数据分配器。数据分配器基本无产品，一般将译码器改接成分配器，下面举例说明。

将带使能端的 3-8 译码器 74LS138 改为 8 路数据分配器的电路图如图 10-35(a) 所示。译码器的使能端作为分配器的数据输入端，译码器的输入端作为分配器的地址码输入端，译

码器的输出端作为分配器的输出端。这样分配器就会根据所输入的地址码将输入数据分配到地址码所指定的输出通道。

例如,要将输入信号序列 00100100 分配到 Y_0 通道输出,只要使地址 $X_0X_1X_2 = 000$,输入信号从 D 端输入,Y_0 端即可得到和输入信号相同的信号序列,波形图如图 10-35(b)所示。此时,其余输出端均为高电平。若要将输入信号分配到 Y_1 输出端,只要将地址码变为 001 即可。以此类推,只要改变地址码,就可以把输入信号分配到任何一个输出端输出。

74LS138 作分配器时,按图 10-35(a)的接法可得到数据的原码输出。若将数据加到 E_1 端,而 E_{2A}、E_{2B} 接地,则输出端得到数据的反码。在图 10-35(a)中,如果 D 输入的是时钟脉冲,则可将该时钟脉冲分配到 $Y_0 \sim Y_7$ 的某一个输出端,从而构成时钟脉冲分配器。

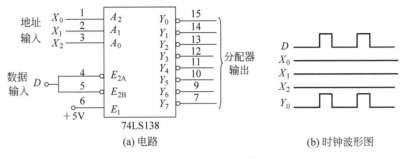

图 10-35　74LS138 改为 8 路分配器

4. 集成二-十进制译码器及其应用

二-十进制译码器常用型号有 TTL 系列的 54/74LS42 和 CMOS 系列中的 54/74HC42、54/74HCT42 等。

图 10-36 是二-十进制译码器 74LS42 的逻辑符号图和芯片引脚图。该译码器有 $A_0 \sim A_3$ 4 个输入端,输入为 8421BCD 码,$Y_0 \sim Y_9$ 共 10 个输出端,输出为代码对应信号,输出低电平有效。

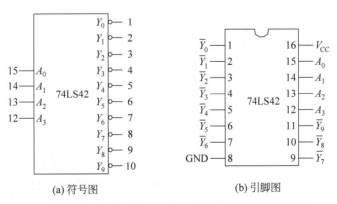

图 10-36　二-十进制译码器 74LS42 的符号图和引脚图

74LS42 的逻辑功能为,$A_3A_2A_1A_0$ 输入的 8421BCD 码只用到二进制代码的前 10 种组合 0000～1001 表示 0～9 这 10 个这十进制数或信息,而后 6 种组合 1010～1111 没有用称为伪码。当输入伪码时,输出全为 1,不会出现 0。因此译码不会出现误译码。也就是说这种电路结构具有拒绝翻译伪码的功能。

二-十进制译码器也可以实现逻辑函数,但要求其输出包含函数所需要的最小项。

5. 数码管及集成显示译码器

在数字系统中,经常需要将表示数字、文字、符号的二进制代码翻译成人们习惯的形式直观地显示出来,以便掌握和监控系统的运行情况。把二进制代码翻译成高低电平驱动显示器件显示数字或字符的 MSI 部件,称为显示译码器。

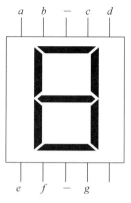

图 10-37　LED 数码管

1) 数码管

显示器件按材料可分为荧光显示器、半导体(发光二极管)显示器和液晶显示器。半导体显示器件和液晶显示器件都可以用 CMOS 和 TTL 电路直接驱动。数字电路中最常用的是由发光二极管(LED)组成的分段式显示器,主要用来显示字形或符号,一般称为 LED 数码管。LED 数码管根据发光段数分为七段数码管和八段数码管,其中,七段显示器应用最普遍。

七段 LED 数码管由 7 条线段围成 8 字形,每一段包含一个发光二极管,其表示符号如图 10-37 所示。选择不同段的发光,可显示不同的字形。如当 a、b、c、d、e、f、g 段全发光时,显示出"8";b、c 段发光时,显示"1"等。发光二极管的工作电压为 $1.5\sim3\mathrm{V}$,工作电流为几毫安到几十毫安,寿命很长。

七段 LED 数码管有共阴、共阳两种接法。图 10-38(a)所示为发光二极管的共阴极接法。共阴极接法是各发光二极管的阴极相接,使用时,公共阴极接地,对应阳极接高电平时亮。图 10-38(b)所示为发光二极管的共阳极接法。共阳极接法是各发光二极管阳极相接,使用时,公共阳极接正电源,对应阴极接低电平时亮。7 个阳极或阴极 $a\sim g$ 由相应的 BCD 七段译码器来驱动(控制)。R 是上拉电阻,也称为限流电阻,用来保证 LED 亮度稳定,同时防止电流过大损坏发光管。当译码器内部带有上拉电阻时,则可省去。

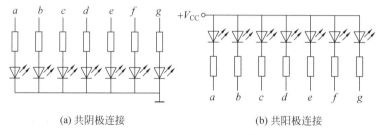

(a) 共阴极连接　　　　　　　　(b) 共阳极连接

图 10-38　七段 LED 数码管的两种接法

2) 集成显示译码器

数字显示译码器的种类很多,现已有将计数器、锁存器、译码驱动电路集于一体的集成器件,还有连同数码显示器也集成在一起的电路可供选用。不同类型的集成译码器产品,输入输出结构也各不相同,因而使用时要予以注意。常见的七段显示译码器有 74LS47、74LS48、74LS49、4511 等。

集成显示译码器的输入为 4 位二进制代码 $A_3A_2A_1A_0$,它的输出为 7 位高、低电平信号,分别驱动七段显示器的 7 个发光段,输出高或低电平有效,推拉式输出或开路门输出结构,还附加有灯测试输入端、灭"0"输入端、双功能的灭灯输入/灭"0"输出端,另外 4511 还有锁存功能。现以 TTL 电路 74LS47 为例进行介绍。

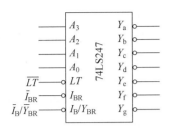

图 10-39 74LS47 的功能示意图

集成显示译码器 74LS47 的功能示意如图 10-39 所示。它的输入为 4 位二进制代码 $A_3A_2A_1A_0$,它的输出为 7 位高低电平信号 $\overline{Y_a}\overline{Y_b}\overline{Y_c}\overline{Y_d}\overline{Y_e}\overline{Y_f}\overline{Y_g}$,分别驱动七段显示器的 7 个发光段,输出 $\overline{Y_a}\overline{Y_b}\overline{Y_c}\overline{Y_d}\overline{Y_e}\overline{Y_f}\overline{Y_g}$ 低电平有效,且为集电极开路门输出;$\overline{LT}$、$\overline{I_{BR}}$、$\overline{I_B}/\overline{Y_{BR}}$ 为附加的功能扩展输入输出端,用以扩展电路功能。当附加的功能扩展端无效时,74LS47 完成基本的显示功能,输出低电平有效。附加控制段的功能和用法如下。

(1) 灯测试输入端 $\overline{LT}$。当 $\overline{LT}=0$ 时,不管输入 $A_3A_2A_1A_0$ 状态如何,七段均发亮,显示"8"。它主要用来检测数码管是否损坏。$\overline{LT}=1$ 时,译码器方可进行译码显示。

(2) 灭"0"输入端 $\overline{I_{BR}}$。当 $\overline{LT}=1$,输入 $A_3A_2A_1A_0$ 为 0000 时,若 $\overline{I_{BR}}=0$,显示器各段均熄灭,不显示"0"。而 $A_3A_2A_1A_0$ 为其他各种组合时,正常显示。它主要用来熄灭无效的前零和后零。如"0093.2300",显然前两个零和后两个零均无效,则可使用 $\overline{I_{BR}}$ 使之熄灭,显示"93.23"。

(3) 双功能的输入/输出端 $\overline{I_B}/\overline{Y_{BR}}$。$\overline{I_B}/\overline{Y_{BR}}$ 是一个双功能的输入/输出端。当作为输入端使用时,称为灭灯输入端,当 $\overline{I_B}=0$ 时,不管其他任意输入端状态如何,七段数码管均处于熄灭状态,不显示数字;当作为输出端使用时,称为灭"0"输出端,$\overline{Y_{BR}}$ 的逻辑表达式为

$$\overline{Y_{BR}}=\overline{\overline{LT}\,\overline{A_3}\,\overline{A_2}\,\overline{A_1}\,\overline{A_0}\,\overline{I_{BR}}} \tag{10-37}$$

上式表明,只有当输入 $A_3A_2A_1A_0=0000$,而且 $\overline{I_{BR}}=0$,$\overline{LT}=1$ 时,$\overline{Y_{BR}}$ 才为 0。它的物理意义是当本位为"0"且熄灭时,$\overline{Y_{BR}}$ 才为 0。在多位显示系统中,可以用它与高位或低位的 $\overline{I_{BR}}$ 相连,通知此位如果是零也可熄灭。$\overline{I_B}/\overline{Y_{BR}}$ 共用一个引出端。

3) 译码器和显示器的应用

数字电路处理的信息都是以二进制代码表示的,而显示器显示的是文字、符号等信息,所以译码器和显示器总是结合起来使用的。

LED 七段数码管有共阴极结构和共阳极结构两种形式。共阴极形式高电平驱动阳极发光,共阳极结构形式低电平驱动阴极发光。显示译码器有输出高电平有效和低电平有效两种驱动方式,因此需要合理匹配。输出低电平有效的显示译码器应与共阳极结构显示器相连,输出高电平有效的显示译码器应与共阴极结构显示器相连。对于开路输出结构的显示译码器要注意上拉电阻的连接。有些集成器件内部已集成有上拉电阻,这时则不需要外接。

74LS47 驱动共阳极结构显示器的逻辑电路如图 10-40 所示。图中 LED 七段显示器的驱动电路是由 74LS47 译码器、1kΩ 的双列直插限流电阻排、七段共阳极 LED 显示器组成的。由于 74LS47 是集电极开路输出(OC 门),驱动七段显示器时需要外加限流电阻。图中所接电阻为上拉电阻,起限流作用,可以保证发光段上有合适的电

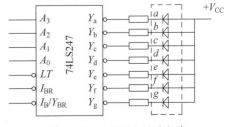

图 10-40 74LS47 显示电路

流流过,应根据发光亮度要求和译码器驱动能力进行选取。

其工作过程是:输入的 8421BCD 码经译码器译码,产生 7 个低电平有效的输出信号,这 7 个输出信号通过限流电阻分别接至七段共阳极显示器对应的 7 个段;当 LED 七段显示器的 7 个输入端有一个或几个为低电平时,与其对应的字段点亮。

显示多位时,注意灭零输入、灭零输出的配合,这样可以灭掉不需要显示的零。图 10-56 为灭零控制的连接电路。只需在整数部分把高位的 $\overline{Y}_{BR}$ 与低位的 $\overline{I}_{BR}$ 相连,在小数部分把低位的 $\overline{Y}_{BR}$ 与高位的 $\overline{I}_{BR}$ 相连,就可以把前后多余的零熄灭了。在这种连接方式下,整数部分只有高位是零,而且被熄灭的情况下,低位才有灭零输入信号;同理,小数部分只有低位是零,而且被熄灭的情况下,高位才有灭零输入信号。图 10-41 中要求小数点前后一位必须显示,不灭零。

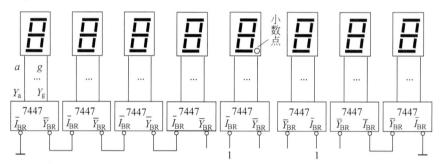

图 10-41 有灭零控制的 8 位数码显示系统

实际显示译码器,不仅可以将 BCD 码变成十进制数字,而且可以将 BCD 码变成字母和符号并在数码管上显示出来。在数字式仪表、数控设备和微型计算机中是不可缺少的人机联系手段。

10.6.3 集成数据选择器及其应用

1. 集成数据选择器的特点和类型

数据选择器又称为多路选择器或多路开关(Multiplexer,MUX),每次在地址输入的控制下,从多路输入数据中选择一路输出,其功能类似于一个单刀多掷开关。它一般有 n 位地址输入、2^n 位数据输入、一位数据输出。数据选择器与数据分配器功能相反。

常用的数据选择器电路结构主要有 TTL 和 CMOS 两种类型,不同电路结构参数各有不同,但功能是相似的。根据输入数据的数目有 2 选 1、4 选 1、8 选 1、16 选 1 等。

2. 数据选择器的工作原理

数据选择器的逻辑电路图如图 10-42 所示,有两个地址输入端 A_1、A_0,4 个数据输入端 $D_0 \sim D_3$,一个输出端 Y 以及一个选通使能端 $\overline{E}$。根据逻辑图可以写出逻辑表达式如下:

$$Y = (\overline{A}_1\overline{A}_0 D_0 + \overline{A}_1 A_0 D_1 + A_1\overline{A}_0 D_2 + A_1 A_0 D_3)E \qquad (10\text{-}38)$$

即当 $\overline{E}=1$ 时,输出 $Y=0$,当 $\overline{E}=0$ 时,在地址输入 A_1、A_0 的控制下,从 $D_0 \sim D_3$ 中选择一路输出。数据选择器的功能表如表 10-14 所示,为 4 选 1 数据选择器。

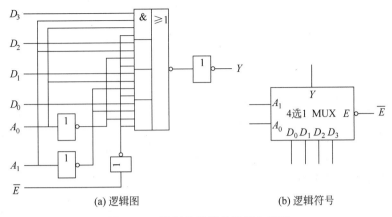

(a) 逻辑图　　　　　　　　　(b) 逻辑符号

图 10-42　数据选择器的逻辑电路图

表 10-14　4 选 1 数据选择器

$\overline{E}$	A_1	A_0	Y
0	0	0	D_0
0	0	1	D_1
0	1	0	D_2
0	1	1	D_3
1	×	×	0

当 $\overline{E}=0$ 时，4 选 1 MUX 的逻辑功能还可以用以下表达式表示：

$$Y=\overline{A}_1\overline{A}_0D_0+\overline{A}_1A_0D_1+A_1\overline{A}_0D_2+A_1A_0D_3=\sum_{i=0}^{3}m_iD_i$$

式中，m_i 是地址变量 A_1、A_0 所对应的最小项，称为地址最小项，当 D_i 全为 1 时，MUX 的输出函数正好是所有地址最小项的和。因此 MUX 又称为最小项输出器。

3. 集成数据选择器及应用

集成数据选择器在数字系统中的应用十分广泛，除了选择数据还可以实现函数等。集成数据选择器主要有 TTL、CMOS 两大类，产品较多，下面以 MSI74LS151、74LS153 为例介绍其功能及应用。

1）集成 4 选 1 数据选择器 74LS153

74LS153 是一个双 4 选 1 数据选择器，它包含有两个完全相同的 4 选 1 数据选择器，每个 4 选 1 数据选择器的逻辑图如图 10-42 所示。但要注意：两个 4 选 1 数据选择器有共同的两个地址输入端，但数据输入端、输出端和使能端是独立的，分别有一个低电平有效的选通使能端 $\overline{E}$ 和 4 个数据输入端 $D_0 \sim D_3$ 以及一个输出端 Y。

2）集成 8 选 1 数据选择器 74LS151

74LS151 是一个具有互补输出的 8 选 1 数据选择器，它有 3 个地址输入端，8 个数据输入端，两个互补输出端，一个低电平有效的选通使能端。图 10-43 为 8 选 1 MUX 的逻辑功能示意图。其功能表如表 10-15 所示。

根据表 10-15 可以写出输出表达式为

$$Y=E\sum_{i=0}^{7}m_iD_i \tag{10-39}$$

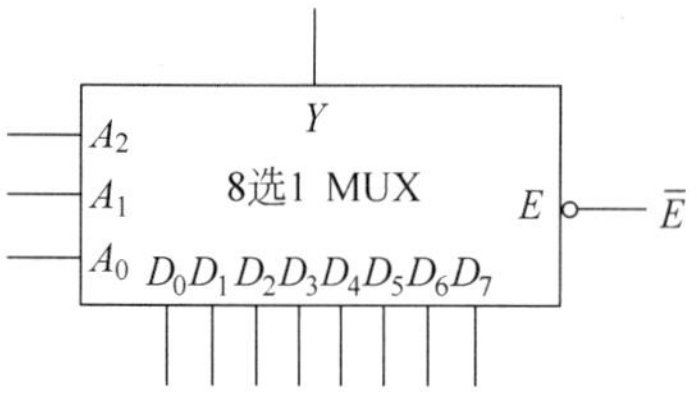

表 10-15　8 选 1 MUX 功能表

$\bar{E}$	A_2	A_1	A_0	Y
1	×	×	×	0
0	0	0	0	D_0
0	0	0	1	D_1
0	0	1	0	D_2
0	0	1	1	D_3
0	1	0	0	D_4
0	1	0	1	D_5
0	1	1	0	D_6
0	1	1	1	D_7

图 10-43　8 选 1 MUX 逻辑符号

当 $\bar{E}=0$ 时,MUX 正常工作,当 $\bar{E}=1$ 时,输出恒为 0,MUX 不工作。

另外,除了 TTL 数据选择器产品还有不少 CMOS 产品,CC4539 就是一个双 4 选 1 数据选择器。CC4539 的功能与 74LS153 相同,但电路结构不同。CC4539 电路内部由传输门和门电路构成,这也是 CMOS 产品经常使用的设计工艺。CC74HC151 也是一个 8 选 1 数据选择器,CC74HC151 的功能与 74LS151 相同,但电路结构不同。

3) 集成数据选择器的扩展

利用使能端可以将两片 4 选 1 MUX 扩展为 8 选 1 MUX。图 10-44 是将双 4 选 1 MUX 扩展为 8 选 1 MUX 的逻辑图。其中 A_2 是 8 选 1MUX 地址端的最高位,A_0 是最低位,8 选 1 MUX 的输出 $Y=Y_1+Y_2$,当 $A_2=0$ 时,左边 4 选 1 工作,右边 4 选 1 禁止工作,$Y_2=0$,$Y=Y_1$,当 $A_2=1$ 时,右边 4 选 1 工作,左边 4 选 1 禁止工作,$Y_1=0$,$Y=Y_2$。

另外还有一种扩展方法称为树状扩展。用 5 个 4 选 1 MUX 实现 16 选 1 MUX 的逻辑图如图 10-45 所示。

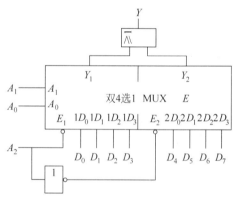

图 10-44　双 4 选 1MUX 实现 8 选 1MUX 的逻辑图

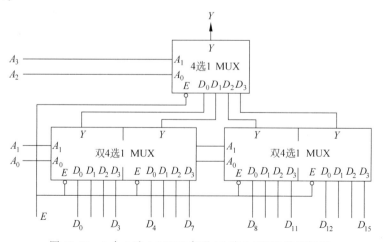

图 10-45　5 个 4 选 1 MUX 实现 16 选 1 MUX 的逻辑图

*4）数据选择器的应用

数据选择器的应用很广泛,典型应用之一就是可以作为函数发生器实现逻辑函数。逻辑函数可以写成最小项之和的标准形式,数据选择器的输出正好包含了地址变量的所有最小项,根据这一特点,可以方便地实现逻辑函数。下面举例说明。

【例 10-15】 试用 8 选 1 数据选择器 74LS151 产生逻辑函数 $Y = AB\overline{C} + \overline{A}BC + \overline{A}\overline{B}$。

解：把逻辑函数变换成最小项表达式：

$$Y = AB\overline{C} + \overline{A}BC + \overline{A}\overline{B}C + \overline{A}\overline{B}\overline{C} = m_0 + m_1 + m_3 + m_6$$

8 选 1 数据选择器有效工作时输出逻辑函数的表达式为

$$Y = \overline{A}_2\overline{A}_1\overline{A}_0 D_0 + \overline{A}_2\overline{A}_1 A_0 D_1 + \overline{A}_2 A_1\overline{A}_0 D_2 + \overline{A}_2 A_1 A_0 D_3 + A_2\overline{A}_1\overline{A}_0 D_4$$
$$+ A_2\overline{A}_1 A_0 D_5 + A_2 A_1\overline{A}_0 D_6 + A_2 A_1 A_0 D_7$$
$$= m_0 D_0 + m_1 D_1 + m_2 D_2 + m_3 D_3 + m_4 D_4 + m_5 D_5 + m_6 D_6 + m_7 D_7$$

若将式中 A_2、A_1、A_0 用 A、B、C 代替,则对比两式可以看出,当 $D_0 = D_1 = D_3 = D_6 = 1$, $D_2 = D_4 = D_5 = D_7 = 0$ 时,两式相等。画出该逻辑函数的逻辑图如图 10-46 所示。

需要注意的是,因为函数中各最小项的标号是按 A、B、C 的权为 4、2、1 写出的,所以 A、B、C 必须依次加到 A_2、A_1、A_0 端。

【例 10-16】 试用 4 选 1 MUX 实现三变量函数 $F = \overline{A}\overline{B}C + \overline{A}B\overline{C} + \overline{A}BC + AB\overline{C}$。

解：首先选择地址输入,令 $A_1 A_0 = AB$,则多余输入变量为 C。

用代数法将 F 的表达式变换为与 Y 相应的形式：

$$Y = \overline{A}_1\overline{A}_0 D_0 + \overline{A}_1 A_0 D_1 + A_1\overline{A}_0 D_2 + A_1 A_0 D_3$$
$$F = \overline{A}\overline{B} \cdot 1 + \overline{A}B \cdot C + A\overline{B} \cdot \overline{C} + AB \cdot 0$$

将 F 与 Y 对照可知,当 $D_0 = 1$、$D_1 = C$、$D_2 = \overline{C}$、$D_3 = 0$ 时,$Y = F$。画出逻辑图如图 10-47 所示。

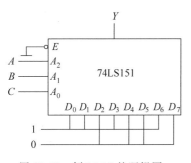

图 10-46 例 10-15 的逻辑图

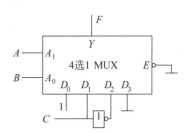

图 10-47 例 10-16 的逻辑图

常用中规模组合逻辑芯片通用性强,一般都有控制端和扩展端,扩展方便,外加少量的门电路就可以方便地实现组合逻辑电路的设计,同时还可以消除竞争冒险现象,因此用途极为广泛。除了前面介绍的中规模组合逻辑芯片外,常用的还有集成加法器、集成数值比较器以及奇偶校验电路等。这方面内容可参阅电子资源。

【思考题】

（1）编码器的功能是什么? 优先编码器有什么优点?

（2）什么是译码? 简述译码器的分类和特点。

（3）显示译码器与数码管连接时,应注意什么?

（4）二进制译码器能否同时实现多路函数输出？为什么？

（5）简述数据选择器的功能。数据选择器能否同时实现多路函数输出？为什么？

习题

10-1 将下列十进制数转化为二进制数、八进制数和十六进制数。

（1）$(22.24)_{10}$　（2）$(108.08)_{10}$　（3）$(66.625)_{10}$

10-2 将下列二进制数转化为十进制数、八进制数和十六进制数。

（1）$(111101)_2$　（2）$(0.10001011)_2$　（3）$(101101.001)_2$

10-3 利用公式法化简下列函数：

（1）$Y=AB(BC+A)$

（2）$Y=(A\oplus B)C+ABC+\overline{A}\overline{B}C$

＊10-4 用卡诺图化简下列函数：

（1）$Y(A、B、C)=\sum m(0、2、4、5、6)$

（2）$Y(A、B、C、D)=\sum m(0、1、2、3、6、8)$

＊10-5 用卡诺图化简下列具有约束条件的逻辑函数：

（1）$Y(A,B,C,D)=\sum m(0,1,2,3,6,8)+\sum d(10,11,12,13,14,15)$

（2）$Y(A,B,C,D)=\sum m(2,4,6,7,12,15)+\sum d(0,1,3,8,9,11)$

10-6 图 10-48 均为 TTL 门电路：

（1）写出 Y_1、Y_2、Y_3、Y_4 的逻辑表达式。

（2）若已知 A、B、C 的波形，分别画出 $Y_1 \sim Y_4$ 的波形。

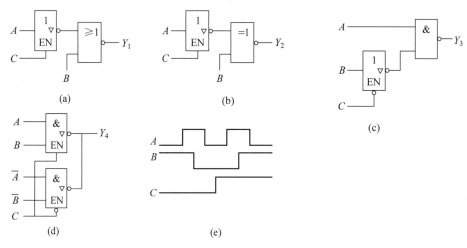

图 10-48　题 10-6 电路

10-7 什么叫线与？哪种门电路可以线与？为什么？

10-8 用最少的 2 输入与非门和或非门实现 $F_1=A+B+C+D$ 和 $F_2=ABCD$。

10-9 试分析图 10-49 所示各组合逻辑电路的逻辑功能。

10-10 采用与非门设计下列逻辑电路：

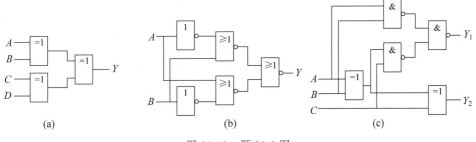

图 10-49 题 10-9 图

（1）三变量判奇电路（含 1 的个数）；

（2）三变量多数表决电路。

*10-11 试用 74LS151 数据选择器实现逻辑函数：

（1）$Y_1(A,B,C)=\sum m(1,3,5,7)$；

（2）$Y_2=\overline{A}\,\overline{B}C+\overline{A}BC+AB\overline{C}+ABC$。

10-12 为使 74LS138 译码器的第 10 引脚输出为低电平，请标出各输入端应置的逻辑电平。

*10-13 用译码器实现下列逻辑函数，画出连线图。

（1）$Y_1=\sum m(3、4、5、6)$

（2）$Y_2=\sum m(1、3、5、9、11)$

10-14 用与非门设计一个 8421 BCD 码的七段显示译码器，要求能显示 0～9，其他情况灭灯。

10-15 用与非门设计一个一位加法电路。

10-16 试用集成电路实现将 16 路输入中的任意一组数据传送到 16 路输出中的任意一路，画出逻辑连接图。

第 11 章

触发器和时序逻辑电路

 学习目标要求

本章从触发器出发,首先介绍触发器的类型和特点、常见触发器的逻辑功能和动作特点以及触发器的应用;再介绍时序逻辑电路的分析方法;最后介绍计数器和寄存器的特点、类型,电路组成及工作原理;重点介绍常见计数器集成芯片、寄存器集成芯片、555 集成定时器芯片及其应用。读者学习本章内容要做到以下几点。

(1) 了解集成触发器的电路结构和工作原理;理解常用集成触发器的各项参数的含义。

(2) 熟悉集成触发器的动作特点,掌握常用集成触发器的逻辑功能,理解常用触发器之间的相互转换。

(3) 理解特性方程、状态图、时序图等时序逻辑电路的基本描述方法,掌握时序逻辑电路的特点及分析方法,能够分析简单时序逻辑电路。

(4) 了解时序逻辑电路的竞争冒险现象;了解集成计数器、寄存器芯片的电路结构,熟悉其功能。

(5) 能够正确识别和使用常用触发器、寄存器、计数器集成芯片。

(6) 掌握常用集成计数器、寄存器的功能扩展,学会集成触发器、集成计数器、集成寄存器的性能测试方法和使用方法。

(7) 了解 555 定时器的电路结构,掌握 555 定时器的功能及构成施密特触发器、单稳态触发器、多谐振荡器的方法。

(8) 能够正确识别和使用 555 定时器芯片,学会 555 定时器的性能测试方法、使用方法。

11.1 集成触发器

11.1.1 触发器的特点与类型

触发器(Flip Flop,FF)是构成数字电路的又一基本单元,它是具有记忆功能的存储单元,可以存储一位 0 或 1,若干个触发器组合在一起可寄存多位二值信号,它是构成时序逻辑电路的基本单元电路。

1. 触发器的特点

触发器有双稳态、单稳态和无稳态触发器等几种,本节所介绍的是双稳态触发器,即其输出有两个稳定状态 0、1,专门用来接收、存储和输出 0、1 代码。

触发器有一个或多个信号输入端,两个互补的输出端 Q 和 $\overline{Q}$。一般用 Q 的状态表明触发器的状态。$Q=0,\overline{Q}=1$ 为 0 态,$Q=1,\overline{Q}=0$ 为 1 态。若外界信号使 $Q=\overline{Q}$,则破坏了触发器的状态,这种情况在实际运用中是不允许出现的。

只有输入触发信号有效时,输出状态才有可能转换;否则,输出将保持不变。为了实现记忆二值信号的功能,触发器应具有以下两个基本特点。

(1) 具有两个自行保持的稳定状态,0 态、1 态。

(2) 随不同输入信号改变为 1 态或 0 态,输入信号消失时,自行保持。

输入信号变化时,触发器可以从一个稳定状态转换到另一个稳定状态。为了分析方便,我们把触发器接收输入信号之前的状态称为现在状态(简称现态),用 Q^n(上标可省略)表示,把触发器接收输入信号之后所进入的状态称为下一状态(简称次态),用 Q^{n+1} 表示。现态和次态是两个相邻离散时间里触发器输出端的状态,它们之间的关系是相对的,每一时刻触发器的次态就是下一相邻时刻触发器的现态。

2. 触发器的分类

双稳态触发器可以由分立元器件、集成门构成,现在基本上都是中小规模集成产品,主要有 TTL 和 CMOS 两大类,其内部电路都是由门电路构成的。

1) 依据电路结构形式和工作特点分类

按照电路结构形式和工作特点的不同,双稳态触发器可分为基本触发器(RS)、时钟(CP 或 CI)触发器两大类,不同电路结构的触发器具有不同的动作方式。CP 为 Clock Pulse(时钟脉冲)简写。CP 不影响触发器的逻辑功能,只是控制触发器的工作节奏,不是输入信号。

时钟(CP 或 CI)触发器又可分为电平控制触发器和边沿触发器两种类型。属于前一类有同步和主从两种,在 CP 为 0 或 1 时动作;属于后一类有维持阻塞、利用 CMOS 传输门的主从、利用门电路延时时间的触发器,在 CP 上升沿或下降沿动作。

2) 依据逻辑关系分类

由于内部逻辑电路的不同,触发器的输入与输出信号间的逻辑关系也有所不同,其输出信号在输入信号作用下将按不同的逻辑关系进行变化,从而构成了各种不同逻辑功能的触发器,如 RS 触发器、D 触发器、JK 触发器、T 触发器和 T' 型触发器。

3) 依据存储数据的原理分类

根据存储数据的原理不同,触发器还可以分为静态和动态触发器。静态触发器是靠电路的自锁存储数据的;而动态触发器是通过在 CMOS 管栅极输入电容上存储电荷来存储数据的,例如输入电容上存有电荷为 0 状态,则没存电荷为 1 状态。本节只介绍静态触发器,动态触发器在半导体存储器中介绍。

11.1.2 基本 RS 触发器

基本 RS 触发器是构成各种功能触发器的基本单元,所以称为基本触发器。它可以用两个与非门或两个或非门交叉耦合构成。

1. 基本 RS 触发器的电路结构和工作原理

图 11-1(a)是由与非门构成的基本 RS 触发器的逻辑电路,它由两个与非门 G_1、G_2 互相交叉连接,它有两个输入端(或称为激励端)$\overline{S}_D$、$\overline{R}_D$,两个互补输出端 Q 和 $\overline{Q}$,一般用 Q 端的逻辑值来表示触发器的状态。

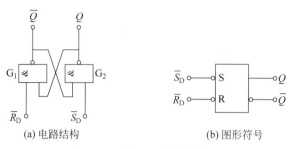

(a) 电路结构　　　　　　　　(b) 图形符号

图 11-1　基本 RS 触发器电路

根据图 11-1(a)电路中的与非逻辑关系,可以得出以下结果。

(1) 当 $\overline{R}_D=0$,$\overline{S}_D=1$ 时,$Q=0$,$\overline{Q}=1$,称触发器处于清零(复位)状态。

(2) 当 $\overline{R}_D=1$,$\overline{S}_D=0$ 时,$Q=1$,$\overline{Q}=0$,称触发器处于置 1(置位)状态。

(3) 当 $\overline{R}_D=1$,$\overline{S}_D=1$ 时,$Q^{n+1}=Q^n$,称触发器处于保持(记忆)状态。

(4) 当 $\overline{R}_D=0$,$\overline{S}_D=0$ 时,$Q=\overline{Q}=1$,两个与非门输出均为 1(高电平),此时破坏了触发器的互补输出关系,而且当 $\overline{R}_D$、$\overline{S}_D$ 同时从 0 变化为 1 时,由于门的延迟时间不一致,使触发器的次态不确定,即 $Q=\times$,这种情况是不允许的。因此规定输入信号 $\overline{R}_D$、$\overline{S}_D$ 不能同时为 0,它们应遵循 $\overline{R}_D+\overline{S}_D=1$ 的约束条件。

从以上分析可见,基本 RS 触发器具有清零、置 1 和保持的逻辑功能,下标 D 表示直接输入,$\overline{S}_D$ 称为直接置 1 端或置位(Set)端,$\overline{R}_D$ 称为直接清零或复位(Reset)端,因此该触发器又称为置位-复位(Set-Reset)触发器,其逻辑符号如图 11-1(b)所示。因为它是以 $\overline{R}_D$ 和 $\overline{S}_D$ 为低电平时被清零和置 1 的,所以称为 $\overline{R}_D$ 和 $\overline{S}_D$ 低电平有效,且在图 11-1(b)中 $\overline{R}_D$、$\overline{S}_D$ 的输入端加有小圆圈表示,习惯用反变量表示输入低电平有效。输出端的小圆圈表示输出非端,Q 和 $\overline{Q}$ 正常情况下状态互补。

2. 基本 RS 触发器的功能描述方法

基本 RS 触发器的逻辑功能可采用状态表、特征方程式、逻辑符号图以及状态转换图、波形图或时序图来描述。

1) 状态转换真值表

将触发器的次态 Q^{n+1} 与现态 Q^n、输入信号之间的逻辑关系用表格形式表示出来,这种表格就称为状态转换真值表,简称状态表。根据以上分析,图 11-1(a)基本 RS 触发器的状态转移真值表如表 11-1 所示。它们与组合电路的真值表相似,不同的是触发器的次态 Q^{n+1} 不仅与输入信号有关,还与它的现态 Q^n 有关(Q^n 也是输入),这正体现了存储电路的特点。

表 11-1　基本 RS 触发器的真值表

输　　入		输　　出	
$\overline{R}_D$	$\overline{S}_D$	Q^{n+1}	功能说明
1	1	Q^n	保持
1	0	1	置 1
0	1	0	清零
0	0	$\times$	禁止

2）特征方程（状态方程）

描述触发器逻辑功能的函数表达式称为特征方程或状态方程。根据表 11-1 可以求得基本 RS 触发器的特征方程为

$$
\begin{cases}
Q^{n+1}=S_{\mathrm{D}}+\bar{R}_{\mathrm{D}}Q^{n} \\
S_{\mathrm{D}}R_{\mathrm{D}}=0
\end{cases}
\tag{11-1}
$$

特征方程中的约束条件表示 R_{D} 和 S_{D} 不允许同时为 1，即 R_{D} 和 S_{D} 总有一个为 0。

3）状态转换图（状态图）与激励表

状态转换图是用图形方式来描述触发器的状态转移规律。图 11-2 为基本 RS 触发器的状态转换图。图中两个圆圈分别表示触发器的两个稳定状态,箭头表示在输入信号作用下状态转移的方向,箭头旁的标注表示转换条件。

激励表（也称为驱动表）是表示触发器由当前状态 Q^{n} 转至确定的下一状态 Q^{n+1} 时,对输入信号的要求。基本 RS 触发器的激励表如表 11-2 所示。

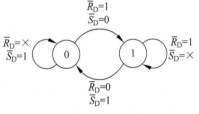

图 11-2　基本 RS 触发器的状态转换图

表 11-2　RS 触发器的激励表

$Q^{n}\to Q^{n+1}$		S_{D}	R_{D}
0	0	0	$\times$
0	1	1	0
1	0	0	1
1	1	$\times$	0

4）工作波形图

工作波形图又称为时序图,它反映了触发器的输出状态随时间和输入信号变化的规律,是实验中可观察到的波形。如图 11-3 所示,阴影部分为不确定态。

由或非门构成的基本 RS 触发器的电路图和逻辑符号如图 11-4 所示。逻辑符号中,S_{D}、R_{D} 处无小圆圈,表示高电平有效。它和与非门构成的基本 RS 触发器功能相同,区别只有高低电平的不同。

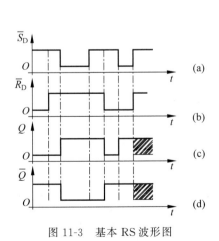

图 11-3　基本 RS 波形图

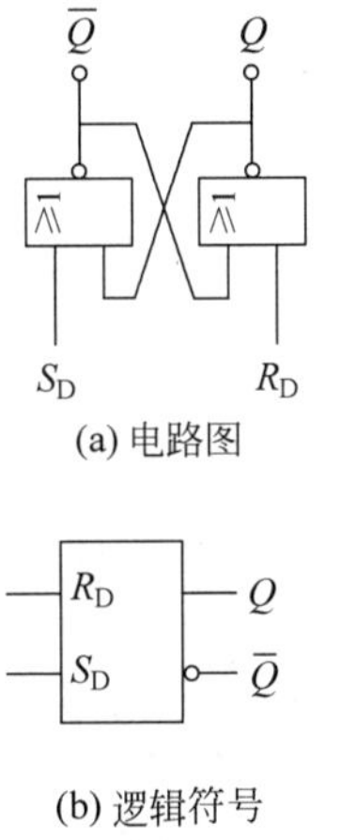

图 11-4　或非门构成的基本 RS 触发器

3. 基本 RS 触发器的工作特点

通过以上分析可以知道,基本 RS 触发器具有如下特点。

(1) 直接复位-置位。它具有两个稳定状态,分别为 1 和 0。如果没有外加触发信号作用它将保持原有状态不变,触发器具有记忆作用。在外加触发信号作用下,触发器输出状态才可能发生变化,输出状态直接受输入信号的控制,也称其为直接复位-置位触发器,属于非时钟控制触发器。

(2) 存在约束。对于与非门构成的基本 RS 触发器,当 $R_D = S_D = 1$ 时,$Q = \overline{Q} = 1$,违反了互补关系。实际运用中不允许出现这种情况。

基本 RS 触发器电路结构简单,可存储一位二进制代码,是构成各种性能更好的触发器和时序逻辑电路的基础。常用的集成基本 RS 触发器电路有 CMOS 型的四三态正逻辑 RS 触发器 CC4043B、LSTTL 型的四低电平锁存器 54LS279/74LS279 等。由于直接置位和约束的问题,使用受到了很大限制。

11.1.3 常见触发器的逻辑功能

在基本 RS 触发器的基础上增加门电路、连线以及时钟信号可以构成各种逻辑功能的时钟触发器。具体功能有 RS 触发器、D 触发器、JK 触发器、T 触发器和 T′ 触发器。

1. RS 触发器

凡在时钟作用下,逻辑状态变化情况符合表 11-3 的触发器,统称为 RS 触发器;RS 触发器具有置 1、清零和保持功能,RS 存在约束,不允许同时为有效电平,式(11-2)是其特性方程,状态图如图 11-5 所示。

表 11-3 RS 触发器的真值表

输 入		输 出	
R	S	Q^{n+1}	功能说明
0	0	Q^n	保持
0	1	1	置 1
1	0	0	清零
1	1	×	禁止

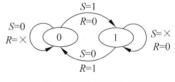

图 11-5　RS 触发器的状态图

$$\begin{cases} Q^{n+1} = S + \overline{R}Q^n \\ SR = 0 \end{cases} \quad (11\text{-}2)$$

2. D 触发器

凡在时钟作用下,逻辑状态变化情况符合表 11-4 的触发器,统为 D 触发器;D 触发器一个输入信号 D,输出态跟随 D 变化,具有置 1、清零功能,式(11-3)是其特性方程,状态图如图 11-6 所示。

表 11-4　D 触发器的真值表

D	Q^{n+1}	功能说明
0	0	清零
1	1	置 1

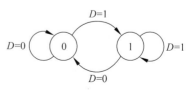

图 11-6　D 触发器的状态图

$$Q^{n+1} = D \tag{11-3}$$

3. JK 触发器

凡在时钟作用下,逻辑状态变化情况符合表 11-5 的触发器,统称为 JK 触发器,JK 触发器两个输入信号 J、K,具有置 1、清零、保持和变反功能;式(11-4)是其特性方程,状态图如图 11-7 所示。

$$Q^{n+1} = J\overline{Q^n} + \overline{K}Q^n \tag{11-4}$$

表 11-5　JK 触发器的真值表

输　　入		输　　出	
J	K	Q^{n+1}	功能说明
0	0	Q^n	保持
0	1	0	清零
1	0	1	置 1
1	1	$\overline{Q^n}$	变反

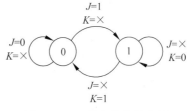

图 11-7　JK 触发器的状态图

4. T 触发器和 T′ 触发器

$J = K = T$ 的触发器,称为 T 触发器,$T = 1$ 的触发器称为 T′ 触发器,T 和 T′ 触发器的特性方程分别为式(11-5)和式(11-6)。

$$Q^{n+1} = T\overline{Q^n} + \overline{T}Q^n = T \oplus Q^n \tag{11-5}$$

$$Q^{n+1} = 1 \oplus Q^n = \overline{Q^n} \tag{11-6}$$

T 触发器一个输入信号 T,具有保持和变反功能;T′ 触发器,只有变反功能,一般由 D 触发器、JK 触发器和 T 触发器实现。

JK 触发器和 D 触发器是最常用的两种触发器,对比各触发器特性方程可知,在 JK 触发器上增加一只非门则可得 D 触发器,J、K 相连作为 T 则可得 T 触发器,J = K = 1 则可得 T′ 触发器;在 D 触发器上增加一只异或门使 $D = T \oplus Q^n$,则可得 T 触发器,D 与 $\overline{Q^n}$ 相连,$D = \overline{Q^n}$,则可得 T′ 触发器。

注意:功能转化后的触发器,脉冲触发时刻及动作特点与原触发器相同。

11.1.4　触发器的电路结构和动作特点

对于每一个触发器而言,它都有一定的电路结构形式和逻辑功能。触发器的电路结构形式和逻辑功能是两个不同性质的概念。所谓逻辑功能,是指触发器的次态和现态及输入信号在稳态下的逻辑关系,据此,触发器被分为 RS、D、JK、T 和 T′ 触发器等几种类型;而不同的电路结构形式使触发器在状态转换时,有不同的动作特点和脉冲特性,基本触发器、同步触发器、主从触发器和边沿触发器是电路结构的几种不同类型。

同一种逻辑功能的触发器可以用不同的电路结构实现,例如,JK 功能触发器就有同步、主从和边沿 3 种电路结构。而同一电路结构的触发器,逻辑功能又有多种形式,例如,同步触发器就有 RS、D、JK、T 和 T′ 多种功能形式。

1. 同步触发器

给基本 RS 触发器增加时钟控制端 CP 及控制门,则可构成各种功能的同步时钟触发器。其功能和电路结构有所不同,但其动作特点一致。同步时钟触发器由 CP 电平控制触发,有高电平触发与低电平触发两种类型。有 RS、D、JK 和 T 等多种逻辑功能电路。

1) 同步 RS 触发器

同步 RS 触发器的功能真值表、特性方程、状态图如表 11-3、式(11-2)、图 11-5 所示,区别是 CP=1 有效。同步 RS 触发器的逻辑符号及波形图如图 11-8 所示。R 为清零端,S 为置 1 端,CP 为时钟输入端。

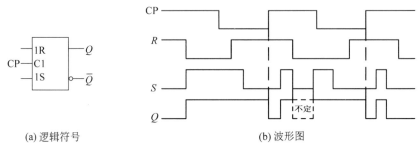

(a) 逻辑符号   (b) 波形图

图 11-8   同步 RS 触发器的逻辑符号及波形图

2) 同步 D 触发器

同步 D 触发器的功能真值表、特性方程、状态图如表 11-4、式(11-3)、图 11-6 所示,区别是 CP=1 有效。同步 D 触发器的逻辑符号及波形图如图 11-9 所示。CP 为时钟输入端。

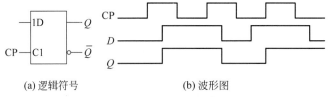

(a) 逻辑符号   (b) 波形图

图 11-9   同步 D 触发器的逻辑符号及波形图

同步 D 触发器在时钟作用下,其次态 Q^{n+1} 始终和 D 输入一致,因此常把它称为数据锁存器或延迟(Delay)触发器。由于 D 触发器的功能和结构都很简单,因此目前得到普遍应用。

3) 同步 JK 触发器

同步 JK 触发器的功能真值表、特性方程、状态图如表 11-5、式(11-4)、图 11-7 所示,区别是 CP=1 有效。同步 JK 触发器的逻辑符号及波形图如图 11-10 所示。CP 为时钟输入端。

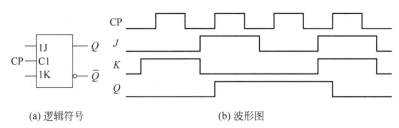

(a) 逻辑符号   (b) 波形图

图 11-10   同步 JK 触发器的逻辑符号及波形图

4) 同步 T 触发器和 T′触发器

T 和 T′触发器一般由 D、JK 触发器产品构成。T′触发器用途广泛。

5）同步触发器的工作特点

从以上分析可以看出,同步触发器具有以下工作特点。

（1）脉冲电平触发,又称为电平触发器,CP＝1期间触发器的状态对输入信号敏感,输入信号的变化都会引起触发器的状态变化;CP＝0期间,不论输入信号如何变化,都不会影响输出,触发器的状态维持不变。抗干扰能力好于基本RS触发器。

（2）同步RS触发器,R、S之间仍存在约束,约束关系为$RS＝0$,即CP＝1期间不允许$R＝S＝1$。其他功能触发器不存在约束。

（3）空翻和振荡现象。空翻现象就是在CP＝1期间,触发器的输出状态随输入信号的变化翻转两次或两次以上的现象。在同步JK触发器中,由于互补输出引到了输入端,即使输入信号不发生变化,由于CP脉冲过宽,也会产生多次翻转,称为振荡现象。空翻和振荡波形图如图11-11所示。第1个CP＝1期间和第2个CP＝1期间Q状态变化了两次。第3个脉冲CP＝1时,$J＝K＝1$不变,$Q^{n+1}＝\overline{Q^n}$,触发器翻转了多次,产生振荡现象。CP＝1期间,同步触发器的多次翻转,在实际工作中是不允许的。为了避免空翻现象,必须对以上的同步触发器在电路结构上加以改进。

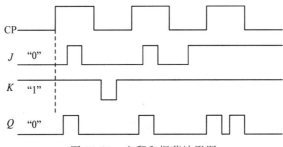

图11-11　空翻和振荡波形图

同步触发器的集成芯片主要有两大类:CMOS型的有"四时钟控制D锁存器"CC4042、"双4位D锁存器"CC4508、"4位D锁存器"CC75HC75;LSTTL型的有"八D锁存器"54LS373/74LS373、"双2位D锁存器"54LS375/74LS375、"双4D锁存器"54LS116/74LS116等。同步D触发器结构简单,控制方便,在微控制器接口电路中,应用广泛。

2. 主从触发器

为了提高触发器的可靠性,要求每来一个CP脉冲,触发器仅发生一次翻转,主从时钟触发器可以满足这个要求。将两个同步RS触发器串联再增加门电路,引入适当反馈,便可构成各种功能的主从触发器。

主从触发器具有以下特点。

（1）主从控制,两步动作,实质上仍是同步电平触发器。

主从触发器在CP＝1时为准备阶段。CP由1下跳变至0时触发器状态发生转移,因此它是一种电平触发方式。而状态转移发生在CP下降沿时刻。

（2）主从RS触发器R、S之间仍存在与同步RS触发器一样的约束关系,其他触发器不存在约束关系。

（3）主从触发器的一次变化现象。

主从触发器在CP＝1期间,接收输入信号,但整个触发器的输出状态并不改变,只有当CP由1变为0后,其输出状态才能根据主触发器的存储输出进行改变,此时,主触发器处于保持状态。因此,在 CP 的一个变化周期内,整个触发器的输出状态只可能改变一次,并且是在 CP 下降沿到来后翻转,称为"一次变化现象"。若在 CP=1 期间混入了干扰信号,整个触发器的状态会依据干扰信号而变。

为了避免一次变化现象,使 CP 下降沿时输出值跟随当时的 R、S 或 J、K 信号变化,必须要求在 CP=1 的期间信号不变化。但实际上由于干扰信号的影响,主从触发器的一次翻转现象仍会使触发器产生错误动作,因此主从 JK 触发器数据输入端抗干扰能力较弱。为了减少接收干扰的机会,应使 CP=1 的宽度尽可能窄。

由于主从触发器对信号要求严格,再加电路相对复杂,目前作为通用触发器使用较少。

3. 边沿触发器

边沿触发器仅在 CP 的上升沿或下降沿到来时,才接收输入信号,状态才可能改变,除此以外任何时刻的输入信号变化不会引起触发器输出状态的变化。因此,边沿触发器不仅克服了空翻现象,而且大大提高了抗干扰能力,工作更为可靠。

边沿触发方式的触发器有两种类型,一类是维持-阻塞式触发器,它是利用直流反馈来维持翻转后的新状态,阻塞触发器在同一时钟内再次产生翻转;另一类是边沿触发器,它是利用触发器内部逻辑门之间延迟时间的不同,使触发器只在约定时钟跳变时才接收输入信号。

1) 维持阻塞结构边沿触发器

维持阻塞触发器是一种可以克服空翻的电路结构。它利用触发器翻转时内部产生的反馈信号,把引起空翻的信号传送通道锁住,从而克服了空翻和振荡现象。维持阻塞触发器有 RS、JK、D、T、T' 触发器,应用较多的是维阻 D 触发器,维持阻塞 D 触发器的逻辑符号如图 11-12 所示,图中,时钟信号 CP(或 C1)端的"∧"表示上升沿触发,若下降沿触发再加一个小圆圈。

为了置初始状态的需要还设置了异步输入端。图中,$\overline{R}_D$ 和 $\overline{S}_D$ 为异步输入端,也称为直接复位和置位端,两输入端的小圆圈代表低电平有效。

当 $\overline{R}_D=0$、$\overline{S}_D=1$ 时,触发器被直接复位到 0 状态;当 $\overline{R}_D=1$、$\overline{S}_D=0$ 时,触发器被直接置位到 1 状态,此时,CP 和输入信号不起作用;当 $\overline{R}_D=\overline{S}_D=1$ 时,同步输入 D 和 CP 才起作用,同步输入 D 能否有效进入,取决于 CP 的同步控制。这里要注意,$\overline{R}_D$ 和 $\overline{S}_D$ 不能同时有效,即不允许 $\overline{R}_D=\overline{S}_D=0$,否则将出现不正常状态。

当异步端不起作用,触发器状态才可能随 CP 和输入信号变化改变,此时维持阻塞式 D 触发器功能真值表、状态图、特性方程与同步 D 触发器完全相同,区别只是 CP 的作用时刻不同。维持阻塞 D 触发器的输入、输出波形图如图 11-13 所示。

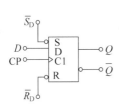

图 11-12 维持阻塞 D 触发器的逻辑符号

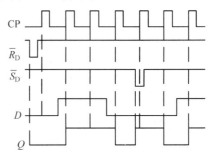

图 11-13 维持阻塞 D 触发器的输入、输出波形图

维持阻塞 D 触发器具有以下工作特点。

(1) 边沿触发。维持阻塞 D 触发器的工作分两个阶段，CP＝0 期间为准备阶段，CP 由 0 变 1 时为触发器的状态变化阶段。维持阻塞 D 触发器是在 CP 上升沿到达前接收输入信号，上升沿到达时刻触发器翻转，上升沿以后输入被封锁。因此，维持阻塞 D 触发器具有边沿触发的功能，不仅有效地防止了空翻，同时还克服了一次变化现象。

(2) 数据输入端具有较强的抗干扰能力，且工作速度快，故应用较广泛。

2) 利用门延迟时间的边沿触发器

利用 TTL 门传输延迟时间可以构成负边沿 JK 触发器。负边沿 JK 触发器的逻辑符号如图 11-14 所示，时钟信号 CP(或 C1)端的"∧"和小圆圈，表示下降沿触发输入。

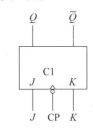

图 11-14 负边沿 JK 触发器的逻辑符号

负边沿 JK 触发器的特性方程、状态表、状态图与同步 JK 触发器相同，只是逻辑符号和时序图不同，其时序图如图 11-15 所示。

负边沿 JK 触发器是在 CP 下降沿产生翻转，翻转方向决定于 CP 下降前瞬间的 J、K 输入信号。不存在一次变化现象，比维持阻塞触发器在数据输入端具有更强的抗干扰能力，更快的工作速度。

3) CMOS 传输门型边沿触发器

CMOS 传输门型边沿触发器是利用 CMOS 传输门构成的一种边沿触发器，其结构也是一种主从结构，但它们与前面所讲的主从触发器具有完全不同的特点。主要有 D 和 JK 两种功能形式。

传输门型边沿 D 触发器、JK 触发器的特性方程、状态表、状态图与同步 D、JK 触发器相同，只是逻辑符号和时序图不同，其逻辑符号分别如图 11-16 所示，CP(或 C1)端的"∧"，表示上升沿触发输入。CMOS 边沿触发器采用主从结构，属于边沿触发，不存在一次变化现象。

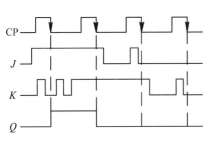

图 11-15 负边沿 JK 触发器的时序图

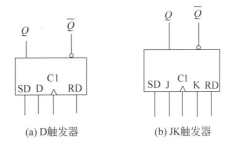

(a) D触发器　　(b) JK触发器

图 11-16 CMOS 边沿触发器的逻辑符号

4) 常用集成边沿触发器介绍

边沿触发器具有共同的动作特点，这就是触发器的次态仅取决于 CP 跳变沿(上升或下降沿)到达时的输入，沿前或沿后输入信号的变化对触发器的输出状态没有影响。这一特点有效地提高了触发器的抗干扰能力，同时提高了工作的可靠性，边沿触发器用途最为广泛。集成边沿触发器主要有 CMOS 和 TTL 两大类，下面介绍几种常用集成边沿触发器。

(1) 集成 TTL 边沿触发器 74LS112。74LS112 为双下降沿 JK 触发器，它由两个独立的下降沿触发的边沿 JK 触发器组成，其引脚排列图和逻辑符号如图 11-17 所示。CP 为时钟输入端；J、K 为数据输入端；Q、$\overline{Q}$ 为互补输出端；$\overline{R}_D$ 为直接复位端,低电平有效；$\overline{S}_D$ 为直接置位端,低电平有效。$\overline{R}_D$、$\overline{S}_D$ 用来设置初始状态,不允许 $\overline{R}_D = \overline{S}_D = 0$,触发器工作时,应取 $\overline{R}_D = \overline{S}_D = 1$。

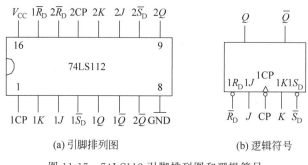

(a) 引脚排列图   (b) 逻辑符号

图 11-17   74LS112 引脚排列图和逻辑符号

（2）集成维持阻塞 D 触发器 74LS74。74LS74 为双上升沿 D 触发器,它由两个独立的维持阻塞 D 触发器组成,其引脚排列图如图 11-18 所示。CP 为时钟输入端,D 为数据输入端,Q、$\overline{Q}$ 为互补输出端,$\overline{R}_D$ 为直接复位端,低电平有效,$\overline{S}_D$ 为直接置位端,低电平有效。$\overline{R}_D$、$\overline{S}_D$ 用来设置初始状态,不允许 $\overline{R}_D = \overline{S}_D = 0$,触发器工作时,应取 $\overline{R}_D = \overline{S}_D = 1$。

（3）集成 CMOS 边沿触发器 CC4027。CMOS 边沿触发器与 TTL 触发器一样,种类繁多。常用的集成触发器有 74HC74（D 触发器）和 CC4027（JK 触发器）。CC4027 由两个独立的下降沿触发的 CMOS 边沿 JK 触发器组成,引脚排列图如图 11-19 所示,使用时注意 CMOS 触发器电源电压为 3～18V。

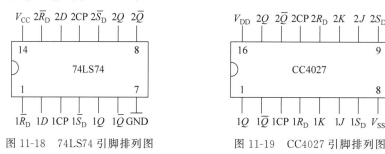

图 11-18   74LS74 引脚排列图   图 11-19   CC4027 引脚排列图

CP 为时钟输入端,J、K 为数据输入端,Q、$\overline{Q}$ 为互补输出端,R_D 为直接复位端,高电平有效,S_D 为直接置位端,高电平有效。R_D、S_D 用来设置初始状态,不允许 $R_D = S_D = 1$ 触发器工作时,应取 $R_D = S_D = 0$。

11.1.5   集成触发器应用注意事项

1. 集成触发器的参数

基本 RS 触发器、同步触发器、主从触发器和边沿触发器各有其对应产品,集成触发器产品极多、型号各异,但是无论何种触发器其参数表示方法是相似的。由于集成触发器内部是由门电路构成的,因此集成触发器和门电路一样,其参数也可分为静态参数和动态参数两大类,具体请参考有关资料。

2. 触发器的选择和使用

实际选用触发器时,一般要综合考虑逻辑功能、电路结构形式及制造工艺 3 方面的因素来确定触发器选型。

（1）触发器工艺类型的选取。目前集成触发器产品主要有 TTL 工艺和 CMOS 工艺两大类。工艺类型的选取，主要根据电路对功耗、速度、带载能力等要求来选取。一般 TTL 工艺的触发器速度较 CMOS 高、带载能力较 CMOS 强，而 CMOS 制造工艺触发器的功耗远低于 TTL 工艺的触发器。

对集成触发器的多余输入端也应作恰当的处理，处理的原则和方法与相应的集成门电路相同。级数较多的复杂系统，还要注意前后级的连接是否合适，特别是触发器的某些输入端由于同时接到了多个门上，其输入电流可能比较大。设计电路时，要对上述因素作通盘考虑。

（2）触发器逻辑功能的选取。电路输入为单端形式适宜选用 D 和 T 触发器，电路输入为双端形式适宜选用 JK 和 RS 触发器。JK 触发器包含了 RS、D 和 T 触发器的功能，选用 JK 触发器可以满足对 RS 触发器的性能要求。

（3）触发器电路结构形式的选取。电路结构不同，触发器工作特点不同，选择触发器电路结构形式时应考虑以下几点。

如果触发器只用作寄存一位二值信号 0 和 1，而且在 CP＝1（或 CP＝0）期间输入信号保持不变，则可以选用同步结构的触发器，因为电路简单，价格便宜。

如果要求触发器之间具有移位功能或计数功能，则不能采用同步结构的触发器，必须选用主从结构或边沿结构的触发器。

如果 CP＝1（或 CP＝0）期间输入信号不够稳定或易受干扰，则最好采用边沿结构的触发器以提高电路的可靠性。

（4）触发器的脉冲工作特性。为了保证集成触发器可靠工作，输入信号和时钟信号以及电路的特性应有一定的配合关系。触发器对输入信号和时钟信号之间时间关系的要求称为触发器的脉冲工作特性。

【思考题】

（1）触发器当前的输出状态与哪些因素有关？基本 RS 触发器有几种功能？它与门电路按一般逻辑要求组成的逻辑电路有何区别？

（2）同步触发器的 CP 脉冲何时有效？同步 JK 触发器有几种功能？何谓空翻和振荡现象？

（3）边沿触发器中异步端应如何使用？分别用 74LS74 和 CC4027 构成 T 和 T′触发器。

11.2　时序逻辑电路

11.2.1　时序逻辑电路的特点和类型

1. 时序逻辑电路的特点

时序逻辑电路简称时序电路，是数字系统中非常重要的一类逻辑电路。它是由门电路和记忆元件（或反馈支路）共同构成的，一般由组合逻辑电路和触发器构成。在时序逻辑电路中，任一时刻的输出不仅与该时刻输入变量的取值有关，而且与电路的原状态，即与过去的输入情况有关。

与组合逻辑电路相比,时序逻辑电路在结构上有以下两个特点。

(1) 时序逻辑电路包含组合逻辑电路和存储电路两部分,存储电路具有记忆功能,通常由触发器组成,触发器是最简单的时序逻辑电路。

(2) 存储电路的状态反馈到组合逻辑电路的输入端,与外部输入信号共同决定组合逻辑电路的输出。组合逻辑电路的输出除包含外部输出外,还包含连接到存储电路的内部输出,它将控制存储电路状态的转移。

图 11-20 为时序逻辑电路的一般结构框图。时序逻辑电路的状态是靠存储电路记忆和表示的,它可以没有组合电路,但必须要有触发器。在图 11-20 中,$X(x_1 \sim x_n)$ 为外部输入信号;$Q(q_1 \sim q_j)$ 为存储电路的状态输出,也是组合逻辑电路的内部输入;$Z(z_1 \sim z_m)$ 为外部输出信号;$Y(y_1 \sim y_k)$ 为存储电路的激励信号,也是组合逻辑电路的内部输出。在存储电路中,每一位输出 $q_i(i=1 \sim j)$ 称为一个状态变量,j 个状态变量可以组成 2^j 个不同的内部状态。时序逻辑电路对于输入变量历史情况的记忆就是反映在状态变量的不同取值上,即不同的内部状态代表不同的输入变量的历史情况。

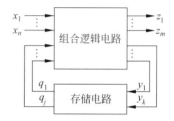

图 11-20 时序逻辑电路的结构框图

2. 时序逻辑电路的逻辑功能描述

时序逻辑电路的逻辑功能有逻辑表达式、状态转换表、卡诺图、状态转换图、时序波形图等多种表示方法。

1) 逻辑方程式

图 11-20 所示的时序逻辑电路可以用式(11-7)~式(11-9)来描述。

$$
\begin{cases}
z_1^n = f_1(x_1^n, x_2^n, \cdots, x_n^n, q_1^n, q_2^n, \cdots, q_j^n) \\
z_2^n = f_2(x_1^n, x_2^n, \cdots, x_n^n, q_1^n, q_2^n, \cdots, q_j^n) \\
\quad \vdots \\
z_m^n = f_m(x_1^n, x_2^n, \cdots, x_n^n, q_1^n, q_2^n, \cdots, q_j^n)
\end{cases}
\tag{11-7}
$$

$$
\begin{cases}
y_1^n = g_1(x_1^n, x_2^n, \cdots, x_n^n, q_1^n, q_2^n, \cdots, q_j^n) \\
y_2^n = g_2(x_1^n, x_2^n, \cdots, x_n^n, q_1^n, q_2^n, \cdots, q_j^n) \\
\quad \vdots \\
y_k^n = g_k(x_1^n, x_2^n, \cdots, x_n^n, q_1^n, q_2^n, \cdots, q_j^n)
\end{cases}
\tag{11-8}
$$

$$
\begin{cases}
q_1^{n+1} = h_1(y_1^n, y_2^n, \cdots, y_n^n, q_1^n, q_2^n, \cdots, q_j^n) \\
q_2^{n+1} = h_2(y_1^n, y_2^n, \cdots, y_k^n, q_1^n, q_2^n, \cdots, q_j^n) \\
\quad \vdots \\
q_j^{n+1} = h_j(y_1^n, y_2^n, \cdots, y_k^n, q_1^n, q_2^n, \cdots, q_j^n)
\end{cases}
\tag{11-9}
$$

$$
\begin{cases}
Z^n = F(X^n, Q^n) \\
Y^n = G(X^n, Q^n) \\
Q^{n+1} = H(Y^n, Q^n)
\end{cases}
\tag{11-10}
$$

其中,式(11-7)称为输出方程,式(11-8)称为驱动方程(或激励方程),式(11-9)称为状态方程。方程中的上标 n 和 $n+1$ 表示相邻的两个离散时间(或称相邻的两个节拍),如 $q_1^n, q_2^n, \cdots, q_j^n$ 表示存储电路中每个触发器的当前状态(也称为现状态或原状态),q_1^{n+1}、q_2^{n+1}、$\cdots$、q_j^{n+1} 表示存储电路中每个触发器的新状态(也称下一状态或次状态)。以上 3 个方程组可简写成如式(11-10)形式,角标 n 可省略不写。

从以上关系式不难看出,时序逻辑电路某时刻的输出 Z^n 决定于该时刻的外部输入 X^n 和内部状态 Q^n;而时序逻辑电路的下一状态 Q^{n+1} 同样决定于 X^n 和 Q^n。时序逻辑电路的工作过程实质上就是在不同的输入条件下,内部状态不断更新的过程。时序电路的功能可以用以上方程来描述,这些方程实质上都是逻辑表达式,这种方法又称为时序机。

2)状态转换表

状态转换表也称为状态迁移表,简称状态表,是用列表的方式来描述时序逻辑电路输出 Z、次态 Q^{n+1} 和外部输入 X、现态 Q 之间的逻辑关系。

3)状态转换图

状态转换图简称状态图,它是反映时序电路状态转换规律及相应输入、输出信号取值情况的几何图形。在状态图中,状态圈起来(圈可省略)用有向线按顺序连接,有向线表示状态的转化方向,同时在有向线旁注明输入和输出,输入和输出分别在斜线上下,若无输入和输出则不注。

4)时序波形图

时序图即时序电路的工作波形图,它以波形的形式描述时序电路内部状态 Q、外部输出 Z 随入信号 X 变化的规律,这些信号在时钟脉冲的作用下,随时间变化,因此称为时序图。

以上几种同步时序逻辑电路功能描述的方法,各有特点,但实质相同,且可以相互转换,它们都是时序逻辑电路分析和设计的主要工具。

3. 时序逻辑电路的分类

时序逻辑电路类型繁多。按触发脉冲输入方式的不同,时序电路可分为同步时序电路和异步时序电路。同步时序电路是指各触发器状态的变化受同一个时钟脉冲控制,而异步时序电路中,各触发器状态的变化不受同一个时钟脉冲控制;按实现功能的不同,时序电路可分为计数器、寄存器、序列信号发生器、555 定时器和脉冲产生整形电路等。计数器、寄存器、序列信号发生器和脉冲产生整形电路属于 MSI 产品。此外,按集成度不同又可分为 SSI、MSI、LSI、VLSI;按使用的开关器件可分为 TTL 和 CMOS 等时序逻辑电路。

*11.2.2 时序逻辑电路的分析

分析时序电路的目的是确定已知电路的逻辑功能和工作特点。具体地说,就是要求找出电路的状态和输出状态在输入变量和时钟信号作用下的变化规律。分析时序电路一般按下面顺序进行。

(1) 根据给定的逻辑电路图写出电路中各个触发器的时钟方程、驱动方程、输出方程。

① 时钟方程:时序电路中各个触发器 CP 脉冲的逻辑表达式。

② 驱动方程:时序电路中各个触发器输入信号的逻辑表达式。

③ 输出方程:时序电路中外部输出信号的逻辑表达式,无输出时可省略此方程。

(2) 求各个触发器的状态方程。将时钟方程和驱动方程代入相应触发器的特征方程式中,即可求出触发器的状态方程。状态方程也就是各个触发器次态输出的逻辑表达式,电路状态由触发器来记忆和表示。

（3）通过计算,列状态转换表,画出状态图和波形图。将电路输入信号和触发器现态的所有取值组合代入相应的状态方程和输出方程,求得相应触发器的次态和输出。整理计算结果可以列出状态转换表,画出状态图和波形图。

计算时,需要注意以下几个问题。

① 代入计算时应注意状态方程的有效时钟条件,时钟条件不满足时,触发器状态应保持不变。

② 电路的现态是指所有触发器的现态组合。

③ 现态初值若给定,从给定初值开始依次进行运算,若未给定自己设定初值并依次进行运算。计算时,不要漏掉任何可能出现的现态和输入值。

画图表时,要注意以下几点。

① 状态转化是现态到次态。

② 输出是现态和输入的函数,不是次态和输入的函数。

③ 时序图中,状态更新时刻只能在 CP 的有效时刻。

（4）判断电路能否自启动。时序电路由多个触发器组成存储电路,n 位触发器有 2^n 个状态组合,正常使用的状态称为有效状态,否则称为无效状态。无效状态不构成循环圈,且能自动返回有效状态称为能自启动,否则称为不能自启动。检查的方法是:不论电路从哪一个状态开始工作,在 CP 脉冲作用下,触发器输出的状态都会进入有效循环圈内,此电路就能够自启动;反之,则此电路不能自启动。

（5）归纳上述分析结果,确定时序电路的功能。

一般情况下,状态转换表和状态图就可以说明电路的工作特性。但是,在实际应用中,各输入、输出信号都有其特定的物理意义,因此,常常结合这些实际物理含义进一步说明电路的具体功能。例如电路名称等,一般用文字说明。

上述分析方法既适合同步电路,也适合异步电路。同步电路在同一时钟作用下,可以不写时钟方程;异步电路必须写时钟方程,其电路状态必须在有效时钟脉冲到达时,才按状态方程规律变化。上面步骤不是固定程序,具体电路可灵活分析。下面举几个例子详细说明时序电路的分析方法。

【例 11-1】 分析如图 11-21 所示时序电路的逻辑功能（J_0、K_0 空悬视为接高电平）。

解:（1）写相关方程式。

时钟方程:$CP_0 = CP_1 = CP\downarrow$

驱动方程:$J_0 = K_0 = 1$、$J_1 = K_1 = Q_0^n$

输出方程:$Z = Q_1^n Q_0^n$

（2）求各个触发器的状态方程。

JK 触发器特性方程为

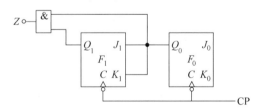

图 11-21　例 11-1 电路

$$Q^{n+1} = J\bar{Q}^n + \bar{K}Q^n (CP\downarrow)$$

将对应驱动方程分别代入特性方程,进行化简变换可得状态方程:

$$Q_0^{n+1} = 1 \cdot \bar{Q}_0^n + \bar{1} \cdot Q_0^n = \bar{Q}_0^n (CP\downarrow)$$

$$Q_1^{n+1} = J_1 \bar{Q}_1^n + \bar{K}_1 Q_1^n = Q_0^n \bar{Q}_1^n + \bar{Q}_0^n Q_1^n (CP\downarrow)$$

（3）计算求出对应状态,列状态表,画状态图和时序图。通过计算可列状态表如表 11-6

所示,根据状态表画状态图如图 11-22(a)所示,设 Q_1Q_0 的初始状态为 00,画时序图如图 11-22(b)所示。

表 11-6　例 11-1 状态表

CP	Q_1^n	Q_0^n	Q_1^{n+1}	Q_0^{n+1}	Z
1	0	0	0	1	0
2	0	1	1	0	0
3	1	0	1	1	1
4	1	1	0	0	0

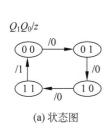

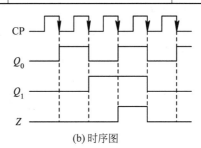

(a) 状态图　　　　　　　　(b) 时序图

图 11-22　例 11-1 时序电路对应图形

(4) 判断电路能否自启动:没有无效状态,该电路能自启动。

(5) 归纳上述分析结果,确定该时序电路的逻辑功能:从时钟方程可知该电路是同步时序电路。从图 11-22(a)所示状态图可知,随着 CP 脉冲的递增,不论从电路输出的哪一个状态开始,触发器输出 Q_1Q_0 的变化都会进入同一个循环过程,而且此循环过程中包括 4 个状态,并且状态之间是递增变化的。

当 $Q_1Q_0=11$ 时,输出 $Z=1$;当 Q_1Q_0 取其他值时,输出 $Z=0$。在 Q_1Q_0 变化一个循环过程中,$Z=1$ 只出现一次,故 Z 为进位输出信号。

综上所述,此电路是带进位输出的同步四进制加法计数器电路,又称为四分频电路,且可以自启动。所谓分频电路,是将输入的高频信号变为低频信号输出的电路,四分频是指输出信号的频率为输入信号频率的 $1/4$,即 $f_z=\dfrac{1}{4}f_{cp}$,所以有时又将计数器称为分频器。

【例 11-2】　异步时序电路如图 11-23 所示,试分析其功能。

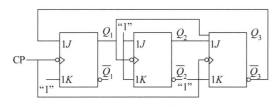

图 11-23　例 11-2 电路

解:由电路可知 $CP_1=CP_3=CP,CP_2=Q_1$,因此该电路为异步时序电路。各触发器的激励方程为

$$J_1=\overline{Q}_3^n \quad K_1=1$$
$$J_2=K_2=1$$
$$J_3=Q_1^n Q_2^n \quad K_3=1$$

代入 JK 触发器特性方程可得以下状态方程

$$Q_1^{n+1} = \bar{Q}_3^n \bar{Q}_1^n \quad \mathrm{CP}_1 = \mathrm{CP}$$

$$Q_2^{n+1} = \bar{Q}_2^n \quad \mathrm{CP}_2 = Q_1$$

$$Q_3^{n+1} = Q_1^n Q_2^n \bar{Q}_3^n \quad \mathrm{CP}_3 = \mathrm{CP}$$

由于各触发器仅在其时钟脉冲的下降沿动作,其余时刻均处于保持状态,故在列电路的状态真值表时必须注意。例如,当现态为 000 时,代入 Q_1 和 Q_3 的次态方程中,可知在 CP 作用下,$Q_3^{n+1}=0$,$Q_1^{n+1}=1$,由于此时 $\mathrm{CP}_2=Q_1$,Q_1 由 0→1 产生一个上升沿,用符号 ↑ 表示,故 Q_2 处于保持状态,即 $Q_2^{n+1}=Q_2^n=0$,其次态为 001;当现态为 001 时,$Q_1^{n+1}=0$、$Q_3^{n+1}=0$,此时 Q_1 由 1→0 产生一个下降沿,用符号 ↓ 表示,且 $Q_2^{n+1}=\bar{Q}_2^n$,故 Q_2 将由 0→1,其次态为 010。以此类推,得其状态真值表如表 11-7 所示。

表 11-7　例 11-2 状态转换真值表

Q_3^n	Q_2^n	Q_1^n	Q_3^{n+1}	Q_2^{n+1}	Q_1^{n+1}	CP_3	CP_2	CP_1
0	0	0	0	0	1	↓	↑	↓
0	0	1	0	1	0	↓	↓	↓
0	1	0	0	1	1	↓	↑	↓
0	1	1	1	0	0	↓	↓	↓
1	0	0	0	0	0	↓	0	↓
1	0	1	0	1	0	↓	↓	↓
1	1	0	0	1	0	↓	0	↓
1	1	1	0	0	0	↓	↓	↓

根据状态真值表可画出状态图如图 11-24 所示,由此可看出该电路是异步五进制递增计数器,该电路有两个无效状态,且自动回到有效状态,因此该电路具有自启动能力。

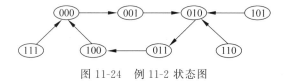

图 11-24　例 11-2 状态图

【思考题】

(1) 时序逻辑电路的特点是什么? 分析时序电路的基本步骤是什么。

(2) 分析同步时序电路和异步时序电路的最大区别是什么。

11.3　集成计数器及其应用

11.3.1　计数器的特点和分类

1. 计数器的特点

计数器是数字系统中应用最广泛的时序逻辑部件之一,是数字设备中不可缺少的组成部分。计数器由若干个触发器和相应的逻辑门组成,其基本功能就是对输入脉冲的个数进行计数,除了计数功能以外,计数器还可以用作定时、分频、信号产生、执行数字运算和自动控制等。例如,计算机中的时序脉冲发生器、分频器、指令计数器等都要使用计数器。

2. 计数器的分类

计数器种类很多,分类方法也不相同,具体可分类如下。

(1) 根据计数脉冲的输入方式不同可把计数器分为同步计数器和异步计数器。计数器的全部触发器共用同一个时钟脉冲(计数输入脉冲)的计数器就是同步计数器,只有部分触发器的时钟脉冲是计数输入脉冲,另一部分触发器的时钟脉冲由其他触发器的输出信号提供的计数器就是异步计数器。

(2) 按照计数的进制不同可把计数器分为二进制计数器($N = 2^n$)、十进制计数器($N = 10 \neq 2^n$)、N 进制计数器。二进制、十进制以外的计数器一般称为 N 进制计数器,其中,N 代表计数器的进制数,又称为计数器的模量或计数长度,n 代表计数器中触发器的个数。

(3) 根据计数过程中计数的增减不同又分为加法计数器、减法计数器和可逆计数器。对输入脉冲进行递增计数的计数器称为加法计数器,进行递减计数的计数器称为减法计数器。如果在控制信号作用下,既可以进行加法计数又可以进行减法计数,则称为可逆计数器。另外,以使用开关器件的不同可分为 TTL 计数器和 CMOS 计数器。目前通用集成计数器一般为中规模产品。

11.3.2　同步计数器的电路结构和工作原理

同步计数器各触发器在同一个 CP 脉冲作用下同时翻转,工作速度较高,但控制电路复杂,并且 CP 作用于计数器的全部触发器,使得 CP 的负载较重。二进制计数器由 n 位触发器和一些附加电路构成,2^n 个状态全部有效,实现 2^n 进制计数;在二进制计数器的基础上加以修改,则可得到十进制计数器。下面以 4 位同步二进制计数器为例说明其电路组成和工作原理。

1. 同步二进制加法计数器

根据二进制加法运算规则可知,多位二进制数加 1 时,若其中第 i 位以下皆为 1 时,则第 i 位应改变状态(0 变成 1 或 1 变成 0),否则不变,而最低位的状态在每次加 1 时都要改变。同步二进制加法计数器一般用 T 触发器构成,只要每次计数脉冲 CP 信号到达时,应该翻转的触发器 $T_i = 1$,不该翻转的触发器 $T_i = 0$ 即可。

由此可见,当二进制加法计数器用 T 触发器构成时,第 i 位触发器输入端的逻辑式应为

$$T_i = Q_0^n Q_1^n \cdots Q_{i-2}^n Q_{i-1}^n \quad (i = 1、2、3 \sim n-1) \tag{11-11}$$

只有最低位例外,按照计数规则,每次输入计数脉冲时它都要翻转,故 $T_0 = 1$。图 11-25 就是由 T 触发器构成的 4 位同步二进制加法计数器。

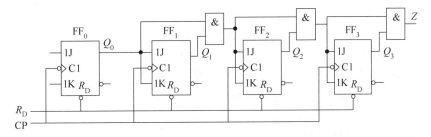

图 11-25　T 触发器构成的 4 位同步二进制加法计数器

对图 11-25 电路分析计算可得如图 11-26 所示的状态转换图,进而可画出如图 11-27 所示的时序图。

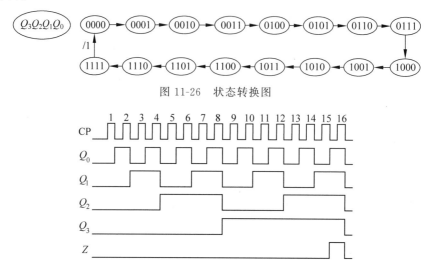

图 11-26　状态转换图

图 11-27　同步二进制加法计数器时序图

由状态转换表和状态转换图可以看出,此计数器累加计数,16 个计数脉冲工作一个循环,并在 Z 输出一个进位输出信号,逢 16 进 1,最大计数为 15,又称十六进制加法计数器。计数器能计到的最大数,称为计数器的容量,n 位二进制计数器的容量等于 2^n-1。

利用第 16 个脉冲到达时 Z 端电位的下降沿可作为向高位计数器的进位输出信号。由时序图可以看出,若计数脉冲的频率为 f_0,则 Q_0、Q_1、Q_2 和 Q_3 的频率分别为 f_0 的 1/2、1/4、1/8 和 1/16。

2. 同步二进制减法计数器

根据二进制减法运算规则可知,多位二进制数减 1 时,若其中第 i 位以下皆为 0 时,则第 i 位应改变状态(0 变成 1 或 1 变成 0),否则不变,而最低位的状态在每次减 1 时都要改变。因此,用 T 触发器构成同步二进制减法计数器时,第 i 位触发器输入端的逻辑式应为 $T_i=\bar{Q}_0^n\bar{Q}_1^n\bar{Q}_2^n\cdots\bar{Q}_{i-2}^n\bar{Q}_{i-1}^n(i=1、3\sim n-1)$,$T_0=1$。为此,只要将图 11-25 T 触发器构成的 4 位二进制加法计数器的输出由 Q 端改为 $\bar{Q}$ 端后,便成为 T 触发器构成的 4 位二进制减法计数器。4 位二进制减法计数器各触发器的驱动方程为

$$J_0=K_0=T_0=1、\quad J_1=K_1=T_1=\bar{Q}_0^n、$$
$$J_2=K_2=T_2=\bar{Q}_0^n\bar{Q}_1^n、\quad J_3=K_3=T_3=\bar{Q}_0^n\bar{Q}_1^n\bar{Q}_2^n$$

电路的输出方程为

$$Z=\bar{Q}_3\bar{Q}_2\bar{Q}_1\bar{Q}_0$$

用同样的方法,可得出状态方程和输出方程,可画出与加法计数器相似的状态转换表、状态转换图和时序图。这里要注意的是,状态转换表和状态转换图的变化方向与加法计数器相反,输出 Z 为借位输出端,状态为 0000 时,$Z=1$,0000 减 1 变成 1111,同时向高位输出借位脉冲。

3. 同步二进制可逆计数器

实际应用中,常常需要计数器既能加法计数又能减法计数,同时兼有加法和减法两种计

数功能的计数器称为可逆计数器(或加减计数器)。

可逆计数器有两种电路结构,一种是设置加减控制信号控制实现加法或减法功能,加法计数和减法计数公用同一个计数脉冲,这种电路结构称为单时钟可逆计数器;另一种电路有两个计数脉冲信号,一个称为加计数脉冲,另一个称为减计数脉冲,给其一个计数脉冲输入端加上脉冲信号,另一端应接无效电平(低或高电平取决于具体电路结构),电路就可以进行加法和减法计数,这种可逆计数器又被称为双时钟输入式可逆计数器。

将同步二进制加法和减法计数器合并在一起,设置加减控制信号或采用加法和减法双计数脉冲则可构成单时钟结构和双时钟结构电路,集成同步二进制可逆计数器多采用单时钟结构。

同步十进制计数器与同步二进制计数器结构相似,一般在二进制计数器电路上进行修改构成。但要注意,十进制计数需要 10 个状态组成循环,由 4 位触发器构成。10 个状态分别代表十进制数的 0、1～9,有多种编码方式,8421 方式计数器最常用。十进制计数器中,共有 16 个状态,选用 10 个状态,剩下的 6 个为无效状态,十进制计数器电路要保证能够自启动。具体电路不再赘述。

11.3.3　异步计数器的电路结构和工作原理

异步计数器主要有二进制计数器和十进制计数器两种电路形式,一般电路结构较同步计数器简单。下面以 4 位异步二进制计数器为例进行介绍。

1. 异步 4 位二进制加法计数器

异步二进制加法计数器中的每一级触发器均用 T' 触发器,其特性方程为 $Q^{n+1}=\bar{Q}^n$,T' 触发器一般由 JK 或 D 触发器组成,JK 触发器 $J=K=1$,D 触发器 $D=\bar{Q}^n$ 即可。根据二进制加法计数规则知道,最低位每来一个时钟脉冲(即计入加 1)便翻转一次,高位只有在相邻低位由 1→0 时才翻转。因此,对下降沿触发的触发器,其高位的 CP 端应与其邻近低位的原码输出 Q 端相连,即 $CP_i=Q_{i-1}$;对上升沿触发的触发器,其高位的 CP 端应与其邻近低位的反码输出 $\bar{Q}$ 端相连,即 $CP_i=\bar{Q}_{i-1}$,两种情况下,最低位触发器的触发脉冲都要接计数脉冲。

图 11-28 是由 JK 触发器组成的 4 位二进制加法计数器。JK 触发器作计数触发器使用时,只要将 J、K 输入端悬空(相当于接高电平)即可。根据 JK 触发器状态表,$J=K=1$ 时,每当时钟脉冲 CP 下降沿到来时,触发器就翻转一次,即由 0 翻转为 1,又从 1 翻转为 0,实现了计数触发。低位触发器翻转两次后就产生一个下降沿的进位脉冲,使高位触发器翻转,所以高位触发器的 CP 端接低位触发器的 Q 端。

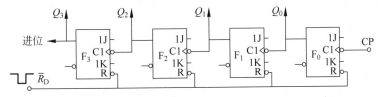

图 11-28　由 JK 触发器组成的 4 位二进制加法计数器

图 11-29 为图 11-28 的时序波形图,这种计数器由于计数脉冲不是同时加到各触发器的 CP 端,而只加到最低位触发器,其他各位触发器则由相邻低位触发器位脉冲来触发,因

此,它们状态的变换有先有后,称"异步"计数,这种计数器速度较慢。

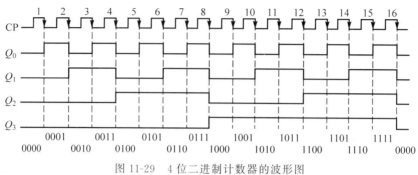

图 11-29　4 位二进制计数器的波形图

2. 异步 4 位二进制减法计数器

图 11-30 是由上升沿触发的 D 触发器构成的异步 4 位二进制减法计数器。其工作原理请自行分析。

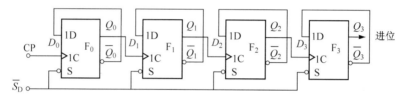

图 11-30　由 D 触发器构成的异步 4 位二进制减法计数器

3. 异步二进制可逆计数器

把二进制异步加法计数器和二进制异步减法计数器合并在一起(增加控制门电路)则可构成异步二进制可逆计数器。

通过分析异步二进制计数器的波形图可知,输出端新状态的建立要比 CP 的上升沿或下降沿滞后一个触发器的传输延迟时间 t_{pd},位数越多滞后时间越长,这是二进制异步计数器工作速度较低的主要原因。例如,在二进制异步加法计数器中,当计数器的状态由 111 变为 000 时,输入脉冲要经过 3 个触发器的传输延迟时间 t_{pd} 才能到达新的稳定状态。若 $t_{pd}=50\text{ns}$,则完成状态转换所需要的时间为 $50\times3=150\text{ns}$。若两个输入脉冲之间的时间间隔小于 150ns,那么在最后一个触发器变为零态之前,第一个又已由 0 变为 1 态,这就无法分辨计数器中所累计的数,造成计数错误。

异步二进制计数器的电路简单,对计数脉冲 CP 的负载能力要求低,但因逐级延时,工作速度较低,并且反馈和译码较为困难,一般用在速度要求不高的场合。在 4 位异步二进制计数器的基础上加以修改则可得到异步十进制计数器。

11.3.4　集成计数器

在基本计数器的基础上,增加一些附加电路则可构成集成计数器。同基本计数器一样,集成计数器也可分为同步计数器和异步计数器,二进制计数器和非二进制计数器。集成计数器具有功能完善、通用性强、功耗低、工作速率高且可以自扩展等许多优点,因而得到广泛应用。目前由 TTL 和 CMOS 电路构成的 MSI 计数器都有许多品种,下面介绍几种常用计数器的型号及工作特点。

1. 集成 4 位同步二进制计数器 74LS161 和 74LS163

集成 4 位同步二进制加法计数器 74LS161 是一个中规模集成电路,它由 4 个 JK 触发器和一些控制门组成,加入的多个控制端可以实现任何起始状态下全清零,也可在任何起始状态下实现二进制加法,还可以实现预置入某个数、保持某组数等多种功能,通常称其为可编程同步二进制计数器。其引脚如图 11-31 所示,逻辑功能如表 11-8 所示。

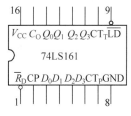

图 11-31 74LS161 外部引脚

表 11-8 74LS161 功能表

输 入					输 出
清零 $\overline{R}_D$	使能 CT_P CT_T	置数 $\overline{LD}$	时钟 CP	并行置数 D_0 D_1 D_2 D_3	$Q_0 Q_1 Q_2 Q_3$
0	$\times$ $\times$	$\times$	$\times$	$\times$ $\times$ $\times$ $\times$	0 0 0 0
1	$\times$ $\times$	0	↑	d_0 d_1 d_2 d_3	d_0 d_1 d_2 d_3
1	1 1	1	↑	$\times$ $\times$ $\times$ $\times$	计数
1	0 $\times$	1	$\times$	$\times$ $\times$ $\times$ $\times$	保持
1	$\times$ 0	1	$\times$	$\times$ $\times$ $\times$ $\times$	保持

现将各控制端的作用简述如下。

(1) 异步清零:$\overline{R}_D$ 是具有最高优先级别的异步清零端。当 $\overline{R}_D = 0$ 时,不管其他控制信号如何,计数器清零。

(2) 同步置数:$\overline{LD}$ 具有次优先权。当 $\overline{R}_D = 1$,当 $\overline{LD} = 0$ 时,输入一个 CP 上升沿,则不管其他控制端如何,计数器置数,即为 $D_0 D_1 D_2 D_3$。

(3) 计数:当 $\overline{R}_D = \overline{LD} = 1$,且优先级别最低的使能端 $CT_P = CT_T = 1$ 时,在 CP 上升沿触发,计数器进行计数。

(4) 保持:当 $\overline{R}_D = \overline{LD} = 1$,且 CT_P 和 CT_T 中至少有一个为 0 时,CP 将不作用(CP = $\times$),计数器保持原状态不变。CT_P 和 CT_T 的区别是 CT_T 影响进位输出 C_O,而 CT_P 则不影响 C'_O。$CT_P = 0$、$CT_T = 1$,保持状态和进位,$CT_P = \times$、$CT_T = 0$,状态保持,但进位为 0。

(5) 进位输出:进位输出 $C_O = Q_3 Q_2 Q_1 Q_0 \cdot CT_T$,即当计数到 $Q_3 Q_2 Q_1 Q_0 = 1111$,且使能信号 $CT_T = 1$ 时,产生一个高电平,作为向高 4 位级联的进位信号,以构成 8 位以上二进制的计数器。

74LS163 与 74LS161 引脚和功能基本相同,唯一区别是 74LS163 为同步清零。应注意同步清零与异步清零方式的区别。在异步清零的计数电路中,清零信号出现有效电平,触发器立即被清零,不受 CP 的控制;而在同步清零的计数电路中,清零信号出现有效电平后,还要等到 CP 信号到达时,才能将触发器清零。

2. 集成同步十进制加法计数器 74LS160

74LS160 是一个中规模集成电路,其逻辑图如图 11-32 所示,它的主体是同步十进制计数器,加入了多个控制端可以实现任何起始状态下全清零,也可在任何起始状态下实现十进制加法,还可以实现预置入某个数、保持某组数等多种功能,逻辑功能如表 11-9 所示。

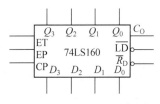

图 11-32 74LS160 逻辑图

表 11-9　74LS160 功能表

输　入						输　出
清零	使能		置数	时钟	并行置数	$Q_0 Q_1 Q_2 Q_3$
$\overline{R}_D$	ET	EP	$\overline{LD}$	CP	$D_0 D_1 D_2 D_3$	
0	×	×	×	×	××××	0 0 0 0
1	×	×	0	↑	$d_0 d_1 d_2 d_3$	$d_0 d_1 d_2 d_3$
1	1	1	1	↑	××××	计数
1	0	×	1	×	××××	保持
1	×	0	1	×	××××	保持

由此可与 74LS161 相比,不同之处仅在 74LS160 为十进制而 74LS161 为十六进制。

3. 双时钟十进制可逆集成计数器 74LS192

双时钟十进制可逆集成计数器 74LS192 的逻辑功能示意图如图 11-33 所示,其中,$\overline{LD}$ 为异步置数控制端,低电平有效,C_r 为异步清零控制端,高电平有效,D、C、B、A 为并行数据输入端,Q_D、Q_C、Q_B、Q_A 是计数输出,Q_D 为最高位。O_C 和 O_B 为进位/借位输出端,产生进位借位输出信号。CP_+、CP_- 为加减计数脉冲输入端,上升沿有效。74LS160 有如下逻辑功能。

(1) 该器件为双时钟工作方式,CP_+ 是加计数时钟输入,CP_- 是减计数时钟输入,上升沿触发。

(2) C_r 为异步清零端,高电平有效。$C_r=1$ 时,时钟输入和其他值任意,$Q_D Q_C Q_B Q_A = 0$。

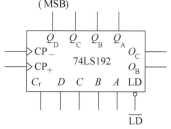

图 11-33　74LS192 逻辑功能
示意图

(3) $\overline{LD}$ 为异步预置控制端,低电平有效,当 $C_r=0$、$\overline{LD}=0$ 时,预置输入端 D、C、B、A 的数据送至输出端,即 $Q_D Q_C Q_B Q_A = DCBA$。

(4) 当 $C_r=0$、$\overline{LD}=1$ 时,采用 8421BCD 码计数。进位输出和借位输出是分开的,O_C 为进位输出,O_B 为借位输出。CP_+ 输入记数脉冲,$CP_-=1$,实现加法计数,到达 1001 状态后,输出一个与 CP_+ 同相的负脉冲,宽为一个时钟周期,此时 $O_B=1$ 无效;CP_- 输入计数脉冲,$CP_+=1$,实现减法计数,到达 0000 状态后,输出一个与 CP_- 同相的负脉冲,脉宽为一个时钟周期,此时 $O_C=1$ 无效。

(5) $CP_+=CP_-=1$,且 $C_r=0$、$\overline{LD}=1$ 时,计数器状态保持不变。

双时钟类型的十进制可逆集成计数器还有 CC40192 等,CC40192 属于 CMOS 结构,但功能和引脚排列和 74LS192 完全一样。除上面讲述的集成块以外,还有很多有关计数器的集成电路,读者可查阅相关资料,这里不一一列举。

11.3.5　集成计数器的应用

1. 构成任意进制计数器

集成计数器产品类型有限,目前常见的计数器芯片在计数进制上只做成应用较广的几种类型,如七进制、十进制、十六进制、十二进制、十四进制等。实际应用中,需要各种各样不同进制的计数器,这时,只能用已有的计数器产品经过外电路的不同连接得到。

假定已有的是 N 进制计数器,而需要得到的是 M 进制的计数器。这时有 $M < N$ 和

$M>N$ 两种可能的情况。下面分别讨论两种情况下构成任意一种进制计数器的方法。

1) $M<N$ 的情况

在 N 进制计数器的顺序计数过程中,若设法使之跳越 $N-M$ 个状态,就可以得到 M 进制计数器了。实现跳跃的方法有反馈清零法(或称复位法)和反馈置数法(或称置位法)两种。

(1)清零法。清零法适用于有同步、异步清零输入端的计数器,要严格区别同步、异步清零。它的工作原理是这样的:对于异步清零,设原有的计数器为 N 进制,当它从全 0 状态 S_0 开始计数并接收了 M 个计数脉冲以后,电路进入 S_M 状态。如果将 S_M 状态译码产生一个清零信号加到计数器的异步清零输入端,则计数器将立刻返回 S_0 状态,这样就可以跳过 $N-M$ 个状态而得到 M 进制计数器(或称为 M 分频器)。由于电路一进入 S_M 状态立即又被置成 S_0 状态,因此 S_M 状态仅在极短的瞬间出现,在稳定的状态循环中不包括 S_M 状态。

而对于同步清零,只需将 S_{M-1} 状态译码产生一个清零信号即可,同步清零,不存在暂态,可靠性高。

(2)置数法。置数法与清零法不同,它是通过给计数器重复置入某个数值的方法跳跃 $N-M$ 个状态,从而获得 M 进制计数器的。置数操作可以在电路的任何一个状态下进行。这种方法适用于有预置数功能的计数器电路,同样要严格区别同步、异步置数。

【例 11-3】 试利用 4 位同步二进制计数器 74LS161 接成同步六进制计数器。

解:因为 74LS161 兼具有异步清零和同步预置数功能,所以清零法和置数法均可采用。

图 11-34(a)所示电路是采用异步清零法接成的六进制计数器。当计数器计成 $Q_3Q_2Q_1Q_0=0110$(即 S_M)状态时,担任译码器的与非门输出低电平信号给 $\overline{R}_D$ 端,将计数器清零,回到 0000 状态。电路的状态转换图如图 11-34(c)所示,其中 0110 为过渡状态,存在时间很短,不算有效状态。

图 11-34(b)所示电路是采用同步置数法接成的六进制计数器。此方法不存在过渡态。状态转换图如图 11-34(c)所示。

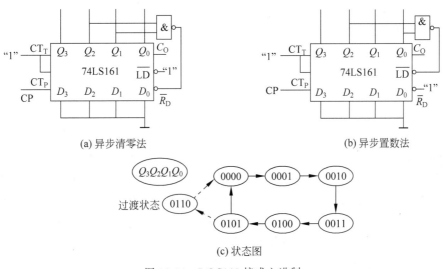

(a)异步清零法　　　　　　　　　　(b)异步置数法

(c)状态图

图 11-34　74LS161 接成六进制

2）$M > N$ 的情况

这时必须用多片 N 进制计数器级联组合起来，才能构成 M 进制计数器。各片之间（或称为各级之间）的连接方式可分为串行进位方式、并行进位方式、整体清零和整体置数方式几种。下面仅以两级之间的连接为例说明这几种连接方式的原理。

（1）若 M 可以分解为两个小于 N 的因数相乘，即 $M = N_1 \times N_2$，则可采用串行进位方式和并行进位方式将一个 N_1 进制计数器和一个 N_2 进制计数器连接起来构成 M 进制计数器。

在串行进位方式中，以低位片的进位输出信号为高位片的时钟输入信号；在并行进位方式中，以低位片的进位输出信号为高位片的工作状态控制信号（计数的使能信号），两片的 CP 输入端同时接计数输入信号。

【例 11-4】 试用两片同步十进制计数器 74LS160 接成百进制计数器。

解： 本例中 $M = 100$，$N_1 = N_2 = 10$，将两片 74LS160 直接按并行进位方式或串行进位方式连接即得百进制计数器。

图 11-35 所示电路是并行进位方式的接法。以第一片的进位输出 C_O 作为第二片的 EP 和 ET 输入，每当第一片计成 9(1001) 时 C_O 变为 1，下一个 CP 信号到达时，第二片为计数工作状态，计入 1，而第一片计成 0(0000)，它的 C_O 端回到低电平。第一片的 EP 和 ET 恒为 1，始终处于计数工作状态。

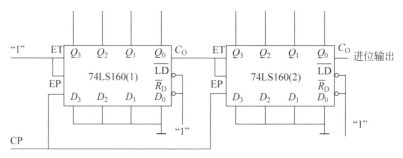

图 11-35　并行进位方式接成的百进制计数器

注意： 若 N_1、N_2 不等于 N 时，可以先将两个 N 进制计数器分别接成 N_1 进制计数器和 N_2 进制计数器，然后再以并行进位方式或串行进位方式将它们连接起来。例如，要用 74LS160 接成六十进制计数器时，就可以将其中一个 74LS160 接成六进制计数器，然后再与 74LS160 进行连接。

（2）当 M 为大于 N 的素数时，不能分解成 N_1 和 N_2，上面讲的并行进位方式和串行进位方式就行不通了。这时就必须采取整体清零方式或整体置数方式构成 M 进制计数器。

所谓整体清零方式，是首先将两片 N 进制计数器按最简单的方式接成一个大于 M 进制的计数器（例如 $N \cdot N$ 进制），然后在计数器计为 M 状态时译出异步或同步清零信号 $\overline{R}_D = 0$，将两片 N 进制计数器同时清零。这种方式的基本原理和 $M < N$ 时的清零法是一样的。

而整体置数方式的原理与 $M < N$ 时的置数法类似。首先需将两片 N 进制计数器用最简单的连接方式接成一个大于 M 进制的计数器（如 $N \cdot N$ 进制），然后在选定的某一状态下译出 $\overline{LD} = 0$ 信号，将两个 N 进制计数器同时置入适当的数据，跳过多余的状态，获得 M 进制计数器。采用这种接法要求已有的 N 进制计数器本身必须具有预置数功能。

当然，当 M 不是素数时整体清零法和整体置数法也可以使用。

*【例 11-5】 试用两片同步十进制计数器 74LS160 接成二十九进制计数器。

解：因为 $M=29$ 是一个素数，所以必须使用整体清零法或整体置数法接成二十九进制计数器。

图 11-36 是整体异步清零方式的接法。首先将两片 74LS160 以并行进位方式连成百进制计数器。当计数器从全 0 状态开始计数，计入 29 个脉冲时，经门 G_1 产生低电平信号立刻将两片 74LS160 同时清零，于是便得到了二十九进制计数器。需要注意的是计数过程中第二片 74LS160 不出现 1001 状态，因而它的 C_0 端不能给出进位信号。而且，门 G_1 输出的脉冲持续时间极短，也不宜作进位信号。如果要求输出进位信号持续时间为一个时钟信号周期，则应从第 28 个状态译出。当电路计入第 28 个状态后门 G_2 输出变为低电平，第 29 个计数脉冲到达后门 G_2 的输出跳变为高电平。

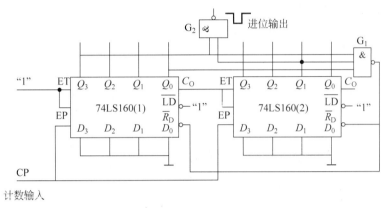

图 11-36 整体清零方式接成的二十九进制计数器

通过这个例子可以看到，整体异步清零法不仅可靠性差，而且往往还要另加译码电路才能得到需要的进位输出信号。用整体同步置数方式可以避免异步清零法的缺点。图 11-37 是采用整体同步置数法接成的二十九进制计数器。首先仍需将两片 74LS160 接成百进制计数器。然后将电路的第 28 个状态译码产生 $\overline{LD}=0$ 信号，同时加到两片 74LS160 上，在下一个计数脉冲到达时，将 0000 同时送到两片 74LS160 中，从而得到二十九进制计数器。进位信号可以直接由门 G_1 输出端引出。

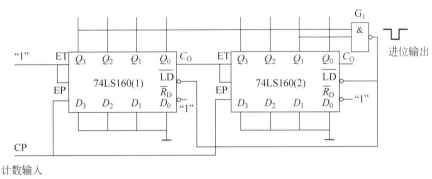

图 11-37 整体置数法接成的二十九进制计数器

2. 集成计数器的其他应用

计数器的应用极为广泛，常用于可编程分频器、顺序脉冲和序列信号的产生。所谓可编程分频器,是指分频器的分频比可以受程序控制。利用同步预置法实现任意 M 进制计数器十分方便,而 M 进制计数器的进位或借位输出信号频率是计数信号频率的 $1/M$,也就是说任意 M 进制计数器可以得到任意分频器。用同步预置法设计可编程分频器是很简便的,只要用程序控制预置数就行,并且可靠。在现代通信系统与控制系统中,可编程分频器得到广泛的应用。

在数字系统中,有时需要一些特殊的串行周期信号,在循环周期内,信号 1 和 0 按一定的顺序排列。通常把这种串行周期信号称为序列信号。产生序列信号的电路称为序列信号发生器。顺序脉冲就是序列信号的一种特例,顺序脉冲每个周期序列中,只有一个 1 或者一个 0,并且在时间上按一定顺序排列。产生顺序脉冲信号的电路称为顺序脉冲发生器。在数字系统中,常用顺序脉冲控制设备按事先规定的顺序进行运算和操作。

利用集成同步计数器和二进制译码器可以构成顺序脉冲发生器,利用计数器和数据选择器可以方便地构成序列信号发生器。

【思考题】

(1) 什么是计数? 什么是分频? 同步计数器和异步计数器各有什么特点?

(2) 什么是加法计数器? 什么是减法计数器? 两者间有什么不同?

(3) 构成任意进制计数器时,异步法和同步法有什么异同之处?

11.4 集成寄存器及其应用

11.4.1 寄存器的特点和分类

1. 寄存器的特点

能够存储数码或二进制逻辑信号的电路,称为寄存器。寄存器电路由具有存储功能的触发器构成,显然,用 n 个触发器组成的寄存器能存放一个 n 位的二值代码。寄存器常用于接收、传递数码和指令等信息,暂时存放参与运算的数据和结果。

2. 寄存器的分类

寄存器种类很多,分类方法也不相同,具体可分类如下。

(1) 串行和并行寄存器。把数据存放在寄存器中的方式有串行和并行两种,串行就是数码从输入端逐位输入到寄存器中;并行就是各位数码分别从对应位的输入端同时输入到寄存器中。把数码从寄存器中取出方式也有串行和并行两种,串行就是被取出数码从一个输出端逐位取出;并行就是被取出数码从对应位同时输出。

(2) 基本寄存器和移位寄存器。寄存器按功能可分为基本寄存器和移位寄存器。

① 基本寄存器又称为数据寄存器或状态寄存器,是最简单的寄存器,只具备接收、暂存数码和清除原有数据的功能,它在控制脉冲的作用下,接收、存储和输出一组二进制代码,只能并行送入或取出数码。基本、同步、主从、边沿触发器都能组成状态寄存器,结构比较简单。

② 具有移位功能的寄存器称为移位寄存器,移位寄存器中的各位数据可以在移位脉冲的控制下依次(低位向高位或高位向低位)移位。移位寄存器除了具备数码寄存器的功能外,还有数码移位的功能。移位寄存器根据它的逻辑功能分为单向(左移或右移)移位寄存器和双向移位寄存器两大类。

移位寄存器中的数据和代码的输入输出方式灵活,既可以串行输入和输出,也可以并行输入和输出。移位寄存器的存储单元只能是主从触发器和边沿触发器。

③ 以使用开关器件的不同可分为 TTL 寄存器和 CMOS 寄存器。目前通用集成寄存器一般为中规模产品。

11.4.2 数据寄存器的电路结构和工作原理

状态寄存器由触发器和控制门组成,因为一个触发器能存储一位二进制代码,所以用 n 个触发器组成的寄存器能存储一组 n 位二进制代码。对状态寄存器中使用的触发器只要求具有置1、清零的功能即可,因而无论是用基本 RS 结构的触发器,还是用数据锁存器、主从结构或边沿触发结构的触发器,都能组成状态寄存器。

1. 电路组成

图 11-38 所示为用 D 触发器构成的 4 位数码寄存器。4 个 D 触发器的时钟脉冲输入端接在一起,CP 为接收数码控制端,$D_0 \sim D_3$ 为数码输入端,$Q_0 \sim Q_3$ 为数据输出端。各触发器的复位端也连接在一起,$\bar{R}_D$ 为寄存器的清零端,且为低电平有效。

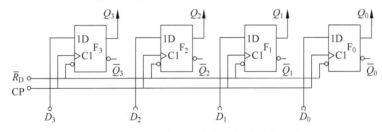

图 11-38 D 触发器构成的 4 位数码寄存器

2. 工作原理

(1) 寄存数码前,令清零端等于 0,则数码寄存器清零,它的状态 $Q_3 Q_2 Q_1 Q_0 = 0000$。

(2) 寄存数码时,令清零端等于 1,若存入数码为 0011,令寄存器的输入 $D_3 D_2 D_1 D_0 = 0011$。因为 D 触发器的功能是 $Q^{n+1} = D$,所以在接收指令脉冲 CP 的上升沿一到,它的状态 $Q_3 Q_2 Q_1 Q_0 = 0011$。

(3) 只要使清零端等于 1,CP=0 不变,寄存器就一直处于保持状态。完成了接收暂存数码的功能。

从上面的分析可知,此数码寄存器接收数码时,各位数码是同时输入的;输出数码也是同时输出,把这种数码寄存器称为并行输入、并行输出数码寄存器。

11.4.3 移位寄存器的电路结构和工作原理

为了处理数据的需要,在数码寄存器的基础上形成了移位寄存器,它除了具备数码寄存器的功能外,还有数码移位的功能。移位寄存器的存储单元只能是主从触发器和边沿触发器。

1. 右移移位寄存器

图 11-39 所示电路是由维持阻塞 D 触发器组成的 4 位单向移位(右移)寄存器。在该电路中,R_i 为外部串行数据输入(或称右移输入),R_o 为外部输出(或称移位输出),输出端 $Q_3 Q_2 Q_1 Q_0$ 为外部并行输出,CP 为同步时钟脉冲输入端(或称移位脉冲输入端),清零端信

号将使寄存器清零($Q_3Q_2Q_1Q_0=0000$)。

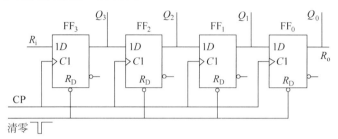

图 11-39 4 位单向移位(右移)寄存器

在该电路中,各触发器的激励方程为

$$D_3=R_i, \quad D_2=Q_3, \quad D_1=Q_2, \quad D_0=Q_1$$

将激励方程代入特性方程可得状态方程为

$$Q_3^{n+1}=R_i, \quad Q_2^{n+1}=Q_3^n, \quad Q_1^{n+1}=Q_2^n, \quad Q_0^{n+1}=Q_1^n$$

通过状态方程可以看出,在 CP 脉冲的作用下,外部串行数据输入 R_i 移入 Q_3,Q_3 移入 Q_2,Q_2 移入 Q_1,Q_1 移入 Q_0。总的效果相当于移位寄存器原有的代码依次右移了一位。例如,利用清零使电路初态为 0,在第 1、2、3、4 个 CP 脉冲的作用下,R_i 端依次输入数据为 1、0、1、1,根据电路状态方程可得到移位寄存器中数码移动的情况如表 11-10 所示,各触发器输出端 $Q_3Q_2Q_1Q_0$ 的波形图如图 11-40 所示。

表 11-10 移存器数码移动的情况

CP	输入数据 R_i	右移移位寄存器输出			
		Q_3	Q_2	Q_1	Q_0
0	0	0	0	0	0
1	1	1	0	0	0
2	0	0	1	0	0
3	1	1	0	1	0
4	1	1	1	0	1

从表 11-10 和图 11-40 可知,在图 11-39 所示右移移位寄存器电路中,经过 4 个 CP 脉冲后,依次输入的 4 位代码全部移入了移位寄存器中,这种依次输入数据的方式,称为串行输入,每输入一个 CP 脉冲,数据向右移动一位。输出有两种方式,数据从最右端 Q_0 依次输出,称为串行输出;由 $Q_3Q_2Q_1Q_0$ 端同时输出,称为并行输出。由于依次输入的 4 位代码,在触发器的输出端并行输出,因而,利用移位寄存器可以实现代码的串行-并行转换,并行输出只需 4 个 CP 脉冲就可完成转换。

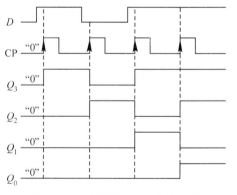

图 11-40 移位寄存器工作波形图

如果首先将 4 位数据并行的置入移位寄存器的 4 个触发器中,然后连续加入 4 个移位脉冲,则移位寄存器里的 4 位代码将从串行输出端依次送出,从而可以实现代码的并行-串行转换。可见,从串行输入到串行输出需要经过 8 个 CP 脉冲才能将输入的 4 个数据全部输出。

应当注意每次数码的输入必须在触发沿之前到达,保证信号的建立时间 t_{set},同时在触发沿后应满足持续保持时间 t_h 的稳定输入,以便于输出信号的稳定。

2. 左移移位寄存器

同理,将右侧触发器的输出作为左侧触发器的输入,则可构成左移移位寄存器,电路如图 11-41 所示(图中未画异步清零端),当依次输入 1001 时,其功能如表 11-11 所示,请读者自行分析。

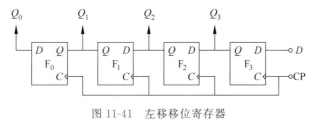

图 11-41 左移移位寄存器

表 11-11 左移寄存器的状态转换表

移位脉冲数	寄存器的状态				移位过程
	Q_0	Q_1	Q_2	Q_3	
0	0	0	0	0	清零
1	0	0	0	1	左移一位
2	0	0	1	0	左移二位
3	0	1	0	0	左移三位
4	1	0	0	1	左移四位

通过分析图 11-39 和图 11-41 所示电路可知:数据串行输入端在电路最左侧为右移,反之为左移,两种电路在实质上是相同的。无论左移、右移,离输入端最远的触发器要存放的数据必须首先串行输入,否则会出现数据存放错误。列状态表要按照电路结构图中从左到右各变量的实际顺序来排列,画时序图时,要结合状态表先画离数据输入端最近的触发器的输出。

用 JK 触发器同样可以组成移位寄存器,只需把 JK 触发器转化为 D 触发器即可,它和 D 触发器移位寄存器具有同样的功能。

3. 双向移位寄存器

若寄存器按不同的控制信号,既能实现右移功能,又能实现左移功能,这种寄存器称为双向移位寄存器。综合左移和右移寄存器电路,增加控制信号和部分门电路,则可构成双向移位寄存器。集成移位寄存器就是这样设计制作的。

11.4.4 集成寄存器

1. 集成状态寄存器

集成状态寄存器型号较多,参数各异,功能相似。集成产品主要有两大类,一类是由多个(边沿触发)D 触发器组成的触发型集成寄存器,如 74LS171(4D)、74LS173(4D)、

74LS175(4D)、CC4076(4D)、74LS174(6D)、74LS273(8D)等；另一类是由带使能端(电位控制式)D 触发器构成的锁存型集成寄存器,如 74LS375(4D)、74LS363(8D)、74LS373(8D)等。为了增加使用的灵活性,有些集成寄存器还附加了异步清零、保持和三态控制等功能,例如 74LS173(4D)和 CC4076(4D)就属于这样一种寄存器。若要扩大寄存器位数,可将多片器件进行并联,采用同一个 CP 和共同的控制信号即可。

2. 集成移位寄存器

集成移位寄存器产品较多,有 4 位、8 位、16 位等,4 位双向移位寄存器 74LS194 以及 8 位双向移位寄存器 74LS164、74LS165 较常用,下面以集成 4 位双向移位寄存器 74LS194 为例介绍。

74LS194 是四位通用移存器,具有左移、右移、并行置数、保持、清除等多种功能,其内部电路结构请参阅有关资料,其逻辑功能示意如图 11-42 所示,相应的功能如表 11-12 所示。图中 $\overline{C}_r$ 为异步清零端,低电平有效,优先级别最高;$D_0 \sim D_3$ 为并行数码输入端,S_R、S_L 为右移、左移串行数码输入端,S_1、S_0 为工作方式控制端,$Q_0 Q_1 Q_2 Q_3$ 为并行数码输出端,CP 为移位脉冲输入端。74LS194 逻辑功能具体如下。

(1) 清零功能。$\overline{C}_r = 0$,移存器无条件异步清零。

(2) 保持功能。$\overline{C}_r = 1$,CP = 0,或者 $\overline{C}_r = 1$,$S_1 S_0 = 00$,两种情况电路均保持原态。

(3) 并行置数功能。当 $\overline{C}_r = 1$,$S_1 S_0 = 11$ 时,在 CP 上升沿的作用下,$D_0 \sim D_3$ 端的数码并行送入寄存器,显然是同步预置。

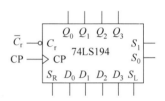

图 11-42　74LS194 的逻辑图

(4) 右移串行送数功能。当 $\overline{C}_r = 1$,$S_1 S_0 = 01$ 时,在 CP 上升沿的作用下,执行右移功能,S_R 端输入的数码依次送入寄存器。

(5) 左移串行送数功能。当 $\overline{C}_r = 1$,$S_1 S_0 = 10$ 时,在 CP 上升沿的作用下,执行左移功能,S_L 端输入的数码依次送入寄存器。

表 11-12　双向移位寄存器 74LS194 的功能表

$\overline{C}_r$	CP	S_1	S_0	工 作 状 态
0	×	×	×	清零
1	0	×	×	保持
1	×	0	0	保持
1	上沿	0	1	右移
1	上沿	1	0	左移
1	上沿	1	1	并行置数

将两片 74LS194 进行级联,则扩展为 8 位双向移位寄存器,如图 11-43 所示。其中,第(Ⅰ)片的 S_R 端是 8 位双向移位寄存器的右移串行输入端,第(Ⅱ)片的 S_L 端是 8 位双向移位寄存器的左移串行输入端,$D_0 \sim D_7$ 为并行输入端,$Q_0 \sim Q_7$ 为并行输出端。第(Ⅰ)片的 Q_3 与第(Ⅱ)片的 S_R 相连,第(Ⅱ)片的 Q_0 与第(Ⅰ)片的 S_L 相连。清零端、工作方式端以及 CP 端公用即可。

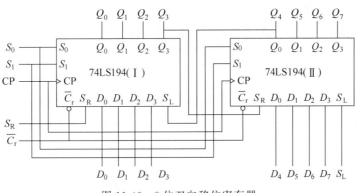

图 11-43 8 位双向移位寄存器

*11.4.5 集成寄存器的应用

集成寄存器应用极为广泛,下面简单介绍移位寄存器的两种典型应用。

1. 移位寄存器在数据传送系统中实现串、并行转换

数据传送系统分为串行数据传送和并行数据传送两种。串行传送数据是每一时间节拍(一般是每个 CP 脉冲)只传送一位数据,n 位数据需要 n 个时间节拍才能完成传送任务;并行传送数据一个时间节拍同时传送 n 位数据。

在数字系统中,信息的传播通常是串行的,而处理和加工往往是并行的,因此经常要进行输入、输出的串、并转换,利用移位寄存器可以实现数据传输方式的转换。下面以 4 位数据移位寄存器 74LS194 转换为例进行简单介绍。

(1) 并行数据输入转换为串行数据输出。将 4 位数据送到 74LS194 的并行输入端,工作方式选择端置为 $S_0 S_1 = 11$,这时,在第 1 个 CP 脉冲作用下,将并行输入端的数据同时存入 74LS194 中,同时 Q_3 端输出最高位数据;然后将工作方式选择端置为 $S_1 S_0 = 01$(右移),在第 2 个 CP 脉冲作用下,数据右移一位,Q_3 端输出次高位数据;在第 3 个 CP 脉冲作用下,数据又右移一位,Q_3 端输出次低位数据;在第 4 个 CP 脉冲作用下,数据再右移一位,Q_3 端输出最低位数据。经过 4 个 CP 脉冲,完成了 4 位数据由并入到串出的转换。

(2) 串行输入数据转换为并行输出数据。将工作方式选择端置为 $S_1 S_0 = 01$,串行数据加到 S_R 端,在 4 个 CP 脉冲配合下,依次将 4 位串行数据存入 74LS194 中,4 位数据则可并行输出。

2. 构成移存型计数器

如果把 n 位移位寄存器的 n 位输出 $Q_0 Q_1 Q_2 Q_3 \sim Q_{n-1}$ 以一定的方式反馈送到串行输入端,则构成了闭环电路,移位寄存器的状态将形成循环,显然可构成计数器。利用不同形式的反馈逻辑电路,可以得到不同形式的计数器,这种计数器称为移位寄存器型计数器,简称移存型计数器。移存型计数器电路连接简单,编码方便,用途较为广泛。移位寄存器应用方面的详细内容可参考本教材电子资源。

【思考题】

(1) 什么是寄存器?它可以分为哪几类?它们有哪些异同点?

(2) 什么是并行输入、串行输入、并行输出、串行输出?

(3) 如何利用 JK 触发器构成单向移位寄存器?移位寄存器能否分频?

11.5　集成 555 定时器及其应用

11.5.1　555 定时器概述

1. 555 定时器的特点和分类

时钟信号是数字电路的基本工作信号,如何得到频率和幅度等指标均符合要求的矩形脉冲是数字系统设计的一个重要任务。矩形时钟信号可以通过施密特触发器、单稳态触发器以及多谐振荡器等单元电路获得。

555 定时器是一种数字和模拟相结合的中规模集成电路,利用 555 定时器可以很方便地构成以上 3 时钟信号电路(通常只需外接几个阻容元件),由于使用灵活方便,因而在信号的产生与变换、检测与控制等许多领域中得到了极为广泛的应用。

555 定时电路按内部组成元器件可分为 TTL 型 555 和 CMOS 555 型两大类,逻辑功能相同的两类产品封装与外引线排列都完全相同。按芯片内包含的定时器的个数可分为单时基定时器和双时基定时器两大类。按封装分类又可分为圆壳式和双列直插式,单时基定时器有 8 引脚圆壳式和双列直插式两种,双时基定时器是 14 引脚的双列直插式。

TTL 单时基定时器型号的最后 3 位数码都是 555,TTL 双时基定时器产品型号的最后 3 位数码都是 556;CMOS 单时基定时器产品型号的最后 4 位数码都是 7555,CMOS 双定时器产品型号的最后 4 位数码都是 7556。555 定时器工作电源电压范围宽,对于 TTL 集成定时器为 5～16V,对于 CMOS 集成定时器为 2～18V。

2. 555 定时器的主要参数

CMOS 型与 LSTTL 型 555 集成定时器外部引脚和外部功能完全相同,可以互相交换使用,但要注意具体电路结构及技术参数的差异。555 集成定时器的技术参数主要有电源电压、静态电源电流、定时精度、高电平触发端电压和电流、低电平触发端电压和电流、复位端复位电流、输出端驱动电流、放电端放电电流以及最高工作频率等。CMOS 型、LSTTL 型 555 集成定时器的主要参数,请参阅有关技术手册。

比较 CMOS 型和 LSTTL 型 555 集成定时器,可以得出两者的差异如下。

(1) CMOS 型 555 的静态电流只有 $100\mu A$ 左右,其功耗远低于 LSTTL 型 555,一般只有 LSTTL 型 555 的几十分之一,是一种微功耗器件。

(2) CMOS 型 555 的电源范围大于 LSTTL 型 555,其电源电压可低到 2V,高到 18V,甚至 20V,并且各输入端电流都很小,只有 10mA 左右。

(3) CMOS 型 555 的输入阻抗远高于 LSTTL 型 555,高达 $10^{10}\ \Omega$,RC 时间常数一般很大,非常适合作长时间的延时电路。

(4) CMOS 型 555 的输出脉冲的上升沿和下降沿比 LSTTL 型 555 要陡,转换时间要短。

(5) CMOS 型 555 驱动能力比 LSTTL 型 555 要差,其最大输出电流一般在 20mA 以下,而 LSTTL 型 555 的最大输出电流可达 200mA 以上。

CMOS 集成定时器具有低功耗、输入阻抗极高、输出电流小等特点,LSTTL 型 555 具有输出电流大等特点,显然,在要求定时长、功耗小、负载轻的场合,宜选用 CMOS 集成定时器,而在负载重、要求驱动电流大、电压高的场合,宜选用 LSTTL 型集成定时器。

11.5.2 555 定时器的电路结构和逻辑功能

1. 555 定时器的电路结构

下面以 CMOS 集成定时器 CC7555 为例进行介绍。定时器 CC7555 内部结构的等效功能电路图如图 11-44(a)所示,外引线排列图如图 11-44(b)所示。由图 11-44(a)可以看出,电路由电阻分压器、电压比较器、基本触发器、MOS 管构成的放电开关和输出驱动电路五部分组成。

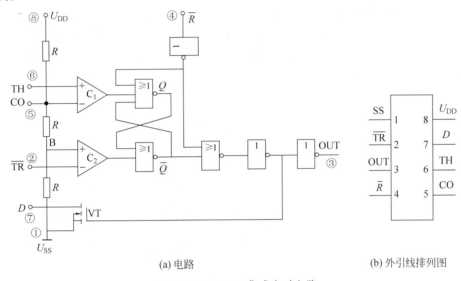

(a) 电路   (b) 外引线排列图

图 11-44　CC7555 集成定时电路

(1) 电阻分压器由 3 个阻值相同的电阻 $R(5\text{k}\Omega)$ 串联构成,这也是称为 555 定时器的原因。它为两个比较器 C_1 和 C_2 提供基准电平。如引脚 5 悬空,则比较器 C_1 的基准电平为 $2/3U_{DD}$,比较器 C_2 的基准电平为 $1/3U_{DD}$。如果在引脚 5 外接电压 U_{CO},则可改变两个比较器 C_1 和 C_2 的基准电平,这时 C_1 和 C_2 的基准电平分别为 U_{CO} 和 $U_{CO}/2$。当引脚 5 不外接电压时,通常用 $0.01\mu F$ 的电容接地,以抑制高频干扰,稳定电阻上的分压比。

(2) 比较器 C_1 和 C_2 是两个结构完全相同的高精度电压比较器,两个输入端基本上不向外索取电流。C_1 的引脚 6 称为高触发输入端(也称阈值输入端)用 TH 标注,C_2 的引脚 2 称为低触发输入端(也称为触发端)用 $\overline{TR}$ 标注。

当 $U_6 > \dfrac{2}{3}U_{DD}$ 时,C_1 输出高电平,否则 C_1 输出低电平;当 $U_2 > \dfrac{1}{3}U_{DD}$ 时,C_2 输出低电平,否则输出高电平。比较器 C_1 和 C_2 的输出直接控制基本 RS 触发器和放电开关管的状态。

(3) 基本 RS 触发器由两个或非门组成,它的状态由两个比较器的输出控制。根据基本 RS 触发器的工作原理,就可以决定触发器输出端的状态。$\overline{R}$ 端(引脚 4)是专门设置的可由外电路直接置"0"的复位端,当 $\overline{R}=0$ 时,触发器清零,不受 TH 和 $\overline{TR}$ 影响;在不使用 $\overline{R}$ 时,应将此脚接高电(常接 $+U_{DD}$ 端)平。

(4) 放电开关管是 N 沟道增强型 MOS 管,其栅极受基本 RS 触发器 $\overline{Q}$ 端状态的控制。

若 $Q=0$、$\bar{Q}=1$ 时,放电管 VT 导通,对外接电容放电;若 $Q=1$、$\bar{Q}=0$ 时,放电管 VT 截止。

(5) 一级或非门和二级反相器构成输出缓冲级,采用反相器是为了提高电流驱动能力,同时隔离负载对定时器的影响。

如图 11-44(b)所示,CC7555 共有 8 个引出端,按照编号各端功能依次为:①接地端;②低触发输入端;③输出端;④复位端;⑤电压控制端,改变比较器的基准电压,不用时,要经 0.01F 的电容接地;⑥高触发输入端;⑦放电端,外接电容器,VT 导通时,电容器由 D 经 VT 放电;⑧电源端。

2. 555 定时器的逻辑功能

国内外 CMOS 产品都有相似的逻辑功能,现以图 11-44(a)所示 CC7555 电路为例进行分析。

当 $\bar{R}=0$、$TH=\overline{TR}=\times$ 时,基本 RS 触发器清零,$OUT=Q=0$,放电 MOS 管 VT 导通。定时器正常工作时,$\bar{R}$ 应接高电平。当 $\bar{R}=1$,引脚 5 悬空或用 $0.01\mu F$ 的电容接地时,有以下几种情况。

(1) 当 $\bar{R}=1$,TH 端电压大于 $\frac{2}{3}U_{DD}$,$\overline{TR}$ 端电压大于 $\frac{1}{3}U_{DD}$ 时,比较器 C_1 输出为 1、C_2 输出为 0,基本 RS 触发器清零,$OUT=Q=0$,MOS 管 VT 导通。

(2) 当 $\bar{R}=1$,TH 端电压小于 $\frac{2}{3}U_{DD}$,$\overline{TR}$ 端电压大于 $\frac{1}{3}U_{DD}$ 时,比较器 C_1 和 C_2 的输出都为 0,基本 RS 触发器保持原状态不变,$OUT=Q$ 不变,MOS 管工作 VT 工作状态不变。

(3) 当 $\bar{R}=1$,TH 端电压小于 $\frac{2}{3}U_{DD}$,$\overline{TR}$ 端电压小于 $\frac{1}{3}U_{DD}$ 时,比较器 C_1 和 C_2 的输出分别为 0、1,基本 RS 触发器置 1,$OUT=Q=1$,MOS 管 VT 截止。

综上所述,可以列出 CC7555 集成定时器的功能如表 11-13 所示。显然,控制端 CO 外加电压可以改变电压比较器参考电压的大小。

表 11-13 CC7555 定时器功能表

$\bar{R}$	TH	$\overline{TR}$	OUT	D 状态
0	$\times$	$\times$	0	与地导通
1	$>2U_{DD}/3$	$>U_{DD}/3$	0	与地导通
1	$<2U_{DD}/3$	$>U_{DD}/3$	保持原状态	保持原状态
1	$<2U_{DD}/3$	$<U_{DD}/3$	1	与地断开

11.5.3 用 555 定时器构成施密特触发器

1. 施密特触发器

施密特触发器能够将其他形状的信号,如正弦波、三角波和一些不规则的波形变换成矩形脉冲,施密特触发器有集成产品,也可以由集成门电路或 555 定时器等构成。

根据电路结构及输出电压与输入电压的相位关系,可以把施密特触发器分为同相和反相两类,图 11-45 为施密特触发器的逻辑符号。图中"⎍"为施密特触发器的限定符号。

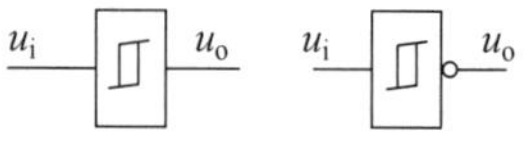

施密特触发器属于双稳态触发电路,它具有两个稳定状态,两个稳定状态的转换都需要外加触发脉冲

(a)同相符号   (b)反相符号

图 11-45 施密特触发器的逻辑符号

的推动才能完成,它不具有存储功能,一旦输入信号撤除,稳态会自动消失。具有以下两个特点。

(1) 输入信号从低电平上升或从高电平下降到某一特定值时,电路状态就会转换,两种情况所对应的转换电平不同,此转换电平称为阈值电压。

输入电平由低到高的阈值电压为 U_{T+},称为正向阈值电压,或上限阈值电压;输入电平由高到低的阈值电压为 U_{T-},称为负向阈值电压,或下限阈值电压;满足 U_{T+} 大于 U_{T-},上阈值电压 U_{T+} 与下阈值电压 U_{T-} 的差值称为"回差电压",又称为滞后电压,用 ΔU_T 表示。

$$\Delta U_T = U_{T+} - U_{T-} \tag{11-12}$$

(2) 电路状态转换时,通过电路内部的正反馈使输出电压的波形边沿变得很陡。

2. 555 定时器构成的施密特触发器

1) 电路结构

将 CC7555 的直接复位端 $\overline{R}$ 接电源 U_{DD},TH 和低触发端 $\overline{TR}$ 连接在一起作为电路触发信号输入端 u_i,从 OUT 端输出信号 u_o,就可以构成一个反相输出的施密特触发器,如图 11-46(a)所示。在图 11-46(a)中,电压控制端通过 $0.01\mu F$ 的电容接地,可以防止干扰。

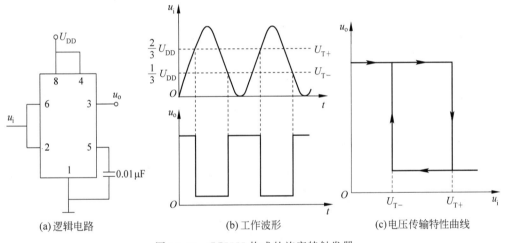

(a) 逻辑电路   (b) 工作波形   (c) 电压传输特性曲线

图 11-46 CC7555 构成的施密特触发器

2) 工作原理

在图 11-46(a)的输入端加上 11-46(b)所示的输入波形,可以得到图 11-46(b)所示的输出波形,其中,输入波形幅度应大于 $\frac{2}{3}U_{DD}$,U_{T+} 为上阈值电压、U_{T-} 为下阈值电压。现对电路及波形分析如下。

(1) 若 u_i 从 0 开始逐渐升高,当 $u_i < \frac{1}{3}U_{DD}$ 时,比较器 C_1 输出 0、C_2 输出 1,基本 RS 触发器置 1,即 $Q=1$,输出 u_o 为高电平。

(2) 当触发信号 u_i 增加到 $\frac{1}{3}U_{DD} < u_i < \frac{2}{3}U_{DD}$ 时,比较器 C_1 和 C_2 的输出都为 0,电路维持原态不变,即 $Q=1$,输出 u_o 仍为高电平。

(3) 如果输入信号增加到 $u_i \geqslant \frac{2}{3}U_{DD}$ 时,比较器 C_1 输出 1、C_2 输出 0,RS 触发器清零,即

$Q=0$,输出 u_o 变为低电平,此时 u_i 继续增加,只要满足 $u_i \geqslant \frac{2}{3}U_{DD}$,电路维持该状态不变。

从上述分析可得,电路的上阈值电压 $U_{T+} = \frac{2}{3}U_{DD}$。

(4) 若 u_i 从高于 $\frac{2}{3}U_{DD}$ 处开始下降,只要满足 $\frac{1}{3}U_{DD} < u_i < \frac{2}{3}U_{DD}$ 时,比较器 C_1 和 C_2 的输出都为 0,电路状态仍然维持不变,即 $Q=0$,u_o 仍为低电平。

(5) 只有当 u_i 下降到小于或等于 $\frac{1}{3}U_{DD}$ 时,比较器 C_1 和 C_2 的输出为 0、1,触发器再次置 1,电路又翻转回输出为高电平的状态,工作波形如图 11-46(b)所示。

从上述分析可得,电路的下阈值电压 $U_{T-} = \frac{1}{3}U_{DD}$。

3) 回差电压

显然,555 定时器构成的施密特触发器,其上限阈值电压 $U_{T+} = \frac{2}{3}U_{DD}$,下限阈值电压 $U_{T-} = \frac{1}{3}U_{DD}$,回差电压 ΔU_T 为

$$\Delta U_T = U_{T+} - U_{T-} = \frac{2}{3}U_{DD} - \frac{1}{3}U_{DD} = \frac{1}{3}U_{DD}$$

如在控制电压端(引脚 5)外加一电压 U_{CO},则 $U_{T+} = U_{CO}$,$U_{T-} = \frac{1}{2}U_{CO}$,$\Delta U_T = U_{T+} - U_{T-} = U_{CO} - \frac{1}{2}U_{CO} = \frac{1}{2}U_{CO}$,调整 U_{CO} 可达到改变回差电压的目的,回差电压越大,抗干扰能力越强。根据上述分析,可得施密特触发器的传输特性曲线如图 11-46(c)所示,是一个反相施密特触发器,回差特性是施密特触发器的固有特性。

施密特触发器的用途十分广泛,施密特触发器不仅能把变化非常缓慢的输入波形,变换、整形成数字电路所需的上升沿和下降沿都很陡峭的矩形脉冲,而且可以将叠加在矩形脉冲高、低电平上的噪声有效地清除。除此之外,还可以进行脉冲幅度鉴别、实现脉冲展宽以及构成多谐振荡器等。详细参阅本教材电子资源。

11.5.4 用 555 定时器构成单稳态触发器

1. 单稳态触发器

单稳态触发器的特点是,它只有一个稳定状态,另一个是暂时稳定状态,未加触发信号之前触发器处于稳定状态,从稳定状态转换到暂稳态时必须由外加触发信号触发,暂稳态维持一段时间后,自动转换到稳态,暂稳态的持续时间取决于电路本身的参数,与外加触发脉冲没有关系。暂稳态的持续时间称为脉宽,脉宽 $T_W = kRC$,k 是系数,大小取决于具体电路的特性参数及外接电源。单稳态触发器有集成芯片,也可以由集成门电路或 555 定时器等构成。

2. 555 定时器构成的单稳态触发器

1) 电路结构

图 11-47(a)是用 CC7555 构成的单稳态触发器。其中,复位端 $\overline{R}$ 接高电平,控制端 5 通

过滤波电容接地,将 $\overline{TR}$ 作为电路触发信号输入端 u_i,同时将 TH 和放电管相连后,再与外接定时元件 R、C 连接,通过 R 连接电源,通过 C 连接地,从 OUT 端输出信号 u_o。

2) 工作原理

在图 11-47(a)的输入端加上图 11-47(b)所示的输入波形,可以得到图 11-47(b)所示的输出波形。CC7555 构成的单稳态触发器的工作过程分析如下。

(1) 电路的稳态。未加触发信号时,触发器信号 u_i 为大于 $U_{DD}/3$ 的高电平,接通电源后,电路处于稳定状态,$u_o=0$。

解释:接通电源时,可能 $Q=0$,也可能 $Q=1$。如果 $Q=0$,$\overline{Q}=1$,放电管 VT 导通,电容 C 被旁路而无法充电。因此电路就稳定在 $Q=0$、$\overline{Q}=1$ 的状态,输出 u_o 为低电平;如果 $Q=1$,$\overline{Q}=0$,那么放电管 VT 截止,因此接通电源后,电路有一个逐渐稳定的过程,即电源 $+U_{DD}$ 经电阻 R 对电容 C 充电,电容两端电压 u_C 上升,当 u_C 上升到大于或等于 $2U_{DD}/3$ 时(此时 u_i 大于 $U_{DD}/3$),比较器 C_1 输出 1、C_2 输出 0,RS 触发器清零,即 $Q=0$,放电管 VT 导通,电容 C 经放电管 VT 迅速放电,$u_C=0$,这时输出为低电平。由于 $u_C=0$,u_i 为高电平,比较器 C_1 和 C_2 输出都为 0,基本 RS 触发器保持 0 状态,电路处于稳定状态。

(2) 在外加触发信号作用下,电路从稳态翻转到暂稳态。当触发脉冲负跳到 $u_i<(1/3)U_{DD}$ 时,此时电容未被充电,$u_C=0$,比较器 C_1 和 C_2 输出为 0、1,基本 RS 触发器翻转为 1 态,即 $Q=1$,$\overline{Q}=0$,输出 u_o 为高电平,放电管 VT 截止,电路进入暂稳态,定时开始。在暂稳态期间,电源 $+U_{DD}$ 经电阻 R 对电容 C 充电,电容充电时间常数 $\tau=RC$,u_C 按指数规律上升,趋向 $+U_{DD}$ 值。

(3) 自动返回稳态过程。当电容两端电压 u_C 上升到 $2/3U_{DD}$ 后,TH 端为高电平(此时触发脉冲已消失,$\overline{TR}$ 端为高电平),比较器 C_1 输出为 1、C_2 输出为 0,则基本 RS 触发器又被清零($Q=0$、$\overline{Q}=1$),输出 u_o 变为低电平,放电管 VT 导通,定时电容 C 充电结束,即暂稳态结束,即经过一段时间又自动返回稳态。

(4) 恢复过程。返回稳态后,由于放电管 VT 导通,电容 C 通过导通的放电管迅速放电恢复,u_C 迅速下降到 0。这时,TH 端为低电平,u_i 端为高电平,比较器 C_1 和 C_2 输出都为 0,基本 RS 触发器保持 $Q=0$ 状态不变,输出 u_o 为低电平。电路恢复到稳态时的 $u_C=0$,u_o 为低电平的状态。当第 2 个触发脉冲到来时,又重复上述过程。工作波形图如图 11-47(b)所示。

3) 主要参数

实际中经常使用输出脉冲宽度 t_W、输出脉冲幅度 U_m、恢复时间 t_{re} 和最高工作频率 f_{max} 等几个参数来定量描述单稳态触发器的性能。

(1) 输出脉冲宽度 t_W。根据如图 11-47(b)所示工作波形可知,输出脉冲宽度就是暂稳态的持续时间,用 t_W 表示。它取决于电容 C 由 0V 充电到 $2/3U_{DD}$ 所需的时间,对 RC 充电过程分析可得到

$$t_W=RC\ln3\approx1.1RC$$

输出脉冲宽度 t_W 与定时元件 R、C 大小有关,而与电源电压、输入脉冲宽度无关,改变定时元件 R 和 C 可改变输出脉宽 t_W。如果利用外接电路改变 CO 端(5 号端)的电位,则可以改变单稳态电路的翻转电平,使暂稳态持续时间 t_W 改变。

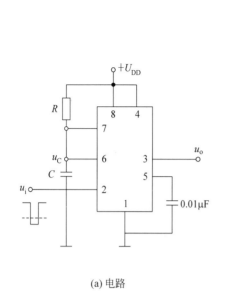 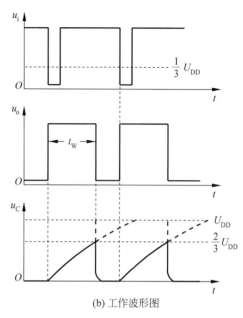

(a) 电路　　　　　　　　　　(b) 工作波形图

图 11-47　CC7555 构成的单稳态触发器

（2）输出脉冲幅度 U_m。

$$U_m = U_{oH} - U_{oL}$$

（3）恢复时间 t_{re}。暂稳态结束后,还需要一段恢复时间,以便电容在暂稳态期间所充的电释放完,使电路恢复到初始状态。一般近似认为经过 $3\sim5$ 倍于放电时间常数的时间以后,电路已基本达到稳态。由于放电管导通电阻很小,放电恢复时间 t_{re} 极短。在暂稳态期间触发脉冲对触发器不起作用,只有当触发器恢复到初始稳定状态时,触发脉冲才引起触发器的响应。

（4）最高工作频率 f_{max}。设触发信号的时间间隔为 T,为了使单稳态电路能正常工作,应满足 $T > t_{re} + t_W$ 的条件,即最小时间间隔 $T_{min} = t_{re} + t_W$。因此,单稳态触发器的最高工作频率为

$$f_{max} = 1/T_{min} = 1/(t_{re} + t_W)$$

3. 具有微分环节的单稳态触发器

由以上分析可以看出,图 11-47(a)所示单稳态触发器只有在输入 u_i 的负脉冲宽度小于输出脉冲宽度 t_W 时,才能正常工作,且负脉冲 u_i 的数值一定要低于 $1/3U_{DD}$。如果输入 u_i 的负脉冲宽度大于 t_W,需要在输入触发信号 u_i 与 $\overline{TR}$ 端之间接入 $R_P C_P$ 微分电路后,才能正常工作,$R_P C_P$ 微分电路的作用是将 u_i 变成符合要求的窄脉冲,如图 11-48 所示。

单稳态触发器是常见的脉冲基本单元电路之一,具有显著特点。单稳态触发器能够将其他形状的信号,如正弦波、三角波和一些不规则的波形变换成矩形脉冲,主要用于脉冲的整形、延时、定时,还可以用于消噪电路中,此处不再详述。

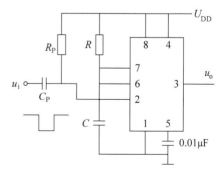

图 11-48　具有微分环节的单稳态触发器

11.5.5 用555定时器构成多谐振荡器

1. 多谐振荡器

1）多谐振荡器的特点

双稳态触发器有两个稳定状态,单稳态电路只有一个稳定状态,它们正常工作时,都必须外加触发信号才能翻转。而多谐振荡器没有稳态,只具有两个暂稳态,它的状态转换不需要外加触发信号触发,而完全由电路自身完成。多谐振荡器一旦振荡起来后,两个暂稳态就作交替变化,输出连续的矩形脉冲信号,这种现象称为自激振荡。由于它产生的矩形波中除基波外,还含有丰富的高次谐波成分,因此称这种电路为多谐振荡器,又称为无稳态振荡器。多谐振荡器的作用主要用来产生脉冲信号,因此,它常作为脉冲信号源。

2）多谐振荡器的分类

多谐振荡器不需外加触发脉冲就能够产生具有一定频率和幅度的矩形波,多谐振荡器电路形式很多,可以由集成门电路及阻容器件构成对称和非对称多谐振荡器、可以利用集成门电路的延时构成环形振荡器、可以由施密特触发器及阻容器件构成多谐振荡器、可以由集成555定时器及阻容器件构成多谐振荡器。当要求振荡频率很稳定时,则需要采用石英晶体多谐振荡器。

2. 555定时器构成的多谐振荡器

1）电路组成

图11-49(a)所示为由CC7555集成定时器构成的多谐振荡器。电路中将TH和$\overline{TR}$短接对地接电容C,对电源接R_1和R_2,放电管端与R_1、R_2相连,电阻R_1、R_2和电容C均为外接定时元件,R_2为放电回路中的电阻,图11-49(b)为其工作波形。

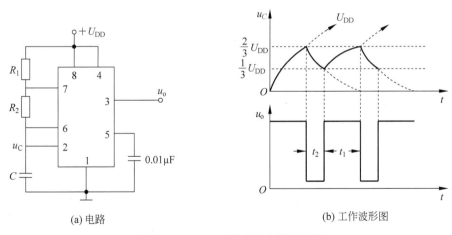

(a) 电路　　　　　　　　　　　(b) 工作波形图

图11-49　CC7555构成的多谐振荡器

2）工作原理

（1）第1暂稳态:接通电源前,电容器两端电压$u_C=0$。TH和$\overline{TR}$端均为低电平,RS触发器置1($Q=1$),输出u_o为高电平,放电管VT截止;接通电源后,电源U_{DD}经R_1、R_2对电容C充电,使其电压u_C按指数规律上升,趋向U_{DD},u_C上升到$\frac{2}{3}U_{DD}$之前,输出电压u_o

仍为高电平。把 u_C 从 $\frac{1}{3}U_{DD}$ 上升到 $\frac{2}{3}U_{DD}$ 这段时间内电路的状态称为第 1 暂稳态,其维持时间 t_1 的长短与电容的充电时间有关,充电时间常数 $\tau_充=(R_1+R_2)C$。

(2) 第 1 次自动翻转:当 u_C 上升到 $\frac{2}{3}U_{DD}$ 时,比较器 C_1 和 C_2 输出为 1、0,RS 触发器清零($Q=0$),输出 $u_。$ 变为低电平,同时放电管 VT 导通。

(3) 第 2 暂稳态:由于放电管 VT 导通,电容 C 通过电阻 R_2 和放电管放电,放电时间常数 $\tau_放=R_2C$,u_C 随之下降,趋向 0,同时使输出暂稳在低电平,电路进入第 2 暂稳态。

(4) 第 2 次自动翻转:当 u_C 下降到 $\frac{1}{3}U_{DD}$ 时,比较器 C_1 输出为 0,C_2 输出为 1,RS 触发器置 1(Q=1),输出 $u_。$ 变为高电平,放电管 VT 截止,电容 C 放电结束,U_{DD} 再次对电容 C 充电,电路又翻转到第 1 暂稳态,电路重复上述振荡过程,则输出可得矩形波形。

由以上分析可知,电路靠电容 C 充电来维持第 1 暂稳态,其持续时间即为 t_1。电路靠电容 C 放电来维持第 2 暂稳态,其持续时间为 t_2。电路一旦起振,u_C 电压总是在 $1/3\sim2/3U_{DD}$ 之间变化。

3) 电路振荡周期 T 和振荡频率 f

电路振荡周期 $T=t_1+t_2$,其中 t_1 由电容 C 充电过程来决定,t_2 由电容 C 放电过程来决定。根据电路可得

$$t_1=(R_1+R_2)C\ln\frac{U_{DD}-1/3U_{DD}}{U_{DD}-2/3U_{DD}}=(R_1+R_2)C\ln2\approx0.7(R_1+R_2)C$$

$$t_2=R_2C\ln\frac{0-2/3U_{DD}}{0-1/3U_{DD}}=R_2C\ln2\approx0.7R_2C$$

多谐振荡器的振荡周期 T 为

$$T=t_1+t_2=0.7(R_1+R_2)C+0.7R_2C\approx0.7(R_1+2R_2)C$$

多谐振荡器的振荡频率 f 为

$$f=\frac{1}{T}=\frac{1}{0.7(R_1+2R_2)C}=\frac{1.43}{(R_1+2R_2)C}$$

输出脉冲的占空比为

$$D=\frac{t_1}{t_1+t_2}=\frac{R_1+R_2}{R_1+2R_2}$$

显然,改变 R_1、R_2 和 C 的值,就可以改变振荡器的频率。如果利用外接电路改变 CO 端(引脚 5)的电位,则可以改变多谐振荡器高触发端的电平,从而改变振荡周期 T。另外,由于 555 定时器内部的比较器灵敏度很高,而且采用差分电路形式,它的振荡频率受电源电压和温度变化的影响极小,这是 555 定时器的一个重要优点。

3. 占空比可调的多谐振荡器和压控振荡器

图 11-49 所示的多谐振荡器电路,输出脉冲的宽度 t_1 和 t_2 调节不便,将图 11-49 所示电路稍加改动,就可得到占空比可调的多谐振荡器以及压控振荡器。占空比可调的多谐振荡器如图 11-50 所示,在图 11-50 中加了电位器 R_W,并利用二极管 VD_1 和 VD_2 将电容 C 的充放电回路分开,充电回路为 R_1、VD_1 和 C,放电回路为 C、VD_2 和 R_2。该电路的振荡周期为 $T=t_1+t_2$,其中 $t_1=0.7R_1C$,$t_2=0.7R_2C$,所以有

$$T = t_1 + t_2 = 0.7(R_1 + R_2)C$$

占空比为

$$D = \frac{t_1}{t_1 + t} = \frac{R_1}{R_1 + R_2}$$

调节电位器 R_W，即可改变 R_1 和 R_2 的值，并使占空比 D 得到调节，当 $R_1 = R_2$ 时，$D = 1/2$（此时，$t_1 = t_2$），电路输出方波。

压控振荡器的电路如图 11-51 所示，压控振荡器的功能是将控制电压转换为对应频率的矩形波。调节 R_W 可改变矩形波的频率。555 定时器如果加上适当的外部电路，还可以产生锯齿波、三角波等脉冲信号。

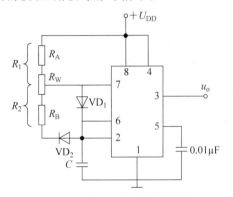

图 11-50　占空比可调的振荡器

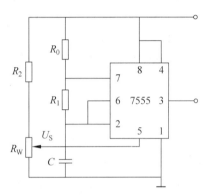

图 11-51　压控振荡器的电路

11.5.6　555 定时器综合应用实例

555 定时器在实际应用中，可以完全取代集成施密特触发器和集成单稳态触发器，用途极为广泛，下面举例介绍几种实际应用。

1. 定时和延时电路

555 定时器接成单稳态触发器可以构成定时和延时电路，与继电器或驱动放大电路配合，可实现自动控制、定时开关等功能。

1）定时电路

一个典型定时灯控电路如图 11-52 所示，图中 555 定时器构成了单稳态触发器。当电路接通 +6V 电源后，经过一段时间进入稳定状态，定时器输出 OUT 为低电平，继电器 KA

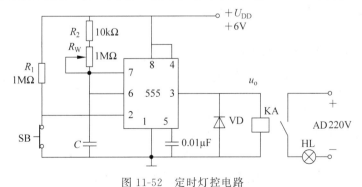

图 11-52　定时灯控电路

无电流通过,常开触点处于断路状态,故不能形成导电回路,灯泡 HL 不亮;当按下按钮 SB 时,低电平触发端 $\overline{\text{TR}}$(外部信号输入端 U_{i})由接+6V 电源变为接地,相当于输入一个负脉冲,使电路由稳定状态转入暂稳状态,输出 OUT 为高电平,继电器 KA 通过电流,使常开触点闭合,形成导电回路,灯泡 HL 发亮。暂稳定状态的出现时刻是由按钮 SB 何时按下决定的,它的持续时间 t_{W}(也是灯亮时间)则是由电路参数决定的,若改变电路中的电阻 R_{W} 或 C,均可改变 t_{W}。

2)延时电路

典型延时电路如图 11-53 所示,与定时电路相比,其电路的主要区别是电阻和电容连接的位置不同。电路中的继电器 KA 为常断继电器,二极管 VD 的作用是限幅保护。当开关 SA 闭合,直流电源接通,555 定时器开始工作,此时,$U_{\text{DD}}=U_{\text{C}}+U_{\text{R}}$。若电容初始电压为 0,而电容两端电压不能突变,所以有 $U_{\text{TH}}=U_{\text{TR}}=U_{\text{R}}=U_{\text{DD}}-U_{\text{C}}=U_{\text{DD}}$,输出为"0",继电器常开触点保持断开;同时电源开始向电容充电,电容两端电压不断上升,而电阻两端电压对应下降,当 $U_{\text{C}} \geqslant \dfrac{2}{3}U_{\text{DD}}$,$U_{\text{TH}}=U_{\text{TR}}=U_{\text{R}} \leqslant \dfrac{1}{3}U_{\text{DD}}$ 时,输出为"1",继电器常开触点闭合。电容充电至 $U_{\text{C}}=U_{\text{DD}}$ 时结束,此时电阻两端电压为零,电路输出保持为"1",从开关 SA 按下到继电器 KA 闭合这段时间称为延时时间。

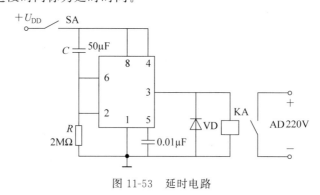

图 11-53　延时电路

2. 温度控制器电路

由 CC7555 集成定时器构成的温度控制器的电路原理图如图 11-54 所示,图中 555 定时器接为施密特触发器,其工作原理如下。

(1)反映被测温度的电压信号 u_{i} 作为输入信号加在施密特触发器的输入端。施密特触发器的输出端通过电阻 R 接在三极管 VT 的基极,控制三极管 VT 的导通和截止,从而进一步控制继电器动合触点的闭合和断开,使电热器运行或停止,来实现调节温度的目的。

(2)运行前,首先调整控制端外加电压 U_{CO},使施密特触发器 $U_{\text{T+}}$ 和 $U_{\text{T-}}$ 与它所控制的温度的上限和下限相对应。

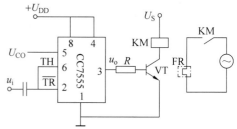

图 11-54　用 CC7555 集成定时器构成的温度控制器的原理图

(3)温度信号 u_{i} 加入后,若温度较低,则温度信号 u_{i} 较小,施密特触发器的状态不变,即 $Q=1$,施密特触发器的输出电压 $u_{\text{o}}=1$,三极管 VT 导通,继电器的吸引线圈有电流通过,继电器的动合触点闭合,开始加热,温度开始升高。

（4）随着温度升高,温度信号 u_i 逐渐增大,当 $u_i > U_{T+}$ 时,施密特触发器的状态翻转,即 $Q=0$,三极管 VT 截止,继电器的吸引线圈又有电流通过,继电器的动合触点断开,停止加热,温度逐渐下降。

（5）随着温度的下降,温度信号 u_i 逐渐减小,当 $u_i < U_{T-}$ 时,施密特触发器的状态再次翻转,即 $Q=1$,三极管 VT 又导通,继电器的吸引线圈又有电流通过,又开始加热,温度再次开始升高。这样一直循环下去,就可以将温度控制在所要求的上限温度与下限温度之间。

3. 模拟声响电路

555 定时器构成的多谐振荡器可模拟各种声响,构成各种声音报警电路。用两个 555 定时器构成的多谐振荡器可以组成如图 11-55 所示的模拟声响电路。

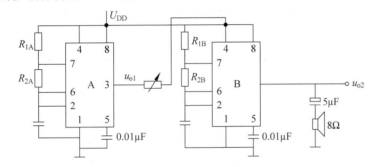

(a) 间歇声响电路

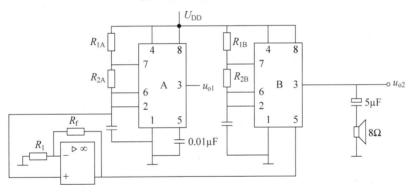

(b) 多频声响电路

图 11-55 模拟声响电路

图 11-55(a)电路,适当选择定时元件,使振荡器 A 的振荡频率 $f_A=1\text{Hz}$,振荡器 B 的振荡频率 $f_B=1\text{kHz}$。由于低频振荡器 A 的输出接至高频振荡器 B 的复位端(4 脚),当 u_{o1} 输出高电平时,B 振荡器才能振荡,u_{o1} 输出低电平时,B 振荡器被复位,停止振荡,图 11-55(a)的输出工作波形如图 11-56 所示,因此使扬声器发出 1kHz 的间歇声响。

在图 11-55(a)电路中,若低频振荡器 A 的输出 u_{o1} 接至高频振荡器 B 的 CO 端(5 脚),则高频振荡器 B 的振荡频率有两种,当 u_{o1} 输出高电平时,U_{CO} 较大,B 振荡器产生较低频信号;当 u_{o1} 输出低电平时,U_{CO} 较小,B 振荡器产生较高频信号,从而使扬声器交替发出高低不同的两种声响。

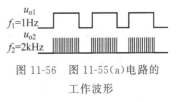

图 11-56 图 11-55(a)电路的
工作波形

若想产生多频声响,只要将振荡器 A 的"2"端电压直接或通过运算放大器与 B 振荡器的 CO 端相连就可实现,电路如图 11-55(b)所示,请读者自己分析图 1-55(b)。

以上电路中的电解电容起隔直耦合作用。实际中的一些声音报警电路,例如,救护、消防、警用等就是利用上述原理制作的。

【思考题】

(1) 为什么说 555 定时器是将模拟和数字电路集成于一体的电子器件?

(2) 常用的集成 555 定时器如何分类? 从它们的电路结构来看,主要由哪几部分组成?

(3) 施密特触发器、单稳态触发器、多谐振荡器各有何特点?

(4) 比较用 CC7555 构成的单稳态、多谐振荡和施密特触发器在电路结构上有什么不同,应用上有何不同,结合实际讨论实际应用。

(5) 555 定时器构成单稳态触发器,若输入负脉冲的宽度大于输出脉冲的宽度,应怎样修正电路才能保证正常工作?

(6) 查相关资料,找出 TTL 型与 MOS 型集成定时器电路的异同点。

习题

11-1 分析图 11-57 所示基本 RS 触发器的功能,并根据输入波形画出 Q 和 $\overline{Q}$ 的波形。

11-2 同步触发器接成图 11-58(a)～图 11-58(d)所示形式,设初始状态为 0,试根据图 11-58(e)所示的 CP 波形画出 Q_a、Q_b、Q_c、Q_d 的波形。

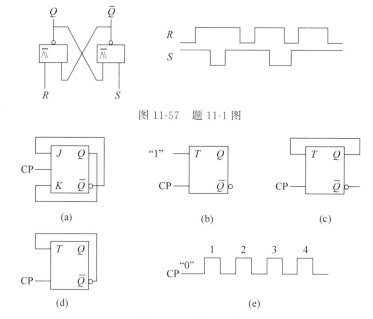

图 11-57 题 11-1 图

图 11-58 题 11-2 图

11-3 维持阻塞 D 触发器接成图 11-59(a)～图 11-59(d)所示形式,设触发器的初始状态为 0,试根据图 11-59(e)所示的 CP 波形画出 Q_a、Q_b、Q_c、Q_d 的波形。

11-4 下降沿触发的 JK 触发器输入波形如图 11-60 所示,设触发器初态为 0,画出相应输出波形。

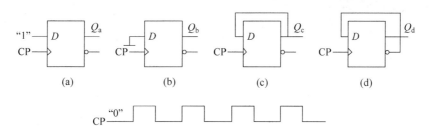

图 11-59 题 11-3 图

11-5 画出图 11-61 所示电路的状态图和时序图(设初始状态为 00,X 为输入控制信号,可分别分析 $X=0$ 和 $X=1$ 时的情况)。

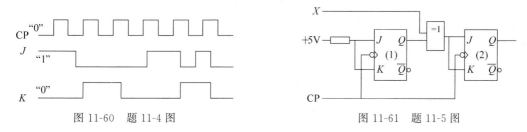

图 11-60 题 11-4 图   图 11-61 题 11-5 图

11-6 用预置位法,将集成计数器 74LS161 接成七进制计数器,画出逻辑电路图。

11-7 试用两片 74LS160 接成一个六十进制计数器。

11-8 已知计数器的输出端 Q_2、Q_1、Q_0 的输出波形如图 11-62 所示,试画出对应的状态图,并分析该计数器为几进制计数器。

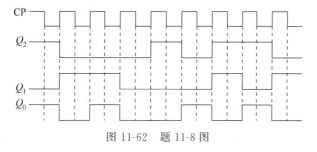

图 11-62 题 11-8 图

11-9 分析图 11-63 所示的集成计数器 74LS161 接成的计数器各为几进制计数器。

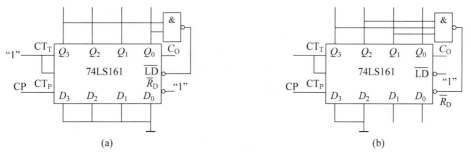

图 11-63 题 11-9 图

11-10 分析图 11-64 所示时序电路的逻辑功能,假设电路初态为 000,如果在 CP 的前 6 个脉冲内,D 端依次输入数据 1、0、1、0、0、1,则电路输出在此 6 个脉冲内是如何变化的?

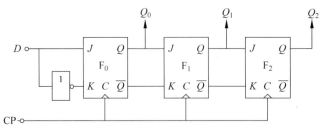

图 11-64　题 11-10 图

11-11　图 11-65 所示是一简易触摸开关电路,当手摸金属片时,发光二极管亮,经过一定时间,发光二极管熄灭。试说明该电路是什么电路?并估算发光二极管能亮多长时间?

11-12　如图 11-66 所示是一个防盗报警电路,a、b 两端被一细铜丝接通,此铜丝置于认为盗窃者必经之处。当盗窃者闯入室内将铜丝碰断后,扬声器即发出报警声。试问 CC7555 定时器应接成何种电路?并说明本报警器的工作原理。

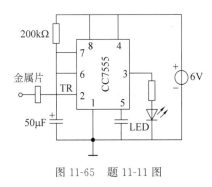

图 11-65　题 11-11 图

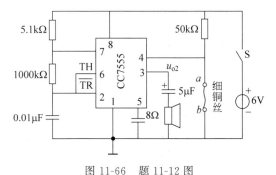

图 11-66　题 11-12 图

第 12 章

大规模集成电路

 学习目标要求

介绍常用的数/模、模/数转换电路以及半导体存储器。读者学习本章内容要做到以下几点。

（1）掌握数/模转换及模/数转换的概念，理解数/模转换及模/数转换的原理及方法。

（2）了解 DAC 的电路结构，理解 DAC 的性能参数，掌握 DAC0832 集成芯片的外部引线及使用方法；了解 ADC 的电路结构，理解 ADC 的性能参数，掌握 ADC0809 集成芯片的外部引线及使用方法。

（3）了解 ROM、RAM 的电路结构，熟悉 ROM、RAM 的不同类型及特点，掌握 ROM、RAM 扩展存储容量的方法。

（4）能够正确识别常用 ADC、DAC、ROM、RAM 芯片的引脚，能够设计简单应用电路，并组装调试，如数字电压表。

自 20 世纪 60 年代以来，数字集成电路已经历了从 SSI、MSI、LSI 到 VLSI 的发展过程，现在人们已经可以在一块芯片上集成超亿个晶体管或基本单元。集成电路的发展不但表现在集成度上的提高，还表现在结构和功能上的发展，即从在一块芯片上完成基本功能发展到在一块芯片上实现一个子系统乃至一个整系统，从固定的逻辑功能发展到逻辑功能可编程等。

大规模和超大规模集成电路的出现，给人们带来了全新的电子技术设计理念，给电子技术的设计带来了极大方便。大规模、超大规模集成电路的类型和功能很多，本章仅对常见的数/模转换器、模/数转换器、半导体存储器做简单介绍，以便读者对大规模集成电路有初步的认识。

12.1　数/模转换器

12.1.1　数/模转换器概述

随着数字电子技术的发展，尤其是计算机在自动控制、自动检测、电子信息处理以及其他许多领域中的广泛应用，用数字电路处理模拟信号的情况越来越多，数/模之间的相互转换具有十分重要的意义。把经过数字系统分析处理后的数字信号变换为相应的模拟信号，称为数/模转换，或称为 D/A（Digital to Analog）转换，实现数/模转换的电路称为数/模转换器(Digital Analog Converter,DAC)。

DAC 是一种把数字量转换成与它成正比模拟量的电子部件,D/A 转换技术发展很快,出现了许多高精度、高速度以及高可靠的集成 DAC 芯片,D/A 转换器的分类方法有很多,其电路结构、工作原理、性能指标差别很大。

(1) 按位数分,可以分为 8 位、10 位、12 位、16 位等。

(2) 按输出方式分,有电流输出型和电压输出型两类。电流输出型内部没有集成运放求和电路,但一般集成有反馈电阻,若需电压输出需外接运放求和电路。DAC 大多是电流输出型产品。

(3) 按数字信号的输入方式分,可分为串行输入和并行输入两种。串行节省连线和资源,并行 D/A 转换器可以将数字量的各位代码同时进行转换,因此转换速度快,一般在微秒数量级。

(4) 按接口形式分为两类 D/A 转换器,一类是不带锁存器的,另一类是带锁存器的。

(5) 按工艺分,可分为 TTL 型和 MOS 型等。

(6) 按电路结构和工作原理可分为权电阻网络、T 型电阻网络、倒 T 型电阻网络和权电流型 D/A 转换器等。

目前使用最广泛的是倒 T 型电阻网络 D/A 转换器。描述 DAC 的性能指标很多,主要有分辨率、转换时间、转换误差等。

12.1.2 数/模转换器的组成和转换过程

D/A 转换器是将输入的二进制数字信号转换成模拟信号,以电压或电流的形式输出的电路。图 12-1 为数/模转换的示意图,D/A 转换器一般由数据锁存器、电阻解码网络、数字位控模拟开关、参考电压 U_{REF} 和运算放大器五部分组成,数据锁存器用以暂存二进制输入数据。

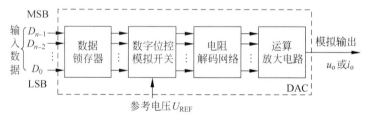

图 12-1 数/模转换的示意图

图 12-1 中,$D_0 \sim D_{n-1}$ 为输入的 n 位二进制数字量,D_0 为最低位(LSB),D_{n-1} 为最高位(MSB),u_0 为输出模拟量电压,参考电源实现转换所需的参考电压为 U_{REF},又称为基准电压。

转换开始时,D/A 转换器先将需要转换的数字信号以并行输入(或串行输入)的方式存储在数据锁存器中,然后锁存器并行输出的数字量 $D_0 \sim D_{n-1}$ 控制模拟电子开关,将参考电压 U_{REF} 按位切换到电阻译码网络中变成加权电流,然后经运放求和,输出相应的模拟电压,完成 D/A 转换过程。注意,数据锁存器并行输出的数字量 $D_0 \sim D_{n-1}$ 任一位控制其对应位开关,这时输出的模拟电压刚好与该位数码所代表的数值相对应。输出模拟电压 u_0 和输入数字量 D 之间成正比关系,即

$$u = KD$$

式中，K 为常数，与参考电压有关。

可以证明，常见 D/A 转换器的理论转换公式为

$$U_o = -\frac{U_{REF}}{2^n}\sum_{i=0}^{n-1}D_i 2^i \tag{12-1}$$

【例 12-1】 一个 8 位 D/A 转换电路，在输入为 00000001 时，输出电压为 5mV，则输入数字量为 00001001 时，输出电压有多大？

解：当输入为 00000001 时：$U_o = k\sum_{i=0}^{n-1}D_i 2^i = k(1 \times 2^0) = k = 5\text{mV}$

当输入数字量为 00001001 时：$U_o = k\sum_{i=0}^{n-1}D_i 2^i = k(1 \times 2^3 + 1 \times 2^0) = 45\text{mV}$

即和输入数字量 00001001 相对应的模拟输出电压为 45mV。

12.1.3 数/模转换器的主要技术指标及选用

1. 数/模转换器的主要技术指标

为了保证数据处理结果的准确性，D/A 转换器必须有足够的转换精度，为了适应快速过程的控制和检测的需要，D/A 转换器还必须有足够快的转换速度。因此转换精度和转换速度乃是 D/A 转换器性能优劣的主要标志。转换精度一般通过分辨率和转换误差来描述，转换速度反映了 D/A 转换器在输入的数字量发生变化时，输出要达到相对应的量值所需要的时间的快慢，一般用建立时间描述。主要技术指标如下。

（1）分辨率。输入数字量仅最低位为 1 对应的输出电压称为最小输出电压，输入数字量各有效位全为 1 对应的输出电压称为最大输出电压。分辨率是指 D/A 转换器的最小输出电压与最大输出电压之比值。例如，对于 8 位 D/A 转换器，最小输出电压和最大输出电压所对应的输入数字量分别为 00000001 和 11111111，所以其分辨率为

$$分辨率 = \frac{00000001}{11111111} = \frac{1}{2^8 - 1} = 0.004$$

故 n 位 D/A 转换器的分辨率为

$$分辨率 = \frac{1}{2^n - 1} \tag{12-2}$$

如果输出模拟电压满量程为 U_m，那么 n 位 D/A 转换器能分辨的最小电压为

$$U_{min} = \frac{1}{2^n - 1}U_m$$

显然，n 越大，分辨率越高，转换时对输入量的微小变化的反应越灵敏。分辨最小输出电压的能力也越强。

（2）转换精度。转换精度是实际输出值与理论模拟输出电压的最大差值。这种差值由转换过程各种误差综合引起，它主要包括非线性误差、比例系数误差、漂移误差等。非线性误差是电子开关的导通电压降和电阻网络电阻值偏差产生的；比例系数误差是参考电压 U_R 的偏离而引起的误差，因 U_R 是比例系数，故称为比例系数误差；漂移误差是由运算放大器零点漂移产生的误差。当输入数字量为 0 时，由于运算放大器的零点漂移，输出模拟电压并不为 0，这使输出电压特性与理想电压特性产生一个相对位移。因此，要获得高精度的DAC 还应该选用高精度低漂移的运算放大器，高稳定度的参考电压源 U_{REF} 与之配合使用。

（3）建立时间。从数字信号输入 DAC 起，到输出电流（或电压）达到稳态值所需的时间为建立时间，又称为转换时间。建立时间的大小决定了转换速度。目前 10～12 位单片集成 D/A 转换器（不包括运算放大器）的建立时间可以在 $1\mu s$ 以内。

除上述技术指标外，从手册上还可以查到工作电源电压、输入逻辑电平、功耗、输出方式等，在选用时也要综合考虑。

2. D/A 转换器的选用

分辨率是 D/A 转换器对输入量变化敏感程度的描述，与输入数字量的位数有关。数字量位数越多，转换器对输入量变化的敏感程度也就越高，使用时，应根据分辨率的需要来选定转换器的位数；转换时间表示 DAC 的转换速度，转换器的输出形式为电流时，建立时间较短；输出形式为电压时，由于建立时间还要加上运算放大器的延迟时间，因此建立时间要长一点。但总体来说，D/A 转换速度远高于 A/D 转换速度，快速的 D/A 转换器的建立时间可达 $1\mu s$。选用 DAC 时，还要注意以下两点。

（1）参考基准电压。D/A 转换中，参考基准电压是唯一影响输出结果的模拟参量，是 D/A 转换接口中的重要电路，对接口电路的工作性能、电路的结构有很大影响。使用内部带有低漂移精密参考电压源的 D/A 转换器既能保证有较好的转换精度，而且可以简化接口电路。但目前在 D/A 转换接口中常用到的 D/A 转换器大多不带有参考电源。为了方便地改变输出模拟电压范围、极性，需要配置相应的参考电压源。D/A 接口设计中经常配置的参考电压源主要有精密参考电压源和三点式集成稳压电源两种形式。

（2）D/A 转换能否与 CPU 直接相配接。D/A 转换能否与 CPU 直接相配接，主要取决于 D/A 转换器内部有没有输入数据寄存器。当芯片内部集成有输入数据寄存器、片选信号、写信号等电路时，D/A 器件可与 CPU 直接相连，而不需另加寄存器；当芯片内没有输入寄存器时，它们与 CPU 相连，必须另加数据寄存器，一般用 D 锁存器，以便使输入数据能保持一段时间进行 D/A 转换，否则只能通过具有输出锁存器功能的 I/O 给 D/A 送入数字量。目前 D/A 转换器芯片的种类较多，对应用设计人员来说，只需要掌握 DAC 集成电路性能及其与计算机之间接口的基本要求，就可以根据应用系统的要求选用 DAC 芯片和配置适当的接口电路。

*12.1.4　集成 D/A 转换器及应用

集成 D/A 转换器品种很多，性能指标也各异。有的只含有模拟开关和解码网络，如 DAC0808、DAC0832、AD7530、AD7533 等，在使用时需要外接基准电源和运放；有的则将基准电源和运放也集成到芯片内部，如 DAC1203、DAC1210 等，这些都是并行输入方式。另外，还有串行输入的集成 DAC，如 AD7543、MAX515 等，它们虽然工作速度相对较慢，但接口方便，适用于远距离传输和数据线数目受限的场合。集成电路使用时要注意它的引脚功能和接线方式，下面以数/模转换器 DAC0832 为例进行介绍。

1. DAC0832 的电路结构及引脚功能

DAC0832 是 DAC0830 系列的一种器件，该系列包括 DAC0830、DAC0831 和 DAC0832，该系列电路采用双缓冲寄存器，使它能方便地应用于多个 DAC 同时工作的场合。0830 系列各电路的原理、结构及功能都相同，参数指标略有不同。数据输入能以双缓冲、单缓冲或直接通过 3 种方式工作。DAC0832 是常用的集成 DAC，它是用 CMOS 工艺制成的双列直插式单片 8 位 DAC,可以直接与 Z80、8080、8085、MCS51 等微处理器相连接,且接口简单,转换控制容易,被广泛应用于单片机及数字系统中。

　　DAC0832 结构框图和引脚排列图如 12-2 所示。由两个 8 位寄存器(一个 8 位输入寄存器、一个 8 位 DAC 寄存器)和一个 8 位 D/A 转换器三大部分组成,当 DAC 寄存器从输入寄存器取走数字信号后,输入寄存器就可以接收输入信号,这样可以提高转换速度。

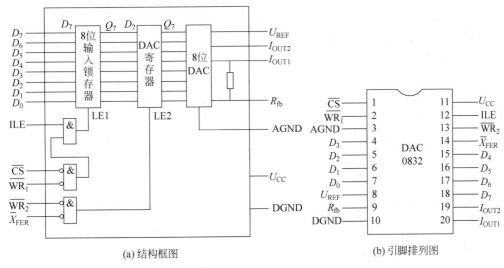

(a) 结构框图　　　　　　　　　　　　(b) 引脚排列图

图 12-2　DAC0832 结构框图和引脚排列图

　　由于 DAC0832 有两个可以分别控制的数据寄存器,可以实现两次缓冲,因此使用时有较大的灵活性,可根据需要接成不同的工作方式。DAC0832 中采用了倒 T 型 R-2R 电阻网络,DAC0832 中无运算放大器,且是电流输出,使用时须外接运算放大器。芯片中已设置了 R_{fb},只要将 9 脚接到运算放大器的输出端即可。若运算放大器增益不够,还须外加反馈电阻。DAC0832 芯片上各引脚的名称和功能如下。

　　(1) ILE:输入锁存允许信号,输入高电平有效。

　　(2) $\overline{CS}$:片选信号,输入低电平有效。

　　(3) $\overline{WR}_1$:输入数据选通信号,输入低电平有效。

　　(4) $\overline{WR}_2$:DAC 寄存器选通信号,输入低电平有效。

　　(5) $\overline{X}_{FER}$:数据传送选通信号,输入低电平有效。

　　(6) $D_7 \sim D_0$:8 位输入数据信号。

　　(7) U_{REF}:参考电压输入。一般此端外接一个精确稳定的电压基准源,U_{REF} 可在 $-10 \sim +10V$ 范围内选择。

　　(8) R_{fb}:反馈电阻(片内已含一个反馈电阻)接线端。

　　(9) I_{OUT1}:DAC 输出电流 1。此输出信号一般作为运算放大器的一个差分输入信号(一般接反相端),当 DAC 寄存器中的各位为 1 时,电流最大;全为 0 时,电流为 0。

　　(10) I_{OUT2}:DAC 输出电流 2。它作为运算放大器的另一个差分输入信号(一般接地)。

　　(11) I_{OUT1} 和 I_{OUT2} 满足如下关系:

$$I_{OUT1} + I_{OUT2} = 常数$$

　　(12) U_{CC}:数字部分的电源输入端。U_{CC} 可在 $+5 \sim +15V$ 范围内选取(一般取 $+5V$)。

(13) D_{GND}：数字电路地。

(14) A_{GND}：模拟电路地。

从 DAC0832 的内部控制逻辑分析可知,当 ILE、$\overline{\text{CS}}$ 和 $\overline{\text{WR}_1}$ 同时有效时,LE1 为高电平,在此期间,输入数据 $D_7 \sim D_0$ 进入输入寄存器。当 $\overline{\text{WR}_2}$ 和 $\overline{X_{\text{FER}}}$ 同时有效时,LE2 为高电平,在此期间,输入寄存器的数据进入 DAC 寄存器。8 位 D/A 转换电路随时将 DAC 寄存器的数据转换为模拟信号 $(I_{\text{OUT1}} + I_{\text{OUT2}})$ 输出。

2. DAC0832 的主要技术指标

(1) 分辨率：8 位。

(2) 数字输入逻辑电平：与 TTL 电平兼容。

(3) 电流建立时间：$1\mu s$。

(4) 增益温度系数：$0.002\%/℃$。

(5) 电源电压：$+5 \sim +15\text{V}$。

(6) 功耗：20mW。

(7) 非线性误差：0.4%。

3. DAC0832 的工作方式

DAC0832 利用 $\overline{\text{WR}_1}$、$\overline{\text{WR}_2}$、ILE、$\overline{X_{\text{FER}}}$ 控制信号可以构成 3 种不同的工作方式：双缓冲方式、单缓冲方式和直通方式,如图 12-3 所示。在与单片机连接时一般有单缓冲和双缓冲两种方式。实际应用时,要根据控制系统的要求来选择工作方式。

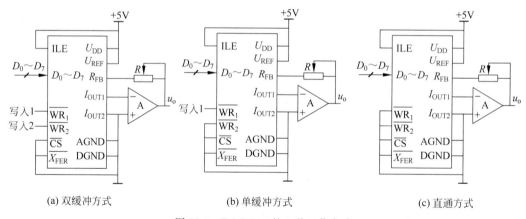

(a) 双缓冲方式　　　　　(b) 单缓冲方式　　　　　(c) 直通方式

图 12-3　DAC0832 的 3 种工作方式

1) 双缓冲方式

双缓冲器型如图 12-3(a)所示。当 8 位输入锁存器和 8 位 DAC 寄存器分开控制时,DAC0832 工作于双缓冲方式。

双缓冲方式时,操作分两步,第一步,使 8 位输入锁存器导通,将 8 位数字量写入 8 位输入锁存器中;第二步,使 8 位 DAC 寄存器导通,8 位数字量从 8 位输入锁存器送入 8 位 DAC 寄存器中并进行转换。第二步只使 DAC 寄存器导通,此时在数据输入端写入的数据无意义。

对于多路 D/A 转换,若要求同步进行 D/A 转换输出时,则必须采用双缓冲方式。双缓冲方式用于多路 D/A 转换系统,适合多模拟信号同步输出的应用场合,此情况下每一路模拟量输出需要一片 DAC0832 才能构成同步输出系统。

2）单缓冲方式

单缓冲器型如图 12-3（b）所示。DAC0832 内部的两个数据缓冲寄存器之一始终处于直通，即 $\overline{WR_1}=0$ 或 $\overline{WR_2}=0$，另一个处于受控制的状态（或者两个输入寄存器同时受控），此方式就是单缓冲方式。

在实际应用中，如果只有一路模拟量输出，或虽有几路模拟量但并不要求同步输出时，就可采用单缓冲方式。

3）直通方式

直通型如图 12-3（c）所示。其中两个寄存器都处于常通状态，8 位输入数据直接经两个寄存器到 DAC 进行转换，从输出端得到转换的模拟量，故工作方式为直通型。直通方式不能与系统的数据总线直接相连（需另加锁存器），直通方式下工作的 DAC0832 常用于不带单片机的控制系统。

DAC0832 是电流型 D/A 转换电路，需要电压输出时，可以使用一个运算放大器将电流信号转换成电压信号输出。根据运算放大器和 DAC0832 的连接方法，运算放大器的输出可以分为单极性和双极性两种。

集成 D/A 转换器在实际电路中得到广泛应用，不仅可作为微型计算机系统的接口电路实现数字量到模拟量的转换，还可以利用输入输出之间的关系来构成数字式可编程增益控制电路、脉冲波形产生电路、数控电源等。

集成 D/A 转换器类型繁多，除了前面讲过的 DAC0832，还有 8 位的 MC1408，10 位的 AD7533、5G7520、CC7520，12 位的有 DAC1320 等，需要时可以查阅有关资料。

【思考题】

（1）D/A 转换器有什么作用？主要有哪些类型？D/A 转换器的位数与分辨率有什么关系？

（2）影响 D/A 转换器转换精度的主要因素有哪些？

12.2 模/数转换器

12.2.1 模/数转换器概述

常见的非电量都可以通过传感器变换为随时间连续变化的模拟信号，用数字系统处理这些模拟信号，必须先转换为数字信号。模拟信号到数字信号的转换称为模/数转换，实现模/数转换的电路称为模/数转换器（A/D 转换器，Analog Digital Converter，ADC）。ADC 是一种把数字量转换成模拟量的电子部件，单芯片 A/D 转换器应用广泛，其类型有多种。

1. 直接 A/D 转换器和间接 A/D 转换器

以转换过程可分为直接 A/D 转换器和间接 A/D 转换器。在直接 A/D 转换器中，输入的模拟信号直接被转换成相应的数字信号；而在间接 A/D 转换器中，输入的模拟信号先被转换成某种中间变量（如时间、频率等），然后再将中间变量转换为最后的数字量。

（1）直接 A/D 转换器主要有逐次渐近型、并联比较型等。其中，并联比较型速度最快，电路规模庞大，精度较低，成本高，适于高速和超高速系统等；逐次渐近型速度中等，精度也较高，成本较低，适于中高速系统、检测系统等。

（2）间接 A/D 转换器主要有双积分型、压频变换型（V-F 变换）等。其中，双积分型速度很慢，精度高，抗干扰能力较强，适于低速系统、数字仪表等；V-F 变换型速度很慢，精度高，抗干扰能力很强，适于遥测、遥控系统等。

2. 串行输出和并行输出 A/D 转换器

在数字信号的输出方式上 A/D 转换器有串行输出和并行输出两种方式。串行输出节省资源，并行输出速度快。

在众多的模/数转换器中，逐次渐近型各项指标适中，双积分型抗干扰能力强，并且价格适中，目前应用较广泛，描述 DAC 的性能指标很多，主要有分辨率、转换时间、转换误差等。

12.2.2 模/数转换的过程

A/D 转换器将连续的模拟信号转变成与之成正比的数字信号输出，转换过程一般都要经过采样、保持、量化、编码这 4 个步骤，如图 12-4 所示。

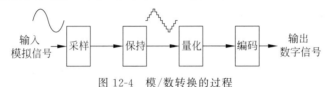

图 12-4 模/数转换的过程

1. 采样保持

（1）采样。因为输入的模拟信号在时间上是连续的，而输出的数字信号是离散的，所以在进行 A/D 转换时，必须在一系列选定的瞬间对输入的模拟信号采样，采样把时间上连续的模拟信号转换为时间上离散的模拟信号，其输出的脉冲包络仍然可以看出原来信号幅度的变化趋势。

（2）保持。由于输入信号又是连续变化的，因此在每次采样后，采样结果还要保持一定时间，以便转换电路将采样值转换成数字量输出。

采样与保持是在同一个过程里完成的，采样保持过程的实质就是将连续变化的模拟信号变成一串等距不等幅的脉冲，脉冲的幅度取决于输入模拟量。为了正确地用采样信号表示输入模拟信号，要求采样脉冲必须有足够高的频率。可以证明，一个频率有限的模拟信号，其采样脉冲频率 f_s 必须大于或等于输入模拟信号包含的最高频率 f_{imax} 的 2 倍，才能不失真地恢复原来的输入信号。即采样频率必须满足：

$$f_s \geqslant 2f_{imax} \tag{12-3}$$

根据采样定理可知，A/D 转换器的采样频率越高越好，但采样频率越高，留给每次进行转换的时间也相应的缩短，这就要求转换电路必须有更高的工作速度，因此，对采样频率要有所限制，通常取 $f_s = (3 \sim 5)f_{imax}$，即可满足要求。

2. 量化编码

采样保持后的输出信号是阶梯波，该阶梯波仍是一个可以连续取值的模拟量，还必须经过量化编码电路，才能将采样保持后的输出信号转换成一组 n 位的二进制数输出。量化编码电路的任务就是将采样保持后的输出信号转换成一组 n 位的二进制数输出。

（1）量化。把采样电压化成某个最小数量单位的整数倍。量化过程中所取的最小数量单位就是量化单位,一般用 Δ 表示,显然,最低有效位为 1 其余位为 0 的数字量(00…01)所对应的模拟量的大小就等于 Δ。由于采样电压是连续的,不一定能被 Δ 整除,因而必然会引入误差,称为量化误差,量化误差属于原理误差是无法消除的。

(2)编码。量化后的数值用二进制或其他进制代码表示出来。编码后得到的代码就是 A/D 转换器的输出信号。

12.2.3　A/D 转换器的主要技术指标及选用

1. A/D 转换器的主要技术指标

1)分辨率

分辨率指 A/D 转换器对输入模拟信号的分辨能力。从理论上讲,一个输出为 n 位二进制数的 A/D 转换器应能区分输入模拟电压的 2^n 个不同量级,能区分输入模拟电压的最小差异为 $\dfrac{1}{2^n}$ FSR(FSR 是输入的满量程模拟电压),$\dfrac{1}{2^n}$ FSR 被定义为分辨率。例如,8 位 A/D 转换器,最大输入模拟信号为 10V,则其分辨率为

$$\frac{1}{2^8}\times 10\text{V}=\frac{10\text{V}}{256}=39.06\text{mV}$$

12 位 A/D 转换器,最大输入模拟信号为 10V,则其分辨率为

$$\frac{1}{2^{12}}\times 10\text{V}=\frac{10\text{V}}{4096}=2.44\text{mV}$$

因此,A/D 转换器的位数越多,其分辨能力也越强。

2)相对误差

相对误差又称为相对精度,它是指 A/D 转换器实际输出的数字量与理论输出的数字量之间的差值,一般用最低有效位的倍数来表示。例如,相对误差≤LSB/2,则说明实际输出的数字量与理论上的数字量之间的误差值不大于最低位 1 的一半。分辨率和相对误差共同描述了 ADC 的转换精度。

3)转换速度

转换速度是指完成一次转换所需的时间,转换时间是从接到转换启动信号开始,到输出端获得稳定的数字信号所经过的时间。A/D 转换器的转换速度主要取决于转换电路的类型,不同类型 A/D 转换器的转换速度相差很大。双积分型 A/D 转换器的转换速度最慢,需几百毫秒左右;逐次逼近式 A/D 转换器的转换速度较快,转换速度在几十微秒;并联型 A/D 转换器的转换速度最快,仅需几十纳秒时间。

此外,还有输入模拟电压范围、电源抑制能力、功率消耗、温度系数以及输出数码的逻辑电平等指标。

这里要指出的是,参数手册上所给出的技术指标都是在一定的电源电压和环境温度下得到的数据。如果这些条件改变了,将引起附加的转换误差,转换误差将变大,实际使用中应加以注意。例如,10 位 A/D 转换器 AD571,在室温(+25℃)和标准电源电压(U^+=+5V,U^-=−15V)的条件下,转换误差≤LSB/2。当使用环境温度或电源发生变化时,可能附加 1LSB～2LSB 的误差。为了获得较高的转换精度,必须保证供电电源有良好的稳定度,并限制环境温度的变化。对于那些需要外加参考电压的 ADC,尤其需要保证参考电压

的稳定度。此外,在组成高速 A/D 转换器时,还应将采样保持电路的获取时间(即采样信号稳定地建立起来所需要的时间)计入转换时间之内。一般单片集成采样保持电路的获取时间在几微秒的数量级,它和所选定的保持电容的电容量大小有很大关系。

2. A/D 转换器的选用

依据用户要求及 A/D 转换器的技术指标来选择 ADC,应考虑以下几个方面。

(1) A/D 转换器位数的确定。用户提出的数据采集精度是综合精度要求,包括了传感器精度、信号调节电路精度、A/D 转换精度,还包括软件控制算法。应将综合精度在各个环节上进行分配,以确定对 A/D 转换器的精度要求,据此确定 A/D 转换器的位数。A/D 转换器的位数至少要比系统总精度要求的最低分辨率高一位,位数应与其他环节所能达到的精度相适应。只要不低于它们就行,太高没有意义。一般认为 8 位以下为低分辨率;9～12 位为中分辨率;13 位以上为高分辨率。

(2) A/D 转换器转换速率的确定。根据信号对象的变化率,确定 A/D 转换速度,以保证系统的实时性要求。按转换速度分为超高速(≤1ns)、高速(≤1μs)、中速(≤1ms)和低速(≤1s)等。例如,用转换时间为 $100\mu s$ 的集成 A/D 转换器,其转换速率为 1 万次/s。根据采样定理和实际需要,一个周期的波形需采 10 个点,最高也只能处理 1kHz 的信号。把转换时间减小到 $10\mu s$,信号频率可提高到 10kHz。

(3) 是否需要加采样/保持器。直流和变化非常缓慢的信号可不用采样/保持器。对快速信号采集,并且找不到高速的 ADC 芯片时,必须考虑加采样/保持电路。已经含有采样/保持器的芯片,只需连接外围器件即可。

(4) 工作电压和基准电压。选择使用单一＋5V 工作电压的芯片,与单片机系统共用一个电源就比较方便。基准电压源是提供给 A/D 转换器在转换时所需要的参考电压,在要求较高精度时,基准电压要单独用高精度稳压电源供给。

(5) A/D 转换器输出状态的确定。根据单片机接口特征,选择 A/D 转换器的输出状态。例如,A/D 转换器是并行输出还是串行输出;是二进制码还是 BCD 码输出;是用外部时钟、内部时钟还是不用时钟;有无转换结束状态信号;与 TTL、CMOS 及 ECL 电路的兼容性;与单片机接口是否方便等。

*12.2.4 集成 A/D 转换器及应用

集成 A/D 转换器品种很多,下面介绍集成 A/D 转换器 ADC0809 的结构及其应用。ADC0809 是采用 CMOS 工艺制成的 8 位 8 通道 A/D 转换器,是一种常用的集成逐次比较型 A/D 转换器,适用于分辨率较高而转换速度适中的场合。

1. ADC0809 的结构及引脚功能

ADC0809 的内部结构和引脚如图 12-5 所示。ADC0809 内部由 8 路模拟开关、地址锁存与译码器、8 位 A/D 转换器和三态输出锁存器等组成。8 路模拟开关根据地址译码信号来选择 8 路模拟输入,允许 8 路模拟量分时输入,共用一个 A/D 转换器进行转换。地址锁存与译码器完成对 ADDA、ADDB、ADDC (A、B、C)3 个地址位进行锁存和译码,其译码输出用于通道选择。

8 位 A/D 转换器是逐次比较式,由控制与时序电路、比较器、逐次比较寄存器 SAR、树状开关以及 256R 电阻阶梯网络等组成,实现逐次比较 A/D 转换,在 SAR 中得到 A/D 转换

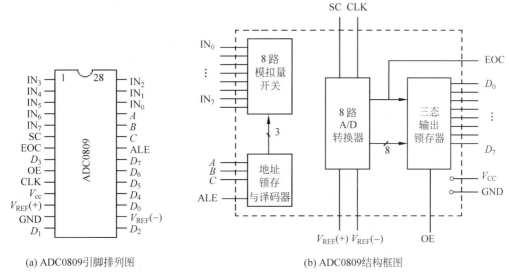

(a) ADC0809引脚排列图　　　　　(b) ADC0809结构框图

图 12-5　ADC0809 的内部结构和引脚

完成后的数字量。其转换结果通过三态输出锁存器输出,输出锁存器用于存放和输出转换得到的数字量,当 OE 引脚变为高电平,就可以从三态输出锁存器取走 A/D 转换结果。三态输出锁存器可以直接与系统数据总线相连。

ADC0809 是 28 引脚 DIP 封装的芯片,各引脚功能如下。

(1) $IN_0 \sim IN_7$:8 路模拟量输入端,用于输入被转换的模拟电压。一次只能选通其中的某一路进行转换,选通的通道由 ALE 上升沿时送入的 ADDC、ADDB、ADDA 引脚信号决定。

(2) $D_7 \sim D_0$:8 位数字量输出端。

(3) ADDA、ADDB、ADDC(A、B、C):模拟输入通道地址选择线,其 8 位编码分别对应 $IN_0 \sim IN_7$,用于选择 $IN_0 \sim IN_7$ 上哪一路模拟电压送给比较器进行 A/D 转换,$CBA = 000 \sim$ 111 依次选择 $IN_0 \sim IN_7$。

(4) ALE:地址锁存允许端,高电平有效。高电平时把 3 个地址信号 ADDA、ADDB、ADDC 送入地址锁存器,并经过译码器得到地址输出,以选择相应的模拟输入通道。

(5) SC(START):转换的启动信号输入端,正脉冲有效,此信号要求保持在 200ns 以上。加上正脉冲后,A/D 转换才开始进行。在正脉冲的上升沿,所有内部寄存器清零;在正脉冲的下降沿,开始进行 A/D 转换,在此期间 START 应保持低电平。

(6) EOC:转换结束信号输出端。在 START 下降沿后 $10\mu s$ 左右,EOC=0,表示正在进行转换;EOC=1,表示 A/D 转换结束。EOC 常用于 A/D 转换状态的查询或作中断请求信号。转换结果读取方式有延时读数、查询 EOC,EOC=1 时申请中断。

(7) OE:允许输出控制信号,输入高电平有效。当转换结束后,如果从该引脚输入高电平,则打开输出三态门,允许转换后结果从 $D_0 \sim D_7$ 送出;若 OE 输入 0,则数字输出口为高阻态。

(8) CLK:时钟信号输入端,为 ADC0809 提供逐次比较所需时钟脉冲。ADC 内部没有时钟电路,故需外加时钟信号。时钟输入要求频率范围一般在 $10kHz \sim 1.2MHz$,在使用中,需将主机的脉冲信号降频后接入。

(9) $V_{REF(+)}$、$V_{REF(-)}$：参考电压输入线,用于给电阻阶梯网络供给正负基准电压。

(10) V_{CC}：+5V 电源输入线。

(11) GND：地线。

2. 工作流程和技术指标

(1) 工作流程。ADC0809 的工作流程如下：ADDA、ADDB、ADDC 输入的通道地址在 ALE 有效时被锁存,经地址译码器译码后从 8 路模拟通道中选通一路;启动信号 START 的上升沿使逐次逼近寄存器复位,下降沿启动 A/D 转换,并使 EOC 信号在 START 的下降沿到来 10μs 后变为无效的低电平,这要求查询程序,等 EOC 无效后再开始查询;当转换结束时,转换结果送入到输出三态锁存器中,并使 EOC 信号为高电平,通知单片机转换已经结束。当单片机执行一条读数据指令后,使 OE 为高电平,从输出端 $D_0 \sim D_7$ 读出数据。

(2) ADC0809 的主要技术指标。

分辨率：8 位。

转换时间：100μs(当外部时钟输入频率 $f_c = 640$kHz)。

时钟频率：10~1280kHz。

模拟量输入范围：0~+5V。

电源电压：+5~+15V。

输出电平：与 TTL 电平兼容。

功耗：15mW(5V 电源下,功耗约为 15mW)。

实际 ADC 产品还有很多种。例如,ADC10061、ADC10062 等为常用的 10 位 A/D 转换器;ADC10731、ADC10734 等为常用的 11 位 A/D 转换器;AD7880、AD7883、AD574A 等为常用的 12 位 A/D 转换器;AD7884、AD7885 等为常用的 16 位 A/D 转换器。

另外,还有 BCD 码输出的双积分型 A/D 转换器 MC14433、串行输出的 A/D 转换器 MAX187 等很多芯片。MC14433 是 $3\frac{1}{2}$CMOS 双积分型,所谓 $3\frac{1}{2}$ 位,是指输出的 4 位十进制数,其最高位仅有 0 和 1 两种状态,而低 3 位都有 0~9 这 10 种状态。串行输出 ADC 可以在并行输出 ADC 的基础上增加并-串转换电路而得到。串行 A/D 转换器的特点是引脚数少(常见为 8 引脚或更少),集成度高(基本上无须外接其他器件),价格低,易于数字隔离,易于芯片升级,但速度略低。为了提高速度人们采用了很多方法,生产出了各种类型的产品。

读者可根据需要选择模拟输入量程、数字量输出位数、转换速度均合适的 A/D 转换器。

【思考题】

(1) A/D 转换器有什么作用? A/D 转换器主要有哪些类型?

(2) 简述 A/D 转换的 4 个步骤。

(3) 影响 A/D 转换器转换精度的主要因素有哪些?

12.3　半导体存储器

存储器是数字系统中用于存储大量信息的设备和部件,可以存放各种程序、数据和资料,是数字系统和计算机中不可缺少的组成部分。存储器有很多种,按制作材料的不同,可分为半导体存储器、磁存储器和光存储器。半导体存储器以其容量大、存储速度快、功耗低、体积小、成本低、可靠性高等一系列优点得到广泛应用。例如,单片机内部存储器和扩展用外接存储器,目前均采用半导体存储器。

12.3.1　半导体存储器概述

1. 半导体存储器的分类

前面所讲触发器和寄存器虽具有存储数据的功能,但属于中小规模集成电路,采用触发器或寄存器结构存储大量数据是不可能的,触发器和寄存器不属于存储器。存储器采用存储矩阵来存储数据,一般由存储矩阵、地址译码器、输入/输出缓冲及控制电路三部分组成。不同的存储器地址译码器结构相同,存储矩阵、输入/输出缓冲及控制电路有所差别。

(1) 按采用元件的类型分为双极型和 MOS 型两大类。

双极型存储速度快、功耗较高、价格较高,适合对速度要求较高的场合使用,常作为高速缓冲存储器。

MOS 型集成度较高、功耗小、价格较低、工艺简单,适合对存储容量要求高的场合,常作为主存储器。

(2) 按照内部信息的存取方式不同可分为只读存储器和随机存取存储器两大类。

只读存储器(Read Only Memory)简称 ROM,在存入数据以后不能用简单的方法更改,也就是说,在工作时它的内容是固定不变的,只能从中读出信息,不能写入新的信息。只读存储器所存储的信息在断电以后仍能保持不变,常用于存放固定程序、常用波形和常数等。

随机存取存储器(Random Access Memory)简称 RAM,在工作过程中可以随时读出和写入信息,且读出信息后,存储器的内容不改变,除非写入新的信息。在计算机中,随机存取存储器主要用来存放各种现场的输入、输出数据、中间结果等,但是断电后存储的数据会全部丢失,注意已有断电后存储的数据不丢失的 RAM 产品出现。

2. 半导体存储器的主要技术指标

半导体存储器的功能就是存储、写入、读出信息,存储容量和存取时间是其两项重要指标。

(1) 存储容量是存储器所能存放的二进制信息总量,常用"字数×位数"来表示。容量越大,表明能存储的二进制信息越多。

(2) 存取时间是进行一次读(或写)所用的时间,一般用读或写的周期来描述。读写周期是连续两次读或写操作的最短时间间隔,读写周期包括读或写时间和内部电路的恢复时间。读写周期越短,则存储器的存储速度越高。

12.3.2　只读存储器

只读存储器有很多类型,按存储器内容的变化方式可分为掩膜 ROM、可编程 ROM(简称 PROM)和可擦可编程 ROM。其中可擦可编程 ROM 又有光擦写(简称 EPROM)、电擦写(简称 E^2ROM)和闪速(简称 Flash ROM)3 种结构形式。不同类型的只读存储器,存储矩阵中的存储单元结构不同,控制电路有所不同,但基本结构和工作原理相似。下面以掩膜 ROM 为例简单介绍其电路结构。

1. 掩膜 ROM

掩膜 ROM 中存放的信息是由生产厂家采用掩膜工艺专门为用户制作的,这种 ROM 出厂时其内部存储的信息就已经"固化"在里边了,使用时无法更改,所以又称为内容固定的 ROM。它在使用时只能读出,不能写入,因此通常只用来存放固定数据、固定程序和函数表等。

1) 掩膜 ROM 的电路结构

掩膜 ROM 主要由地址译码器、存储矩阵和输出缓冲器三部分组成,其基本结构如图 12-6 所示。

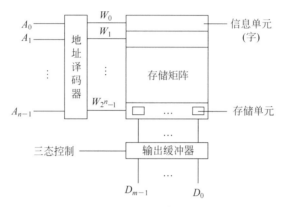

图 12-6 ROM 的基本结构

（1）存储矩阵。存储矩阵是存放信息的主体,它由许多存储单元排列组成,可以存放大量二进制信息。每个存储单元存放一位二值代码（0 或 1）,一个或若干个存储单元组成一个"字"（也称为一个信息单元）,被编为一个地址。存储矩阵有 m 条输出线（数据线）,m 为一个字的位数。

（2）地址译码器。地址译码器有 n 条地址输入线 $A_0 \sim A_{n-1}$,2^n 条译码输出线 $W_0 \sim W_{2^n-1}$,每一条译码输出线 W_i 称为"字线",它与存储矩阵中的一个"字"相对应。因此,每当给定一组输入地址时,译码器只有一条输出字线 W_i 被选中,该字线可以在存储矩阵中找到一个相应的"字",并将字中的 m 位信息 $D_{m-1} \sim D_0$ 送至输出缓冲器。读出 $D_{m-1} \sim D_0$ 的每条数据输出线 D_i 也称为"位线",每个字中信息的位数称为"字长"。

（3）输出缓冲器。输出缓冲器是 ROM 的数据读出电路,通常用三态门构成,它不仅可以实现对输出数据的三态控制,以便与系统总线连接,还可以提高存储器的带负载能力。

2) 掩膜 ROM 的存储单元

掩膜 ROM 的存储单元可以用二极管构成,也可以用双极型三极管或 MOS 管构成,一般以管子的有无来代表存 1 或 0。存储器的容量用存储单元的数目来表示,写成"字线数×位线数"的形式。对于图 12-6 的存储矩阵有 2^n 个字,每个字的字长为 m,因此整个存储器的存储容量为 $2^n \times m$ bit。存储容量也习惯用 K（1K=1024bit）为单位来表示,例如 1K×4、2K×8 和 64K×1 的存储器,其容量分别是 1024×4bit、2048×8bit 和 65 536×1bit。

2. 可编程 ROM 的电路特点

可编程 ROM（简称 PROM）的译码器部分与掩膜 ROM 相同,存储矩阵中的存储单元为熔丝结构的二极管、三极管、MOS 管,出厂时熔丝全通,相当于全部存储 1,若需修改则需要专用编程器写入,其输入输出电路由写入控制,PROM 只能改写一次。

3. 可擦可编程 ROM 的电路特点

EPROM、E²PROM、Flash ROM 的译码器部分与掩膜 ROM 相同,存储矩阵中的存储单元都采用浮栅 MOS 结构,其输入输出电路有写入控制,但由于存储单元细微结构的差别,其性能差别很大。

(1) EPROM 需要用紫光照射擦除,为一次性全部擦除,全部擦除后,可根据需要进行编程。EPROM 的编程是在编程器上进行的,编程器通常与微机联用。常用的 EPROM 有 2716、2732、2764 ~ 27512 等,即型号以 27 开头的芯片都是 EPROM。

(2) E²PROM 的编成和擦除都是用电信号完成,而且所需电流很小,故可用普通电源供给。E²PROM 可进行一次性全部擦除,也可进行字位擦除,在系统的正常工作状态下,E²PROM 仍然只能工作在它的读出状态,作 ROM 使用。常用的 E²PROM 有 2816、2864 等,即型号以 28 开头的系列芯片都是 E²PROM。

(3) 快闪存储器(Flash Memory)是新一代快速 E²PROM,俗称"U 盘"。快闪存储器只用一个管子作为存储单元,具有高集成度、大容量、低成本、高速在线擦写和使用方便等优点,应用越来越广泛。Flash Memory 以供电电压的不同,大体可以分为两大类:一类需要用高电压(12V)编程的器件,通常需要双电源(芯片电源、擦除/编程电源)供电,型号系列为 28F 系列;另一类是需要 5V 编程的,它只需要单一电源供电,型号系列通常为 29 系列。

Flash Memory 的型号很多,如 28F256(32K×8)、28F512(64K×8)、28F010(128K×8)、28F020(256K×8)、29C256(32K×8)、29C512(64K×8)、29C010(128K×8)、29C020(256K×8)等都是常用产品。

(4) E²PROM 又可分为并行和串行两类。串行存储器实际上是一种 CMOS 工艺制作成的串行 E²PROM。它们具有一般并行 E²PROM 的特点,但以串行的方式访问,价格低廉。并行 E²PROM 在读写操作时数据通过 8 位数据总线传输,串行 E²PROM 的数据是一位一位传输;并行 E²PROM 数据传送快,程序简单;串行 E²PROM 数据传送慢,体积小,功耗小,程序复杂。串行 E²PROM 节省资源,目前应用有上升趋势。

利用串行存储器可以节省单片机资源,近年来,基于 I²C 总线的各种串行 E²PROM 的应用日渐增多。串行存储器的常用型号有二线制的 24CXX 系列产品,主要有 24C02、24C04、24C08、24C16、24C32;三线制的 93CXX 系列产品,主要有 93C06、93C46、93C56、93C66。

从内部结构可知,ROM 的译码器构成与阵列,存储矩阵构成或阵列,属于组合逻辑电路,只要把输入变量与地址相连,则可以实现多个变量不超过地址数的任意函数(函数不超过位数),但较麻烦且浪费资源,主要作为存储器使用。

*4. 只读存储器芯片简介

只读存储器有很多种产品,这里仅以 EPROM 为例进行介绍。典型的 EPROM 有 2716 (容量 2K×8 位)、2732(容量 4K×8 位)、2764(容量 8K×8 位)、27128(容量 16K×8 位)、27256(容量 32K×8 位)、27512(容量 64K×8 位),EPROM 的封装形式为 DIP。这些 EPROM 集成芯片除存储容量和编程高电压等参数不同外,其他参数基本相同,各型号的容量、读出时间和消耗电流如表 12-1 所示,引脚排列如图 12-7 所示。

表 12-1　常用 EPROM 芯片的主要技术特性

型　　号	2716	2732	2764	27128	27256	27512
容量(字节)	2K	4K	8K	16K	32K	64K
引角数	24	24	28	28	28	28
读出时间(ns)	350~450	200	200	200	200	170
最大工作电流(mA)	75	100	75	100	100	125
最大维持电流(mA)	35	35	35	40	40	40

注：EPROM 的读出时间按型号而定，一般在 100~300ns，表中列出的为典型值。

表 12-1 中的 EPROM 都是 NMOS 型。与 NMOS 型 EPROM 相对应的 CMOS 型 EPROM 分别为 27C16、27C32、27C64、27C128、27C256 和 27C512。NMOS 与 CMOS 型的输入和输出均与 TTL 兼容，区别主要是 CMOS 型 EPROM 的读取时间更短，消耗功率更小。例如，27C256 的最大工作电流约 30mA，最大保持电流约 1mA，比 27256 的小得多。表 12-1 中所有型号对应的 CMOS 的输入电流都很小，低电平输入电流约 $10\mu A$，高电平输入电流则更小。表中的读取时间是典型值，实际上同一种型号不同规格的器件的读出时间也不相同。例如，Intel 公司的 2764 和 2764-25 的读取时间为 250ns，而 2764-3、27C64A-3 和 2764-30 的读取时间则为 300ns 等。

图 12-7 是几种典型的 EPROM 外引脚排列和功能图，各引脚功能如下。

(1) $A_0 \sim A_{15}$：地址输入线。

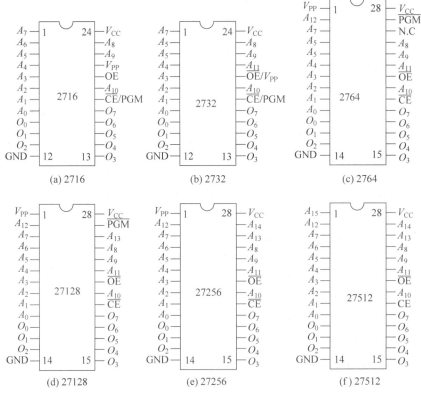

图 12-7　几种典型的 EPROM 外引脚排列和功能图

（2）$O_0 \sim O_7$：三态数据总线,读或编程校验时为数据输出线,编程时为数据输入线。维持或编程禁止时 $O_0 \sim O_7$ 呈高阻抗。

（3）$\overline{CE}$：片选信号输入线,"0"(即 TTL 低电平)有效。

（4）PGM：编程脉冲输入线。

（5）$\overline{OE}$：读选通信号输入线,"0"有效。

（6）V_{PP}：编程电源输入线,其值因芯片型号和制造厂商不同而不同。

（7）V_{CC}：主电源输入线,V_{CC} 一般为 +5V;其中 2716/2732 的 $\overline{CE}$ 和 PGM 合用一个引脚,27512 的 V_{CC} 和 V_{PP} 合用一个引脚。

（8）地：GND 等。

表 12-2～表 12-6 列出了各型号的 EPROM 在各种操作方式下各引脚应加的信号和电压以及 $O_0 \sim O_7$ 的状态。其中编程、编程校验和编程禁止这 3 种操作方式是利用专用编程装置实现的,用户只要按专用编程装置的使用说明书操作即可。只需注意,外加的 V_{PP} 不得超过规定值,即使瞬间超过,或仅仅有毛刺,都会缩短器件的寿命,甚至永久性损坏。一般 V_{PP} 的规定值都标在器件的外封装上,通常在 12.5～25V。

表 12-2　2716 的操作方式

方式	$\overline{CE}$/PGM(18)	$\overline{OE}$(20)	V_{PP}(21)	V_{CC}(24)	$Q_0 \sim Q_7$(9～11)(13～17)
读	V_L	V_L	5V	5V	数据输出
维持	V_H	任意	5V	5V	高阻
编程	V_H	V_H	25V	5V	数据输入
编程校验	V_L	V_L	25V	5V	数据输出
编程禁止	V_L	V_H	25V	5V	高阻

表 12-3　2732A 的操作方式

方式	$\overline{CE}$(18)	$\overline{OE}$/V_{PP}(20)	V_{CC}(24)	$Q_0 \sim Q_7$(9～11)(13～17)
读	V_L	V_L	+5V	数据输出
编程校验	V_L	V_L	+5V	数据输出
维持	V_H	任意	+5V	高阻
编程	V_L	+21V	+5V	数据输入
编程禁止	V_H	+21V	+5V	高阻
禁止输出	V_L	V_H	+5V	高阻

表 12-4　2764A、27128A 的操作方式

方式	$\overline{CE}$(20)	$\overline{OE}$(22)	$\overline{PGM}$(27)	V_{PP}(1)	V_{CC}(28)	$Q_0 \sim Q_7$(11～13)(15～19)
读	V_L	V_L	V_H	+5V	+5V	数据输出
禁止输出	V_L	V_H	V_H	+5V	+5V	高阻
维持	V_H	任意	任意	+5V	+5V	高阻
编程	V_L	V_H	V_L	+12.5V	+5V	数据输入
编程校验	V_L	V_L	V_H	+12.5V	+5V	数据输出
编程禁止	V_H	任意	任意	+12.5V	+5V	高阻

表 12-5　27256 的操作控制

方式	$\overline{CE}(20)$	$\overline{OE}(22)$	$V_{PP}(1)$	$V_{CC}(28)$	$Q_0 \sim Q_7 (11 \sim 13)(15 \sim 19)$
读	V_L	V_L	$+5V$	$+5V$	数据输出
禁止输出	V_L	V_H	V_{XX}	$+5V$	高阻
维持	V_H	任意	$+5V$	$+5V$	高阻
编程	V_L	V_L	$+12.5V$	$+5V$	数据输入
编程校验	V_H	V_H	$+12.5V$	$+5V$	数据输出
编程禁止	V_H	V_H	$+12.5V$	$+5V$	高阻

表 12-6　27512 的操作控制

方式	$\overline{CE}(20)$	$\overline{OE}/V_{PP}(22)$	$V_{CC}(28)$	$Q_0 \sim Q_7 (11 \sim 13)(15 \sim 19)$
读	V_L	V_L	$+5V$	数据输出
禁止输出	V_L	V_H	$+5V$	高阻
维持	V_H	任意	$+5V$	高阻
编程	V_L	$12.5V \pm 0.5$	$+5V$	数据输入
编程校验	V_L	V_L	$+5V$	数据输出
编程禁止	V_H	$12.5V \pm 0.5$	$+5V$	高阻

EPROM 的各种工作方式的含义如下。

(1) 读方式：系统一般工作于这种方式。工作于这种方式的条件是片选控制线 $\overline{CE}$ 和输出允许控制线 $\overline{OE}$ 同时为低电平。

(2) 保持方式：芯片进入保持方式的条件是片选控制线 $\overline{CE}$ 为高电平。此时输出为高阻抗悬浮状态，不占用数据总线。

(3) 编程方式：EPROM 工作于这种方式的条件是 V_{PP} 端施加规定的电压，$\overline{CE}$ 和 $\overline{OE}$ 端施加合适的电平(不同芯片要求不同)，这样就能将数据线上的数据固化到指定的地址空间。

(4) 编程校验方式：V_{PP} 端保持相应的高电平按读出方式操作，读出已固化的内容，以便校验写入的内容是否正确。

(5) 编程禁止方式：当片选信号 $\overline{CE}$ 无效时输出呈高阻状态。

(6) 禁止输出：虽然 $\overline{CE}=0$，芯片被选中，但由于 $\overline{OE}=1$，使输出三态门被封锁，故输出为高阻抗悬浮状态，不占用数据总线。

其中的"读""保持(维持)""禁止输出"这 3 种方式是 EPROM 在应用系统中的正常工作方式。当把它作为程序存储器使用时，不必关心其编程电压。

E^2PROM 的型号很多，具体内容请查阅相关资料，这里不再介绍。

12.3.3　随机存取存储器

随机存储器也称读/写存储器，简称 RAM。RAM 工作时可以随时从任何一个指定的地址写入(存入)或读出(取出)信息。读出操作时原信息保留，写入操作时，新信息取代原信息。RAM 的最大优点是读写方便，使用灵活，缺点是电路失电后存储信息可能全部丢失。

1. 随机存取存储器的类型

(1) 根据制造工艺可分为双极型和 MOS 型 RAM。双极型 RAM 的存取速度较高，可达 10ns,但功耗较大,集成度低;MOS 型 RAM 功耗较小,集成度高,单片集成容量可达几百兆位。随着 CHMOS 工艺的突破,单片机系统大多数使用 MOS 型的 RAM。

(2) 根据存储单元的工作原理不同,RAM 分为静态 RAM(Static Random Access Memory,SRAM)和动态 RAM(Dynamic Random Access Memory,DRAM)。

(3) 根据掉电后数据丢失与否,分为挥发性 RAM 和非挥发性 RAM 两类:挥发性 RAM 是易失性存储器,掉电后所存储的信息立即消失,因此单片机应用系统需要配有掉电保护电路,以便及时提供备用电源,来保护存储信息;非挥发性 RAM 是非易失性存储器,在掉电后数据不丢失。

非挥发性 RAM 产品种类较少,主要有 Intel 公司生产的 2001 和 2004 等型号,2001 的容量为 128 字节(8 位),2004 的容量为 256 字节。由于技术和价格的原因,应用还不普及,目前技术有所突破,一些新款单片机已经开始使用。

2. RAM 的基本电路结构

RAM 主要由存储矩阵、地址译码器和读/写控制电路 3 部分组成,其组成框图如图 12-8 所示。

1) 存储矩阵

存储矩阵由许多存储单元排列组成,每个存储单元能存放一位二值信息(0 或 1),在译码器和读/写电路的控制下,进行读/写操作。存储单元与 ROM 的存储单元结构不同,有静态和动态两种。

2) 地址译码器

地址译码器与 ROM 相同,大容量存储器中,通常采用行地址和列地址双译码器译码。行地址译码器将输入地址代码的若干低位($A_0 \sim A_i$)译成某一条字线有效,从存储矩阵中选中一行存储单元;列地址

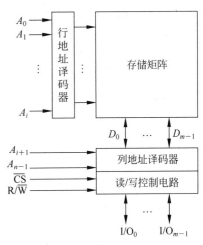

图 12-8　RAM 的组成框图

译码器将输入地址代码的其余若干位($A_{i+1} \sim A_{n-1}$)译成某一根输出线有效,从字线选中的一行存储单元中再选 m 位(或字长),使这些被选中的单元与读/写电路和 I/O(输入/输出端)数据线接通,以便对这些单元进行读/写操作。

3) 片选和读/写控制电路

单片 RAM 的存储容量有限,数字系统中的 RAM 一般由多片组成,而系统每次读写时,只选中其中的一片(或几片)进行读写,因此在每片 RAM 上均加有片选信号线 $\overline{\text{CS}}$。$\overline{\text{CS}}$ 有效时(0),RAM 才被选中,可以对其进行读写操作,否则该芯片不工作。某芯片被选中后,该芯片执行读还是写操作由读/写信号 R/$\overline{\text{W}}$ 控制。$\overline{\text{CS}}$ 和 R/$\overline{\text{W}}$ 字母上的非号只是表示低电平有效。RAM 的片选和读/写控制电路用于对电路的工作状态进行控制,其逻辑电路一般由三态门组成。

在向 RAM 存储写入信息时,I/O 线是输入线,在读出 RAM 的信息时,I/O 线是输出线,即一线两用。I/O 线的多少取决于字的位数,即并行输出输入数据的位数。例如,在 1024×1bit 的 RAM 中,每个字只有一个存储单元,所以只有一条 I/O 线。在 512×4bit 的 RAM 中,每个字有 4 个存储单元,应该有 4 条 I/O 线。RAM 的输出端一般采用三态输出结构,便于与外面的总线相连,进行信息的交换和传递。

3. 静态 RAM 和动态 RAM

根据存储单元的工作原理不同,RAM 分为静态 RAM(SRAM)和动态 RAM(DRAM)。静态存储单元是在静态触发器的基础上附加控制电路而构成的,它们是靠电路的自我保持功能来存储数据的,SRAM 型有双极型和 MOS 两种;动态存储单元利用 MOS 管栅极电容能够存储电荷的原理制成,一只 MOS 管即可做成一个存储单元,其电路结构可以做得非常简单,但需要复杂的刷新电路为电容补充电荷。

SRAM 型存储容量较小、速度较快,常用于计算机中的高速缓冲存储器。DRAM 型结构简单、存储容量大、速度较慢,常用于计算机的主存。

*4. RAM 芯片简介

RAM 产品种类很多,SRAM 最为常用。目前常用的 SRAM 有 6116(2K×8)、6264(8K×8)、62128(16K×8) 和 62256(32K×8) 等。它们的引脚排列分别如图 12-9 所示,在各种工作方式下加到各引脚($\overline{CE}$,$\overline{CE_1}$,CE_2,$\overline{WE}$,$\overline{OE}$)的信号和数据线 $D_7 \sim D_0$ 的功能如表 12-7 和表 12-8 所示。

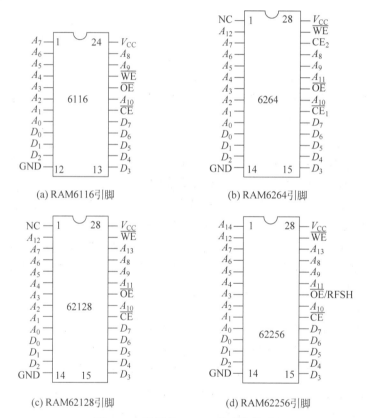

(a) RAM6116引脚   (b) RAM6264引脚

(c) RAM62128引脚   (d) RAM62256引脚

图 12-9　常用的 SRAM 的引脚排列

表 12-7　RAM6116、62128 和 62256 工作方式表

$\overline{CE}$	$\overline{WE}$	$\overline{OE}$	方式	功　　能
0	0	1	写入	$D_7 \sim D_0$ 数据写入 6116,62128 或 62256
0	1	0	读出	读 6116,62128 或 62256 的数据到 $D_7 \sim D_0$
1	×	×	未选中	$D_7 \sim D_0$ 输出高阻态

表 12-8　RAM6264 引脚功能与工作方式表

$\overline{CE_1}$	CE_2	$\overline{WE}$	$\overline{OE}$	方　式	功　　能
0	1	0	1	写入	$D_7 \sim D_0$ 数据写入 6264
0	1	1	0	读出	读 6264 到 $D_7 \sim D_0$
1	×	×	×	未选中	$D_7 \sim D_0$ 输出高阻态
×	0	×	×	禁止输出	高阻抗
0	1	1	1		

6116、6264、62128 和 62256 是典型的 CMOS 静态 RAM,各引脚功能如下。

(1) $A_0 \sim A_{14}$:地址输入线。

(2) $D_0 \sim D_7$:双向数据线(输出有三态)。

(3) $\overline{CE}$、$\overline{CE_1}$ 和 CE_2:选片信号输入线,$\overline{CE}$ 和 $\overline{CE_1}$ 低电平有效,CE_2 高电平有效。

(4) $\overline{OE}$:读选通信号输入线,低电平有效。

(5) $\overline{WE}$:写选通信号输入线,低电平有效。

(6) V_{CC}:工作电压,+5V。

(7) GND:线路地。

(8) $\overline{OE}$/RFSH(仅 62256 有此引脚):读选通/刷新允许控制端。当此引脚为低电平时,62256 数据允许输出,不允许刷新;当此引脚为高电平时,62256 内部刷新电路自动刷新。

电路采用标准的双列直插式封装,电源电压为 5V,输入、输出电平与 TTL 兼容。

由图 12-9 可以看出,6116 有 11 条地址输入线 $A_0 \sim A_{10}$,8 条数据输入/输出端 $D_0 \sim D_7$,显然,6116 可存储的字数为 $2^{11} = 2048(2K)$,字长为 8bit,其容量为 2048 字×8bit/字=16 384bit,其他型号类推。

由表 12-7 可以看出,6116 有以下 3 种工作方式。

(1) 写入方式:当 $\overline{CE} = 0$、$\overline{OE} = 1$、$\overline{WE} = 0$ 时,数据线 $D_0 \sim D_7$ 上的内容存入 $A_0 \sim A_{10}$ 决定的相应单元。

(2) 读出方式:当 $\overline{CE} = 0$、$\overline{OE} = 0$、$\overline{WE} = 1$ 时,$A_0 \sim A_{10}$ 相应单元的内容输出到数据线 $D_0 \sim D_7$。

(3) 未选中(低功耗维持方式):当 $\overline{CE} = 1$ 时,芯片进入这种工作方式,此时器件电流仅 $20\mu A$ 左右,为系统断电时用电池保持 RAM 内容提供了可能性。

*12.3.4　存储器的扩展及应用

1. 存储器的扩展

一片 RAM 或 ROM 的存储容量是一定的。在数字系统或计算机中,单个芯片往往不能满足存储容量的需要,为此就要将若干个存储器芯片组合起来,以构成一个容量更大的存储器来满足实际要求。RAM 的扩展分为位扩展和字扩展两种。扩展所需的芯片数目为总存储器容量与一片存储器容量的比值。

由于目前存储器种类多、容量大、比较易得,扩展应用较少。

*2. 存储器的应用

存储器主要用于存放二进制信息(数据、程序指令、运算的中间结果等),同时还可以实现代码的转换、函数运算、时序控制以及实现各种波形的信号发生器等。

用 ROM 实现组合逻辑电路时,只利用了少量的存储单元,资源浪费严重,并且编程复杂,缺少直观性,目前较少使用,存储器主要还是用来存储数据信息。在单片机系统中,都含有一定单元的程序存储器 ROM(用于存放编好的程序和表格或常数)和数据存储器 RAM。图 12-10 是以 EPROM 2716 作为外部程序存储器的单片机系统。图 12-11 是用 6116 组成的单片机系统的外部数据存储器。有关扩展和应用内容,请参阅电子资源。

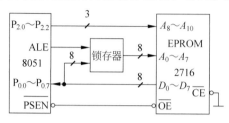

图 12-10　用 EPROM 2716 作为外部程序
存储器的单片机系统

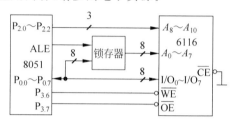

图 12-11　用 6116 组成的单片机系统的
外部数据存储器

【思考题】

(1) ROM 有哪些种类? 各有什么特点? 常使用于哪些场合?

(2) 在 ROM 中,什么是字? 什么是位? ROM 的容量如何表示? 256×8 的存储器有多少根地址线、字线、位线?

(3) 静态 RAM 和动态 RAM 有哪些区别? 动态 RAM 为什么要进行周期性刷新?

(4) 什么是位扩展和字扩展? 存储器扩展有什么意义?

(5) 存储器进行位扩展、字扩展时如何连接? 扩展后的存储容量如何计算? 扩展为 1024×8 存储器需要多少块 256×4 的存储器?

(6) 简述存储器能实现逻辑函数的原因。

习题

12-1　一理想的 6 位 DAC 具有 10V 的满刻度模拟输出,当输入为自然加权二进制码"100100"时,此 DAC 的模拟输出为多少?

12-2　试画出 DAC0832 工作于单缓冲方式的引脚接线图。

12-3　存储器和寄存器在电路结构和工作原理上有什么不同? ROM 和 PROM、EPROM 及 E^2PROM 有什么相同和不同之处?

12-4　现有容量为 256×8 ROM 一片,试回答:

(1) 该片 ROM 共有多少个存储单元?

(2) ROM 共有多少个字? 字长多少位?

(3) 该片 ROM 共有多少条地址线?

(4) 访问该片 ROM 时,每次会选中多少个存储单元?

12-5　RAM 2114(1024×4 位)的存储矩阵为 64×64,它的地址线、行选择线、列选择线、输入/输出数据线各是多少?

*12-6　试用 2114(1024×4 位)扩展成 1024×8 的 RAM,画出连接图。

*12-7　把 256×2 RAM 扩展成 512×4 的 RAM,说明各片的地址范围。

*12-8　用 ROM 实现 8421 BCD 码转换为余三码电路。

附录 A
APPENDIX A

技 能 训 练

技能训练需要设备和器件,各高校实训设备差别很大,只要满足技能训练需求就可以。根据实际训练条件,既可采用传统实验实训方法,也可采用仿真手段。若采用仿真手段还需要一台计算机和相应软件。实训设备及器材主要有各种集成芯片、二极管、三极管、发光二极管、电位器、电阻、电容以及变压器、电动机、各式开关和导线。下面技能训练仅供参考选择,限于篇幅,仅给出实训题目,详细内容可参阅电子资源或听从老师介绍。

A.1　基本电工仪表的使用及测量误差的计算

A.2　电路元件伏安特性的测绘

A.3　基尔霍夫定律及叠加原理的验证

A.4　戴维南定理和诺顿定理的验证

A.5　RC 一阶电路的响应测试

A.6　日光灯电路的接线及功率因数的提高

A.7　三相正弦交流电路电压、电流、功率的测量

A.8　参观中小型变电所

A.9　低压电器与电动机熟悉

A.10　半导体二极管的检测和判别

A.11　半导体三极管的检测和判断

A.12　半导体场效应管的选择与判别

A.13　阻容耦合单管放大电路的测量和调试

A.14　集成运算放大器指标测试

A.15　集成运算放大器的应用

A.16　直流稳压电源的制作和调试

A.17　TTL 和 CMOS 集成门电路测试

A.18　组合逻辑电路的设计与测试

A.19　数据选择器及其应用

A.20　触发器及其逻辑功能测试

A.21　计数器及其应用

A.22　移位寄存器及其应用

A.23　555 定时器及其应用

A.24　D/A、A/D 转换器及其应用

A.25　EPROM 的应用

A.26　数字万用表的组装与调试

国产半导体集成电路型号命名法（GB 3430—1982）

本标准适用于国家标准生产的半导体集成电路系列产品（通常简称器件）。

B.1　型号的组成

器件型号由五部分组成，其符号和意义如表 B-1 所示。

表 B-1　器件型号的符号和意义

第 0 部分		第 1 部分		第 2 部分	第 3 部分		第 4 部分	
用字母表示符合国标		用字母表示器件类型		用阿拉伯数字和字母表示器件系列和品种代号	用字母表示器件的工作温度范围		用字母表示器件的封装形式	
符号	意义	符号	意义		符号	意义	符号	意义
C	中国制造	T	TTL		C	0～70℃	W	陶瓷扁平
		H	HTL		E	−40～85℃	B	塑料扁平
		E	ECL		R	−55～85℃	F	全密封扁平
		C	CMOS		M	−55～125℃	D	陶瓷直插
		F	线性放大器		⋮	⋮	P	塑料直插
		⋮	⋮				J	黑陶瓷扁平
							K	金属菱形
							T	金属圆形
								⋮

B.2　实际器件举例

【例 B-1】　CT74S20ED

第 0 部分 C 表示符合国家标准；第 1 部分 T 表示 TTL 器件；第 2 部分 74S20 表示是肖特基系列双 4 输入与非门；第 3 部分 E 表示温度范围为−40～85℃；第 4 部分 D 表示陶瓷双列直插封装。CT74S20ED 是肖特基 TTL 双 4 输入与非门。

【例 B-2】　CC4512MF

第 0 部分 C 表示符合国家标准；第 1 部分 C 表示 CMOS 器件；第 2 部分 4512 表示是 8 选 1 数据选择器；第 3 部分 M 表示温度范围为−55～125℃；第 4 部分 F 表示全密封扁

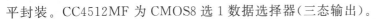

平封装。CC4512MF 为 CMOS8 选 1 数据选择器(三态输出)。

【例 B-3】 CF0741CT

第 0 部分 C 表示符合国家标准；第 1 部分 F 表示线性放大器；第 2 部分 0741 表示是通用Ⅲ型运算放大器；第 3 部分 C 表示温度范围为 0～70℃；第 4 部分 T 表示金属圆形封装。CF0741CT 为通用Ⅲ型运算放大器。

参 考 文 献

[1] 陈新龙,胡国庆.电工电子技术[M].北京:清华大学出版社,2008.

[2] 秦曾煌,姜三勇.电工学(上册):电工技术[M].7版.北京:高等教育出版社,2009.

[3] 靳孝峰,武超.数字电子技术[M].2版.北京:北京航空航天大学出版社,2010.

[4] 靳孝峰.模拟电子技术[M].北京:北京航空航天大学出版社,2009.

[5] 梅开香.数字逻辑电路[M].2版.北京:电子工业出版社,2008.

[6] 刘守义,钟苏.数字电子技术[M].西安:西安电子科技大学出版社,2000.

[7] 胡国庆,陈新龙.电工电子实践教程[M].北京:清华大学出版社,2007

[8] 靳孝峰.电子技术设计实训[M].北京:北京航空航天大学出版社,2011.

[9] 唐介.电工学[M].北京:高等教育出版社,1999.

[10] 李守成.电子技术[M].北京:高等教育出版社,2000.